Teubner Studienbücher der Geographie

E. Lichtenberger
Stadtgeographie
Band 1
Begriffe, Konzepte, Modelle, Prozesse

Teubner Studienbücher der Geographie

Herausgegeben von

Prof. Dr. W. D. Blümel, Stuttgart
Prof. Dr. Ch. Borcherdt, Stuttgart
Priv.-Doz. Dr. F. Kraas, Bonn
Prof. Dr. E. Löffler, Saarbrücken
Prof. Dr. Dr. h.c. E. Wirth, Erlangen

Die Studienbücher der Geographie wollen wichtige Teilgebiete, Probleme und Methoden des Faches, insbesondere der Allgemeinen Geographie, zur Darstellung bringen. Dabei wird die herkömmliche Systematik der Geographischen Wissenschaft allenfalls als ordnendes Prinzip verstanden. Über Teildisziplinen hinweggreifende Fragestellungen sollen die vielseitigen Verknüpfungen der Problemkreise wenigstens andeutungsweise sichtbar machen. Je nach der Thematik oder dem Forschungsstand werden einige Sachgebiete in theoretischer Analyse oder in weltweiten Übersichten, andere hingegen in räumlicher Einschränkung behandelt. Der Umfang der Studienbücher schließt ein Streben nach Vollständigkeit bei der Behandlung der einzelnen Themen aus. Den Herausgebern liegt besonders daran, Problemstellungen und Denkansätze deutlich werden zu lassen. Großer Wert wird deshalb auf didaktische Verarbeitung sowie klare und verständliche Darstellung gelegt. Die Reihe dient den Studierenden zum ergänzenden Eigenstudium, den Lehrern des Faches zur Fortbildung und den an Einzelthemen interessierten Angehörigen anderer Fächer zur Einführung in Teilgebiete der Geographie.

Stadtgeographie

Band 1
Begriffe, Konzepte, Modelle, Prozesse

Von Dr. phil. Dr. h. c. Elisabeth Lichtenberger
em. o. Professor an der Universität Wien

3., neubearbeitete und erweiterte Auflage
Mit 132 Abbildungen und 14 Tabellen

B. G. Teubner Stuttgart · Leipzig 1998

Elisabeth Lichtenberger: geb. 1925 in Wien; emer. o. Univ.-Prof. Dr. Dr. h. c. (Chicago). Studium der Geographie, Geologie, Geschichte, Wirtschaftswissenschaften; Gastprofessuren in Berkeley (USA), Ottawa (Kanada), Kent (Ohio), Erlangen (BRD); Gründung und Ausbau des Studienzweigs angewandte Geographie, Raumforschung und Raumordnung an der Universität Wien (1972–1995) sowie des Instituts für Stadt- und Regionalforschung an der Österreichischen Akademie der Wissenschaften in Wien (1988). Seit 1994 Koordination des Schwerpunktprogramms „Österreich. Raum und Gesellschaft" des Fonds zur Förderung der wissenschaftlichen Forschung in Österreich. Mitglied der Academia Europaea, London, der British Academy, der Österreichischen Akademie der Wissenschaften und der Akademie für Raumforschung, Hannover.
Autorin von 15 Büchern, 210 Artikeln. Forschungsinteressen: Stadtforschung, Hochgebirgsforschung, Transformationsforschung, Vergleichsstudien von westlichen politischen Systemen.

Die Deutsche Bibliothek – CIP-Einheitsaufnahme

Lichtenberger, Elisabeth:
Stadtgeographie / von Elisabeth Lichtenberger. – Stuttgart; Leipzig: Teubner
(Teubner Studienbücher der Geographie)
Bd. 1. Begriffe, Konzepte, Modelle, Prozesse: mit 14 Tabellen. –
3., neubearb. und erw. Aufl. – 1998
ISBN 3-519-23424-6

Printed in Germany
Gesamtherstellung: Wilhelm Röck GmbH, Weinsberg
Umschlaggestaltung nach einem Entwurf der Verfasserin

Vorwort

Wenn sich Stadtforscher verschiedener Provenienz, Stadtplaner, Architekten und Kommunalpolitiker, treffen, um über ihr Forschungs- oder Handlungsobjekt Stadt zu sprechen, so sind semantische Mißverständnisse vorprogrammiert. Die beteiligten Akteure handeln in einem komplexen Feld unvollständiger Informationen, unterschiedlicher Klassifikationssysteme von Problemhorizonten und einer manchmal geradezu willkürlichen Mengung von Utopien und Wirklichkeit. Aufgrund der wachsenden Komplexität der städtischen Wirklichkeit ist es andererseits ebenso begreiflich, daß nicht nur von seiten der Planung der Ruf nach Überschaubarkeit der Städte, nach der Rückkehr zum menschlichen Maßstab ertönt. Auch alle in der Stadtforschung engagierten Wissenschaftler bemühen sich, überschaubare Bereiche – sei es durch sachliche oder räumliche Zerlegung – des Gesamtphänomens Stadt auszugrenzen. Man versucht, analytische Instrumente zu entwickeln, zur Erkenntnis schlechthin oder als Handlungsgrundlage, um den für den menschlichen Verstand nicht mehr durchschaubaren, daher auch nicht mehr abbildbaren und/oder berechenbaren komplizierten Gesamtverbund des städtischen Systems, der städtischen Gesellschaft und der Organisation des physischen Stadtraums, zumindest sektoriell transparent zu machen.

Diese Vorbemerkung soll eine Vorstellung von den Schwierigkeiten vermitteln, in einer Zeit exponentiell wachsender Flut wissenschaftlicher Publikationen einen Überblick über ein Forschungsgebiet zu bieten. Mit der letzteren Aussage erhält die Beschreibung des persönlichen Standorts ihre Begründung und gleichzeitig ihre Notwendigkeit. Das Studienbuch ist von einer Autorin geschrieben, deren Interessen stets über die engere Fachdisziplin hinausgegangen sind. Forschungserfahrungen und Literaturkenntnisse aus dem angelsächsischen und französischen Sprachraum stehen zu Buche. Eingestanden sei das persönliche Faible für minutiöse Detailarbeit, und zwar sowohl dort, wo es das Instrument der Gestaltwahrnehmung im LORENZschen Sinn gestattet, Erkenntnisse über den Realobjektraum der Stadt und die städtische Gesellschaft zu gewinnen, als auch dort, wo durch Archivarbeiten die historische Vergangenheit von Städten neu entdeckt werden kann. Schon sehr früh bestanden Kontakte mit Stadtplanungsbehörden. Von deren Vertretern konnte gelernt werden, was normative Prinzipien für die Stadtentwicklung bedeuten. Dabei entstand die Überzeugung, daß die Stadtgeographie sehr wohl imstande ist, den Entscheidungsträgern wichtige theoretische Erkenntnisse und Resultate zu Fragen der Stadterneuerung, der Slumsanierung, der Wohnungszusammenlegung, der Citybildung, der Planung von Geschäftszentren usw. anzubieten. Lehrjahre in Nordamerika brachten die Auseinandersetzung mit der analytischen Stadtgeographie und die Kenntnisse im Umgang mit statistischen Massendaten, ein Semester in Erlangen die Auseinandersetzung mit dem Neomarxismus.

Seit damals beschäftigt mich die Frage nach Konvergenzen von Stadtentwicklungen in der postindustriellen Gesellschaft sowie nach dem Einfluß von politisch-administrativen Systemen, Technologien usw. auf die räumliche Strukturierung von Städten. Wird sich die Stadt in einer perfekt verstädterten Gesellschaft schließlich zu einem

„non-place" wandeln? Diese Frage ist offen. Daß sie jedoch gestellt wird, steckt die Spannweite des Studienbuchs ab. Es bewegt sich zwischen der nüchternen Definition von Stadt und Agglomeration und dem Modell des Szenarios einer Stadt auf dem Wege von der arbeitsteiligen Gesellschaft zur Freizeitgesellschaft. Die Aussagen beschränken sich im wesentlichen auf die Städte der westlichen Welt.

Der Umfang des Stoffes ließ es geboten erscheinen, im vorliegenden ersten Band nur jene Fragen zu behandeln, die sich direkt auf die Stadt und die Agglomeration beziehen. Einem zweiten Band bleibt die Darstellung der Forschungsmethodik und der Ergebnisse auf der Meso- und Mikroebene von Städten vorbehalten.

Die dritte Auflage des Studienbuches erscheint knapp vor dem Ende des 20. Jahrhunderts. Die politischen Rahmenbedingungen haben sich gegenüber der zweiten Auflage nicht grundsätzlich geändert. Das größte politische Experiment aller Zeiten ist beendet. Der nach dem Zweiten Weltkrieg in zwei Stücke zerschnittene Kontinent kann als Haus Europa neu eingerichtet werden. Die Vereinigung der beiden deutschen Staaten schreibt der deutschen Sprache wieder einen höheren Stellenwert in der internationalen „scientific community" zu.

Vor dem Hintergrund dieses politischen Szenenwechsels kann mit Befriedigung festgestellt werden, daß die Fragestellung des Studienbuches nach den politischen Determinanten von Stadt und Stadtentwicklung, mit der Gliederung in die politischen Systeme des nordamerikanischen Kapitalismus, der sozialen Wohlfahrtsstaaten und der postsozialistischen Staaten Europas, die sich in Transformation vom Plan zum Markt befinden, ihre Bewährungsprobe als immanente Sichtweise bestanden hat.

Die dritte Auflage hat an der Grundkonzeption des Studienbuches, die Stadt als räumliches Organisationssystem darzustellen, nicht gerüttelt, im einzelnen jedoch in Text und Ausstattung neue Forschungsergebnisse eingearbeitet.

Bei der Umarbeitung der dritten Auflage wurde ich von einem neuen Mitarbeiterteam bestens unterstützt. Ich habe zu danken: Herrn DDr. Kohlbacher für das sorgfältige Lektorat des Manuskripts und des Umbruchs, Frau Mag. Skodacsek für die Mitgestaltung des Layouts und die Formatierung von Tabellen und die graphische Gestaltung von Schemata, Frau Mag. Hiebl für die Hilfe beim Updating der Bibliographie und die mühsame Arbeit bei der Erstellung von Disketten für den Verlag, Frau Westermayer für das Layout und Finish von einzelnen Graphiken und Frau Steiner für die Hilfe bei der Beschaffung von Literatur.

Mein besonderer Dank geht – last, not least – an Herrn Kollegen Heinz Faßmann, der als kritischer Gesprächspartner in zahlreichen Diskussionen mit konstruktiven Vorschlägen wesentlich zur Überarbeitung von Text und graphischer Gestaltung beigetragen hat.

Wien, im Juli 1998 Elisabeth Lichtenberger

Inhalt

Verzeichnis der Abbildungen

1 Zum Standort

2 Begriffe, Modelle, Kategorien, Konzepte

3 Determinanten von Strukturen und Prozessen im Stadtraum

4 Prozesse der Stadtentwicklung

5 Strukturen und Prozesse auf der Makroebene von städtischen Systemen

6 Metropolitane Probleme in den USA und in Europa

Verzeichnis der Tabellen

2 Begriffe, Modelle, Kategorien, Konzepte

3 Determinanten von Strukturen und Prozessen im Stadtraum

5 Strukturen und Prozesse auf der Makroebene von städtischen Systemen

6 Metropolitane Probleme in den USA und in Europa

1 Zum Standort

1.1 Richtungen der Stadtforschung: Ein Rückblick

Stadtforschung ist im wesentlichen immer Großstadtforschung gewesen. In den großen Städten verdichten und potenzieren sich alle Probleme und Konflikte der Gesellschaft.

Ihr physischer Stadtraum offeriert gleichzeitig ein sehr viel interessanteres und vielfältigeres Untersuchungsterrain als der von kleinen und mittelgroßen Städten, da sich hier sowohl die in der Vertikalen stratifizierte Gesellschaft als auch die Einrichtungen des arbeitsteiligen Prozesses von Produktion, Verteilung, Dienstleistung usw. in Subarealen differenzieren. Assoziationen von sozialen Gruppen, Betrieben und Einrichtungen aller Art bieten sich einer Analyse an. Es ist das Wissen um große Städte, welches die Auswahl der Sachbezüge und diejenigen der konkreten Beispiele im vorliegenden Studienbuch strukturiert.

Große Städte sind aber nicht nur hinsichtlich der räumlichen Organisation außerordentlich komplexe, sondern ebenso außerordentlich dynamische Gebilde. Jede Wissenschaft, die sich mit ihnen beschäftigt, sieht sich daher vor das Problem gestellt, Begriffe, Konzepte und Fragestellungen entweder kontinuierlich oder, wie dies zumeist geschieht, schubweise zu revidieren. Aus den Veränderungen der städtischen Gesellschaft und des Stadtraums entstehen in rascher Folge neue Fragestellungen, und aufgrund des beschränkten Potentials wissenschaftlicher Forschung werden ältere Fragestellungen durch neue „Moderichtungen" verdrängt. Freilich erfolgen derartige Revisionen bzw. Verdrängungen stets nur unvollständig. Persistenzen bestehen nicht nur im physischen Raum der Stadt, sondern bestimmen auch die Stadtforschung.

Im folgenden einige Stichworte zu den Disziplinen, die sich im 20. Jahrhundert in einem freilich nur sehr locker verknüpften Verbund und in jeweils verschiedenen Konstellationen mit spezifischen Stadtthemen beschäftigt haben. Vielfach gaben hierzu brennend empfundene Probleme und Konflikte den Anlaß (vgl. Abb. 1.1).

1. *Politische Arithmetik, Bevölkerungsstatistik, Medizinalstatistik und Sozialhygiene* standen am Anfang und bilden bis zur Gegenwart einen Hauptast der Forschung. London blieb seit dem 18. Jahrhundert für lange Zeit das wichtigste Untersuchungsfeld. Entsprechend der Hypothek einer äußerst ungünstigen städtischen Lebensumwelt entstand ein Stadtpessimismus, den die sozialwissenschaftliche Großstadtforschung in Großbritannien nie mehr abstreifen konnte. Zutiefst in den Wohnvorstellungen der Ober- und Mittelschichten verankerte antiurbane Traditionen bestimmen die Stadtplanung und den Städtebau bis zur Gegenwart herauf.

	STATISTIK	*GESELLSCHAFTS-WISSENSCHAFTEN*	*UMWELT-FORSCHUNG*	*STADT-GEOGRAPHIE*
2. Hälfte 19. Jh.	Bevölkerungs-, Medizinalstatistik Stadtstatistik	Wohnungsfrage Sozialpolitik Sozialhygiene	Sozialhygiene Sozialmedizin/ Sozialpsychologie	Kulturkreislehre
1900	<=== Sammelwerk: Die Großstadt (1903) ===>			
	Migration	Soziale Schichtung Mobilität	THURNWALD (1904) Umweltlehre Effekte der städt. Umwelt auf Bewohner	HASSINGER (1916) Stadtlandschaft als phys. Struktur räumliche Organisation gesellschaftliche Nutzungen Denkmalschutz
Erster Weltkrieg				
Zwischen-kriegszeit		Stadtökologie PARK (1925)	HELLPACH(1939) Biologie der Großstadt (1940)	Wohnbauforschg. Sukzession von Nutzungen und Sozialgruppen CHRISTALLER (1933) ZO Theorie
Zweiter Weltkrieg				
Nach-kriegszeit	Datenbanken Umweltstatistik	Sozialraumanalyse SHEVSKY-BELL (1955) kritische Stadtsoziologie	"Naturgeschichte der Großstadt" "Stadtökologie" der Biologie	Innerstädtische ZO Theorie Standorttheorie Faktorialökologie BERRY (1970) Stadt-Umwelt-Forschung

Entwurf: LICHTENBERGER

Abb. 1.1: Richtungen der Stadtforschung im 20. Jahrhundert

2. Der zweite Ast der Stadtforschung wurzelt in den *Gesellschaftswissenschaften* mit den Hauptvertretern in der Soziologie, Sozialanthropologie und Sozialpolitik. Die Soziologie begriff sich von den Anfängen an als Krisenwissenschaft. Aspekte der Dichte, der Heterogenität der Bevölkerung und des kulturellen Pluralismus wurden zu immanenten Forschungsfragen. Eine Sonderentwicklung vollzog sich in Nord-

amerika, wo eine sozialdarwinistische Richtung in der Stadtsoziologie aus der interessanten Liaison zwischen Biologismus und ökonomischer Standorttheorie hervorgegangen ist. Es handelt sich um die vielzitierte Sozialökologische Schule von Chicago, welche mit einer zeitlichen Verzögerung von nahezu einer Generation seit den 60er Jahren auch die sozialgeographische und soziologische Stadtforschung in Deutschland mitbestimmt hat.

3. An der Nahtstelle von Sozialmedizin und Sozialpsychologie entstand ferner zu Beginn des 20. Jahrhunderts die städtische *Umweltforschung*. Freilich beschäftigte sie sich damals noch nicht, wie heute, mit den Schäden, welche unsere technisierte städtische Gesellschaft an den natürlichen Ressourcen erzeugt, sondern vielmehr mit Fragen nach der Auswirkung der städtischen Umwelt auf den Menschen selbst. In einem Aufsatz skizzierte THURNWALD (1904) eine großstädtische Umweltlehre. Erstmals werden darin die Phänomene des Stadtklimas, die Einflüsse der großstädtischen Berufsumwelt, die psychologischen und physiologischen Voraussetzungen des Lebens in den Städten analysiert. Drei Jahrzehnte vergehen bis zum Erscheinen des heute als „Klassiker“ zu bezeichnenden Buches von HELLPACH „Mensch und Volk der Großstadt“ (1939), in dem sich geistes- und naturwissenschaftliche Fragestellungen verbinden, und des Sammelwerks „Biologie der Großstadt“ von DE RUDDER und LINKE (1940) als Ergebnis medizinischer und naturwissenschaftlicher Zusammenarbeit. Das Hauptthema ist die Großstadt als Umwelt im Sinne der Biologie, d. h. in ihrer Wirkung auf Gesundheit und Krankheit des Menschen. Erstmals wird die Akzeleration, die durch die Großstadt ausgelöste Beschleunigung der physiologischen und psychologischen Entwicklung der Großstadtbewohner, festgestellt.

4. Um die Jahrhundertwende reiht sich die *Stadtgeographie* ein in den Kreis der Disziplinen, welche sich an dem noch immer lesenswerten Sammelwerk „Die Großstadt“ (1903) beteiligen. Sie entwickelte zu dieser Zeit das Konzept der Stadtlandschaft. Daran anschließend begründete HASSINGER (1916) im interdisziplinären Forschungsfeld von Stadtgeographie, Architektur- und Sozialgeschichte und Städtebau die geographische Wohnbauforschung und legte damit die Basis für die Wiener Schule der Stadtgeographie. In einem die physische Struktur von Verbauung und Nutzung umgreifenden breiten Spektrum beschäftigte sich die Stadtgeographie stets mit der inneren räumlichen Differenzierung von Städten. Kartierung, Erhebung und statistische Analyse der physischen Erscheinungsformen der Stadt lieferten Schlüsselinformationen für verschiedene Prozesse (Entwicklung des Geschäftslebens, Dezentralisierungsprozesse der Wirtschaft und Bevölkerung, Blight-Phänomene, Slumbildung, Versorgungsdisparitäten usw.).

1.2 Geographische Stadtforschung im interdisziplinären Verbund

Zum Unterschied von der Bevölkerungs-, Sozial- und Wirtschaftsgeographie, die systematische Disziplinen als Anrainer besitzen, fehlt der Stadtgeographie eine Nachbarwissenschaft im Sinne einer Stadtwissenschaft. Nur eine mit normativen Zielsetzungen arbeitende Siedlungslehre hat sich als eine Art Propädeutik für den Städtebau an technischen Universitäten entwickelt. Die Stadtgeographie arbeitet daher im Kontakt mit einer Vielzahl von Humanwissenschaften, technischen Fächern, speziellen Zweigen der Medizin und Jurisprudenz im interdisziplinären Feld der Stadtforschung. Der Pluralismus der Kontakte und der daraus resultierende Pluralismus der Forschungsansätze (vgl. unten) sind es wohl, welche Geographen veranlassen, den Begriff geographische Stadtforschung der Bezeichnung Stadtgeographie vorzuziehen.

Der globalen Dynamik des Verstädterungs- und Metropolitanisierungsprozesses entsprechend, ist die geographische Stadtforschung eine Wachstumsdisziplin par excellence, gekennzeichnet durch

- *fortschreitende Diversifizierung der Forschung, d.h. Abspaltung immer detaillierterer Fragestellungen,*
- *wachsende methodische Spezialisierung bei steigender Tendenz zum Methodenmonismus,*
- *Verlagerung der Forschung in Grenzbereiche zu Nachbarwissenschaften und*
- *zunehmende regionale Spezialisierung.*

In diesem Wachstum lassen sich zwei deutliche Abschnitte unterscheiden:

1. Der erste Abschnitt stand im Vorzeichen des institutionellen Ausbaus der Universitäten und Forschungseinrichtungen und war durch eine *wissenschaftstheoretische Oligarchie* gekennzeichnet. Nahezu gleichzeitig vollzog sich in den späten 60er Jahren das Auftreten von analytischer und neomarxistischer Stadtgeographie im deutschen Sprachraum. Der in der Literatur vielzitierte „Paradigmenwechsel" von der klassischen Stadtgeographie zur analytischen Stadtgeographie hatte jedoch keine „Wachablöse" im Gefolge. Aus der Forschungsrealität erwuchs vielmehr die Erkenntnis der theoretisch-methodischen Komplementarität und schließlich kam es in einem sehr diffizilen Prozeß zur Ausbildung von vielfältigen Integretationsformen beider wissenschaftstheoretischen Grundpositionen.

Insgesamt hat sich aufgrund der Komplementarität und Integration von klassischer und analytischer Stadtgeographie nicht nur die Palette der Nachbardisziplinen wesentlich verbreitert, sondern es hat die derart integrierte geographische Stadtforschung dank ihrer geowissenschaftlichen und gleichzeitig kulturhistorischen Forschungstradition ihre Position gegenüber den sozialwissenschaftlichen Anrainern verbessert. Abbildung 1.2 belegt das Spektrum der Nachbardisziplinen von klassischer und analytischer Stadtgeographie. Auf der Grundlage des Stadtlandschaftskonzepts hat die klassische Stadtgeographie schon früh eine Brücke zum Städtebau entwickelt. In diesem Zusammenhang sei auf die Wiener Schule hingewiesen (vgl. unten).

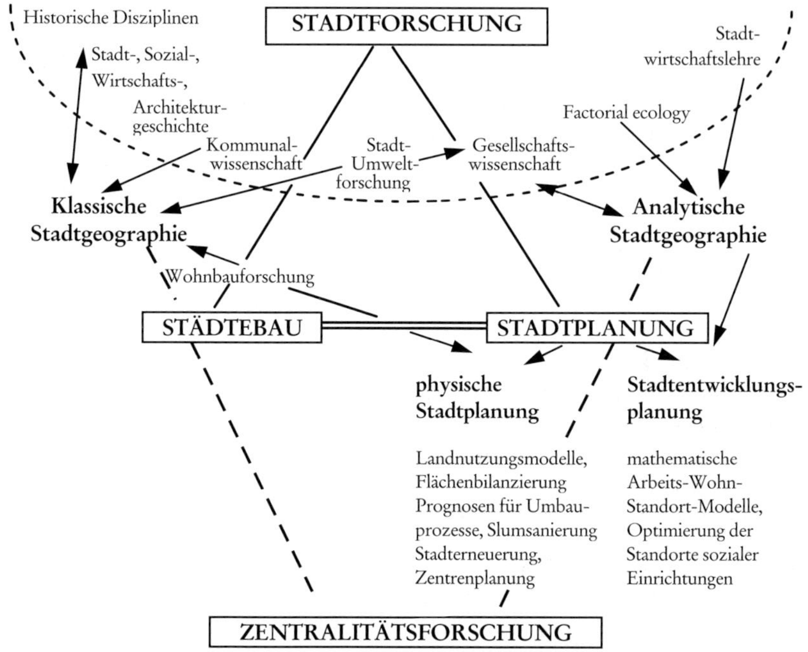

LICHTENBERGER. 1980a, S. 109.

Abb. 1.2: Die Stellung der Stadtgeographie im Beziehungsdreieck von Stadtforschung, Städtebau und Stadtplanung

Darüber hinaus bestehen in der historischen Stadtlandschaftsforschung enge Beziehungen zu den historischen Disziplinen. Dem stehen andererseits die Verbindungen der analytischen Stadtgeographie zur Regional Science, Stadtwirtschaftslehre, analytischen Psychologie und Verhaltensforschung gegenüber. In der angelsächsischen Welt entstand zuerst ein fächerübergreifender Zitierverbund, in dem die Grenzen zwischen räumlich und systematisch orientierter Forschung verschwunden sind.

Während klassische und analytische Stadtgeographie einen klaren Forschungsstil entwickelt haben, hat sich die *neomarxistische Wissenschaftstheorie* in erster Linie indirekt, und zwar über die Veränderung der Ideologien von Wissenschaftlern, auf die geographische Stadtforschung ausgewirkt. Aus den einer idealistischen Philosophie verpflichteten Bildungsbürgern, denen es in erster Linie um die Darstellung der Stadtgestalt und der tragenden sozialen Schichten gegangen ist, sind schrittweise sozialkritisch eingestellte Fachvertreter geworden. Sie sind interessiert an Konflikten zwischen und innerhalb von Gruppen, an Disparitäten auf dem Wohnungs- und Arbeitsmarkt, bei der Allokation von Dienstleistungen und Erholungseinrichtungen. Wieder anders ist die Haltung von Fachvertretern, die sich mit den Ansprüchen einer städtischen Konsumgesellschaft beschäftigen. Sie entwickeln, mit dem Faktor Zeit als knapper Ressource operierend, eine Allokationsstrategie für Einrichtungen, bei der es darum geht, dem Nachfrager möglichst viele Aktivitäten in günstiger Reichweite zu offerieren. Vielfach ist eine angewandte Forschung, ohne es zu wollen, damit Erfüllungsgehilfe der Infrastrukturplanung des sozialen Wohlfahrtsstaates bzw. der Marktinteressen privater Unternehmer geworden. Mit dieser Aussage befinden wir uns bereits im zweiten Abschnitt.

2. Der zweite Abschnitt, der in den 80er Jahren begonnen hat und bis heute dauert, hat noch keine zusammenfassende Bezeichnung, es wäre auch nicht richtig, verhaltenswissenschaftlichen Strömungen bzw. handlungsorientierten Theorien die Führungsrolle zuzuschreiben. Wesentlich ist jedoch der Bedeutungsverlust von Schulen und Denkrichtungen bei gleichzeitigem Überhandnehmen individualistischer Sichtweisen. Der individualistische Zeitgeist bestimmt Forschungsstil und Methodik. Individualisierung ist Trumpf in den Sozialwissenschaften und auch in der Stadtforschung. Hierzu nur einige Stichworte:

- Städte werden mit Individuen gleichgesetzt und statistisch analysiert. Aus der Biographieforschung wird das Lebenslaufkonzept übernommen, d. h. analog zu Karrierepfaden und Karrierechancen werden Entwicklungspfade und Entwicklungschancen von Städten analysiert.
- In diesem Kontext ist auch das heuristische Prinzip von Aufstieg und Verfall, modifiziert als Wachstum und Verfall von Städten, angesiedelt.
- Als neues Paradigma vor dem Hintergrund des Neoliberalismus wird die Städtekonkurrenz unter Einbringung politökonomischer und betriebswirtschaftlicher Fragestellungen zum Modell der unternehmerischen Stadt hin thematisiert.
- Diese neuen Sichtweisen sind mit einer Renaissance der Analyse im zwischenstädtischen System verbunden. Wirtschaftswissenschaftliche Fragen dominieren, wobei der Übergang vom Fordismus zum Postfordismus bzw. zum Neofordismus vielfach als Erklärungsrahmen dient.
- Andererseits hat die rasch fortschreitende Individualisierung auch auf der Mikroebene der Stadt ähnliche Sichtweisen gebracht. Auch hier geht es um die Konkurrenz einzelner Betriebe, um die Aufgaben von Institutionen, es geht ebenso um die Lebensbezüge des einzelnen Stadtbewohners. Aus dem Bedeutungsgewinn individueller und kohortenspezifischer Verhaltensparameter in der städtischen Gesellschaft ist eine neue Flut der Mikroforschung über die Präferenzen und Aktivitäten in bestimmten städtischen Kleinräumen, über Lebensstile, benachteiligte Gruppen usw. entstanden.

Pluralismus ist Trumpf in der postindustriellen Gesellschaft und ebenso in der Stadtforschung. Theorieimporte aus Nachbardisziplinen gehören zum „state of the art", räumliche Bezüge verlieren an Stellenwert. *HABERMAS hat von der „neuen Unübersichtlichkeit" gesprochen, seine Aussage gilt auch für die geographische Stadtforschung.*

Was ist die Position der Autorin gegenüber dieser neuen Unübersichtlichkeit. Die Antwort lautet: Dem Prinzip des Lehrbuches entsprechend, nur abgesichertes Wissen zu vermitteln, wurden nur diejenigen neuen Fragestellungen aufgenommen, bei denen die Forschung die Schnittstellen zwischen systematischen und räumlichen Theorien bzw. räumlichen Basiskonzepten bereits erzeugen konnte. Das gilt für die Thematik von Kapital, Arbeitskräften und Immobilien.

1.3 Richtungen und räumlicher Maßstab der Forschung

In der folgenden Darstellung geht es um die Präsentation der Hauptrichtungen der Stadtgeographie (vgl. Abb. 1.3). Sie werden in einen Ordnungsrahmen eingefügt, der sich aus dem ***räumlichen Bezug der Forschung*** ergibt. Danach ist folgende Gliederung der Forschungsrichtungen möglich:

1. ohne explizit definierten Raumbezug,
2. im zwischenstädtischen System (Raum),
3. auf der Makroebene der Gesamtstadt (bzw. der Stadtregion),
4. auf der Mesoebene von Stadtvierteln und Stadtteilen,
5. auf der Mikroebene von Häusern, Wohnungen, Betrieben und Haushalten.

Mit der Frage nach dem jeweiligen Theoriehorizont sei im folgenden die Darstellung eröffnet.

ad 1. Eine Durchsicht der Literatur führt zur Feststellung, daß mit der Verlagerung der Forschung zu Nachbardisziplinen hin und mit der verstärkten Bedeutung einer sozialkritischen Richtung im Sinne einer „engagierten" Geographie in zunehmendem Maße in den Aussagensystemen auf den konkreten Raumbezug verzichtet wird. Das heißt, die Forschung verbleibt vielfach in einem zweidimensionalen Informationsraum von Theorien, Sachinhalten und/oder zeitlicher Dimension. Dieser ***Verzicht auf den konkreten räumlichen Bezug*** kommt in erster Linie den Aussagen über die gesellschaftlichen Strukturen und Prozesse zugute, die, „befreit vom Raumkorsett", an Tiefgang gewinnen können. In einer Zeit, in der über die Massenmedien bei der Weitergabe von Informationen „Distanzen vernichtet" werden und punktuelles Wissen überhandnimmt, ist diese Tendenz durchaus verständlich. Dazu kommt ein weiteres, nämlich die Übernahme von Theorien aus Nachbardisziplinen, wie der Bevölkerungswissenschaft und der Nationalökonomie. Letztere verwendet entweder überhaupt nur abstrakte Raumbegriffe oder bezieht sich auf große räumliche Einheiten, wie Staaten und Länder.

Unter Bezug auf die Theorien mit räumlichem Bezug auf zwischen- und innerstädtische Systeme gelangt man zur überraschenden Feststellung, daß sich diese stets, wie das folgende Schema zeigt, in einer spezifischen Maßstabsdimension etabliert haben.

ad 2. Hierbei ist die ***Theoriebildung im zwischenstädtischen System*** im allgemeinen vorangegangen. Dies gilt sowohl für die kulturhistorisch-hermeneutische als auch für die analytische Forschung. Das methodische Vorgehen, aus der Verbreitung spezifischer Erscheinungen auf deren Ausbreitung rückzuschließen, geht bereits auf die sogenannte *Verbreitungs- und Ausbreitungslehre* von RATZEL zurück, die einen tiefgrei-

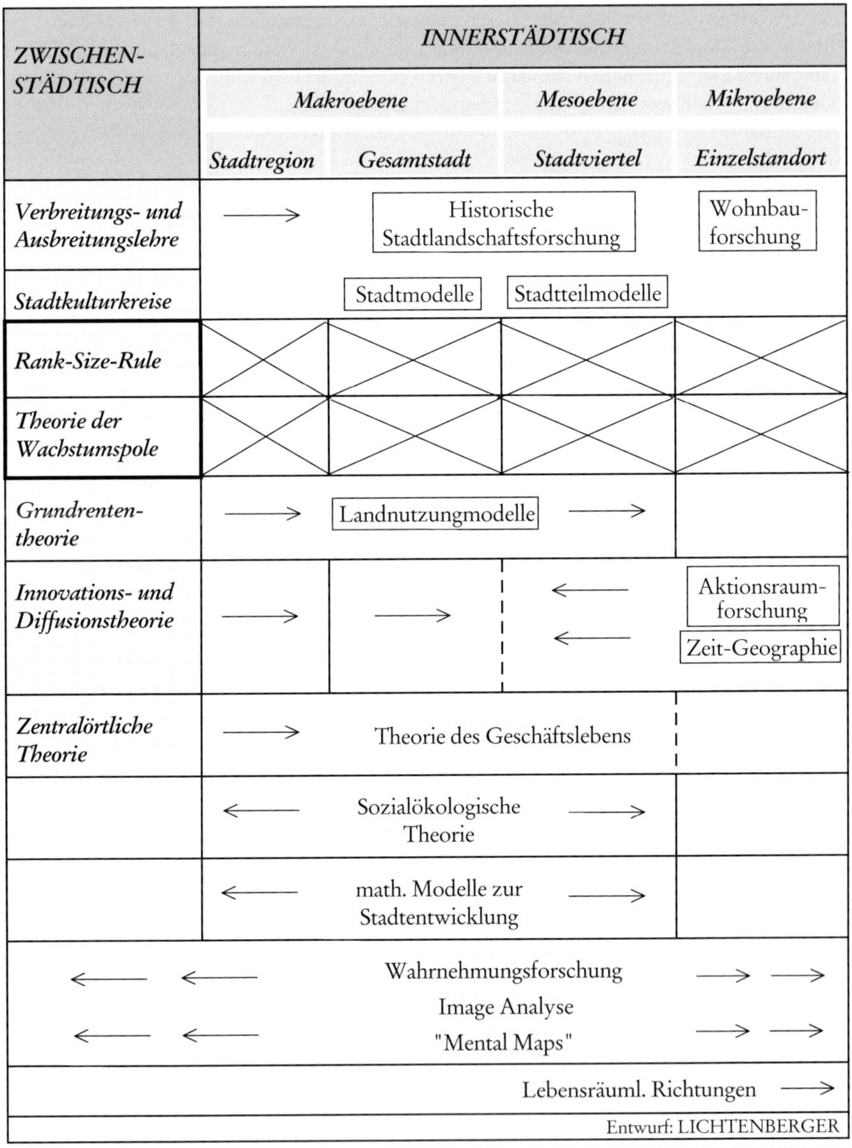

Abb. 1.3: Perspektiven und räumliche Maßstäbe der geographischen Stadtforschung

fenden Einfluß auf die mit räumlicher Methodik arbeitende Geschichts- und Kulturforschung, darunter auch die historische Stadtforschung, ausgeübt hat. In diesen Themenbereich gehören Untersuchungen über die Ausbreitung spezifischer Stadttypen, Stadtrechte und Grundrißformen von Städten über die Erde bzw. Kontinente hin. HÄGERSTRAND hat dann in der *Innovations- und Diffusionstheorie* erstmals versucht, die Ausbreitung bestimmter Erscheinungen im Raum als mathematische Funktion zu formulieren und Modelle zur Simulation derartiger Ausbreitungsprozesse mit Sekundär- und Tertiärkernen der Diffusion zu entwickeln.

Derart besteht auch in der analytischen Stadtgeographie ein Theorievorsprung bei der Analyse zwischenstädtischer Systeme. Die Gründe hierfür liegen auf der Hand. Die einzelnen Elemente der Analyse (sprich: Städte) sind erstens fix verortet und zweitens durch nicht städtisch genutzte Flächen klar getrennt, so daß das immanente geographische Problem der Gliederung eines Kontinuums, dem sich die innerstädtische Forschung gegenübersieht, entfällt. Als weitere Vorteile sind die meist größere Zahl von pro Stadt zur Verfügung stehenden Merkmalen und ebenso die meist klar spezifizierbare Verknüpfung zwischen den Städten zu nennen.

Ausschließlich im zwischenstädtischen System sind die *Theorieansätze zur Stadtgrößenverteilung („Rank-Size-Rule")* verwendet worden, die einerseits mit Theorien zur Wirtschaftsentwicklung und andererseits mit Kulturstufenmodellen in Verbindung gebracht wurden, sowie die regionalökonomischen Theorien, insbesondere die Theorie der Wachstumspole. Ein umfassender Überblick über diese und weitere Theorien von Siedlungssystemen stammt von BARTELS (1979).

Die wichtigste Theorie im zwischenstädtischen System geht auf CHRISTALLER (1933) zurück. Sie ist als *zentralörtliche Theorie* längst Allgemeingut der Regional- und Wirtschaftswissenschaften geworden und hat ebenso die Planungspraxis tiefgreifend beeinflußt. Im Rahmen der Teubner-Studienbücher ist ihr ein eigener Band gewidmet (HEINRITZ 1979). Sehr verkürzt kann sie in ihrer Ideologie als „konsumentenorientierte Standorttheorie des tertiären Sektors" umschrieben werden. Der entscheidende geographische Fortschritt liegt jedoch in der erstmaligen Anwendung eines hierarchischen Organisationsmodells bei der Erforschung von städtischen Systemen.

Die Standortwahl des sekundären Sektors im zwischen- und innerstädtischen System konnte dagegen bisher nicht theoretisch befriedigend fundiert werden. Die *Theorie der Industriestandorte* von WEBER enthält implizit die Annahme der räumlichen Variabilität der Standorte von Betrieben entsprechend den Kostenstrukturen der verschiedenen Produktionsfaktoren (Rohmaterialien, Arbeitskräfte usw.) und setzt nicht, wie die Theorien des tertiären Sektors von CHRISTALLER und LÖSCH, eine Stabilität der räumlichen Standorte voraus.

ad 3. *Aus dem zwischenstädtischen System sind insgesamt drei Theorien auf die* ***Ebene der Gesamtstadt*** *übertragen worden.* An erster Stelle ist hierbei die zuerst von - THÜNEN für die zentral-periphere Abfolge von Landnutzungszonen um eine Stadt im isolierten Staat entwickelte *Grundrententheorie* zu nennen, welche mehr als hundert Jahre später von ALONSO auf den städtischen Bodenmarkt übertragen wurde und seither zum Standardrepertoire der Stadtgeographie bei der Erklärung von zentral-peripher organisierten Landnutzungsmustern gehört. In der jüngeren Forschung wurden städtebauliche und sozialgeographische Fragestellungen in die Grundrententheorie eingebaut.

Die zunächst für den zwischenstädtischen Raum konzipierte zentralörtliche Theorie von CHRISTALLER (1933) fand eine Generation später als Partialmodell bei der Erklärung der innerstädtischen Hierarchie des Geschäftslebens Anwendung (CAROL 1960, BERRY 1963, LICHTENBERGER 1963). Hierbei wurden nur Teile der systematischen Theorie übernommen und distanzielle Elemente teilweise vernachlässigt.

Ebenfalls aus dem zwischenstädtischen Raum stammt die Innovations- und Diffusionstheorie. Sie fand, verknüpft mit einem Assoziations- und Sukzessionsmodell, bei der Erklärung der Citybildung und der Wohnbauentwicklung von Städten Verwendung.

Außer den genannten, aus dem zwischenstädtischen Raum „importierten" Theorien sind auf der Ebene der Gesamtstadt folgende Richtungen zu unterscheiden:

Die *sozialökologische Theorie* stellt im Hinblick auf den derzeitigen Bestand an Literatur wohl die bedeutendste Forschungsrichtung dar. Sie hat in jüngster Zeit auch in die historische Stadtforschung Eingang gefunden. Eine Rezeption und kritische Analyse findet sich in den Kapiteln 2.2.2 (Die Persistenz der Modelltriade der amerikanischen Sozialökologie) und 3.6.2 (Sozialraumanalyse und Faktorialökologie). In der angelsächsischen Welt wird die sozialökologische Theorie gleicherweise in Lehrbüchern der Soziologie wie in denen der Stadtgeographie behandelt. Sie bildet eine interessante Verknüpfung zwischen der ökonomischen Standorttheorie und einem biologischen Sukzessionskonzept im Sinn von DARWINS „Kampf der Arten".

Durch die Verwendung von Arealdaten der amtlichen Statistik zählt sie zu den Spitzenreitern bei der Ausbreitung der analytischen Stadtgeographie über die Erde, da die hierfür benötigten statistischen Daten in den Entwicklungsländern, nicht zuletzt dank der Initiative der UNESCO, für immer mehr Städte, für immer kleinere Erhebungseinheiten und für immer mehr Merkmale pro Erhebungseinheit zur Verfügung stehen.

Die *hermeneutische Stadtgeographie* hat eine Palette von weiteren gesellschaftlichen Sichtweisen auf der Makroebene eingebracht. Dazu zählen die mit gesellschaftspolitischen Konstellationen verknüpften unterschiedlichen Stadtmittekonzepte, ferner das heuristische Prinzip der Überlagerung von kulturellen und gesellschaftspolitischen Systemen mit der Konsequenz der Entwicklung von bipolaren Stadtstrukturen, der Zusammenhang zwischen dem zeitlichen Ablauf des Industrialisierungsprozesses und der Verortung der Industrie in der Landnutzung von Städten sowie der unterschiedliche räumliche Bezug von Arbeiten und Wohnen und von Öffentlichkeit und Privatheit im interkulturellen Vergleich. Mit der Einbringung der genannten gesellschaftlichen Sichtweisen ist es auch möglich, die eingeengte Perspektive zu durchbrechen, welche die Vertreter der Sozialökologie zur Auffassung veranlaßt, daß mit der Übernahme von postindustriellen Technologien eine Konvergenz der Stadtentwicklung über die Erde hin eintreten wird.

Im Zusammenhang mit der „Entdeckung" des Wahrnehmungsraums ist die *Methode der „mental maps"* und der *Imageanalyse* zunächst von der Gesamtstadt ausgegangen, sie wurde jedoch in weiterer Folge auch für Stadtteile verwendet.

Im interdisziplinären Bereich zur mathematischen Modelltheorie hin sind sogenannte *„Stadtentwicklungsmodelle"* geschaffen worden. Ihre Aufgabe ist es, Entscheidungshilfen für die Stadtentwicklungsplanung zu bieten. Einem Simulationsmodell, in dem die Auswirkungen alternativer Varianten der räumlichen Stadtentwicklung durchgespielt werden, ist stets ein Prognosemodell vorgeschaltet, in dem Möglichkeiten und Grenzen des Bevölkerungs- und Wirtschaftswachstums für die Stadt als Ganzes in Szenarientechnik prognostiziert werden. Infolge des notwendigen Zugriffs zu Datenbanken können derartige Modelle nur in großen interdisziplinären Forschungsinstitutionen oder bei Behörden gerechnet werden.

ad 4. Für ***die Mesoebene der Stadt***, welche – je nach Stadtgröße – Stadtteile, Stadtbezirke und Stadtviertel umfaßt, fehlen eigenständige Theorien. Normative Prinzipien beherrschen das Feld. Außerordentlich wichtig ist die normative Konzeption der Nachbarschaft geworden. Städtebau und Stadtplanung haben in sektoraler Weise ihre Schaustücke von Fußgängerzonen und Altstadtsanierungen bis zu Shopping-Centers, Industrie- und Freizeitparks geschaffen. In theoretischer Hinsicht können Wohnquartiere und Stadtteile freilich nur unter Bezug auf die Gesamtstadt identifiziert werden. Wohl versucht neuerdings sozialwissenschaftliche und volkskundliche Forschung mit theoretischen Konstrukten, wie „Territorialität", „Identität" und „Heimat", „lebensräumliche Areale" zu erfassen, Voraussetzung für deren Existenz ist freilich das Vorhandensein kleinteiliger historisch-topographischer Strukturen (ehemalige Dörfer, Vororte, Vorstädte), eine Dominanz des Fußgängerverkehrs, eine gewisse Immobilisierung traditioneller (eingesessener) Schichten und das Vorhandensein lokaler Kommunikationsorgane und Institutionen (Zeitungen, Vereine bzw. Institutionen, Kirchen u. dgl.) und damit letztlich das Entstehen von „Subkulturen".

ad 5. Für die ***Mikroebene der Stadt*** gilt das Gleiche wie für die Mesoebene. Auch hier fehlen Theorien. Dafür ist sie aber das Terrain für einen ausstilisierten Methodenverbund der Primärforschung mit geowissenschaftlichen Kartierungstechniken, sozialwissenschaftlichen Beobachtungs- und Befragungsmethoden und statistischer Analyse. Hierbei sondern sich die Forschungsrichtungen im Realobjektraum, Aktionsraum und Wahrnehmungsraum, denen jeweils eigene Kapitel gewidmet sind.

Eine Forschungsrichtung sei besonders herausgestellt, nämlich die *geographische Wohnbauforschung*, welche von HASSINGER vor dem Ersten Weltkrieg begründet wurde, als man in der Zeit des technischen Städtebaus um die Jahrhundertwende mittels der sogenannten „Stadtregulierung" ein allseits durchgängiges Rasterschema über den älteren Baukörper von Wien legen wollte. Mit mehreren engagierten Publikationen, darunter dem Kunsthistorischen Atlas der Residenzstadt Wien, hat HASSINGER in Österreich ein Fundament für die Bewegung des Denkmalschutzes geschaffen und im interdisziplinären Forschungsfeld von Stadtgeographie, Städtebau, Architektur und Sozialgeschichte die Basis für die Wiener Schule der Stadtgeographie gelegt. Meines Erachtens zählt die geographische Wohnbauforschung mit allen Detailfragen von institutioneller Organisation der Bautätigkeit, d. h. Bauträgern, Kapitalbildung und Gruppierungen der Bevölkerung, zu den ewigen Aufgaben der Stadtgeographie. Die Geographie wäre schlecht beraten, aus diesem interdisziplinären Forschungsfeld herauszugehen, da gerade bei der Untersuchung baulicher Strukturen Geographen eine echte Chance besitzen, Entscheidungsträgern bei Fragen des Ensemble- und Denkmalschutzes, der Altstadterhaltung und Stadterneuerung Problemlösungen anzubieten. Die wissenschaftliche Beschäftigung mit den physischen Erscheinungsformen der Stadt schließlich liefert Schlüsselinformationen für verschiedene Prozesse (Dynamik des Geschäftslebens; Dezentralisierung der City; Commercial-, Residential-, Industrial-Blight-Phänomene; Slumbildung, Versorgungsdisparitäten zwischen inneren Stadtteilen und Stadträndern, Prognosen für Umbauprozesse und dgl.).

Da die „normalen" Bedürfnisse der Stadtplanung im wesentlichen immer noch von der physischen Planung bestimmt werden, besteht eine Brücke von großer Tragfähigkeit von der Geographie zum Städtebau und zur Stadtplanung.

1.4 Verstädterung und Entstädterung: Die Veränderung der Wirklichkeit der Stadt

Als Grundbedingung für die Veränderung der Wirklichkeit der Stadt werden die Prozesse der ***Verstädterung*** und ***Entstädterung*** aufgefaßt. Sie umspannen die gesamte gesellschaftliche Organisation und betreffen drei Aspekte des Siedlungssystems:

1. das Stadt-Land-Verhältnis,
2. das zwischenstädtische System und
3. das innerstädtische System.

Von besonderer Bedeutung ist der allmähliche Wandel des Stadt-Land-Gegensatzes zu einem Stadt-Land-Kontinuum; er vollzieht sich in Form einer

- ***physiognomischen Verstädterung***, d.h. der Ausbreitung von städtischen Wohnbauformen, Einrichtungen und Flächennutzungen im ländlichen Raum, weiters einer

- ***funktionellen Verstädterung***, d.h. einer Ausbreitung sämtlicher Organisationsstrukturen von städtischer Produktion und Verteilung, einer Ausweitung der Verflechtungsbereiche der Arbeitsmärkte über die Pendelwanderung, der Dienstleistungsbereiche durch neue Verortungen von Einrichtungen, einer Entwicklung neuer Kommunikations- und Informationsnetze, sowie einer

- ***soziologischen Verstädterung*** des ländlichen Raums, d. h. einer Angleichung von Normen und Werthaltungen der Bevölkerung hinsichtlich der generativen Struktur, der Organisationsformen der Arbeitswelt, der Haushaltsführung und des Konsumniveaus an diejenigen der städtischen Bevölkerung.

Selbstverständlich beeinflußt die Verstädterung auch die Strukturen der nationalen städtischen Systeme. Die Rang-Größen-Verhältnisse von Städten verschieben sich zugunsten von Großstädten. Der Vorgang der Verstädterung wird vom Vorgang der Vergroßstädterung abgelöst bzw. begleitet. Dieser Vorgang wird als Metropolitanisierung bezeichnet und bedeutet, daß sich die Kernstädte außerhalb der Stadtgrenze mit „Vor-Städten" umgürten und große Verdichtungsräume entstehen. Im Verlauf dieser Entwicklung differenzieren sich drei Grundtypen städtischer Systeme deutlich voneinander: metropolitane Systeme, zentralörtliche Systeme und an natürliche Ressourcen gebundene Reviere (vgl. Kapitel 4.1). Der Vorgang der Metropolitanisierung, der Umwandlung von Städten in Agglomerationen, erzeugt ein neues Siedlungssystem, Suburbia, auf Kosten der Kernstadt.

Damit ist der aktuelle Vorgang der ***Entstädterung*** (Desurbanisation) in der westlichen Welt angesprochen. Was sind seine Konsequenzen? Aufgrund von Suburbanisierung und „urban sprawl", d. h. der planmäßigen Aufschließung und „chaotischen Urbanisierung" des ländlichen Raums, beginnen sich die Städte aufzulösen. Sie zerfallen als physiognomische Einheiten. Eine Zukunftsvision erscheint am Horizont: Perfekte Telekommunikation und zeitsparende Verkehrstechnologien sind ihre Voraussetzungen. Nordamerika bietet die Szene. Dort wird die Stadt als räumlich abgrenzbares und definierbares System bereits in Frage gestellt. Sie wandelt sich zu einem „non-place".

Als erste Stufe hierzu hat Berry (1976) die vieldiskutierte ***„Counterurbanisation"*** in den USA beschrieben. Bei ihr sind städtische Infrastruktur und Dienste nahezu ubiquitär vorhanden. Die Aktivitäten einer perfekt verstädterten Gesellschaft verteilen sich dispers im Raum, da aufgrund der hohen Bewertung der Umweltqualität die zwischen den Verdichtungsräumen gelegene Peripherie zunehmend an Attraktivität gewinnt. Hand in Hand damit verschieben sich die räumlichen Disparitäten, d. h. die Ungleichheiten der Ausstattung mit Arbeitsplätzen, Dienstleistungen und Infrastruktur. Konnten noch zu Beginn des Jahrhunderts die Wirtschaftswissenschaftler feststellen, daß große interregionale sozioökonomische Disparitäten bestehen, so ist es im Laufe dieses Jahrhunderts zu einem Abbau der interregionalen Disparitäten und, komplementär dazu, zum Aufbau intrametropolitaner Disparitäten, d. h. zu Ungleichheiten zwischen den Kernstädten und Suburbs, gekommen. Holzner (1996) hat das aktuelle Ergebnis dieses Prozesses in Nordamerika als „Stadtland" bezeichnet, ähnliche Tendenzen sind, wenn auch abgeschwächt und modifiziert, in Mittel- und Westeuropa festzustellen.

Was folgt daraus für die Forschung? Es ergibt sich, überpointiert, daß selbst Grundbegriffe wissenschaftlichen Arbeitens, und hierzu zählen als erstes die Definitionen von Städten, nur in der Vergangenheit gleichsam „sicher gespeichert" sind. In der Gegenwart überstürzen sich neue Begriffsbildungen für die wachsenden Agglomerationen. Sie sind durch sehr unterschiedliche Attribute und Schwellenwerte definiert und besitzen jeweils nur kurzfristig Gültigkeit. Stadtplaner und Stadtforscher sehen sich aufgrund der fortschreitenden Verstädterung und der neuen Bewegung der Entstädterung vor der „ewigen Aufgabe", immer wieder nach neuen Modellen von Stadt und Agglomeration zu suchen, nach optimaler Stadtgröße und Stadtgrößenverteilung zu fragen sowie neue Prognoseinstrumente zu entwickeln.

Verstädterungs- und Entstädterungsprozesse werden getragen von der Veränderung der Technologien der Produktion, des Bauens und des Verkehrs. Diese determinieren Stadtentwicklung und städtische Systeme, werden ihrerseits jedoch ganz wesentlich von den politischen Organisationsformen gesteuert. Deshalb besitzt die genannte nordamerikanische Zukunftsvision der Stadt als „non-place" keineswegs die Funktion einer „self-fulfilling prophecy" für andere Stadträume der Erde, da sie politischen Liberalismus, ubiquitäre Bodenressourcen und den durch keine Restriktionen eingeschränkten Individualverkehr zur Voraussetzung hat.

Damit ist ein entscheidender Bezug angesprochen. Städte sind Produkte bestimmter gesellschaftspolitischer Systeme. Die Herausarbeitung der Unterschiede von Stadt und städtischem System im Privatkapitalismus, in den sozialen Wohlfahrtsstaaten der entwickelten Welt sowie in den postsozialistischen Staaten ist ein Anliegen dieses Lehrbuches.

2 Begriffe, Modelle, Kategorien, Konzepte

2.1 Zur Terminologie von Stadt und Agglomeration

2.1.1 Probleme der Terminologie

Die Problematik der Stadtgeographie als Wissenschaft beginnt bereits bei der ersten Grundlage wissenschaftlichen Arbeitens, nämlich der Erstellung einer Terminologie. Die in der Einleitung ausgeführten Unterschiede der Erkenntnisprinzipien von klassischer Stadtgeographie bzw. analytischer Stadtforschung machen es erforderlich, sowohl auf Typologien als auch auf Klassifikationssysteme von Städten einzugehen.

Dem pragmatischen Bedürfnis der staatlichen Verwaltung, der Wirtschaft und der Planungspraxis sind die zahlreichen Agglomerationsmodelle zu verdanken, bei denen es freilich bisher nicht gelungen ist, zu einer international akzeptierten Begrifflichkeit zu gelangen. Das kann nicht erstaunen, denn in der westlichen Welt bestehen derartig große Unterschiede sowohl hinsichtlich der physischen Struktur von Städten als auch der konkreten Probleme und Prozesse der städtischen Gesellschaft, so daß es nicht möglich ist, selbst Grundbegriffe in ein allgemein akzeptiertes System einzuordnen.

Die semantische Problematik eines interkulturellen Begriffstransfers sei an Hand von zwei Grundbegriffen illustriert:

Deutsch	*Englisch-Britisch*	*Amerikanisch*
Stadt	*Town*	*City*
City	*City-Centre*	*Central Business District (CBD)*

Der Begriff Stadt wird im britischen Englisch mit „town“, im amerikanischen mit „city“ übersetzt. Der Begriff „City“ wird andererseits im Deutschen für den zentralen Geschäftsdistrikt in der Innenstadt verwendet und geht auf den „Idealtyp“ der City of Westminster in London zurück. Im Amerikanischen wird hierfür der Begriff CBD (Central Business District) verwendet, im Englischen der Begriff City-Centre.

Es ist einsichtig, daß bei prozessualen Begriffen, wie Citybildung, die Probleme des Informationstransfers noch größer werden und selbst quantifizierte Zusatzinformationen präzise Vergleiche nur innerhalb regionaler oder nationaler Stadträume ermöglichen.

2.1.2 Historischer und aktueller Stadtbegriff

Die Stadt ist als multidisziplinärer Forschungsbereich von verschiedenen Wissenschaften definiert worden. Diese Definitionen enthalten systematische und räumliche Aussagen. Somit umfaßt der Stadtbegriff der Geographie soziologische und wirtschaftliche Kriterien, während der soziologische Stadtbegriff räumliche Merkmale einschließt.

Grundsätzlich ist der aktuelle Stadtbegriff vom historischen Stadtbegriff zu unterscheiden, der sich im wesentlichen an der vorindustriellen (europäischen) Stadt orientiert und bei dem aus Zweckmäßigkeitsgründen Kümmer- und Zwergformen auszuschließen sind.

Der historische geographische Stadtbegriff fußt auf dem politisch-rechtlichen und gesellschaftlichen Gegensatz von Stadt und Land.
Das Symbol der ägyptischen Hieroglyphe für „Stadt" ebenso wie die Anlage von Städten nach dem Schema des römischen Castrums mit Straßenkreuz, Marktplatz und vier Insulae veranschaulichen drei räumliche Elemente (vgl. Abb. 2.1).

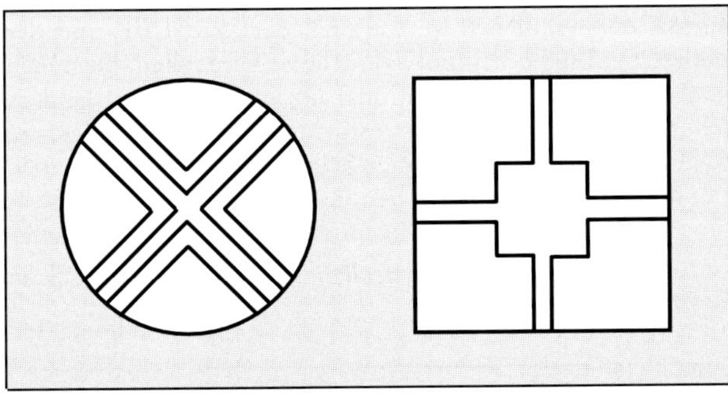

Abb. 2.1: Symbolik des historischen Stadtbegriffs

PFEIL, 1972, S. 3

- Die Umgrenzung durch eine Mauer entspricht der „Ganzheit" und räumlichen Geschlossenheit einer Gemeinschaft („community"), die ein Wirtschafts- und Wehrverband war.
- Straßenkreuz und/oder Marktplatz symbolisieren den Schnittpunkt von Verkehr und Handel und die Orientierung der Stadt um einen Mittelpunkt.
- Die Gliederung der Stadt in Viertel (vier Insulae beim römischen Castrum) lebte in der mittelalterlichen Stadt als militärisch-administrative Gliederung fort.
- Ein viertes Kriterium ist nicht direkt aus der Abbildung ersichtlich, nämlich die rechtliche Sonderstellung der Stadt, welche durch Hoheitsrechte wie Gerichtsbarkeit und Marktrechte spezifiziert werden kann.

Der aktuelle geographische Stadtbegriff enthält ebenso wie der historische Stadtbegriff ***räumliche Kriterien:***

- die Anordnung der Stadt um einen Mittelpunkt und
- das Kern-Rand-Gefälle (zentral-peripherer Gradient).

Andere Kriterien weisen Einschränkungen auf:

- Das Kriterium der baulichen Sonderstellung der Stadt, definiert als Geschlossenheit der physischen Struktur, ist dahingehend einzuschränken, daß diese nur im Kern der Stadt überwiegen muß.
- Der zur Kennzeichnung von baulichen, ökonomischen, ethnischen und sozialen Stadtvierteln verwendete aktuelle Viertelsbegriff hat sich völlig vom historischen Begriff gelöst, der eine Organisationseinheit der Stadt bezeichnete. Anstelle von vier Vierteln ist eine Vielzahl von Vierteln getreten, welche nicht aneinanderschließen, sondern z. T. „Inseln" in einem amorphen städtischen Substrat bilden.

Der aktuelle Stadtbegriff umfaßt ferner folgende ***systematische Kriterien:***

- die durch die Einwohnerzahl definierte ***Stadtgröße*** sowie
- die ***Dichte*** als Ausdruck für die Intensität der Nutzung des Stadtraums. Hierbei handelt es sich nicht um eine absolute Meßgröße, sondern vielmehr um einen Komplex von Indikatoren (vgl. Abb. 2.27).
- Das ***Kriterium der Erwerbsstruktur*** der Bevölkerung (sekundärer, tertiärer und quartärer Sektor der Wirtschaft) bildet die Grundlage funktioneller Stadtklassifikationen, während das soziologische Kriterium der Heterogenität der Bevölkerung im allgemeinen nur als analytisches Maß für die innere Differenzierung von Städten verwendet wird.

Der geringe Informationsgehalt der oben gebotenen Stadtdefinition wird durch das Fehlen internationaler Vereinbarungen über die statistischen Definitionen von Stadt weiter reduziert.

Die statistische Untergrenze von Städten, gemessen an der Einwohnerzahl, reicht von 200 Einwohnern bis zu 50000 Einwohnern (vgl. Tabelle 2.1) und bedingt, daß

- eine international einheitliche Größenklassifizierung von Städten fehlt und
- Aussagen über den ***Verstädterungsgrad***, d. h. den Anteil der in Städten wohnenden Bevölkerung an der Gesamtbevölkerung, international nicht strikt vergleichbar sind.

Allgemein gilt die Aussage, daß sich im Laufe des Verstädterungsprozesses die Schwellenwerte von Klein-, Mittel- und Großstädten nach oben verschoben haben.

Während im Mittelalter im deutschen Sprachraum Städte mit 20000 Einwohnern schon zu den „Metropolen" zählten und Kleinstädte nur 1000 Einwohner hatten, ist im späten 19. Jahrhundert im Zusammenhang mit der Industrialisierung die Untergrenze von Großstädten mit 100000 Einwohnern festgelegt worden. Mit der Vergroßstädterung ist eine weitere Anhebung aller Schwellenwerte im Gange. Zuerst in den USA und im letzten Jahrzehnt auch in der Bundesrepublik Deutschland wurde die Obergrenze von Mittelstädten auf 250000 Einwohner und diejenige von Kleinstädten von 20000 auf 50000 Einwohner erhöht.

Tabelle 2.1: Spannweite der Untergrenze der Einwohnerzahl städtischer Siedlungen in ausgewählten Staaten der Erde

Untergrenze der Einwohnerzahl	*Detailinformationen*	*Staat*
200	„Agglomeration"	Spanien Norwegen
2.000	zusammenhängende Verbauung mit weniger als 200m Abstand zwischen den Häusern oder Gemeinden, von denen der größere Teil der Bevölkerung zu einer aus mehreren Gemeinden bestehenden Agglomeration gehört	Frankreich
	nur Daten für „Landgemeinden" (unter 2.000 Einwohner)	Bundesrepublik Deutschland
	Munizipien	Niederlande
2.500	Orte mit mehr als 2.500 Einwohnern und „verstädterte Gebiete"	USA
10.000	Munizipien und Gemeinden	Griechenland Schweiz
50.000	Städte (shi), in denen mindestens 60% der Häuser im verbauten Gebiet liegen und mindestens 60% der Bevölkerung in Industrie oder anderen städtischen Betriebsstätten arbeiten oder die „städtische Einrichtungen" aufweisen	Japan

Demographic Yearbook 1988.

Die verfassungsrechtliche Stellung der Städte weist ebenso große Unterschiede auf.

Im westlichen Kontinentaleuropa wird sie durch die Gemeindeverfassung bestimmt, wonach Gemeinden (Städte) die untere, in vielen Belangen autonome Ebene der staatlichen Organisation darstellen. Reformen der administrativen Landkarte, darunter Gemeindezusammenlegungen, haben nicht nur ländliche Gemeinden, sondern ebenso Stadtgemeinden erfaßt.

In einigen europäischen Staaten, wie z. B. in Schweden, hat man gleichzeitig auch die juristischen Unterschiede zwischen ländlichen Gemeinden und Stadtgemeinden aufgehoben und somit die tradierte rechtliche Sonderstellung von Städten beseitigt. Die Größenklassifizierung von Städten ist derart in der Größenklassifizierung von Gemeinden aufgegangen.

In Ermangelung einer Gemeindeverfassung unterscheidet der Zensus der USA folgende stadtartige Gebilde als *„urbanlike areas"*:

- *„urban places"*: städtische Siedlungen ohne eigene Administration mit mehr als 2500 Einwohnern.
- *„incorporated cities"*: Städte mit mehr als 2500 Einwohnern, die eine eigene verwaltungsrechtliche Einheit bilden

- *andere territoriale Einheiten, welche „urbanized areas" angehören.*

„Urbanized areas" umfassen eine oder mehrere Siedlungen, sowie das Umland mit zusammen mindestens 50000 Einwohnern.

2.1.3 Typologien und Klassifikationssysteme von Städten

Die Literatur ist historisch und regional differenziert. Die Zweiteilung in Typologien und Klassifikationssysteme entspricht den Erkenntnisprinzipien von kulturhistorischer Stadtgeographie und analytischer Stadtforschung.

Stadttypologien beruhen im allgemeinen auf ganzheitlichen Vorstellungen. Sie enthalten implizit ein Bündel von Annahmen, wobei an einzelnen oder mehreren Beispielen festgestellte Strukturen im Hinblick auf die Stadtgröße, die politische, wirtschaftliche, militärische, kulturelle Funktion bzw. die Verkehrsfunktion und/oder das sozioökonomische „Funktionieren" des jeweiligen städtischen Systems verallgemeinert werden. Die *kulturhistorischen Stadttypen sensu stricto* bilden das Kernstück der Typologien (vgl. 2.1.4).

Funktionelle Stadttypen haben vielfach zuerst auf der Basis von Idealtypen eine Benennung erfahren und sind dann erst in Klassifikationssysteme eingebaut worden, wie die Industriestädte, Bergbaustädte usw., andere funktionelle Stadttypen, darunter die Garnisonstadt bzw. die Pilgerstadt, wurden ebenso wie Städte mit Verkehrsfunktionen (Hafenstadt, Brückenstadt, Grenzstadt) nicht statistisch spezifiziert.

Umgekehrt werden laufend aus dem Bereich der analytischen Stadtforschung zunächst an einem Beispiel festgemachte Begriffe auf andere ähnliche Strukturen in der Welt übertragen und in einem idealtypischen Sinn verwendet. Hierzu gehören u. a. die Begriffe der Global City, der Megalopolis, der Frostbelt und Sunbelt Cities (vgl. unten).

Stadtklassifikationen beruhen auf statistischen Schwellenwerten, die keineswegs dauernde Gültigkeit beanspruchen können, sondern mit der Veränderung der städtischen Gesellschaft und des arbeitsteiligen Prozesses einer Korrektur bedürfen.

Die Klassifizierung von Städten nach sozialstatistischen und wirtschaftlichen Merkmalen besitzt auch praktische Bedeutung: Städte sind nämlich regionalwirtschaftliche Einheiten und damit Objekte der Regionalforschung und Regionalpolitik. Ihre Klassifizierung kann damit für politische Maßnahmen notwendig sein. Auch für die Standortpolitik von Produktionsbetrieben sowie für die Vermarktung von Konsumgütern stellen Stadtklassifikationen eine Entscheidungshilfe dar. In diesem Zusammenhang ist auf das Handbuch für City-Manager in den USA hinzuweisen, das als erstes Periodikum umfangreiche Klassifikationssysteme der US-amerikanischen Städte veröffentlicht hat und auf dessen Basis auch das erste Klassifikationshandbuch für Städte von Berry (1972) entstanden ist.

Die geographische Fragestellung geht in Hinblick auf die funktionelle Stadtklassifikation von zwei Hypothesen aus, wonach

- dominante Funktionen sich auf die innere sozioökonomische Gliederung von Städten in spezifischer Weise auswirken;

- unterschiedliche Funktionsklassen von Städten mit unterschiedlichen Typen von Hinterlandsgebieten assoziiert sind.

Die Klassifikation von Städten aufgrund ihrer Funktion kann daher zur Formulierung von allgemeinen Sätzen über das räumliche Muster von Städten und die Beziehung zwischen Städten mit bestimmter Funktion und ihren Hinterländern führen.

2.1.4 Kulturhistorische Stadttypen

Grundsätzlich stehen kulturhistorische Stadttypen im Zusammenhang mit den Entwicklungsstufen von politischen Organisationsformen, Gesellschaft und Wirtschaft. Im folgenden wird auf der Grundlage eines kulturhistorischen Stufenmodells auf die wichtigsten Typen eingegangen.

Die Anfänge des Städtewesens waren mit der kulturhistorischen Stufe der Entstehung von herrschaftlich organisierten Agrargesellschaften verknüpft. Die Herrschaft trat in zwei Ausprägungen auf, nämlich der Priesterherrschaft, zumeist einem Priesterkönigtum, das mit Tempelstädten verbunden war, und weltlichen Formen der Herrschaft, durch welche Burgstädte entstanden sind. Tempelstädte und Burgstädte kennzeichnen die Hochkulturen der Alten Welt, Tempelstädte die der Neuen Welt.

Die Tempelstädte sind vielfach nur mehr als Ruinenstädte erhalten (Vorderer Orient, Südostasien, Lateinamerika). Astronomische Kenntnisse der Priester und damit Kenntnisse über den für das Agrarjahr wichtigen Jahresgang der Witterung in wechselfeuchten Klimaten wurden in den Tempelbauten niedergelegt, deren Kanten – wie in Mexiko nachgewiesen werden konnte – zugleich als Grundlinien für das jeweilige System der ländlichen Flur dienten. Der Wissensvorsprung gab den Priestern die Möglichkeit, Regen vorauszusagen und Anweisungen bezüglich des Arbeitsablaufs zu treffen, Lagerhaltung und Verteilung von landwirtschaftlichen Produkten zu kontrollieren usw. In den seltenen Fällen von Standortkontinuität seit den Anfängen der Stadtkultur wie in Indien konnten Tempelstädte später zusätzliche Funktionen gewinnen (Administration, Industrie). In Tibet sind als Sonderform ***die Klosterstädte*** entstanden, die zugleich Wallfahrtsorte darstellen.

Die Burgstädte der antiken Hochkulturen (Vorderer Orient, Sumerer, Hethiter) sind gleichfalls zumeist nur als Ruinenstädte erhalten geblieben. Zum Unterschied von den Tempelstädten haben die Burgstädte jedoch spätere „Neuauflagen“ erlebt. Sie bildeten einen wichtigen Stadttyp der Feudalsysteme. Im mittelalterlichen Europa ließen sich Handwerker und Kaufleute im Suburbium zu Füßen der Burg nieder, die japanische Stadt war durch die Ansiedlung der Kriegerkaste, der Samurai, gekennzeichnet.

Die Lage der Burg in der Stadt war in den Hochkulturen unterschiedlich. Die Zentrallage der antiken Hochkulturen fand eine Fortsetzung bei den Reichsbildungen von Reiternomaden (Tataren, Mongolen, Bulgaren); darunter in den Mandschu-Städten Chinas (Peking, Verbotene Stadt) und u. a. in der Hauptstadt des großbulgarischen Reiches im 10. Jahrhundert (Pliska, Großer Palast) sowie den russischen Städten (Kremltyp überwiegend). Eine Randlage der Burg war andererseits kennzeichnend für das orientalische Städtewesen (Kasbah) sowie für die Städte West- und Mitteleuropas, d. h. für alle Stadtkulturen, welche dem Markt bzw. dem Basar die zentrale Position in der Stadt eingeräumt haben.

Die griechische Polis sonderte sich in der politischen Organisation klar von den antiken Hochkulturen. Mit ihr begann die „europäische" Stadtgeschichte. KIRSTEN (1956) hat den Vorgang des Synoikismos, d. h. der Zusammensiedlung aus älteren Vorsiedlungen, als Schutzmaßnahme und zur Machtkonzentration ausführlich dargestellt. Er war mit einer „Demokratisierung" verbunden derart, daß größere Teile der Stadtbevölkerung in den Genuß der Gleichberechtigung kamen. Während in der Polis eine Selbstverwaltung entstand, verblieb das umgebende Land des Stadtstaates in der Hand von städtischen Grundbesitzern und wurde von deren Sklaven bearbeitet.

PLATO hat eine Zahl von 5000 Bürgern (Haushalten) als Idealgröße der Polis angesehen. Auf ihn geht die Vorstellung von der Überschaubarkeit von Städten zurück, welche in den Utopien des Städtebaus und der Stadtplanung bis heute nachwirkt. Auch die Idee der Nachbarschaft, auf die noch eingegangen wird, wurzelt in Platos Stadtmodell. BOBEK hat wiederholt auf die Unterschiede zwischen dem rentenkapitalistischen Wirtschaftsstil der Polis und dem Wirtschaftsstil des produktiven Kapitalismus hingewiesen, der von den mittelalterlichen Bürgerstädten Nordwesteuropas begründet worden ist.

Die Anlage von Planstädten gehört zu den politischen Instrumenten von Reichsbildungen und territorialen Herrschaften. Es gibt daher mehrere Perioden von Stadtgründungen in der Geschichte, in denen zahlreiche Planstädte mit regelmäßigem Grundriß und für bestimmte Aufgaben geschaffen wurden. Zu ihnen zählen u. a. Verwaltungsstädte und Festungsstädte. Bereits im 5. Jh. v. Chr. hat HIPPODAMUS von Milet mit dem Rechteckschema einen neuen Idealtyp der Stadt geschaffen, der jedoch weit mehr bedeutet als nur die Präzisierung eines geometrischen Grundrisses. Er spiegelt nämlich eine politische Organisation, welche durch ein durchrationalisiertes Verhältnis von politischer Macht und Stadtbewohnern definiert wird, gekennzeichnet durch öffentliche Kontrolle und öffentliche Sicherheit der Straßen und Plätze. Letztere erhielten nicht nur eine größere Fläche zugemessen, sondern überdies repräsentative Funktionen.

Als beherrschendes Phänomen treten uns planmäßige Stadtanlagen zuerst im Hellenismus entgegen, dann in den großen Reichsbildungen um die Zeitenwende, dem Römischen und dem Chinesischen Reich. Sie werden schließlich in den Gründungsstädten des europäischen Mittelalters und in der Neuzeit fortgeführt und mit der europäischen Kolonisation in die Neue Welt „exportiert".

Der Begriff der ***Kolonialstadt*** umfaßt zwei historische Ausprägungen, nämlich:

- im Zuge von Reichsbildungen in eroberten Gebieten neu gegründete Städte wie die Colonia der Römer (Köln), die ostdeutsche Kolonialstadt und die spanische Kolonialstadt in Lateinamerika;
- Städte, die von europäischen Kolonialmächten im Anschluß an bereits bestehende Städte angelegt wurden. In China war dies in einzelnen Vertragshäfen der Fall, in Indien gaben die Cantonments, britische Truppenlager, den Anstoß zur Erweiterung bestehender und zur Gründung neuer Städte, in Nordafrika entstanden die „villes nouvelles" der französischen Kolonialmacht, abgesetzt von der Medina der arabischen Altstadt.

Die europäische Stadtentwicklung sensu stricto begann im Mittelalter mit der Bürgerstadt.

Als eigenständige Organisationsform umfaßte sie Früh-, Hoch- und Spätformen, wobei zunächst einzelne Funktionen bestimmte *Frühformen* erzeugten.

- *Pfalzen* gingen auf befestigte Königshöfe als Verwaltungszentren des königlichen Grundbesitzes zurück, in denen sich der König periodisch oder episodisch aufhielt.
- *Bischofsstädte* bildeten sich als Organisationszentren vielfach in den Überresten von provinzialrömischen Städten.
- *Periodische Fernhandelsmärkte, sogenannte Wiks*, wurden von wikingischen und friesischen Wanderkaufleuten ab dem 7. Jahrhundert im Nord- und Ostseeraum gegründet.

Als *Hochform* entstand die gleichsam komplette *mittelalterliche Bürgerstadt* durch den *Zusammenschluß der politischen und herrschaftlichen Funktion mit der Marktfunktion.*

Dies geschah einerseits durch die Niederlassung von Kaufleuten im Schutze von Burgen und andererseits dadurch, daß sich in den baulichen Resten römischer Städte Burgsiedlung und Wik miteinander verbunden haben.

Zum Unterschied vom Mediterrangebiet, wo der Contado, das ausgedehnte Stadtumland, analog zur griechischen Polis im Besitz der Bürger blieb, war die Stadtgemarkung der Bürgerstadt klein, die Existenzgrundlage der Stadt beruhte auf Handel und Gewerbe.

Je nach den wirtschaftlichen Funktionen sondern sich daher *Fernhandelsstädte*, im besonderen Messestädte, von den *Gewerbestädten* sowie von den *Ackerbürgerstädten*, Übergangsformen zur ländlichen Siedlung mit landwirtschaftlicher Zusatzfunktion. Von wenigen Ausnahmen abgesehen, besaßen alle Bürgerstädte entsprechend ihrer Größe zentrale Funktionen für das engere Umland und waren daher auch immer Zentrale Orte.

In der *Spätphase* der mittelalterlichen Stadtgründung, als ein Überbesatz mit Städten im Vergleich zum wirtschaftlichen Potential des Agrarraums eintrat, entstanden *Minderstädte*, bei denen entweder von vornherein mindere Rechte vergeben wurden bzw. vergebene Stadtrechte aufgrund des zu geringen wirtschaftlichen Potentials, d. h. des zu kleinen Umlands, nicht realisiert werden konnten.

Auf weitere historische Stadttypen Europas, nämlich die Residenzstadt, die Industriestadt und die Neue Stadt, wird in Kapitel 2.2.4 noch ausführlich eingegangen.

2.1.5 Funktionelle Stadtklassifikationen

Während historische Stadttypologien in der Kulturgeschichte der Menschheit gleichsam „sicher" gespeichert sind, können Klassifikationen von Städten jederzeit – je nach neu auftretenden wissenschaftlichen Ordnungsgesichtspunkten und entsprechenden praktischen Fragestellungen – beliebig erzeugt werden. In methodischer Hinsicht lassen sich 3 Stufen fortschreitender Verbesserung von Stadtklassifikationen unterscheiden:

1. ***Die monothetische Taxonomie*** bildete die erste Stufe, in der die funktionelle Spezialisierung durch die Konzentration der Arbeitskräfte in einer bestimmten Beschäftigungsgruppe identifiziert wird. Hierbei werden die „Schwellenwerte" auf der Basis der Analyse von Städten bestimmt, welche sich als „Idealtypen" zu erkennen geben. Die klassische Arbeit von HARRIS (1943) beruhte auf den Volkszählungsdaten von 1930 für die USA und unterschied (vereinfacht):

→ Industriestädte: 74% der Gesamtbeschäftigten in der Industrie,
→ Einzelhandelsstädte: 50% der Gesamtbeschäftigten im Einzelhandel,
→ Großhandelsstädte: 20% der Gesamtbeschäftigten im Großhandel,
→ Verkehrsstädte: 11% der Gesamtbeschäftigten im Verkehr,
→ Bergbaustädte: 15% der Gesamtbeschäftigten im Bergbau,
→ Universitätsstädte: Studenten mindestens 25% der Gesamtbevölkerung,
→ Fremdenverkehrs- und Ruhestandsstädte: (nicht näher präzisiert).

2. ***Die Erfassung der „Normalstadt"*** eines Staates stellte den zweiten Schritt dar, der versucht, diese mittels der Benützung des arithmetischen Mittels oder sonstiger Lageparameter zu erfassen und als Vergleichsmaß für die anderen Städte zu verwenden. In einigen Studien werden auch Dispersionsmaße verwendet, um nicht signifikante Variationen ober- und unterhalb des Mittels zu identifizieren. Andere Klassifikationen erfassen Spezialisierungen durch die Benützung des Medians, von Quartilen oder Dezilen und beziehen sich damit mehr auf die Rangordnung der Werte, weniger auf ihre absolute Größe.

Auf ULLMAN und DACEY (1962) geht der ***„Diversifikationsindex"*** zurück:

$$D = \Sigma_i \left[\frac{(P_i - M_i)^2}{M_i} \right] \Big/ \frac{(\Sigma_i P_i - \Sigma_i M_i)^2}{\Sigma_i M_i}$$

i = jede Beschäftigtengruppe
P_i = Prozentanteil in jeder i-Gruppe
M_i = Minimalerfordernisse für jede i-Gruppe
Σ_i = Summe aller Gruppen

MATILLA und THOMPSON haben einen Index der Überschußbeschäftigten als ***Spezialisierungsindex*** vorgeschlagen.

$$S = ei - \frac{et}{Et} Ei$$

ei = die regionalen Beschäftigten in der Industrie
et = die gesamten regionalen Beschäftigten in Industrie und sonstigen wirtschaftlichen Tätigkeiten
Ei = die nationalen Beschäftigten in der Industrie
Et = die gesamten nationalen Beschäftigten in allen Industrie- und sonstigen wirtschaftlichen Tätigkeiten

3. ***Die multivariaten statistischen Stadtklassifikationen*** bilden den dritten Schritt. Als derzeit gebräuchlichste statistische Verfahren werden Faktorenanalyse und Clusteranalyse verwendet (vgl. BAHRENBERG et al. 1990). Es besteht Konsens darüber, daß für ein sinnvolles Ergebnis bei multivariaten Stadtklassifikationen erstens eine sorgfältige Abgrenzung der Merkmalsträger vorzunehmen und zweitens die Merkmale problemadäquat mittels einer theoriegeleiteten Hypothesenbildung auszuwählen sind.

Die beiden umfangreichen klassischen Faktorenanalysen von BERRY (1962) und HADDEN und BORGATTA (1965), die sich eine funktionelle Klassifikation zum Ziele gesetzt hatten, erbrachten folgende allgemeine Aussagen über die US-amerikanischen Städte:

- Die Größe der Stadt stellt die entscheidende Determinante dar. Sie wird von BERRY als „Rang“ (im Hinblick auf die summierte Wohn- und Arbeitsbevölkerung) definiert.
- Mit wachsender Stadtgröße steigt die Mengung der wirtschaftlichen Funktionen an. Diese bildet das Kennzeichen der Metropolitan Areas.
- In einer in Metropolitanisierung befindlichen Gesellschaft besitzen klassische Standortfaktoren, wie Rohstoff- und Arbeitskraftorientierung, nur mehr in kleinen Städten Gültigkeit. Diese können auch durch Einrichtungen nichtökonomischer Art, wie Universitäten und militärische Anlagen, bestimmt werden.
- Die wirtschaftlichen Existenzgrundlagen der Städte erweisen sich als unabhängig von der gesellschaftlichen Struktur.
- Die sozioökonomische Schichtung, der Altersaufbau und die ethnische Differenzierung besitzen trotz der geringeren Zahl von in die Analyse eingegangenen Variablen größere Bedeutung als die ökonomische Basis.

Mit der Gliederung von HADDEN und BORGATTA nach Kernstädten, Suburbs und unabhängigen Kleinstädten ist ferner ein übergeordnetes Organisationsprinzip des US-amerikanischen Städtesystems von grundsätzlicher Bedeutung für die weitere Entwicklung von „Stadt und städtischen Systemen“ erkannt worden (vgl. Kapitel 5).

2.1.6 Von der Stadt zur Agglomeration

Das flächige Wachstum von Städten über die Stadtgrenze hinaus wird von vielen Autoren mit dem Industriezeitalter angesetzt. Dieser als ***Suburbanisierung*** bezeichnete Vorgang reicht freilich tiefer in die europäische Stadtgeschichte zurück.

Die ***Vorstadtbildung*** begann bei Großstädten bereits im Mittelalter, als außerhalb der Stadtmauern, zumeist noch auf der Stadtgemarkung, *Straßenvorstädte* längs der Ausfallsstraßen entstanden und störende Gewerbe (Textilgewerbe, Lederverarbeitung) und Einrichtungen (Schlachthäuser, Spitäler) aus der Stadt in das *Weichbild* ausgesiedelt wurden. Im 18. Jahrhundert umgürteten sich alle großen Städte bereits mit Vorstädten, während außerhalb des Stadtgebietes um diese Zeit bereits ***Vororte***, teils aus Vorsiedlungen (Dörfern, Kleinstädten) entstanden, teils planmäßig angelegt wurden.

Im 19. Jahrhundert vereinten *Entfestigung* und administrative *Stadterweiterung* zunächst die Vorstädte mit den Altstädten, erst später wurden die Vororte eingemeindet. Für Art und Umfang des Vorgangs der Suburbanisierung war und ist die ***Eingemeindungspolitik*** des jeweiligen Staates entscheidend. Zwei Extreme stehen einander gegenüber:

- die ***vorauseilende administrative Stadterweiterungspolitik,*** bei der ausgedehnte unverbaute Areale als Baureserveland in das Stadtgebiet eingegliedert werden (Beispiele: Drittes Reich, einstige Ostblockstaaten), und
- die ***restriktive Eingemeindungspolitik***, welche eine Versteinerung historischer Stadtgrenzen bewirkt (Extrembeispiele: Frankreich, Belgien, USA).

Überall dort, wo die Eingemeindung mit der Expansion der städtischen Siedlungen nicht Schritt halten konnte, entstanden größere mehrgliedrige städtische Gebilde, welche im folgenden unter dem Dachbegriff der ***Agglomeration*** zusammengefaßt werden. Da in den meisten Staaten der westlichen Welt die administrative Stadterweiterung nicht mit dem Stadtwachstum Schritt hielt, hat der Suburbanisierungsvorgang seit Ende des 19. Jahrhunderts, von den Millionenstädten ausgehend, in der Größenordnung von Städten immer tiefer nach unten ausgegriffen. Großstädte und selbst Mittelstädte sind zu Agglomerationen geworden, so daß im allgemeinen nur mehr Kleinstädte als Städte im engeren Wortsinn bezeichnet werden können. Gleichzeitig sonderten sich in den Agglomerationen Kernstädte und Suburbs als soziale Organisationssysteme zunehmend voneinander.

Dort, wo die Verstädterung zur Vergroßstädterung fortschreitet und Agglomerationen aus Großstädten gebildet werden, wird – dem angelsächsischen Sprachgebrauch folgend – der Begriff ***Metropolitanisierung*** verwendet.

Die Schwierigkeiten einer internationalen Nomenklatur und Standardisierung der Kriterien für die Abgrenzung von Agglomerationen sind noch wesentlich größer als diejenigen bei der Festlegung einer statistischen Untergrenze für Städte.

Die derzeit gängigen ***Abgrenzungskriterien für Agglomerationen*** schließen z. T. an die bereits oben angeführten Kriterien des Stadtbegriffs an. Hierzu zählen:

- städtebauliche Kriterien, wie Geschlossenheit und Dichte der Verbauung (Wohndichte, Richtwerte für die Zahl der Wohnungen oder Gebäude, Höchstwerte für den Abstand),
- Bevölkerungskriterien, wie Bevölkerungszahl, Bevölkerungsdichte, Bevölkerungsentwicklung,
- tolerierte nichtstädtische Erwerbsstruktur der Bevölkerung, d. h. Höhe der Agrarquote,
- Pendlerverflechtung, Einzugsbereiche von Zeitungen, Einzelhandelsgeschäfte in der Kernstadt usw.

Schwierigkeiten in Hinblick auf staatsübergreifende Vergleiche ergeben sich durch die unterschiedliche politisch-administrative Organisation der territorialen Einheiten. Die Größe der Gemeinden ist in den europäischen Staaten außerordentlich verschieden. In den USA fehlen Gemeinden überhaupt. Hier bildet das „county", das etwa mit einem „Kreis" gleichgesetzt werden kann, die unterste administrative Einheit. Weiters ist zu berücksichtigen, daß es sich bei Agglomerationen um wachsende räumliche Gebilde handelt, deren Grenzen in regelmäßigen Abständen nachgeführt bzw. bei denen die Schwellenwerte von Merkmalen, welche in der Definition Verwendung finden, korrigiert werden müssen.

2.1.7 Conurbations, Metropolitan Areas, Stadtregionen in der Bundesrepublik Deutschland

Grundsätzlich gibt es zwei Haupttypen von Agglomerationen. Als deren Hauptvertreter gelten im angelsächsischen Sprachraum:

- *Conurbations (Strukturgebiete), welche auf strukturellen städtebaulichen Kriterien beruhen, und*
- *Metropolitan Areas (Stadtregionen), welche sozioökonomische Verflechtungsbereiche darstellen.*

Die ***„Conurbations“*** in Großbritannien stellen das älteste Beispiel für Strukturgebiete dar (Fawcett 1922). Sie werden definiert durch die zusammenhängende städtische Verbauung (Wohnhäuser, Fabriken, Hafenanlagen, Parks, Spielflächen) für eine Einwohnerzahl von mindestens 50000. 1950 wurde zusätzlich eine lückenlose Besiedlungsdichte von 250 Einwohnern pro qkm festgelegt. Aufgrund dieser Definition werden die durch Pendelwanderung verbundenen Satellitenstädte jenseits des Grüngürtels von London nicht mehr zur Conurbation „Greater London“ gerechnet.

Die ***„Metropolitan Statistical Areas“*** der USA haben für die Stadtregion das Vorbild abgegeben (vgl. Abb. 2.2). Diese Struktur ist allerdings in den USA überholt. Die enormen Veränderungen im Zuge der Suburbanisierung (vgl. Kapitel 2.1.8) haben bewirkt, daß der Begriff der Suburbs und der Kernstädte aus der amtlichen Statistik der

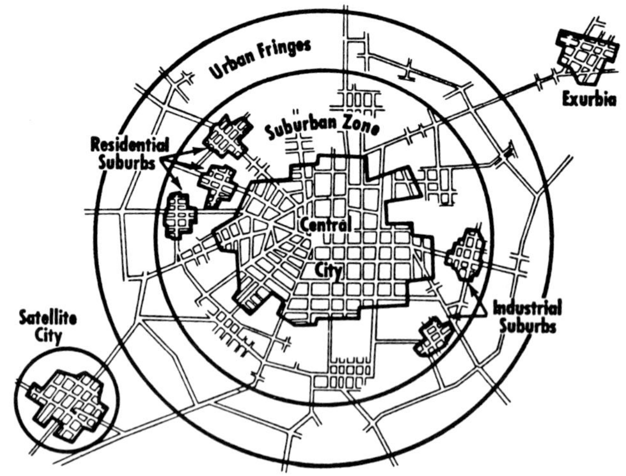

BOSKOFF 1970, S. 107.

Abb. 2.2: Idealtypische Struktur der Metropolitan Area um 1970

USA verschwunden ist, welche nur mehr zwischen Metropolitan Areas und Non-Metropolitan Areas unterscheidet (vgl. Tab. 2.3).

Die Definitionen wurden mehrfach geändert. Im folgenden die Angaben des U.S. Office of Management and Budget (OMB) vom 30. 6. 1995:

- Die Metropolitan Area muß mindestens (a) eine Stadt mit 50000 oder mehr Einwohnern oder (b) eine Urbanized Area mit mindestens 50000 Einwohnern und eine Gesamtbevölkerung von mindestens 100000 Einwohnern (in New England 75000) aufweisen. Eine MSA mit mehr als 1 Mio. Einwohnern wird als *Consolidated Metropolitan Statistical Area (CMSA)* bezeichnet. Sie kann als Zentralstadt eine *Primary Metropolitan Statistical Area (PMSA)* enthalten.
- Als Bezugsgrundlage für die MSA dienen Counties, welche sehr unterschiedliche Größe aufweisen (von einer Untergrenze von 6000 Einwohnern bis zu mehr als 2,6 Mio. Einwohnern dort, wo das County mit der MSA identisch ist wie im Falle von San Diego; vgl. Stat. Abstr. USA 1996, Appendix II).
- Es ist überdies ein recht kompliziertes System der Zuordnung von Counties zu Metropolitan Areas aufgestellt und von Zählung zu Zählung revidiert worden, wobei die Feststellung der sozialen und wirtschaftlichen Integration mit der jeweiligen *Central City* (Kernstadt) ausschlaggebend ist.
- Dabei werden Kriterien der Pendelwanderung sowie weitere Informationen über das Verbreitungsgebiet von Tageszeitungen, Analysen der Einkäufe in Einzelhandelsgeschäften der Kernstädte, Verdienstanteile von Einzelhandelsgeschäften in Kernstädten, offizielle Verkehrszählungen über das Ausmaß des Verkehrs zwischen Kernstädten und Counties usw. herangezogen.
- Das Konzept der MA dient dazu, Informationen über Bevölkerung, Industrie, Wohnverhältnisse usw. für die Entscheidungen der gesamtstaatlichen Verwaltung und ebenso für die Wirtschaft bereitzustellen.

Das Modell der Stadtregion in der Bundesrepublik Deutschland hat Boustedt (1953) als Instrument zur Beobachtung des Agglomerationsprozesses und für Planungszwecke entwickelt.

Es war vom Konzept der MA beeinflußt, unternahm jedoch eine feinere Gliederung des Umlandes, wobei folgende Merkmale Verwendung fanden:

- die Bevölkerungsdichte (Einwohner je qkm) zur Kennzeichnung der baulichen Verstädterung der Gemeinden,
- der Anteil der landwirtschaftlichen Erwerbspersonen zur Kennzeichnung der sozialen Verstädterung der Gemeinden,
- der Anteil der Auspendler in Richtung des städtischen Kerngebietes, und zwar an den gesamten Erwerbspersonen und an der Gesamtzahl der Auspendler, zur Kennzeichnung der Verflechtungsintensität des Umlandes mit dem Kerngebiet,
- die absolute Zahl der Einpendler zur Ermittlung der Gravitationszentren, d. h. der Kernstädte und Kerngebiete.

Die Benennung der Umlandzonen, Merkmale und Schwellenwerte für 1970 ist aus Tabelle 2.2 ersichtlich.

Tabelle 2.2: Merkmale und Schwellenwerte für die Abgrenzung der Stadtregionen in der Bundesrepublik Deutschland 1971

Benennung der Zonen	*Einwohner-Arbeitsplatzdichte (EAD)*	*%-Anteil der landw. Berufstätigen*	*%-Anteil der Auspendler in das Kerngebiet* an den Erwerbspersonen	*an der Gesamtzahl der Pendler*
1. Ergänzungsgebiete	>600	-	-	
2. verstädterte Zonen	>250	-	-	
3. engere Randzonen	-	-	>25	
4. weitere Randzonen	-	<50	>25	

Akademie für Raumforschung und Landesplanung 1984.

Gegenüber 1961 wurden Änderungen der Indikatoren und Schwellenwerte durchgeführt.

- Der Rückgang der Agrarbevölkerung reduzierte die Aussagekraft der agraren Erwerbsquote. Im Ergänzungsgebiet und in der verstädterten Zone wurde daher auf diesen Indikator überhaupt verzichtet, der ausschließlich, und zwar mit einem Schwellenwert von 50%, zur randlichen Abgrenzung der Stadtregion Verwendung fand.
- Die Zunahme der Pendlerbewegung führte zur *Hinaufsetzung der Pendlerquote* in der engeren und weiteren Randzone von 20 auf 25%.
- Angesichts der Unzulänglichkeit des Indikators der Bevölkerungsdichte wurde die *Einwohner- und Arbeitsplatzdichte* eingeführt (EAD), und zwar wurde durch die Schwellenwerte von 600 bzw. 250 EAD das Ergänzungsgebiet von der verstädterten Zone bzw. letzteres von der Randzone abgehoben.
- Beibehalten wurde die *Mindestgröße von 80000 Personen* für die Definition einer Agglomeration.

Folgende ***idealtypische Begriffe zur Kennzeichnung der Struktur der Stadtregion*** wurden von Boustedt (1970) geprägt (vgl. Abb. 2.3):

- ***Die Kernstadt*** (Verwaltungsgebiet der zentralen Stadtgemeinde) und
- ***das Ergänzungsgebiet*** werden zum sogenannten
- ***Kerngebiet*** zusammengefaßt, für welches die Einpendler der Gemeinden des sonstigen Umlandes berechnet werden. Für die Ausweisung des Kerngebietes war die zumeist unmittelbar außerhalb der Stadtgrenze erfolgende Ansiedlung von Betriebsstätten maßgebend.

In der Agglomeration unterscheidet Boustedt, je nach dem Grad der Abhängigkeit von der Kernstadt, folgende ***Stadttypen außerhalb des Kerngebiets***:

• ***Nebenstädte*** besitzen zwar noch zentrale Funktionen geringer Reichweite, haben jedoch bereits den physiognomischen Charakter von peripheren Stadtteilen angenommen.

• ***Satellitenorte*** sind in der Randzone der Stadtregion gelegen. Ihr Einzugsbereich wird von dem der Kernstadt überlagert. Von den Auspendlern (20–30% der Erwerbspersonen) arbeiten 90% im Kerngebiet.

• ***Trabantenstädte*** liegen außerhalb der Stadtregion in einer Entfernung von 20–50 km, besitzen städtebauliche Selbständigkeit, einen eigenen Pendlerbereich (mit Einpendlerüberschuß) und ebenso einen eigenen Wirtschaftsbereich. Die Mindestzahl der Einwohner beträgt 10000 bis 20000. Von den Auspendlern (unter 20% der Erwerbspersonen) pendelt mehr als die Hälfte ins Kerngebiet aus.

Da, wie oben angeführt, die „satellite towns" in Großbritannien außerhalb der Conurbationen liegen, werden in der Literatur die Begriffe Satelliten- und Trabantenstadt auch häufig im umgekehrten Sinne zu BOUSTEDT verwendet.

• Selbständige ***Nachbarstädte*** liegen in noch größerer Entfernung als die Trabantenstädte und besitzen nur lockere Bindungen an die Kernstadt.

Neben dem Modell der Stadtregion werden in der Literatur und der Planungspraxis

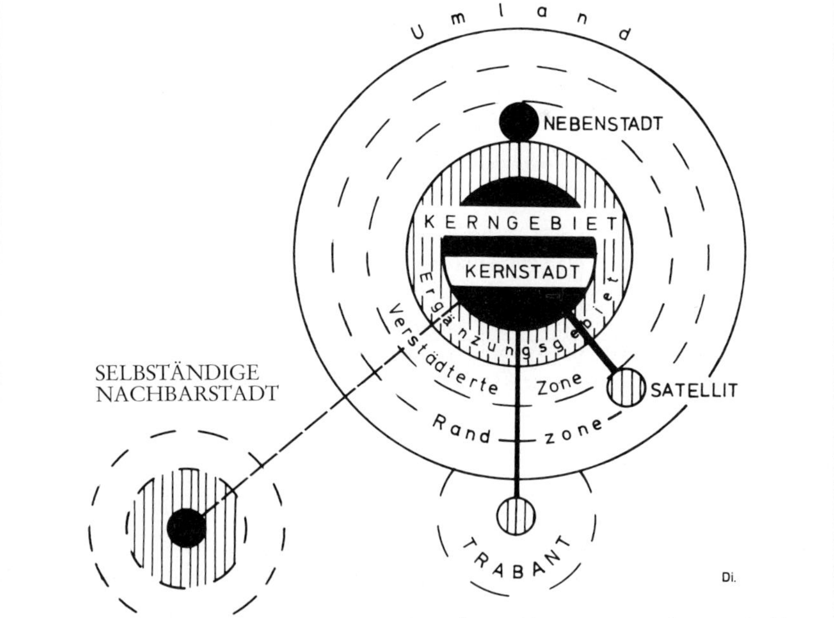

Entwurf: LICHTENBERGER, nach BOUSTEDT 1970.

Abb. 2.3: Idealtypische Struktur der Stadtregion in der Bundesrepublik Deutschland um 1970

noch weitere Abgrenzungen von Agglomerationen sowie andere Bezeichnungen verwendet:

● ***Ballungsräume*** als polyzentrische Verstädterungsformen wurden von ISENBERG (1957) durch eine Einwohnerzahl von mindestens 500 000 Menschen auf einer Fläche von 500 qkm definiert.

● ***Verdichtungsräume*** bilden eine Kombination von Ballungsräumen und Stadtregionen. Zwei Kriterien werden zur Kennzeichnung verwendet:

→ Die zonale Differenzierung beruht auf der *Einwohner- und Arbeitsplatzdichte (EAD)*, der Dichte der Wohn- und Arbeitsbevölkerung (der nichtlandwirtschaftlichen Betriebe). Vier Zonen werden durch die Schwellenwerte bis 330, über 330, über 750 und über 1250 EAD getrennt.

→ Als Maßzahl zur Kennzeichnung der Belastung wird *die relative Bevölkerungszunahme* verwendet (vgl. BORCHERDT 1983).

Durch raumgreifende Wachstumsprozesse sind Abgrenzungen und Gliederungen von Agglomerationen stets nur von kurzfristiger Dauer. Bemühungen um die Neuorganisation des Agglomerationsmodells in der Bundesrepublik Deutschland im Zusammenhang mit der Großzählung 1985 sind über Diskussionen nicht hinausgelangt und wurden dann durch die mit dem Einigungsprozeß von West- und Ostdeutschland neu auftretenden großen Probleme beiseitegeschoben.

Zwei neue Begriffe sind entstanden:

1. Als ***Agglomerationsräume*** werden alle Raumordnungsregionen mit einem Oberzentrum von mindestens 300 000 Einwohnern und/oder einer Bevölkerungsdichte von über 300 Ew./qkm bezeichnet (SCHÖN 1996, S. 361). Die Abgrenzungen orientieren sich an den Planungsregionen der Länder.

Tabelle 2.3: Agglomerationsräume in der Bundesrepublik Deutschland und Metropolitan Areas in den USA nach Einwohnerklassen 1995

Einwohner	*BRD - Städte*			*USA - Metropolitan Areas*		
	Zahl	*Gesamtzahl der Einw. in Tsd.*	*%*	*Zahl*	*Gesamtzahl der Einw. in Tsd.*	*%*
50.000 - 100.000	112	7.462,5	*22,3*	184	13.400	7,0
100.001 - 250.000	54	8.022,8	*24,0*	244	38.350	19,9
250.001 - 500.000	18	5.917,7	*17,7*	103	36.686	19,0
500.001 - 1.000.000	9	5.619,4	*16,8*	61	42.728	22,2
über 1.000.000	3	6.432,8	*19,2*	31	61.728	31,9
Insgesamt	**196**	**33.455,2**	*100.0*	**623**	**192.734**	**100,0**
Gesamtbevölkerung		*81.538,6*			264.037	
% der Stadtregion		*41,0*			73,0	
Agglomerationsräume		43.375	x) Berlin, Hamburg, München, Rhein-			
Metropolregionen x)	6	26.959	Main, Rhein-Ruhr, Stuttgart			
potentiell	2	1.767	Dresden,Leipzig			

Stat. Abstract of the United States 1996, S. 940ff., Stat. Jahrbuch der Bundesrepublik Deutschland 1996, S. 56ff., SCHÖN 1996.

2. Die ***Metropolregionen*** sind eine Teilmenge der Agglomerationsräume, für die es keinen Standard der Abgrenzung gibt. Im Begriff der Metropolregion sind zwei Begriffe verschmolzen, die nicht kompatibel sind: der Begriff der Metropole und der Begriff der Stadtregion. Der Begriff ist nicht glücklich gewählt, da darunter auch polyzentrische Regionen wie das Ruhrgebiet und das Rhein-Main-Gebiet subsumiert werden. Die Definition der Metropolregion als Stadtregion einer Metropole trifft in diesen Fällen nicht zu.

Der Anteil der Bevölkerung in Agglomerationsräumen an der Gesamtbevölkerung beträgt 53,3%. Er ist nahezu gleich groß wie der Anteil der Bevölkerung in den Metropolitan Areas der USA mit 500000 Einwohnern und mehr (vgl. Tabelle 2.3).

Im Gegensatz zur Konzentration der Bevölkerung in Agglomerationsräumen im föderalistischen System der Bundesrepublik bietet die französische Hauptstadt Paris das Modell einer Metropole concentreé (vgl. Abb. 2.4). Das Wachstum zu einer Global City vollzog sich im Anschluß an die Kernstadt z.T. gesteuert über die staatliche Planung unter Verwendung von kompakten städtebaulichen Strukturen im Anschluß an das bestehende Städtenetz. Die Pariser Agglomeration bietet daher ein Gegenstück zur dezentralisierten Entwicklung nordamerikanischer Metropolen (vgl. Abb. 2.4).

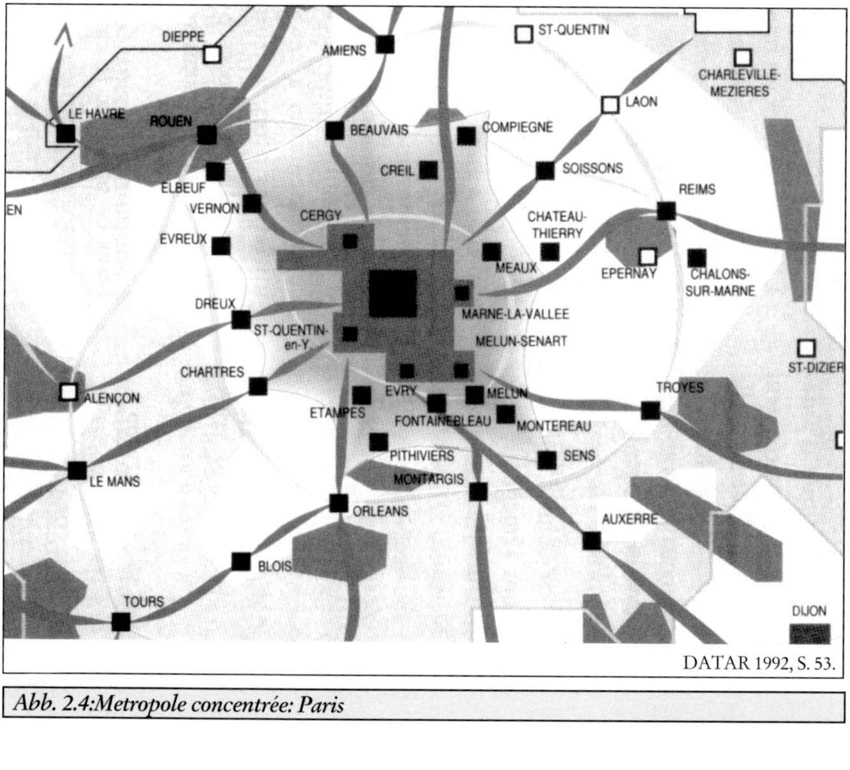

DATAR 1992, S. 53.

Abb. 2.4:Metropole concentrée: Paris

Tabelle 2.4: Metropolitanisierung und Suburbanisierung der USA von 1940 bis 1990 in %

	1940	*1950*	*1960*	*1970*	*1980*	*1990*
Metropolitan Areas	47,8	56,1	63,2	68,6-	72,8-	73,6
Kernstädte	32,5	32,8	32,3	31,4	30,0	31,2
Suburbs	15,3	23,3	30,9	->37,2	44,8	46,3
Non-Metropolitan Areas	52,2	43,9	36,8	42,4	27,2	26,4
Einwohner in Mio.	131,7	151,3	179,3	203,3	226,5	248,7

Statistical Abstract of the United States 1996.

2.1.8 Suburbia – Außenstädte

Die Metropolitanisierung ist ein raumgreifender Prozeß, durch den Suburbs und schließlich Außenstädte (= Outer Cities) entstehen, welche Funktionen der Innenstädte (= Inner Cities) übernehmen.

In Abhängigkeit von der Eingemeindungspolitik verbleiben Suburbs und Außenstädte entweder außerhalb der Grenzen der Kernstädte (USA, Frankreich) oder werden eingemeindet bzw. entstehen nach weitflächiger Eingemeindung auf dem vergrößerten Stadtgebiet (ehemalige sozialistische Staaten).

In Hinblick auf den Umfang des Wachstums der Städte außerhalb der Stadtgrenzen steht ***Nordamerika*** mit Abstand an erster Stelle. Hier hat die extensive Suburbanisierung in der Nachkriegszeit die Relationen zwischen Kernstädten und Suburbs völlig geändert. Im Zuge der Metropolitanisierung hat sich das Verhältnis von metropolitanen und nichtmetropolitanen Gebieten von 1:1 im Jahr 1940 auf 3:1 im Jahr 1990 verschoben. Dabei ist der Anteil der Kernstädte an der Gesamtbevölkerung nahezu unverändert geblieben (1940 32,5%, 1990 31,2%), während der Anteil der Suburbs von 15,3% auf 46,3% zugenommen hat. Die Amerikaner sind zur Hälfte bereits Suburbaniten geworden (vgl. Tab. 2.4).

Die Suburbanisierung hat in mehreren Schritten alle Bestandteile der Bevölkerung, der Arbeitsstätten und Organisationen erfaßt.

- In der Zwischenkriegszeit begann die Suburbanisierung der Wohnbevölkerung mit dem flächigen *„residential sprawl"* von kleineren oder größeren Aufschließungen mit frei stehenden Einfamilienhäusern in weiträumiger Verbauung.
- In der frühen Nachkriegszeit setzte die Entindustrialisierung der Kernstädte ein und brachte die *Industrial Parks* in die Suburbs. Heute bestehen mehr als 4000 Anlagen.
- Darauf folgte die Suburbanisierung der Einzelhandels, ein Vorgang, der zunächst mit kleineren *Shopping-Centers* begann und schließlich in den 60er Jahren mit der Aussiedlung der Kaufhäuser aus den Downtowns und der Schaffung von geschlossenen großen Shopping-Centers auf grüner Wiese, als *„malling"* bezeichnet, die Kernstädte veröden ließ.
- Die Entwicklung ab den 80er Jahren ist durch die ebenso massive *Aussiedlung des Bürosektors* gekennzeichnet.

Suburbia ist zu einem polyzentrischen, weitflächigen Siedlungssystem geworden. Folgende *Begriffskette* spiegelt die außerordentlich rasche Entwicklung:

- Anfangs wurden die neuen multifunktional verdichteten Kerne *Urban villages*, die man nicht als verstädterte Dörfer auffassen darf, genannt, dann *Sub-Cities* (CERVERO 1986), später *„suburban CBDs"* oder *„suburban downtowns"* (HARTSHORN und MULLER 1992). HOFMEISTER hat in Hinblick auf ihre Anordnung längs Außenringautobahnen von einem *Metropolitanen Ring* gesprochen (1985, S. 53).

Im folgenden werden sie als ***Outer Cities = Außenstädte*** bezeichnet. *Die Outer Cities dominieren heute Einzel- und Großhandel, Bank- und Finanzwesen, Freizeit- und Unterhaltungsgewerbe* (HOLZNER 1995). Sie weisen folgende *Kennzeichen* auf:

- Die Outer City ist die „autogerechte Stadt" am Ende des 20. Jahrhunderts, aus deren Straßenraum der Fußgänger exkludiert ist. Ihre Entstehung bedurfte der Vorleistung des staatlich finanzierten Autobahnbaus.
- Sie ist die „amerikanische Version" der Neuen Stadt in der postindustriellen Gesellschaft. Sie bleibt wie diese an die bereits bestehenden Metropolen gebunden und kann sich – jedenfalls bisher – davon nicht räumlich emanzipieren.
- Sie umfaßt zum Unterschied von der europäischen Neuen Stadt (vgl. unten) alle städtischen Funktionen, einschließlich des wirtschaftsorientierten Dienstleistungssektors.
- Sie ist jedoch keine „Neuauflage" der Kernstadt an einem anderen Standort. Sie ist nicht mehr wie diese ein Produkt des industriellen, sondern des postindustriellen Zeitalters und wird daher in ihrer wirtschaftlichen Ausrichtung vom tertiären Sektor dominiert.
- Ihre Vertreter, darunter auch die Edge Cities (vgl. unten), sind im allgemeinen – jedenfalls bisher – kleiner als die „Mutterstädte", wobei sie jedoch aufgrund ihrer großen Zahl (so weist z. B. Detroit 16 Edge Cities auf) in ihrer Gesamtheit bereits diese im nationalen Durchschnitt an Wohnbevölkerung und Arbeitsstätten übertreffen. Der gegenwärtig wichtigste Vorgang ist die Umorientierung von den CBDs der Kernstädte, die nunmehr als *Innenstädte = Inner Cities* bezeichnet werden, zu den CBDs der Außenstädte in Form der Aussiedlung des quartären Sektors. Von Weltunternehmen angeführt, welche als Kapitalgeber auftreten, entstehen an Autobahnkreuzen, stets in bester Lage für den Individualverkehr, die neuen Bürostädte. Diese wurden von GARREAU (1991a) als ***Edge Cities*** bezeichnet und umfassend dokumentiert. Sie weisen folgende *Merkmale* auf:

- Nach der Definition der Bank- und Immobilienbranche haben sie eine Mindestfläche von 465 000 qm Bürofläche, und zwar ohne die Büroflächen von Behörden und nicht auf dem freien Markt vermieteten Flächen; ferner
- mindestens 56 000 qm Einzelhandelsfläche,
- mehr Arbeitsplätze als Einwohner (Dadurch qualifizieren sie sich als Arbeitsstättenzentren.). Ein weiteres Merkmal ist
- eine ausgeprägte architektonische Identität mit einer freilich flacheren Skyline im Vergleich zu der Silhouette der Downtowns der Kernstädte.
- Angestrebt wird eine Einwohnerzahl von 250 000. Diese Größe wurde seinerzeit für die Zentralstadt der englischen Gartenstädte von HOWARD vorgesehen.

Festzuhalten ist:

- Die von Berry Anfang der 70er Jahre prognostizierte Counterurbanisation, die Entstädterung, welche die Stadt zum „non-space" transformieren sollte, ist nicht eingetreten.
- Der Vorgang der Metropolitanisierung, das Wachstum der metropolitanen Regionen, hat sich zwar fortgesetzt, jedoch keine Entstädterung in sensu stricto, sondern eine neue dezentrierte Konzentration nahezu aller aus den Kernstädten verlagerten Arbeitsstätten in den Außenstädten bewirkt.
- Dem „urban sprawl" der Wohnbevölkerung ist nämlich nicht ein „urban sprawl" der Arbeitsplätze gefolgt, sondern die Arbeitsstätten haben sich im Zuge der Suburbanisierung erneut räumlich gruppiert, von den großflächigen Industrial Parks über das hierarchische Muster von standardisierten und auf bestimmte Einzugsbereiche ausgerichteten Shopping-Centers bis zu den Arbeitsstätten des tertiären Wirtschaftssektors, den Edge Cities als neuen Bürozentralen von Großunternehmen.

Die Abbildung 2.5 der idealtypischen Struktur der Metropolitan Areas mit Kernstädten und Edge Cities demonstriert, daß die Ränder der wachsenden Metropolen im Anschluß an „belt ways", kreisförmigen „Umfahrungsautobahnen" um Kernstädte, ebenso wie längs Intercity Highways, durch Edge Cities markiert werden. Sie bezieht sich auf große Metropolen wie Detroit, Washington, Los Angeles. Holzner hat für

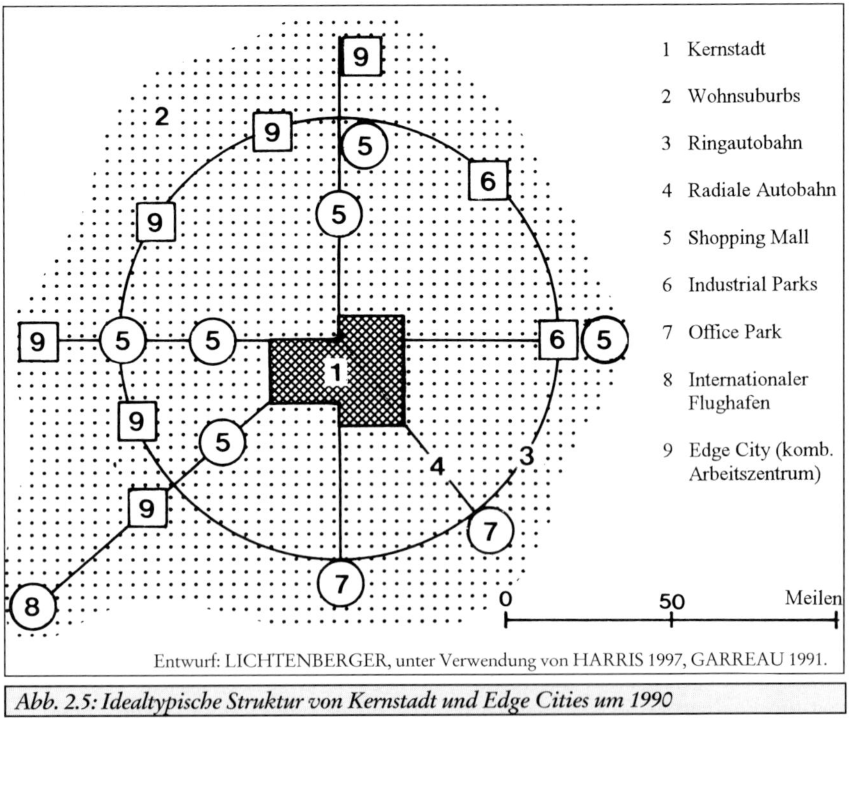

Abb. 2.5: Idealtypische Struktur von Kernstadt und Edge Cities um 1990

den Gesamtkomplex von Kernstadt und Outer City den Begriff ***„Stadtland"*** eingeführt (1990) und damit das Merkmal der außerordentlich weiträumigen und offenen, Raum verschwendenden Anordnung der Siedlungsbestandteile explizit gemacht.

2.1.9 Zentrale Orte und Global Cities

Städte sind nicht nur räumliche Ausschnitte des politischen, sondern auch des ökonomischen Systems. Zwei ökonomische Systeme sind unter Bezug auf die funktionelle Ausbildung von Städten zu unterscheiden:

- *das nationalstaatliche zentralörtliche System, welches den konsumentenorientierten Dienstleistungssektor im hierarchischen System der Zentralen Orte bereithält,*
- *das globale System des quartären Sektors der Wirtschaft, welches über das internationale Finanzkapital und internationale Weltunternehmen sowie die internationalen Weltorganisationen seinen Zuschnitt enthält.*

Im ***zentralörtlichen System*** stehen die Primate Cities, die *Primatstädte*, an der Spitze der Rangordnung eines Staates, sie sind zumeist auch die Hauptstädte desselben, im globalen System sind es die sogenannten *Global Cities*.

Das zentralörtliche System von Städten läßt sich bereits in antiken Reichsbildungen feststellen, die sich des hierarchischen Prinzips bei der Standortwahl von Städten bedient haben. Das Chinesische Reich hat unter der Han-Dynastie die administrative Funktion im Sinne von CHRISTALLER in der Raumordnungspraxis vorweggenommen und in der Namensgebung der Städte determiniert. Das Römische Reich hat mit der Anbindung von Reichsstraßen an Städte das Verkehrsprinzip realisiert. Beide Reiche haben damit zwei Jahrtausende vor der Kreation der zentralörtlichen Theorie durch CHRISTALLER Prinzipien derselben räumlich etabliert.

CHRISTALLERS ***Theorie der Zentralen Orte (1933)*** zählt zu den Meilensteinen der räumlichen Theoriebildung, deren analytischer und heuristischer Wert nicht in Frage gestellt werden kann. Dies gilt für zwei integrierende Bestandteile:

- Die Übertragung des hierarchischen Organisationsprinzips auf das System der Zentralen Orte und
- die Unterscheidung von Markt-, Verkehrs- und Verwaltungsfunktionen von Zentralen Orten durch verschiedene Prämissen, durch welche der sogenannte K-Wert variiert, d. h. die Anzahl von Zentralen Orten in den einzelnen Stufen der Hierarchie, die jeweils einem übergeordneten Zentralen Ort zugeordnet sind.

Das Modell der Marktfunktion entspricht K 3, bei dem die Entfernungen von den Nachfragern zu den Zentralen Orten minimiert sind.

Das Modell der Verkehrsfunktion entspricht K 4, wonach eine optimale Verteilung der Zentralen Orte dann besteht, wenn so viele wie möglich durch Verkehrslinien zu größeren Städten berührt werden.

Das Modell der administrativen Funktion wird durch K 7 repräsentiert. Ihm wird in der Planungspraxis der Vorzug eingeräumt. Demnach kann die administrative Funktion am besten operieren, wenn eine möglichst klare Zuordnung von jeweils 6 niederrangigen Zentren zu einem höherrangigen Zentrum besteht (vgl. HEINRITZ 1979).

In der unmittelbaren Nachkriegszeit hat die Zentrale-Orte-Theorie in den sozialen Wohlfahrtsstaaten Europas praktische Relevanz für die Regionalpolitik besessen, als es darum ging, regionale Disparitäten in der Verteilung von staatlichen Einrichtungen zu reduzieren. Seither haben sich Veränderungen hinsichtlich der Prämissen ergeben.

- Es sind Reformen der administrativen Landkarte mittels der Zusammenlegung von zu kleinen Verwaltungssprengeln erfolgt,
- die Verkehrstechnologie hat durch das Take-off des Individualverkehrs und des Flugverkehrs die Distanzen reduziert und damit Stufen der Hierarchie eliminiert.
- Konzentrationsprozesse der Wirtschaft haben die Marktfunktion geändert (vgl. Kapitel 3.5).

Das Zentrale-Orte-System ist ein nationalstaatliches System. Nun geht aber die Zeit einer Dominanz der nationalstaatlichen Stadtsysteme in Europa zu Ende, und zwar durch

- *den Aufbau der supranationalen Ebene der EU mit synchron dazu erfolgender partieller „Demissionierung des Nationalstaates" und*
- *die Globalisierung der Ökonomie.*

Damit laufen drei Vorgänge gleichzeitig ab:

1. *Es erfolgt eine Separierung des konsumentenorientierten tertiären Sektors vom quartären Sektor der Wirtschaft und damit eine Separierung zwischen zentralörtlich-nationalstaatlichem und globalem Städtesystem.*

2. *Aufgrund der Effekte der EU und der Einbindung in kontinentale Verkehrsnetze und globale Vermarktungssysteme vollzieht sich eine Umstrukturierung der zentralörtlichen Systeme.*

- Es erfolgt eine Angleichung der „nationalen" Zentrale-Orte-Systeme an eine europäische Stufenskala der Zentralen Orte.
- Es sind ferner infolge von Effekten der EU Restrukturierungen und damit Destabilisierungen zu erwarten. Die Abstände zwischen den Hierarchiestufen vergrößern sich aufgrund der Konzentrationsvorgänge in Handel und Gewerbe und selbst bei staatlichen Einrichtungen, einzelne Stufen des zentralörtlichen Systems werden eliminiert, Städte sinken in niedrigere Ränge ab.
- In den ehemals planwirtschaftlich organisierten Staaten ist die Eliminierung der unteren Ränge der Zentralen Orte zum Großteil bereits erfolgt und eine Restrukturierung wenig wahrscheinlich, nicht zuletzt deshalb, weil unter den kommunistischen Regimen die einst tragenden besitzbürgerlichen und gewerbebürgerlichen Schichten expropriiert und diskriminiert wurden, so daß eine Neubildung geringe Wahrscheinlichkeit besitzt.

3. *Es entsteht ein* ***globales intermetropolitanes*** *System aus der Konkurrenz der Metropolen um die Anteile am wachsenden quartären Sektor.*

- Hierbei kommt es nicht wie bei den Zentralen Orten zur Ausbildung einer neuen Hierarchie, sondern es entsteht eine sehr komplexe Rangordnung aufgrund der nicht direkt kompatiblen Rangordnungen von ökonomischen, politischen und kulturellen Funktionen.
- Bei föderalistischer Staatsverfassung entsteht ein ahierarchisches Konkurrenzmuster aus der Spezialisierung auf bestimmte Funktionen des quartären Sektors. Die

Bundesrepublik Deutschland bietet hierfür aufgrund des jahrezehntelangen Verlusts der Hauptstadtfunktion für Berlin und der föderalistischen Verfassung das beste Beispiel (Frankfurt – Banken, Flughafen; Köln – Versicherungen; Hamburg – Hafen usw.).

- Bei strikt zentralistisch organisierten Staaten, für welche Frankreich ein Vorbild darstellt, ist eine derartige Funktionsteilung allerdings nicht zu erwarten.
- Die Attraktivität von Metropolen für internationale Investoren ist besonders in den postsozialistischen Staaten wichtig. Dort werden in mittelfristiger Zukunft freilich nur die Primatstädte von den Übersprungeffekten des internationalen Finanzmarktes profitieren, und ihre Sonderstellung wird umso länger bestehenbleiben, je später die betreffenden Staaten in den wirtschaftlichen Integrationsprozeß Europas einbezogen werden.
- Insgesamt separieren sich durch die Globalisierung der Ökonomie die Metropolen Europas zunehmend von den Regionalstädten der nationalen zentralörtlichen Systeme. Hierbei akzentuieren sich Prozesse des Aufstiegs und Niedergangs von Metropolen, deren Rangpositionen kontinuierlichen Verschiebungen unterliegen, wobei die Instabilitätszone in der Rang-Größen-Reihung höhere Ränge als bisher erreicht und auch die Primate Cities in die Instabilität einbezogen werden.

Mit der Globalisierung der Ökonomie ist das Konzept der ***Global City*** entstanden. Diese weist nach Friedmann (1986) folgende *Merkmale* auf:

→ Zentrum des internationalen Finanzkapitals,
→ Sitz von Hauptquartieren transnationaler Unternehmen,
→ Standort eines schnell wachsenden Sektors unternehmensorientierter Dienstleistungen,
→ Sitz internationaler Institutionen,
→ internationaler Knotenpunkt des Verkehrs,
→ bedeutende Einwohnerzahl.

Global Cities werden zu führenden Orten der Akkumulation von Kapital (Friedmann und Wolff 1982, S. 319), sind jedoch andererseits relativ abgehoben von ihrem lokalen und regionalen Umfeld und dessen Prosperität oder Niedergang. New York ist ein Beleg dafür.

Am Beispiel des Städtesystems von Europa sei die Verschränkung der Rangskala von nationalen zentralörtlichen Systemen und dem globalen ökonomischen System demonstriert.

Europa verfügt über zwei *Global Cities,* London und Paris, welche gleichzeitig die Funktion von Primate Cities besitzen. Als *Eurometropolen* reihen sich weitere 4 Primate Cities an: Berlin, welches eine Chance hat, im nächsten Jahrhundert zur Global City aufzusteigen, ferner Brüssel, der Sitz der EU, Amsterdam und Wien. Für die österreichische Hauptstadt ist der 5. Rangplatz auf der Erde als Standort von internationalen Organisationen bemerkenswert. *Internationale Wirtschaftsmetropolen* sind die bereits genannten bundesdeutschen Städte Frankfurt, Köln und Hamburg, weiters Zürich in der Schweiz und Mailand in Oberitalien. Als *Hauptstädte* nicht mehr in die Reihe der oben genannten Eurometropolen zu stellen sind Rom, Madrid, Lissabon und Oslo, von den postsozialistischen Hauptstädten Budapest, Prag und Warschau. Als *regionale Wirtschaftsmetropolen* sind Stuttgart, Lyon und Barcelona zu nennen.

Die Gewinnung von Rangskalierungen europäischer Metropolen ist nicht nur ein akademisches Anliegen, sondern besitzt beachtliche Praxisrelevanz, da die Standortentscheidungen von Spitzenkonzernen davon beeinflußt werden. Feststellung und kontinuierliche Registrierung von Rangplätzen zählen damit zu den neuen Aufgaben von wissenschaftlichen Institutionen, das Streben um die Verbesserung des Rangplatzes der einzelnen Metropole zu den neuen Agenden der betreffenden politischen Entscheidungsträger. Im 21. Jahrhundert werden Metropolen zur dritten Kraft neben den Institutionen der Europäischen Union und den Nationalstaaten in einem in Vereinigung befindlichen Europa avancieren.

2.1.10 Megalopolis

Der Begriff Megalopolis wurde von Gottmann 1961 für den städtischen Korridor im Nordosten der USA verwendet, der sich von Boston bis Washington D. C. erstreckt. Insgesamt liegen hier 30 Metropolen mit einer Gesamtbevölkerung von 40 Mio. Einwohnern, mit intensiven wirtschaftlichen Verflechtungen, hoher Intensität der Bewegung von Menschen, Gütern und Informationen und der Durchführung von Transaktionen, so daß ein ausgeweiteter Maßstab des städtischen Lebens entsteht, ebenso ein außerordentlich differenziertes System der Landnutzung.

Massive städtische Konzentrationen in anderen Teilen der Welt fallen ebenfalls unter diesen Begriff, darunter die Tokaido Megalopolis in Japan zwischen Tokio und Kobe mit 50 Mio. Einwohnern (Hartshorn 1992, S. 37).

Knapp vor der Beseitigung des Eisernen Vorhangs und der Aufhebung der Teilung Europas in zwei politische Einflußsphären hat 1989 der französische Geograph Brunet eine funktionelle Analyse von 165 Agglomerationen der Europäischen Gemeinschaft durchgeführt und unter dem Titel „Les villes ‚Européennes'" veröffentlicht. Diese Publikation bietet nicht nur die erste umfassende Klassifikation von Agglomerationen im EU-Raum, sondern hat sehr rasch eine außerordentliche Popularität gewonnen, da sie im Stil des Geo-Designs die in Nordamerika verwendeten griffigen räumlichen Großkategorien Megalopolis und Sunbelt auf die Europäische Union übertragen hat.

In der seither immer wieder veröffentlichten und überarbeiteten Raumordnungsskizze von Westeuropa bildet die westeuropäische Megalopolis, im Jargon der Medien als „Banane" popularisiert, deren metropolitanes Rückgrat. Sie schließt die historische Städteachse von Oberitalien nach Flandern ein und reicht im Norden bis London.

Der Freizeitgesellschaft dieser Megalopolis dienen die Freizeitsiedlungen im „Sunbelt", der sich südlich der Alpen und Pyrenäen erstreckt. Die Analogien zu Nordamerika sind offensichtlich. Dort wird der Sunbelt vom Frostbelt durch die mittlere Jännertemperatur von 45 Grad Fahrenheit getrennt und liegt um mindestens 5 Grad weiter südlich als in Europa (vgl. Hartshorn 1992, S. 69).

Am Eisernen Vorhang endete die Perspektive des Westens, daher fehlten auch die Ostblockstaaten in dem Kärtchen von Brunet. Nun ist die Teilung Europas zu Ende, und es zählt zu den interessanten Verzögerungseffekten in der „Wahrnehmung" der geänderten politischen Verhältnisse, daß die „Bananen"-Konzeption als innovatives geopolitisches Logo noch immer die internationale Literatur bestimmt und inzwischen von der Geographie ausgehend in die Sozialwissenschaften und ins Management diffundiert ist.

Es ist das Verdienst von tschechischen Geographen, als erste die Konzeption der Megalopolis durch eine zweite zentraleuropäische Metropolenachse ergänzt zu haben (DOSTAL und HAMPL 1992, Abb. 17.1). Sie reicht von Kopenhagen über Berlin nach Prag und Wien und ist von hier noch nach Bratislava und Budapest zu erweitern (vgl. Abb. 2.6). Diese westeuropäische Megalopolis und ihr neues zentraleuropäisches Gegenstück werden entscheidend vom Hochgeschwindigkeitsnetz der Bahn getragen, welches sich derzeit im Ausbau befindet und bereits die künftigen NATO-Staaten Ungarn, Tschechien und Polen einschließt. Jeweils drei Trassen verlaufen von W nach O, von NNW nach SSO und von SW nach NO, so daß ein Verkehrsgitter entsteht. Die metropolitanen Achsen sind demnach auch die Zonen bester Erreichbarkeit, welche sich klar von den schlecht erreichbaren Peripherien abheben.

Die westeuropäische Megalopolis übertrifft zusammen mit der zentraleuropäischen Metropolenschiene hinsichtlich der Einwohnerzahl bereits die japanische Megalopolis.

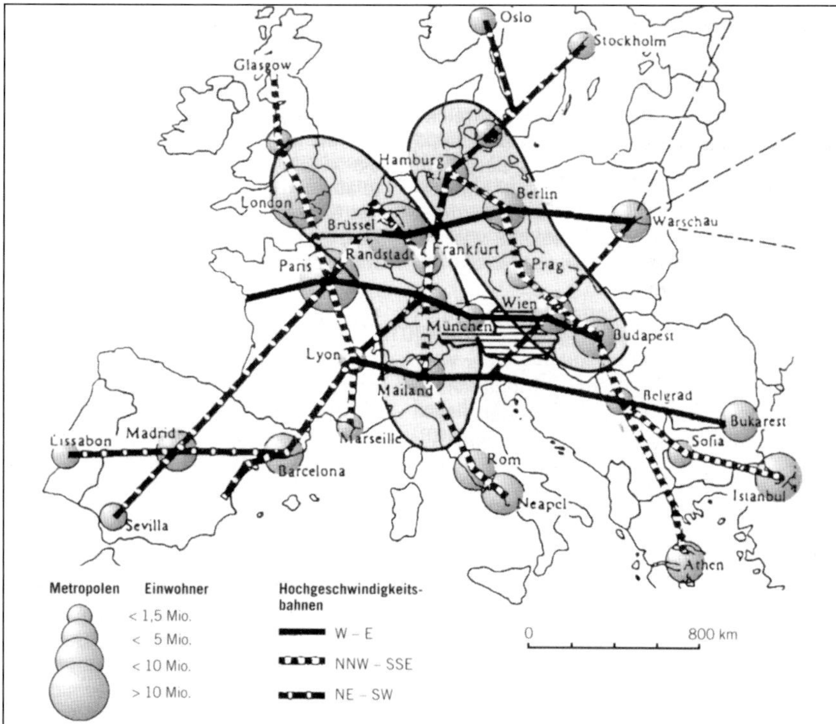

LICHTENBERGER 1997, S. 327.

Abb. 2.6: Metropolenachsen und Hochgeschwindigkeitsstrecken in Europa

2.2 Raummodelle von Stadt und Agglomeration

2.2.1 Überblick

Raummodelle von Städten sind ein relativ altes Anliegen der Stadtforschung. Sie entsprechen dem immanenten Bemühen, die Unübersichtlichkeit und wachsende Komplexität der städtischen Wirklichkeit durch Negierung zahlreicher Parameter wieder überschaubar zu machen.

Raummodelle sind einerseits aus theoretischen Überlegungen und andererseits aus explorativer Forschung entstanden. Sie haben die Zielsetzung, in äußerst vereinfachter Form wesentliche Aussagen über die räumliche Organisation der Gesellschaft und Wirtschaft graphisch darzustellen. Mutiert zu Stadtentwicklungsmodellen dienen sie als Handlungsgrundlage für die Planung und deren Legistik.

Unter Bezug auf die Stadtdefinition können folgende Kriterien der Modelle angeführt werden:

- Es handelt sich stets um zentrierte Modelle, bei denen spezifische Stadtmitte-Konzepte eingebracht werden.
- Die Verwendung des Konzepts des Kern-Rand-Gefälles erfolgt ohne Definition der Schwellenwerte der spezifischen Parameter in Form eines Zonenmodells.
- Die Inkompatibilität von Nutzungen bzw. Bevölkerungsgruppen wird in ein Sektorenmodell transponiert.
- Die räumliche Überlagerung von Gesellschaftssystemen findet in bipolaren bzw. dualen Modellen einen Niederschlag.

Alle Modelle enthalten Aussagen über bestimmte Organisationsprinzipien der städtischen Gesellschaft auf der Grundlage von theoretischen Zugängen.

Folgende Modellfamilien lassen sich unterscheiden:

1. die sozialökologischen Modelle
2. die kulturökologischen Modelle
3. die auf das politische System orientierten sozialgeographischen Stadtmodelle

ad 1. ***Die Modelle der Sozialökologie*** sind, mit dem Etikett der „Schule von Chicago“ versehen, in die Wissenschaftsgeschichte eingegangen. Hierbei erfolgte ein Ausbau der klassischen Sozialökologie der Zwischenkriegszeit in zwei Etappen. Die erste Etappe bildete die Sozialraumanalyse von SHEVKY und BELL (1955), die als Segregationsforschung weitergeführt wurde. Die zweite Etappe der Faktorialökologie brachte den methodischen Fortschritt und ist mit dem Namen von BERRY verbunden, der ein weltumspannendes Stadtforschungsprogramm aufgebaut und entscheidend zur internationalen Modellbildung der geographischen Stadtforschung beigetragen hat (1970). In weniger entwickelten Staaten mit guten Statistiken kam es zu einer „Ansiedlung der Factorial Ecology auf grüner Wiese“. Dies trifft partiell auch für die Soziologie im deutschen Sprachraum zu, die eine empirische Stadtforschung erst begonnen hatte (MACKENSEN et al. 1959), und wo FRIEDRICHS (1977) den Theorie- und Methodenkomplex der Sozialökologie zusammen mit anderen Teilen der Soziologie Zug um Zug transferierte.

Anders war die Situation in der Geographie, wo die sozialökologische Richtung einschließlich der Faktorialökologie als Paket im Rahmen der analytischen Geographie Ende der 60er Jahre importiert wurde. Das erste sozialökologische Modell wurde bereits 1970 von SAUBERER für Wien gerechnet.

ad 2. ***Die kulturökologischen Modelle*** entstanden – begünstigt durch die von der Deutschen Forschungsgemeinschaft finanzierte Überseeforschung – auf der Grundlage einer vergleichenden kulturökologischen Stadtforschung. Diese schloß einerseits an die klassische Tradition der Erforschung von Kulturerdteilen an und bildete andererseits ein spezifisches, wenn auch im einzelnen unterschiedliches Amalgam aus kulturhistorischer Perspektive, teilweiser Rezeption sozialökologischer Modelle und Verwendung von faktorenanalytischer Methodik bei häufiger Beibehaltung der Feldforschung im Mikromaßstab. Die wichtigsten kulturökologischen Stadtmodelle sind in dem von EHLERS herausgegebenen Reader „Modelling the City-Cross-Cultural-Perspectives" (1992) und in der „Stadtstruktur" von HOFMEISTER enthalten (3. Auflage 1996).

Mittels eines kulturökologischen Vergleichs zwischen der vorindustriellen kontinentaleuropäischen Stadt und der orientalischen Stadt wird in Kapitel 2.2.3 der Nachweis erbracht, daß es schlichtweg unrichtig ist, summarisch von „vorindustriellen" Stadtmodellen zu sprechen, wie dies u.a. in der angelsächsischen Literatur geschieht.

ad 3. ***Die sozialgeographischen Stadtmodelle*** folgen der These, daß Städte vom jeweiligen politischen System definierte räumliche Ausschnitte der Gesamtgesellschaft darstellen. Demnach ändern sich mit den gesellschaftspolitischen Systemen auch die Konzeptionen von Stadt und städtischer Gesellschaft.

Die Änderung von gesellschaftspolitischen Systemen ist stets mit einem Wechsel der Machtverhältnisse verbunden und bedeutet zumeist

- eine Änderung der Verfügungsrechte über Grund und Boden,
- eine Auswechslung von städtebaulichen Leitbildern,
- eine Auswechslung der Eliten und damit der Entscheidungsträger,
- eine Auswechslung von Finanz- und Steuersystemen.

Ganz ähnliche Effekte bewirken auch Fortschritte des technologischen und wirtschaftlichen Systems.

Die Tragfähigkeit der Konzeption wird durch mehrere Beispiele belegt:

- Unter Bezug auf die politische Eindimensionalität der amerikanischen Stadtentwicklung wird die historische Dimension von Städten anhand des Beispiels der europäischen Stadtentwicklung in die Form eines *Perioden- und Stufenmodells* zur Erklärung von Stadttypen gebracht, welche jeweils bestimmten gesellschaftspolitischen Systemen zugeordnet werden. Diese Retrospektive dient zur Erklärung der gegenwärtigen komplexen physischen räumlichen Strukturen und gesellschaftlichen Organisationsformen.
- Mittels eines Innovations- und Diffusionsmodells von Industrialisierung und Verstädterung werden *mehrere Landnutzungsmodelle* unterschieden, wobei dem

Zeitpunkt der Anlagerung der Industrie an den älteren Stadtkörper entscheidende Bedeutung zukommt.

- Dank der Beendigung der Teilung Europas bietet sich die Chance, einerseits *Modelle des sozialistischen Städtebaus* und andererseits *Transformationsmodelle* zu erfassen.
- Das Phänomen der Nebeneinanderlagerung und partiellen Überlagerung von kulturellen und politischen Systemen unter Beibehaltung von zwei Stadtmittekonzepten wird unter dem Begriff von *bipolaren Modellen* subsumiert.

2.2.2 Die Persistenz der Modelltriade der amerikanischen Sozialökologie

In einer Zeit außerordentlich raschen Zerfalls von Wissen aufgrund der akzelerierten Abfolge von neuen Ideen, Theorien und Fragestellungen erscheint es bemerkenswert, daß die bereits 1945 von HARRIS und ULLMAN publizierte Modelltriade zur Stadtstruktur noch heute zum Standardrepertoire der meisten Lehrbücher der Stadtgeographie und Stadtsoziologie zählt. Sozialwissenschaftliche Erkenntnisse, die ein halbes Jahrhundert bestehenbleiben, bedürfen einer Erklärung ihrer Persistenz.
Hierzu folgendes:

1. *Die Modelltriade fußt auf der sozialökologischen Theorie, welche drei Konzeptionen verbindet:*

- die *Prinzipien des Privatkapitalismus* mit einer Laissez-faire-laissez-aller-Politik, wonach Stadtentwicklung als ein sich selbst steuernder Prozeß aufgefaßt wird und die Mechanismen durch die ökonomische Konkurrenz in einer arbeitsteiligen Organisation bestimmt werden,
- eine *sozialdarwinistische Perspektive*, wonach gesellschaftliche Prozesse analog zu biologischen durch das „Recht des Stärkeren" determiniert werden.

Im Hinblick auf die Qualität von Standorten erfolgt ein Transfer des sozialen Ranges in die räumliche Dimension. Die attraktivsten Standorte im Stadtraum werden jeweils von den Oberschichten besetzt und andererseits Grundschichten in marginale Positionen abgedrängt. Aus den Ursachen und Bedingungen des Wettbewerbs entsteht soziale Kontrolle, bei der von oberen Sozialgruppen die Regeln gesetzt werden. Diese soziale Kontrolle löst Konflikte aus. Am Ende eines langen und konfliktreichen Miteinanders von gesellschaftlichen Gruppen erfolgt über den Prozeß der sozialen Anpassung (Akkommodation, Akkulturation) eine individuelle und gruppenspezifische Angleichung (Assimilation) oder Exklusion (Marginalisierung).

- Analog zu biologischen Prozessen führen derartige Konkurrenz- und Konfliktsituationen zu einem gewissen, auch langfristig stabilen *Gleichgewicht von standortangepaßten gesellschaftlichen Assoziationen.*

2. Im Hinblick auf die theoretische Interpretation werden bei den einzelnen Modellen jeweils *unterschiedliche Mechanismen ins Spiel gebracht,* nämlich:

- *Invasion und Sukzession von gesellschaftlichen Gruppen* bei BURGESS im Zonenmodell,
- *verkehrsinduziertes achsiales Wachstum längs Verkehrslinien* bei HOYT im Sektorenmodell,

• *kollektive Präferenzen bei der Verortung von Arbeitsstätten* bei Harris und Ullman im Mehrkernmodell.

Alle drei Modelle werden durch die Konzeption der Stadt als zentriertes wachsendes System verbunden.

3. Dazu kommt ferner das Argument, daß es sich bei den drei Modellen zur Stadtstruktur um *Ergebnisse aus einem spezifischen Zeit-Raum-Kontext der Gesellschaftsentwicklung* handelt, die wie alle Erkenntnisse in der historischen Dimension „sicher gespeichert" sind (vgl. oben) und nicht dem geläufigen Zerfallsprozeß von Wissen unterliegen. Die klassischen sozialökologischen Modelle sind *idealtypische Abbilder der nordamerikanischen Städte in der Zwischenkriegszeit*. Sie beziehen sich implizit auf deren Situation vor der massiven Suburbanisierung und bieten damit nur ein Abbild der Kernstadt, nicht dagegen der Metropolitan Area.

4. Eine weitere Besonderheit der Arbeit von Harris und Ullman ist hervorzuheben. Sie entstand in Chicago, dem Zentrum der Stadtökologie, im *interdisziplinären Verbund von Stadtsoziologie und Stadtgeographie* und wurde in beiden Disziplinen zur Kenntnis genommen.

Im folgenden eine kurze ***Beschreibung der Modelle*** (vgl. Abb. 2.7):

Das ***Zonenmodell*** von Burgess und Park beruht auf der grundlegenden Hypothese der Verdrängung von Nutzungen vom Zentrum zur Peripherie. Der Central Business District (CBD) bildet daher den Motor der Stadtentwicklung, der im Falle von Chicago als „Loop" bezeichnet wird und den wirtschaftlichen, kulturellen und politischen Mittelpunkt bildet. Er ist der Standort des tertiären Sektors, der in Hinblick auf die Wohnbevölkerung bereits in der Zwischenkriegszeit durch soziale Disqualifizierung in Form eines extrem hohen Anteils von ledigen Männern und Zuwanderern auffällig war. An den CBD schließen 3 Zonen an:

• *Die Übergangszone* („zone in transition)" ist eine Zone des Verfalls und der Verslumung. Sie war in der Gründerzeit die Industriezone der Stadt, in der nunmehr die Fabriken leerstehen, ohne daß sich jemand darum kümmert. Die Sozialstruktur ist gekennzeichnet durch Desintegration, sehr hohe Mobilität der Bevölkerung, eine hohe Kriminalitätsrate, eine hohe Rate von Geisteskrankheiten, einen hohen Anteil von Massenquartieren aller Art, durch Viertel, in denen sich Prostitution und Rauschgift ebenso wie das Vergnügen konzentrieren. Unter der Bevölkerung überwiegen arme Leute, alte Menschen, Nichtweiße.

• *Arbeiterwohngebiete* bilden die zweite Zone. Die ursprünglichen Einfamilienhäuser stammen aus der Zeit um die Jahrhundertwende und wurden meist aufgeteilt, der Erhaltungszustand ist schlecht, die Hausbesitzer sind absente Landlords (Slumlords). In den großen Zuwanderungswellen segregierten sich hier viertelsweise Portugiesen, Italiener, Griechen, Polen, Ungarn, Mexikaner, Puertoricaner usw.

• *Einfamilienhausgebiete* schließen als dritte Zone an, in der sich die Mittelschichten besser behaupten konnten. Hier gibt es längs der Hauptverkehrsstraßen ein „ribbon development" von Geschäften und Geschäftszentren.

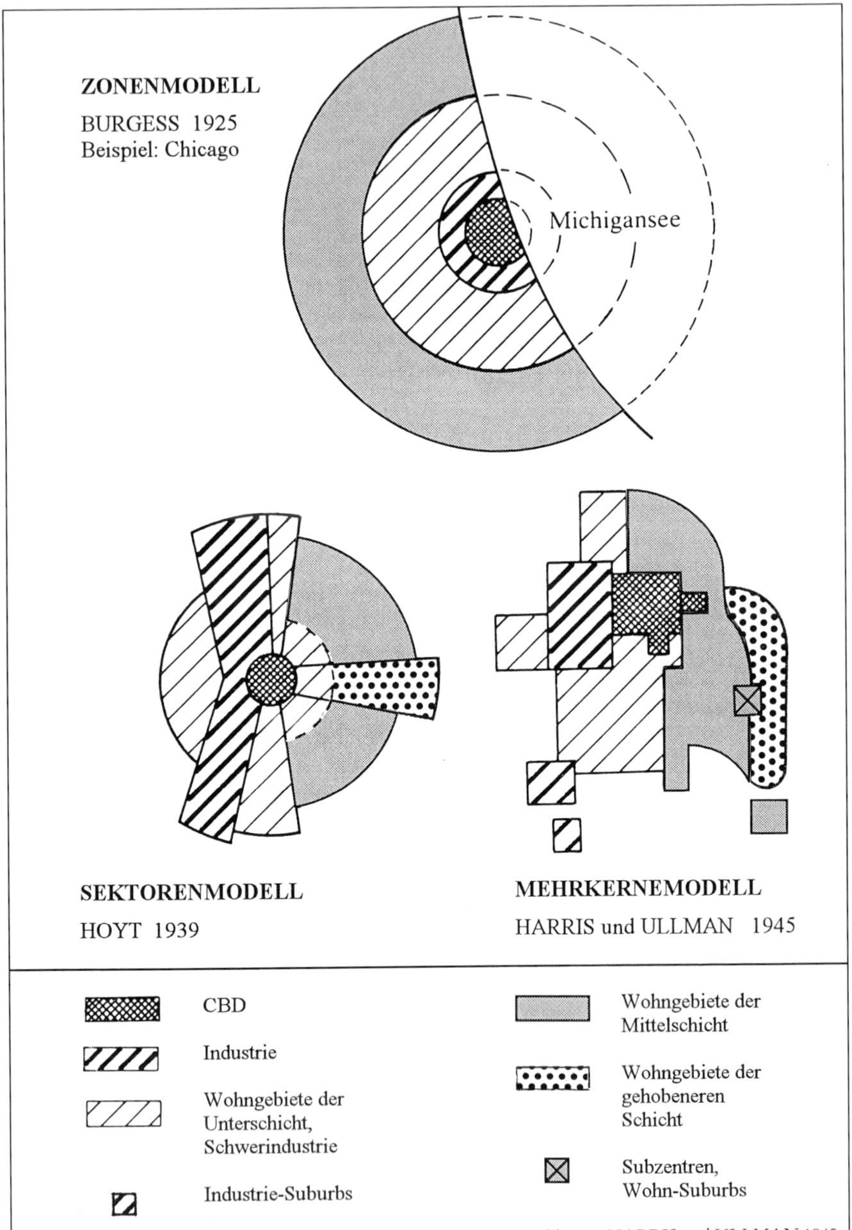

nach: PARK und BURGESS 1925, S. 51; HOYT 1939; HARRIS und ULLMAN 1945.

Abb. 2.7: Die sozialökologische Modelltriade

Das Sektorenmodell von HOYT war – zum Unterschied von BURGESS' gesamtstädtischem Modell – von vornherein als Partialmodell angelegt. Es entstand aus der Analyse der Lageänderung von Oberschichtquartieren. HOYT untersuchte 30 US-amerikanische Städte im Zeitraum von 1900 bis 1936 und entdeckte ein sektorales Verteilungsmuster der teuren Wohngebiete sowie deren zentral-periphere Verlagerung. Das Sektorenmodell wurde in weiterer Folge auch auf andere Nutzungen angewendet, darunter insbesondere auf die Industrie- und Verkehrsflächen.

Das Mehrkernemodell von HARRIS und ULLMAN geht von der Vorstellung aus, daß es entsprechend den verschiedenen Anforderungen von städtischen Nutzungen a priori zu einer mehrkernigen Stadtstruktur kommen muß, wobei sich in Abhängigkeit von der Stadtgröße Distrikte unterschiedlicher Nutzung spezifizieren lassen, wie Regierungscity („civic center)" oder Wirtschaftscity („business center)", Hafenviertel, Industrieviertel usw. Zum Unterschied von den Modellen von BURGESS und HOYT geht es somit nicht um die Verortung verschiedener Sozialschichten im Stadtraum, sondern um die räumliche Differenzierung des Arbeitsstättensektors.

Mit dem HARRIS-ULLMAN-Modell wurde nicht nur eine formale Komplettierung des Zonen- und Sektormodells durch ein Mehrkernmodell vorgenommen, sondern durch systematische Berücksichtigung der Arbeitsstätten erhielt das Prinzip der arbeitsteiligen Gesellschaft einen gleichrangigen Stellenwert neben dem Prinzip der Differenzierung der Wohnstandorte der Strata der Gesellschaft. Hervorzuheben ist ferner das darin enthaltene asymmetrische Entwicklungsprinzip des CBD in Richtung auf Mittel- und Oberschichtgebiete.

Aufgrund der räumlichen Unterschiede der Modelle ist die Frage zu stellen, ob eine übergeordnete Aussage möglich ist. Die Antwort lautet: Wenn man das Prinzip der Inkompatibilität von Nutzungen anwendet, so gelangt man zu einem **dualem Modell.** *Es besteht aus der diametralen sektoriellen Anordnung einerseits von Oberschichtquartieren mit nachrückender CBD-Ausweitung und andererseits von Wohngebieten der Grundschichten und Industriearealen.*

Der analytische und besonders der heuristische Wert der Sozialökologie und der daraus entwickelten Stadtmodelle wurde nie in Frage gestellt. Sie zählen zu den „Meilensteinen" einer modernen Stadtforschung. In Frage gestellt wurde jedoch die ungeprüfte Anwendbarkeit in unterschiedlichen räumlichen Milieus. Es besteht heute weitgehend Konsens darüber, daß eine direkte Übertragung der Aussagen auf andere kulturelle und politische Systeme nicht möglich ist.

Aufgrund der Dominanz der stadtökologischen Modelle angelsächsischer Provenienz drängt sich die Frage auf: Wieso fehlten in der so stark theoretisch engagierten deutschsprachigen wissenschaftlichen Welt Modelle der Stadtstruktur? Die Antwort lautet: Sie haben keineswegs gefehlt, sondern sie entstanden schon im 19. Jahrhundert, und zwar in der Geographie, in der Nationalökonomie und im Städtebau. Der Geograph KOHL hat bereits 1841 für die ständisch organisierte Gesellschaft der vorindustriellen Stadt ein Zonenmodell und ein dreidimensionales Modell (vermutlich das erste überhaupt) entworfen, wobei offen bleiben muß, ob THÜNENS Modell der Solitärstadt im isolierten Staat hierbei Pate gestanden ist.

Darauf zurückgegriffen haben jedenfalls von Wieser und Naumann bei der Entwicklung einer Theorie der städtischen Grundrente (1909).

Synchron hierzu betätigten sich Architekten und Städtebauer im „Modellbau". Sie gerieten jedoch rasch unter den Einfluß von städtischen Baubehörden, denen es um die Lösung der Fragen des technischen Städtebaus und um die Ausbildung von Instrumenten zur Regelung einer öffentlichen Bodennutzungsordnung gegangen ist. Schon im letzten Drittel des 19. Jahrhunderts entstanden in den Großstädten des deutschen Sprachraums erste Flächennutzungspläne mit vom Zentrum zum Rand abnehmenden Bauklassen und einer funktionellen Sonderung nach Wohnvierteln, Industrievierteln usw. Normative Prinzipien des Städtebaus und der Stadtplanung mittels Flächenwidmungsplänen und Bauordnungen haben die Weiterentwicklung von theoretischen Ansätzen für Stadtmodelle „abgeblockt". Normative Stadtentwicklungspläne ersetzten wissenschaftliche Stadtmodelle.

Aufgrund der Absenz im intraurbanen Modellbau ist es verständlich, daß die Sozialökologie amerikanischer Provenienz bereits in der Zwischenkriegszeit, über den durch die kulturhistorische Perspektive geprägten Block der deutschen und französischen Stadtforschung hinweggreifend, beachtliche Overspill-Effekte in Ostmitteleuropa verzeichnen konnte. Hingewiesen sei auf die in der Geographical Review veröffentlichten sozialräumliche Gliederungen von Prag (Moscheles 1933) und Budapest (Beynon 1942), welche wertvolle Dokumente für eine aktuelle Prozeßanalyse darstellen (Lichtenberger 1993b, 1994).

2.2.3 Kulturökologische Stadtmodelle

Zur Demonstration der Bedeutung kulturökologischer Faktoren wurde das Gegensatzpaar von ***traditioneller orientalischer Stadt und europäischer Bürgerstadt*** gewählt, welche in der baulichen Persistenz in die Gegenwart heraufreichen, wenn auch im gesellschaftlichen Bedingungsrahmen inzwischen Wandlungen eingetreten sind.

Folgende Gesichtspunkte stehen zur Diskussion:

1. *der räumliche Bezug von Arbeiten und Wohnen,*
2. *die Prinzipien der Segregation der Bevölkerung,*
3. *das Verhältnis von Öffentlichkeit und Privatheit.*

ad 1. ***Der räumliche Bezug von Arbeiten und Wohnen***

Die im wesentlichen mit der Industrialisierung einsetzende *Trennung von Wohnungen und Arbeitsstätten* zählt zu den entscheidenden Erklärungsmustern der europäischen Stadtentwicklung. Vielfach wird aus eurozentrischer Perspektive angenommen, daß mit dem fortschreitenden arbeitsteiligen Prozeß analoge Vorgänge weltweit abgelaufen sind und ablaufen müssen. Hierbei wird übersehen, daß zwischen dem europäischen Städtewesen und dem orientalischen Städtewesen grundsätzliche Unterschiede bestehen.

Die traditionelle orientalische Stadt ist nämlich durch eine „perfekte" Separierung der Wohnungen und Arbeitsstätten gekennzeichnet.

Damit ist also ein Zustand gleichsam vorweggenommen worden, der erst in der modernen Ideenwelt der Stadtplanung und in der konkreten nordamerikanischen Stadtentwicklung wieder, wenn auch nur partiell, erreicht wird. Demgegenüber zählt es seit jeher zur kulturellen Besonderheit der orientalischen Stadt, daß die ökonomischen Funktionen der Produktion, der Lagerhaltung, des Handels, der Finanzierung usw. im Basar zusammengefaßt waren. Die Gründe für die Entstehung des Basars als eigenständige Kulturleistung des islamischen Mittelalters sind noch nicht völlig offengelegt. Ob die Zusammenfassung aller Arbeitsstätten der Wirtschaft dadurch determiniert wurde, daß die islamischen Herrscher die Kontrolle über die ökonomischen Funktionen der Stadt, nicht zuletzt aufgrund von finanziellen Einnahmen, in der Hand behalten wollten, mag dahingestellt bleiben. Wirth (1974, 1975) hat in seiner bahnbrechenden Arbeit über den Basar ein ökonomisches Modell desselben entworfen. Entsprechend der Stadtgröße erfolgt eine Dezentralisierung von lokalen Basaren. Dettmann (1969) hat diese im Modell einer traditionellen orientalischen Stadt festgehalten (vgl. Abb. 2.8).

Zum Unterschied von der orientalischen Stadt war die europäische Bürgerstadt durch die Einheit von Arbeiten und Wohnen im Bürgerhaus gekennzeichnet.

Politisch-organisatorisch unterscheidet sich die Bürgerstadt vor allem dadurch von der orientalischen Stadt, daß Kaufleute und Handwerker die sozial tragenden Schichten waren. Sie hatten auch meist weitgehende Befugnisse städtischer Selbstverwaltung und Autonomie. In den europäischen Kleinstädten hat sich an dieser Situation grundsätzlich bis heute nicht viel geändert. Die im Basar kleinzügig zusammengedrängte Assoziation von Branchen weitet sich in der europäischen Bürgerstadt über den gesamten Stadtraum aus. Hierbei bestehen zwischen der europäischen Bürgerstadt und der orientalischen Stadt überraschende Ähnlichkeiten überall dort, wo in großen Städten nicht nur die Zahl der Branchenarten, sondern ebenso die Zahl ihrer Vertreter wächst. Zum viertelsweisen Zusammentreten, d. h. der Ballung spezifischer Branchen, gehörte jedoch schon früh die Streuung von an die lokale Kundenklientel gebundenem Gewerbe. Ballung und Streuung als generelle Standortprinzipien von Handel und Gewerbe kennzeichnen damit bereits die mittelalterliche Bürgerstadt Europas. Die Bildung von Subzentren ist an das Entstehen von Vorstädten geknüpft.

ad 2. ***Die Prinzipien der Segregation der Bevölkerung*** unterscheiden sich ebenfalls ganz wesentlich voneinander. In der europäischen Bürgerstadt dominierte die soziale Segregation. Das soziale Prestige wurde am Vermögen (an Häusern, Grundstücken, Kapital), an den jeweiligen Berufen und der Ratsfähigkeit gemessen. Die Stadtmitte war der Sitz der bürgerlichen Eliten. Zur Stadtmauer hin bestand ein zentral-peripheres Gefälle, das sich auch in der baulichen Gestaltung (Bauhöhe, Größe der Parzellen, Aufwendigkeit der Fassaden usw.) äußerte.

Die *Viertelsbildung* der orientalischen Stadt wird dagegen durch die extreme Abkapselung von Stammesgruppen, ethnischen und religiösen Gruppen gekennzeichnet. Das ethnische Segregationsprinzip dominiert.

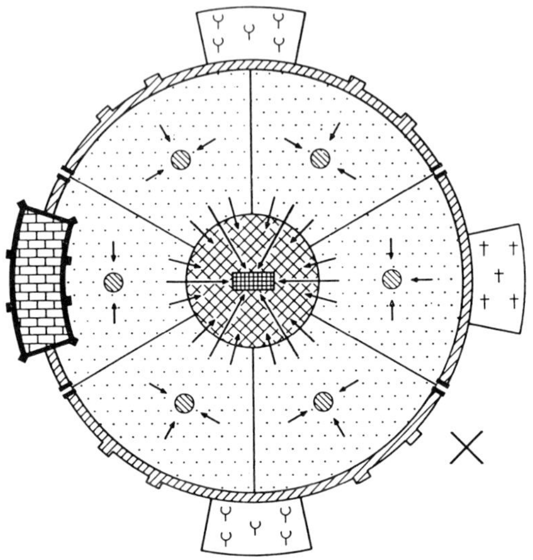

Abb. 2.8: Das Modell einer traditionellen orientalischen Stadt

ad 3. ***Im Verhältnis von Öffentlichkeit und Privatheit*** bestehen weitere entscheidende Unterschiede. Das Straßensystem der europäischen Bürgerstadt demonstriert mit der allseitigen Durchgängigkeit der Straßenzüge, welche auch die antike Stadt gekennzeichnet hatte, daß Sicherheit und Ordnung innerhalb der Stadt gewährleistet waren. Die Institution der Bürgergemeinde war ein Rechtsverband und ein Wehrverband und übte ferner eine straffe soziale und ökonomische Kontrolle über die Aktivitäten der Bürger, darunter auch über die Bautätigkeit, aus. Der öffentliche Raum verzahnte sich mittels der Durchgangsrechte durch die großen Höfe mit der Privatsphäre, die de facto recht beschränkt war (vgl. Band II).

Demgegenüber hat die Privatsphäre in der orientalischen Stadt ein viel stärkeres Gewicht (WIRTH 1975). Derart besteht in der Grundrißanlage von orientalischen Städten eine Zweiteilung in mehr oder minder planmäßig angelegte Durchgangsstraßen und Sackgassen. Diese besitzen eine spezifische Rechtsqualität, sie stehen nämlich nicht im öffentlichen Eigentum, sondern gehören den Anrainern. WIRTH erklärt ihre Entstehung mit der inneren Unsicherheit der Städte und einer Geschichte, die gekennzeichnet war durch Meuterei und Plünderungen durch fremdländische Soldateska der städtischen Garnisonen, die Kämpfe rivalisierender Stadtherren, die Überfälle von Nomaden usw. Absperrung der Zugänge zu den einzelnen Quartieren war durchaus üblich.

Die Präsentation des Reichtums nach außen hin im „Fassadenkult“ der Bürgerstadt fehlt; das Innenhofhaus ist ein Hort der perfekten Wahrung der Privatsphäre.

2.2.4 Abfolge politischer Systeme und sozialgeographische Stadtmodelle

Mit dem gesellschaftspolitischen System ändern sich die Konzeptionen von Stadt und städtischer Gesellschaft. Neue Stadttypen entstehen und ältere werden umgeformt. Mit den Existenzgrundlagen der Stadt ändern sich die soziale Wertigkeit und die Funktion der Stadtmitte, die tragenden Sozialschichten werden ausgewechselt ebenso wie die soziale Organisation. Die Stadt-Land-Beziehungen unterliegen einem Wandel. *In der Abfolge politischer Systeme und Stadttypen werden 4 Perioden unterschieden* (vgl. Abb. 2.9):

1. Die Bürgerstadt des mittelalterlichen Territorialstaates

Die mittelalterliche Bürgerstadt entstand aus dem Zusammenschluß von politisch-herrschaftlicher Funktion und Marktfunktion. Als freie Reichsstadt bzw. als Stadtstaat in Flandern und Italien besaß sie alle Institutionen und Aufgabenbereiche, welche dann später vom absolutistischen Flächenstaat übernommen wurden.

Politisches System	*Dominanter Typ*	*Existenz-grundlage*	*Stadtmitte-konzept*	*Sozial-gradient*	*Sozial-gruppen*
Mittelalterlicher Feudalismus Territorialstaat	**Bürgerstadt**	Handel Gewerbe	Markt	zentral-peripher	Handels-, u. Gewerbe-bürgertum
Absolutismus Flächenstaat	**Residenz stadt**	Hof Adel Regierung Verwaltung	Landesfürstliches Schloß	zentral-peripher	Adel Hofstaat Beamte "Stände"
Liberalismus Gründerzeit	**Industrie-stadt**	Produktion	Fabrik	soziale Inversion	Unternehmer Arbeiter "Klassen"
Sozialer Wohlfahrts-staat	**Neue Stadt**	Gleichgewicht d. Funktionen Wohnen - Arbeiten	zentrale Einrichtungen	sozial neutral	sozialer Mix

Entwurf: LICHTENBERGER

Abb. 2.9: Abfolge politischer Systeme und Stadttypen in Europa

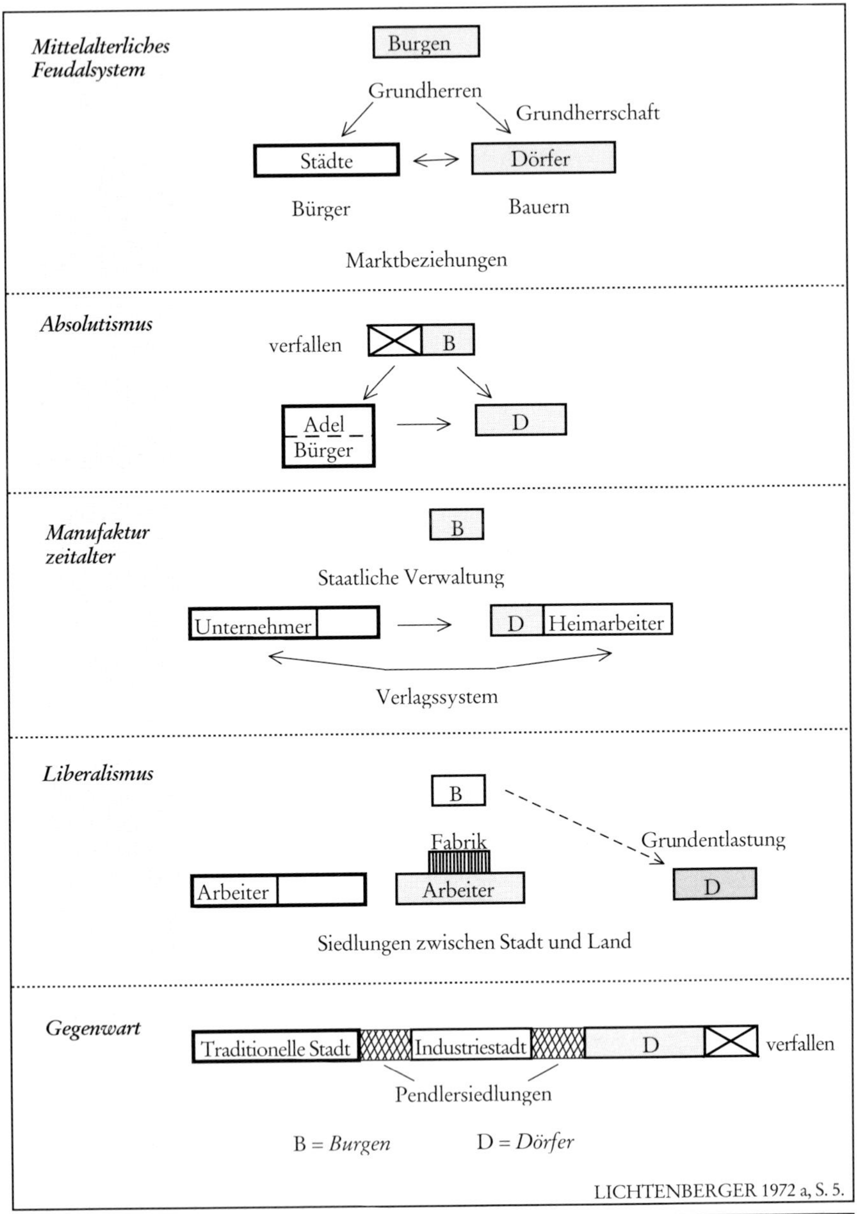

Abb. 2.10: Der Wandel der Stadt-Land-Beziehungen

Dazu zählten Verteidigung, Rechtsprechung, Kontrollfunktionen über die bauliche und ökonomische Tätigkeit der Bürger sowie verschiedene Aufgabenbereiche der sozialen und technischen Infrastruktur. Entsprechend den Basisfunktionen – Markt und gewerbliche Produktion – bildeten Kaufleute und Gewerbetreibende die tragenden sozialen Schichten. Aus den Bestrebungen der Handelsherren, die Handwerker in die Abhängigkeit des Verlagssystems zu bringen, resultierten soziale Spannungen und Konflikte. In der mittelalterlichen Bürgerstadt war der zentrale Marktplatz mit Kirche, Rathaus, Markthalle usw. die soziale Mitte der Stadt. Hier reihten sich die Häuser der führenden Geschlechter aneinander. Überall dort, wo Hausbesitz, Handel und Gewerbe noch eine Einheit bilden, wie dies in Kleinstädten der Fall ist, hat sich das „Soziale-Mitte-Konzept" der Stadt erhalten, welches die Denkmalschutzbewegung ganz entscheidend unterstützt.

Als wichtiges Erbe wären ferner zu nennen: ein vielfältiger Aufgabenbereich der Stadtbehörden, Fortleben zünftischer Verfassungen und besitzbürgerlicher Verhaltensweisen.

Mit der Abfolge von politischen Systemen und historischen Stadttypen sind auch grundsätzliche ***Änderungen der Stadt-Land-Beziehungen*** verbunden gewesen (vgl. Abb. 2.10). Das Schlagwort vom Wandel des Stadt-Land-Gegensatzes zu einem Kontinuum wurde bereits in der Einleitung gebraucht. Das begriffliche Gegensatzpaar stammt aus dem Mittelalter, als sich nicht nur Stadt und Land als Siedlungseinheiten, sondern auch Bürger und Bauer als Lebensformgruppen prinzipiell unterschieden haben. Zwei Gesellschaften haben sich damals im Raum klar separiert, waren andererseits aber in vielfältiger Weise, vor allem durch Wirtschaftsbeziehungen, funktionell verknüpft. Ursprünglich standen beide in Abhängigkeit vom feudalen Oberbau des Adels. Während jedoch die Grundherrschaft über die ländlichen Gemeinden bis zur Grundentlastung, beginnend mit der Französischen Revolution, aufrechtblieb, ist es einer ganzen Anzahl von Städten in der Zeit der Desorganisation der Feudalgewalten gelungen, sich aus dieser Abhängigkeit zu befreien. Es entstanden die Freien Reichsstädte in Deutschland, die „villes franches" in Frankreich, die „villa franca" in Italien, die „freetowns" in Großbritannien. Die Siedlungsdreiheit von Burg, Stadt und Dorf gelangte freilich nicht überall im mittelalterlichen Abendland zur Ausbildung. Im Mediterrangebiet haben die mächtigen Stadtrepubliken den Adel schon damals in ihre Mauern gezwungen.

2. Die Residenzstadt des Flächenstaates des Absolutismus

Der Flächenstaat des Absolutismus schuf neue Stadttypen im außerökonomischen Bereich, darunter die Residenzstadt. War in der mittelalterlichen Bürgerstadt der Marktplatz die soziale Mitte der Stadt, so verschob sich in der Residenzstadt die Mitte der Stadt in Richtung auf den Herrscherpalast.

Neue soziale Schichten – Adel, Beamten- und Offiziersstand – bildeten die Eliten. Repräsentative Wertmaßstäbe im Städtebau, in der materiellen Kultur und in den Verhaltensnormen der städtischen Bevölkerung, ferner eine Vielfalt von nichtökonomischen Motivationsstrukturen, definiert über einen spezifischen Standeskodex, zählen zu den persistenten Phänomenen.

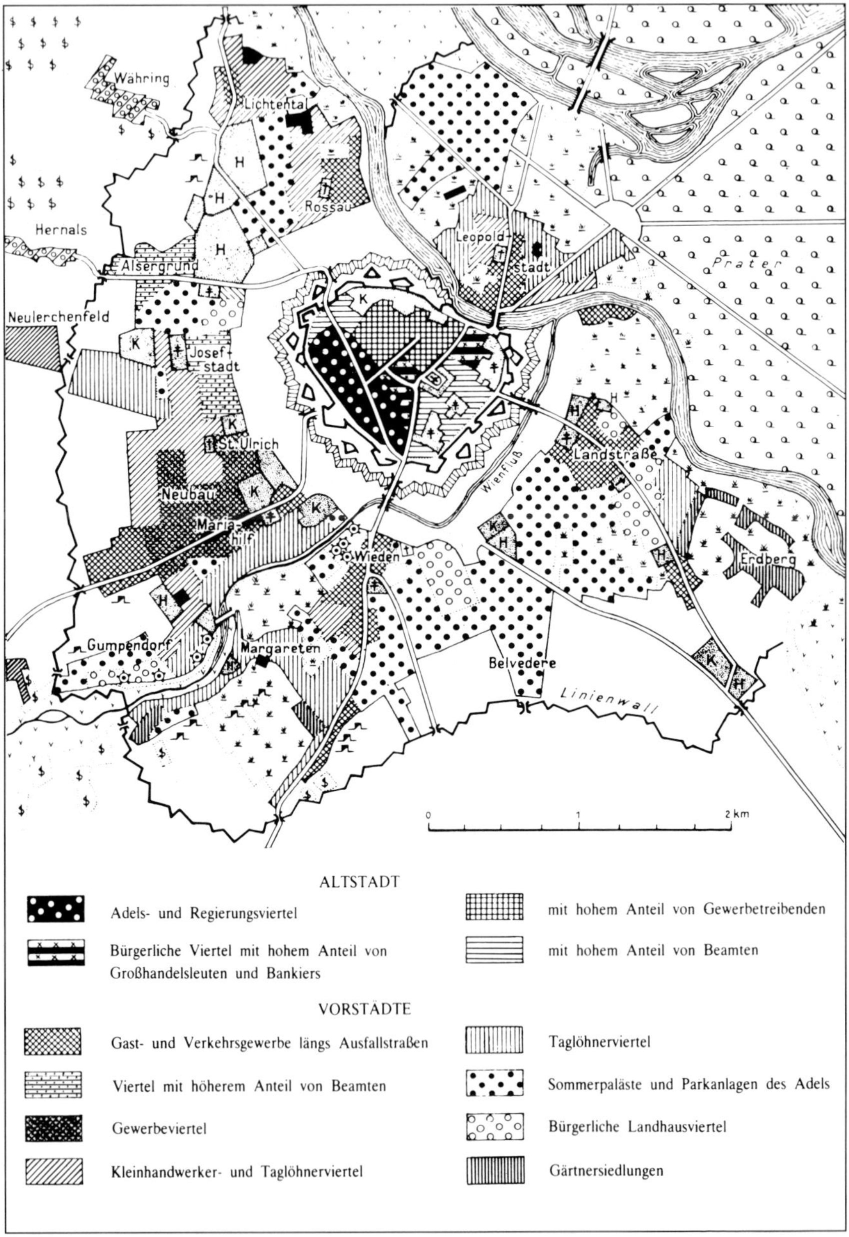

Abb. 2.11: Der Dualismus von Bürgerstadt und Fürstenstadt: das Beispiel von Wien

Die zentralistische Staatsgewalt subordinierte Adel und Städte. Gleichzeitig wurde das Gefüge der Bürgergemeinde durch *die Urbanisierung des Adels* gesprengt. Allerdings wurde der Adel nicht überall stadtsässig. Im Raum des deutschen Altsiedellandes, im Machtbereich der Hansestädte und vor allem in Großbritannien verblieb er auf dem Lande. Darauf ist es zu einem Gutteil zurückzuführen, daß das englische Städtewesen im Zeitalter der Industrialisierung einen anderen Weg einschlug als das des Kontinents. Besonders eindrucksvolle duale Stadtstrukturen sind überall dort entstanden, wo mittelalterliche Bürgerstädte in der Zeit des Absolutismus zu Residenzen des jeweiligen Herrscherhauses wurden. Dort verschmolz die ältere Bürgerstadt mit der „Fürstenstadt“, und angelagert an das Schloß gelangte ein adeliger und höfischer Stadtsektor zur Ausbildung (vgl. Abb. 2.11). Aufgrund der absolutistischen Machtstrukturen erfolgte ein Transfer des Besitzes an Grund, Boden und Häusern von der alten bürgerlichen Elite an die neue Elite des Adels und des Hofes. Das Bürgertum wurde vielfach aus der Stadt in den Vorstadtraum abgedrängt, gleichzeitig damit jedoch die Qualität der Stadtmitte als soziale Mitte verstärkt.

Der Dualismus des Sozialsystems äußerte sich im Vorstadtraum als sektorales Prinzip, indem längs der Ausfallsstraßen Gewerbevorstädte, in den Interstitien in attraktiver Lage die Sommerpaläste des Adels entstanden. Nur im neu aufgeschlossenen Gelände kam es zu einer flächigen Segregation nach ständischen Prinzipien, während in der Stadt die vertikale und horizontale Differenzierung der Mietshäuser eine Integration verschiedener Stände unter einem Dach zur Folge hatte. Auf diese integrative soziale Funktion des älteren kontinentaleuropäischen Mietshauswesens sei hier nur hingewiesen. Sie wird in Band II im Detail belegt.

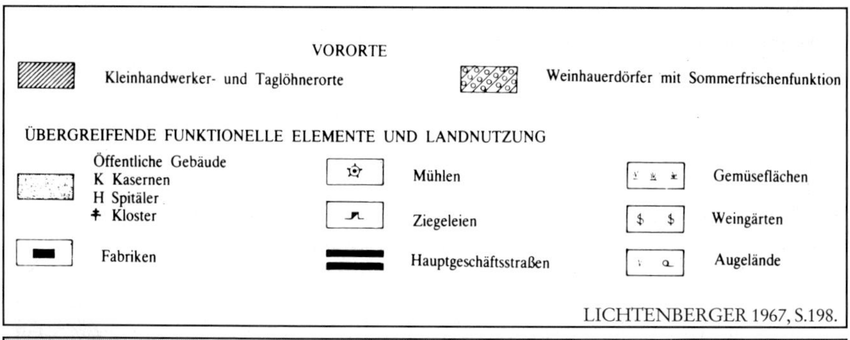

Abb. 2.11: Der Dualismus von Bürgerstadt und Fürstenstadt: das Beispiel von Wien

Die duale Struktur der Stadt führte schließlich in weiterer Konsequenz in der Citybildung des 19. Jahrhunderts zur Zweiteilung in Wirtschafts- und Regierungscity.

In einer späteren Phase der absolutistischen Ära, die in der politischen Geschichte als *aufgeklärter Absolutismus* abgehoben wird, waren die großen Städte nicht mehr imstande, ihren Bedarf an gewerblicher Produktion für den eigenen Konsum und den Fernhandel selbst zu erzeugen. Eine Delegierung der gewerblichen Fertigung an die ländlichen Siedlungen erfolgte, ähnlich wie dies die Fernhandelsstädte Flanderns, Oberitaliens und Süddeutschlands bereits im Mittelalter getan hatten.

Mittels eines zum Teil staatlich reglementierten Verlagssystems breitete sich das ***Manufakturwesen*** aus. Ein neues Netz von wirtschaftlichen Abhängigkeiten legte sich nunmehr über weitere Gebiete, als dies in einzelnen mittelalterlichen Exportgewerberäumen Europas schon früher der Fall gewesen war. Die ländliche Siedlung erhielt hiermit wesentliche Wachstumsimpulse. So erfolgte einerseits eine Erweiterung der bestehenden Dörfer durch Neustiftzeilen und andererseits die Neugründung von Heimarbeitersiedlungen mit halbagrarem Charakter.

In den Städten selbst trat eine Differenzierung des Bürgertums ein: Die neuen wirtschaftlichen Führungskräfte, die Großhändler, Bankiers und Unternehmer des Manufakturwesens, formierten sich zu einer „zweiten Gesellschaft“, die neben der „ersten Gesellschaft“, der Aristokratie, wachsende politische Bedeutung gewann und sich in eigenen Stadtvierteln von Adel und Hof separierte.

3. Die Industriestadt des Liberalismus

Großbritannien ergriff die Führung im Liberalismus und schuf den Prototyp der Industriestadt. Im Industriezeitalter veränderte sich das Stadtmittekonzept entscheidend. Die Industriestadt brach mit der „Soziale-Mitte“-Tradition. Ihre Schöpfung, die Fabrik, brachte ein von den Produktionsstätten ausgehendes zentrifugales Ordnungsmoment ins Spiel. In der britischen Stadt, in welcher, anders als in Kontinentaleuropa, die Urbanisierung des Adels nicht stattgefunden hat, gewann daher mit der Industrialisierung die „soziale Inversion“ den Vorrang, welche dann auch die Städte Nordamerikas bestimmt hat. Die Bodenspekulation setzte die Spielregeln, die Fabrik determinierte die physische Struktur der Stadt. Vielfach wurde erst im nachhinein die notwendige Infrastruktur eingebracht und ein juristischer Formalrahmen durch die Anwendung von Bauordnungen über die neuen Industriesiedlungen gestülpt.

Der Liberalismus verstärkte die administrative Funktion der Städte durch die Beseitigung der grundherrlichen Abhängigkeit und durch den Aufbau neuer Schul-, Gerichts- und Wohlfahrtssprengel. Die Bauernbefreiung brachte der bäuerlichen Bevölkerung das Eigentumsrecht an Grund und Boden und eine bisher unbekannte Mobilität. Entsprechend ihrer Stellung in der Hierarchie des zentralörtlichen Systems steckten die Städte ihre Einzugsgebiete ab. Durch weiträumige, in Mitteleuropa in erster Linie Ost-West-gerichtete Fernwanderungen entstanden die Industriereviere. Zentrierte Wanderungen verstärkten die regionalen Zentren. Die Kapitalen erhielten nicht nur das Heer ungelernter Arbeiter aus agrar übervölkerten Gebieten, wie es gegenwärtig in den Entwicklungsländern der Fall ist, sondern auch den handwerklich geschulten und intellektuellen Nachwuchs der Klein- und Mittelstädte.

4. Die Neue Stadt des sozialen Wohlfahrtsstaates

Großbritannien war das Mutterland der Industrialisierung. Hier hatte die Industrialisierung die schlimmsten Auswüchse von Spekulation und Massenelend geschaffen. Hier entstand auch das Konzept der Neuen Stadt. In der Neuen Stadt – und das beeinflußt die Stadtplanung der Gegenwart entscheidend – ist die Frage der räumlichen Segregation der Gesellschaft von vornherein aus den Entwürfen ausgeklammert worden. Ihre Mitte ist als sozial neutral zu definieren.

Das Konzept war vielmehr getragen von der Überzeugung der Notwendigkeit einer Verbesserung der Lebensbedingungen der gesamten städtischen Bevölkerung. Es ging um mehr als die planmäßige Zuordnung von Menschen zu Arbeitsstätten; es ging um die Befriedigung der Daseinsgrundfunktionen der Bevölkerung, d. h., bezogen auf die Einwohnerzahl, um eine Ausweisung bestimmter Flächen für Wohnen, Arbeiten, Erholen, Verkehr, Geschäftswesen, Schulwesen und dergleichen.

Das Konzept der Neuen Stadt hat als gesellschaftspolitisches Leitbild weit über die städtische Sphäre hinausgegriffen und auch die Regionalpolitik und Regionalplanung des sozialen Wohlfahrtsstaates tiefgreifend beeinflußt.

Brachte der Liberalismus bereits eine gewisse Aufweichung der dörflichen Strukturen im städtischen Umland, so vollzog sich im Zeichen des sozialen Wohlfahrtsstaates mit immer weiter ausgreifenden Arbeitsmarktregionen der großen Städte mittels der Pendelwanderung der Übergang zu dem bereits oben apostrophierten Stadt-Land-Kontinuum. Die ursprünglich vielfach zwischen Stadt und Land stehenden Industriesiedlungen sind inzwischen zu Städten avanciert. Zweitwohnungswesen und Fremdenverkehr tragen wesentlich zur immer stärkeren städtischen Durchdringung des ländlichen Raumes bei, bedingen andererseits jedoch eine wachsende Benachteiligung desselben überall dort, wo die ökonomische Marginalität nicht durch ökologische Attraktivität substituierbar ist.

Der ***Stammbaum der europäischen Stadttypen*** demonstriert die Komplexität der Entwicklung (vgl. Abb. 2.12).

Da bereits im Mittelalter ein dichtes Netz von Städten entstanden war, blieb wenig Raum für Neuankömmlinge, außer wenn sie durch neue Aktivitäten einen virtuellen Lebensraum gewinnen konnten. Spätere städtische Konzepte schlossen daher hauptsächlich an den bereits bestehenden Baubestand an bzw. führten zu Umstrukturierungen und zum Ausbau desselben.

Die aus dem Mittelalter stammenden ***Kleinstädte*** und die ***Festungen*** der Renaissance- und Barockperiode gehören zu den einfachen Fällen der „Ein-Perioden-Stadt". Zumeist ohne Verbindung mit modernen Transportsystemen sind sie schwer betroffen vom Problem der Kleinstädte in einer verstädterten Massengesellschaft, besonders in abgelegenen ländlichen Gebieten mit starker Abwanderung. Nur die ***„Museumsstädte"*** mit wertvollem Altbaubestand profitieren vom modernen Städtetourismus.

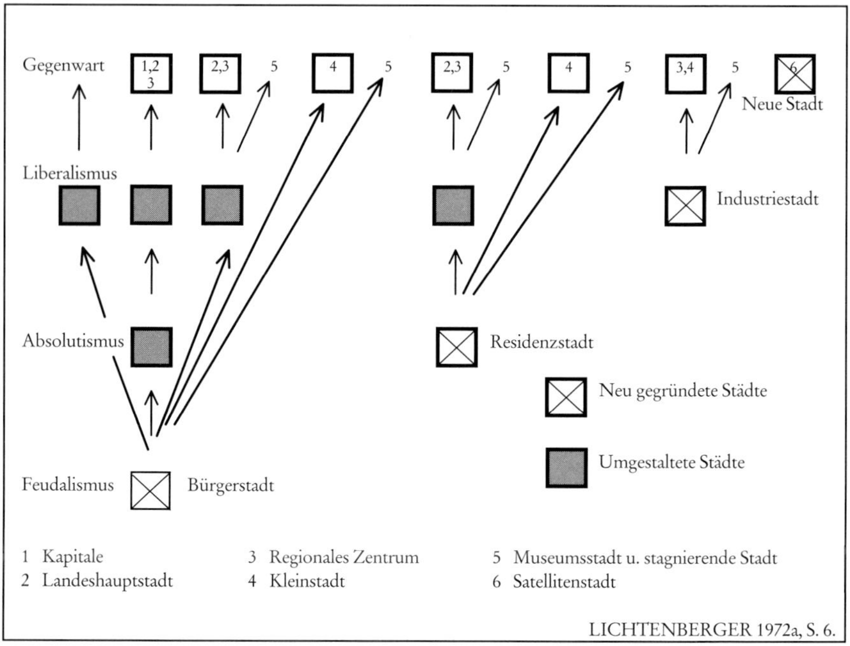

Abb. 2.12: Der Stammbaum der europäischen Stadttypen

Die meisten kleinen und mittleren Städte erhielten keine Impulse in der absolutistischen Periode, welche die Hauptstadt als Primatstadt geschaffen hat, und stagnierten für Jahrhunderte bis herauf zur industriellen Periode. Zu den „Ein-Perioden-Städten" zählen auch die ***Industriestädte*** in den im Niedergang begriffenen Industrierevieren (z. B. Südwales). Manche Industriestädte können sich in der Größe mit den Hauptstädten messen, darunter die Industriestädte Großbritanniens, die freilich in ihrem ökologischen Muster stärker mit den amerikanischen Städten verwandt sind als mit denen des Kontinents.

Das Gegenstück zu diesen einfach strukturierten Städten bilden die ***Hauptstädte*** von Staaten oder Ländern. Sie sind die Exponenten der europäischen Nationalstaaten, die Zentren der europäischen Kultur, die Städte, in denen sich europäischer Urbanismus konzentriert und sowohl die großartigsten Aspekte als auch die schwersten Probleme bietet. Ihre komplizierte Struktur hat Anteil an allen genannten Stadtperioden.

Das Stadtmodell von Wien Ende der 60er Jahre ist das Ergebnis dieser komplexen Entwicklung und bildet gleichzeitig ein sozialökologisches Gegenbeispiel zu nordamerikanischen Stadtmodellen (vgl. Abb. 2.13).

Folgende Unterschiede erscheinen bemerkenswert:

● Das „Soziale-Mitte-Konzept“ der mittelalterlichen Bürgerstadt und der barokken Residenzstadt hat bis heute Gültigkeit behalten, d. h. die City ist die soziale Mitte der Stadt geblieben und hat noch hochrangige Wohnfunktionen bewahren können.

● Die historischen Umbauphasen waren stets durch eine zentral-peripher ausgreifende Aufwertung gekennzeichnet.

● Dementsprechend ist der Sozialstatus der Bevölkerung im Stadtzentrum nach wie vor am höchsten und nimmt zur Peripherie hin ab.

● In Abhängigkeit von attraktiven Lagen bestehen sektorielle Abweichungen mit Oberschichtquartieren in Richtung auf den Wienerwald und den Alpenfuß im Südwesten.

● Eine Zone der Verslumung und sozialen Desorganisation rings um die City fehlt, ihre Stelle nehmen Mittelschichtsbezirke ein, auf welche peripher Unterschichtsquartiere folgen.

● An diesen zweigliedrigen breiten Gürtel geschlossener Reihenhausverbauung schließt ein gründerzeitlicher Industriegürtel an, der nach außen hin in die offene Verbauung übergeht.

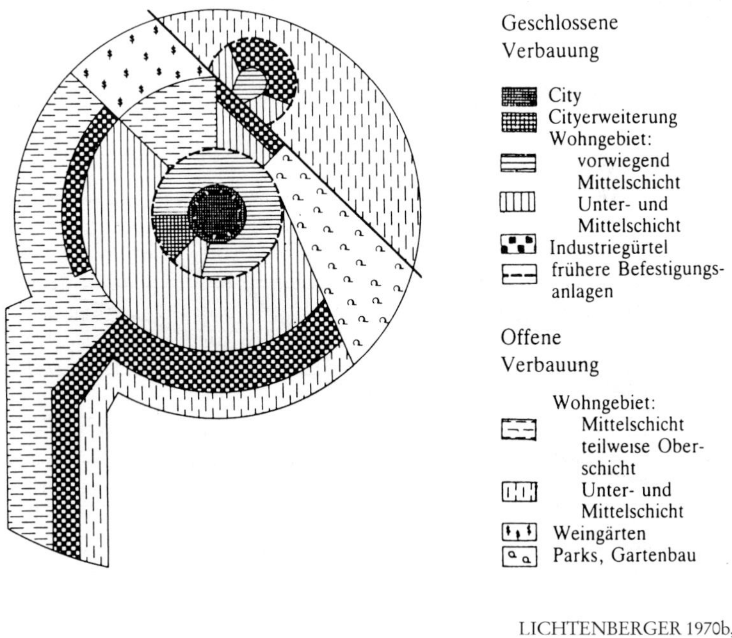

LICHTENBERGER 1970b, S. 61.

Abb. 2.13: Sozialökologisches Stadtmodell von Wien Ende der 60er Jahre

- Ein Großteil des geschlossen verbauten Gebietes wird durch die Mengung von Wohn- und Wirtschaftsfunktionen gekennzeichnet. Der Grad dieser Mischung wird am besten durch das Verhältnis von Wohn- und Arbeitsbevölkerung definiert. Er variiert von 1:4 in der Innenstadt über 1:1 in den inneren Bezirken bis zu 2:1 in den äußeren Bezirken.
- Das Weichbild der Stadt wird nicht, wie in den USA, von ausgedehnten Flächen von „vacant land“ eingenommen, sondern folgt noch dem THÜNENschen Modell des frühen 19. Jahrhunderts, indem intensive Landnutzung, wie Weinbau und Gemüsebau, überwiegen.
- Brachflächen wurden in beiden Kriegen durch Schrebergärten ersetzt, die inzwischen eine Aufwertung zu Einzelhaussiedlungen erfahren haben.

2.2.5 Industrialisierung und Landnutzungsmodelle

Ein weiterer Zugang zur Erklärung der Vielfalt des Landnutzungsmusters der europäischen Städte ergibt sich durch die Berücksichtigung des Ablaufs von Industrialisierung und Verstädterung, welche als Innovationsprozeß, von Großbritannien ausgehend, zuerst in einer West-Ost-Bewegung, dann in einer Nord-Süd-Bewegung den europäischen Kontinent grundlegend verändert haben. Der Zeitpunkt der Anlagerung der Industrie an den älteren städtischen Baukörper war daher von entscheidender Bedeutung.

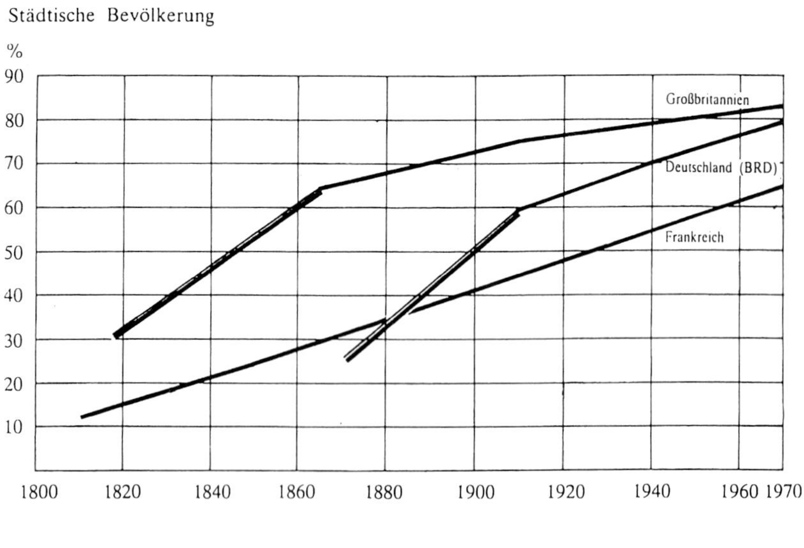

LICHTENBERGER 1972a, S. 17.

Abb. 2.14: Verstädterungstypen von ausgewählten europäischen Staaten

Untersucht man den ***Verstädterungsprozeß der europäischen Staaten***, so ergeben sich klare Unterschiede, die sich in der zentral-peripheren Abfolge von Landnutzung und Verbauung niederschlagen (vgl. Abb. 2.15).

In ***Großbritannien***, dem Mutterland der modernen Industrie, setzte die Stadtwanderung am frühesten ein; um die Mitte des 19. Jahrhunderts lebte bereits über die Hälfte der Gesamtbevölkerung (!) in Städten. Dementsprechend explosionsartig wuchsen auch viele städtische Siedlungen während der ersten Hälfte des 19. Jahrhunderts. Es ist begreiflich, daß Großbritannien daher mit allen Problemen der Verstädterung, der Wohnungsnot, der Überalterung des Baubestandes und der Slumbildung am frühesten konfrontiert wurde.

In den ***englischen Industriegroßstädten*** erfolgte nahezu überall die Anlagerung eines oft recht breiten Fabrikgürtels an die Altstadt, die im Verlaufe der Gründerzeit zur City umgebaut wurde. Nach außen entstanden riesige monotone Flächen niedriger Reihenhäuser, welche durch die sogenannte By-Law-Gesetzgebung im Jahre 1884 in eine innere Zone der Back-to-Back-Reihenhäuser und eine äußere Zone der By-Law-Häuser getrennt wurden, bei denen eine Verbesserung der katastrophalen Raumenge erfolgte (vgl. Band II). Die innere Zone wurde inzwischen durch umfangreiche Slum-Clearing-Programme fast zur Gänze erneuert, die Back-to-Back-Häuser durch Wohnblockverbände des Public Housing, vereinzelt sogar durch Hochhäuser ersetzt. Die veraltete innere Industriezone ist vielfach durch einen Schnellstraßenring aufgebrochen worden. Grundsätzlich gelangt man von innen nach außen in immer jüngere Wohngebiete. Bereits hier sei vermerkt, daß diese kontinuierlich zentral-peripher ausgreifende Bautätigkeit sich auch in den Wachstumsmodellen für Städte in der angelsächsischen Literatur widerspiegelt.

Die Übernahme des britischen Industriestadt-Modells in der nordamerikanischen Stadtentwicklung ist offensichtlich. Die Dreigliederung von City, Industriering und Wohnzone der britischen Industriestadt stimmt prinzipiell mit dem Muster der angloamerikanischen Städte überein, wie es von PARK *und* BURGESS *(s. oben) festgestellt wurde.*

Vor Ausbruch des Ersten Weltkriegs bestand auch in Großbritannien, so wie in den USA noch heute, ein äußeres Spekulationsvorfeld der Stadt. Es ist inzwischen verschwunden. Grüngürtelgesetze sowie die Mobilisierung aller Landreserven für die Lebensmittelversorgung der Bevölkerung während beider Kriege haben die Brachflächen weitgehend aus dem Weichbild der britischen Städte verdrängt. Schon früh setzte eine gezielte Agglomerationensplanung ein (Greater London Council 1965; Greater London-Plan). Als Entwicklungsstrategie der wachsenden Agglomerationen diente die planmäßige Anlage von Neuen Städten und die Gründung von Industrial Estates. Grüngürtel schirmten die Kernstädte vom Zusammenwachsen mit den „Ausbauorten" ab.

Verglichen mit Großbritannien vollzog sich die Verstädterung in ***Deutschland*** mit einer Phasenverschiebung von nahezu einem halben Jahrhundert. Die Hauptverstädterungsphase fällt hier in die zweite Hälfte des 19. Jahrhunderts, genauer gesagt in die Dezennien zwischen 1870 und 1910, und damit in die Periode, die auch als Hoch- und Spätgründerzeit bezeichnet wird. Seit dem Ersten Weltkrieg hat Deutschland

	Britische Industriestadt	**Mitteleuropäische Großstadt**	**Südeuropäische Großstadt**
		vor 1914	
1	Altstadt => City	Altstadt => City	Altstadt => City
2	Innere Industriezone	Alte Gewerbevorstädte	Alte Gewerbevorstädte
3	Back-to-back-Reihenhäuser vor 1870	=> Hinterhofindustrie => sozial aufgewertete Mietshäuser => Wachstum der City Entfremdung der Mietshäuser	=> sozial aufgewertete Mietshäuser
4	By-Law-Familienreihenhäuser 1870-1914	Gründerzeitl. Mietshäuser Periphere Industriezone	Gründerzeitl. Mietshäuser Gründerzeitl. niedrige Reihenhäuser
5	Spekulationsvorfeld der Gründerzeit	Spekulationsvorfeld der Gründerzeit	Spekulationsvorfeld der Gründerzeit
6	Krisenzone der Landwirtschaft	Krisenzone der Landwirtschaft	
		nach 1918	
1	Teilweise City-erneuerung	Wiederaufbau bombenzerstörter Stadtkerne	
2	Innerer Schnellstraßenring	Haus- und blockweiser Umbau, Sanierung	Wachstum der City Entfremdung der Mietshäuser
3	Slum Clearance Programme Public Housing	=> Wachstum der City Entfremdung der Mietshäuser	
4	"shadowed areas"	z. T. Wohnneubauten	Massive Mietshausverbauung
5	Reihenhausanlagen der Zwischenkriegszeit	Schrebergärten Großmietshäuser des sozialen Wohnbaus	Bidonvilles => Mietshausverbauung
6	Green Belt New Towns Industrial Estates	Reihenhausanlagen der Zwischenkriegszeit Spontane Behelfssiedlungen Wohnanlagen Industriesatelliten	Periphere Industriezone Industriesatelliten

LICHTENBERGER 1972a, S.19.

Abb. 2.15: Landnutzungsmodelle europäischer Großstädte (vom Zentrum zur Peripherie)

hinsichtlich des Verstädterungsgrades jedoch gegenüber Großbritannien aufgeholt und diesen heute erreicht.

Die Industrialisierung erreichte Deutschland ebenfalls ein halbes Jahrhundert später als Großbritannien. Inzwischen waren, dem französischen Vorbild des Manufakturzeitalters folgend, vor den Toren der größeren Städte Gewerbevorstädte emporgewachsen. Konkurrenzangst des eingesessenen Gewerbebürgertums und die ständige Revolutionsfurcht der Herrscherhäuser und der Aristokratie verhinderten damals in vielen Städten die Niederlassung großer Fabriken in unmittelbarer Nähe der Stadt und brachten es mit sich, daß sich die Industrie verhältnismäßig abgesetzt von der Wohnverbauung etablierte. Die freien Flächen zwischen dem älteren Vorstadtraum und einer peripheren hochgründerzeitlichen Industriezone wurden dann meist erst später durch die Mietshausverbauung geschlossen.

Anders als in Großbritannien konnte sich die gründerzeitliche Bautätigkeit in der Altstadt selbst nur in den wirklich großen Städten (Wien, Budapest, Paris und dgl.) durchsetzen, nicht dagegen in den Klein- und Mittelstädten, in denen schon relativ früh eine Suburbanisierung der Oberschichten in neue Villenviertel einsetzte. Das gründerzeitliche Spekulationsvorfeld des Stadtrandes verschwand im deutschen Sprachraum schon während des Ersten Weltkriegs; „Ernteland" und später Kleingärten besetzten alle brachliegenden Flächen.

Der Erste Weltkrieg bedeutete für das deutsche Städtewesen eine schärfere Zäsur als für das britische. Seit damals wurde der Stadtrand zum Experimentierplatz und Konkurrenzfeld verschiedener Bautypen und Rechtsformen des Wohnungswesens. Ein Stückwerk von Nutzungen entstand, teils im Anschluß an das vorgegebene Siedlungs- und Verkehrsnetz, teils losgelöst davon auf dem Stadtgebiet und über die Stadtgrenze ausufernd. Mit dem Ersten Weltkrieg war die Zeit flächenhafter zonaler Ausbreitung des Stadtkörpers endgültig vorbei. Neue Siedlungs- und Industriebänder folgen seither radialen und tangentialen Schnellbahnen und Schnellstraßen. Gründerzeitliche und jüngere Bebauung scheiden sich überall scharf voneinander, nicht zuletzt auch deshalb, weil die Zeit eines „perfekten kapitalistischen Systems", vor allem auf dem Wohnungsmarkt, mit dem Ersten Weltkrieg zu Ende ging.

In den ***südeuropäischen Großstädten*** ist die Industrialisierung nicht wie in Großbritannien der Verstädterung vorangegangen, sondern gefolgt. Ähnlich wie im kontinentalen West- und Mitteleuropa entwickelte sich eine gewerbereiche Vorstadtzone. Die äußere Industriezone der Gründerzeit ist dagegen, wenn überhaupt, nur in Ansätzen ausgebildet. Der Erste Weltkrieg bedeutete keinen so scharfen Einschnitt für die Stadtentwicklung wie im Raum der Mittelmächte. Kompakte Mietshausstrukturen schließen bis zur Gegenwart herauf ziemlich unmittelbar an die ältere geschlossene Reihenhausverbauung an. Eine Einzelhaussiedlung kam nur in den sozialen Extremen zum Zug, und zwar seit dem späten 19. Jahrhundert einerseits in den Villen der Oberschicht und andererseits in squattermäßigen Behelfssiedlungen der armen Leute, die inzwischen dank einem beachtlichen sozialen Wohnungsbau zum Großteil beseitigt werden konnten. Der rasche aktuelle Industrieaufbau, oft mit ausländischem Kapital finanziert, ließ längs der Autobahnen neue Industriesatelliten aufwachsen. Mailand bietet ein Beispiel dafür.

2.2.6 Stadtmodelle des Staats- und Munizipalsozialismus und der Transformation

Mit der Zweiteilung Europas nach dem Zweiten Weltkrieg ist der östliche Teil des Kontinents über 4 Jahrzehnte zum Experimentierfeld des Staatskapitalismus geworden. Es wird bis weit in das nächste Jahrhundert dauern, bis das Erbe der sozialistischen Stadtplanung bewältigt und die Transformation vom Plan zum Markt vollzogen ist.

Millionenstädte in räumlicher Nähe, Wien, Prag und Budapest, mit langer gemeinsamer politischer Geschichte, die 40 Jahre durch den Eisernen Vorhang getrennt waren, bieten sich für eine komparative Analyse an. Die Wiener Stadtentwicklung der Nachkriegszeit stand unter dem Slogan des Munizipalsozialismus „Vom sozialen Wohnungsbau zum sozialen Städtebau". In Prag ist der sozialistische Weg der Stadtgestaltung nach dem Moskauer Modell verwirklicht worden. In Budapest ist die Transformation vom Plan zum Markt am weitesten in den ehemaligen Ostblockstaaten fortgeschritten.

Die drei Millionenstädte weisen eine Reihe von Gemeinsamkeiten auf:

- Das Stadtzentrum steht unter Denkmalschutz bzw. Ensembleschutz,
- gleichzeitig bildet es das hochrangige Arbeitsstättenzentrum und wird von einem beachtlichen Einpendlerüberschuß geprägt.
- Die vorhandene Westorientierung wurde von der Stadtplanung in Richtung auf ein zentriertes Planungsmodell „korrigiert".
- Der wachsende Flächenbedarf aller Funktionen bei gleichzeitig kaum wachsender Einwohnerzahl wurde durch Auseinanderlegung der Funktionen und in den sozialistischen Staaten durch weitflächige Eingemeindungen gelöst.
- Die Außenstadt stellt ein Produkt der Nachkriegszeit dar. Auf sie entfallen in Prag drei Viertel, in Wien und Budapest die Hälfte des Bauvolumens. In strikter Befolgung der Charta von Athen wurden Industrie und Wohnanlagen in der Außenstadt separiert und ebenso, wenn auch mit unterschiedlichem Erfolg, versucht, diese Separierung durch den Ausbau des öffentlichen Verkehrsnetzes aufzufangen.
- In der äußeren Zone der Außenstadt hat sich ein aus der Zwischenkriegszeit stammendes siedlungsstrukturelles Mosaik von Dörfern und weitflächigen spontanen Übergangssiedlungen mit Einfamilienhäusern erhalten.
- Außerhalb der Stadtgrenze erstreckt sich eine extensive Zweitwohnungsregion.

Der sozialistische Weg der Stadtgestaltung ist in der Prager Außenstadt verwirklicht worden, als das Moskauer Modell 1968 forciert zur Anwendung kam (vgl. Abb. 2.16).

Wichtige Leitlinien waren:

- *weiträumige Eingemeindungen,*
- *großzügiger U-Bahnbau koordiniert mit der*
- *Anlage von „Neuen Städten",*
- *zügige Industrialisierung und Anlage von Großindustriegebieten.*

Die mehrstufige hierarchische Organisation folgte dem Moskauer Modell. Sie umfaßte als kleinste Einheit den Mikrorayon mit 1500 Wohneinheiten, eine mittlere Ebene und schließlich als obere Ebene „Neue Städte" als Großeinheiten mit Sollwerten von

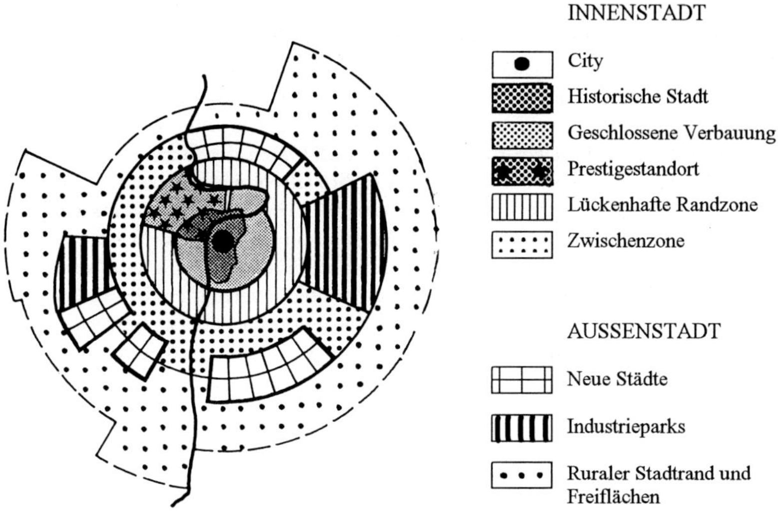

LICHTENBERGER 1993b, S.102.

Abb. 2.16: Sozialistisches Stadtmodell von Prag

100 000 Einwohnern. Unter diesen ist die Prager Südweststadt dank der Ausbildung zentraler Geschäftszentren, der flächigen Integration von Wohn- und Erholungsraum und den internationalen Maßstäben gerechten Vorleistungen der Verkehrsinfrastruktur, darunter der Entwicklung eines Park-and-Ride-Systems, die westlichste im Vergleich mit ähnlichen Großwohnkomplexen in anderen ehemaligen Ostblockstaaten.

Das Stadtentwicklungsmodell von Prag ist als zentriertes Modell zu bezeichnen, wobei die Verbauungsgebiete als Zonen ausgewiesen und zusätzlich eine sektorale Gliederung in 5 Sektoren für Zwecke der stadtpolitischen Arithmetik, d.h. als räumliche Bezugsbasis für planwirtschaftliche Zuteilungsmaßnahmen, vorgenommen wurde.

Von wesentlicher Bedeutung waren die weitflächigen Eingemeindungen. Das Grundgerüst bildete die Verkehrsplanung mit einem zweifachen Autobahnring mit radialer Untergliederung.

Der forcierten Industrialisierung entsprechend, entstanden weitflächige Industriesektoren mit Betriebsansiedlungen in einem zweiten Industriegürtel im räumlichen Zusammenhang mit Eisenbahnlinien und Autobahnen bzw. Schnellstraßen. Schließlich wurden Freizeitstandorte außerhalb der Stadt in einem weiten Umkreis in kollektiver und privater Form (Zweithäuser) generiert.

Die räumliche Entwicklung von Wien in der Nachkriegszeit kann unter das Schlagwort „Von der Asymmetrie zur Dualität" gestellt werden. Damit bildet Wien ein Beispiel für eine Übergangsform zu den bipolaren Stadtmodellen (vgl. unten), dem allerdings zur Bipolarität ein „echtes" zweites Stadtzentrum fehlt.

Hatte der soziale Wohnungsbau der Zwischenkriegszeit und der ersten Nachkriegsjahre an die gründerzeitlichen Strukturen angeschlossen, so wurden in den 60er Jahren unter dem Schlagwort „Vom sozialen Wohnungsbau zum sozialen Städtebau" Großwohnanlagen auf freiem Feld im Süden und Osten der Stadt errichtet. Mit der enormen Neubautätigkeit von 180000 neuen Sozialwohnungen hat die traditionelle West-Ost-Orientierung eine Umdrehung um 180 Grad erfahren. Während das Naturschutzgebiet des Wienerwaldes eine Ausdehnung nach dem Westen verwehrt, richten sich die Wachstumsfronten der Stadt nach Süden und Osten. Neue Trassen des Verkehrs von Schnellbahn, U-Bahn und Autobahn verbinden den Süden und den Osten der Außenstadt. Die neuen Netze der kommunalen Fernheizwerke kommen ebenfalls diesem Stadtraum zugute. Neue öffentliche Spitäler und Schulen wurden errichtet, Industriebaugebiete ausgewiesen (vgl. Abb. 2.17).

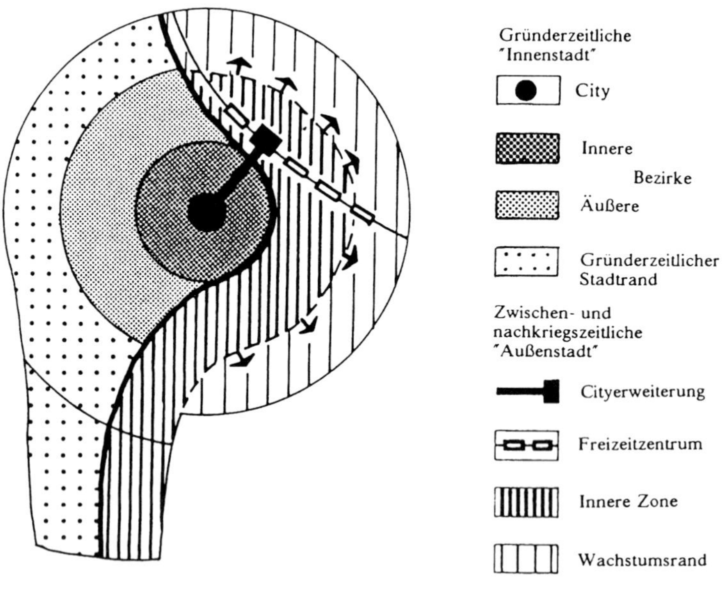

LICHTENBERGER 1993b,S.104.

Abb. 2.17: Duales Stadtmodell von Wien in der Gegenwart

Zum Unterschied von Prag ist eine neue City im Zusammenhang mit dem Ausbau von Wien an der Donau im Entstehen, eine City des quartären Sektors und der Freizeitgesellschaft.

Die stadtpolitischen und städtebaulichen Unterschiede gegenüber Nordamerika sind damit eklatant. Sie bestehen nicht nur in dem sofort sichtbaren Gegensatz zwischen staatlichen (kommunalen) Großwohnanlagen und privater Einzelhausverbauung bzw. Zweitwohnungswesen als komplementäre Formen (= Datscha), sondern vor allem in der Planungshoheit der Munizipalverwaltung im Stadtgebiet.

In Prag und Wien bestanden in der Nachkriegszeit massive Antisegregationsstrategien mit entsprechend reduzierter sozialer Segregation. Auf dieses Thema wird in Kapitel 4 eingegangen.

Nach dem Wegziehen der kommunistischen Decke bietet Budapest ein vorzügliches Beispiel für ein Transformationsmodell der Stadtentwicklung, differenziert nach Wohnklassen und Einkommensklassen (vgl. Abb. 2.18).

Eine zentral-periphere Anordnung der Eigentumsverhältnisse während der kommu-

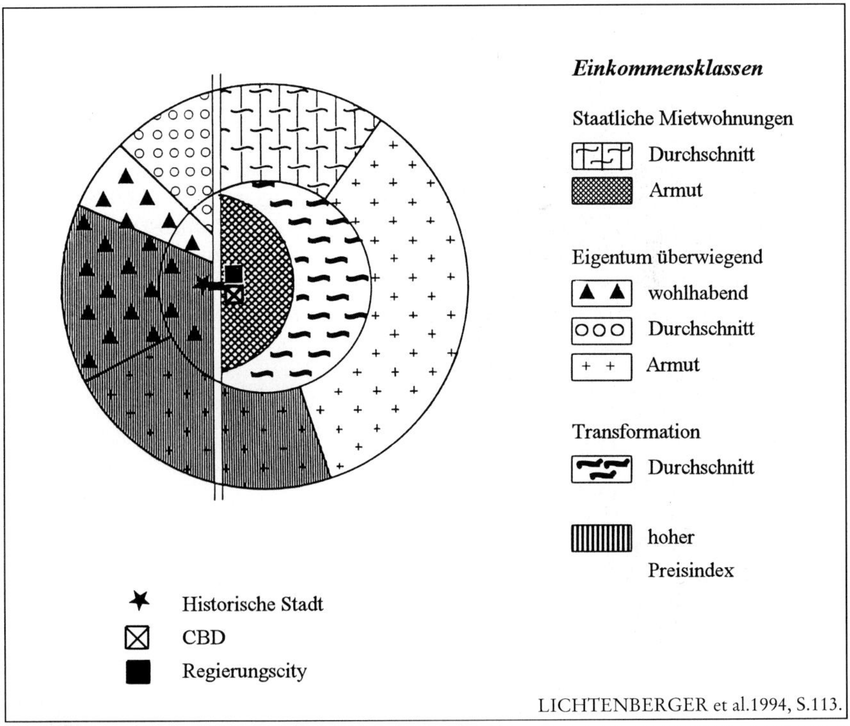

Abb. 2.18:Transformationsmodell von Budapest

nistischen Zeit, mit verstaatlichten Mietshäusern in der Innenstadt und verstaatlichen Villen in der westlichen Außenstadt sowie im Privatbesitz verbliebenen Kleinhäusern und neuen Großwohnanlagen in den Außenstadt, wurde von *zwei Privatisierungswellen* erfaßt. Die erste Privatisierungswelle restituierte historische Lagewerte. Die sich bildenden oberen Einkommensklassen etablierten sich als Wohnklassen in alten und neuen Villen im westlichen Stadtraum. Die zweite Privatisierungswelle, getragen von Mittelschichten und oberen Grundschichten der Bevölkerung, umfaßte unterschiedliche Wohnformen, von verstaatlichten Altbauten bis zu Wohnanlagen der Nachkriegszeit.

Der politische Systemwechsel hat alle Parameter der Stadtentwicklung verändert. Die abrupte Einstellung der Erneuerungsmaßnahmen im Jahr 1990 bedeutet, daß in der Innenstadt die Inseln der Erneuerung von einem Meer von verfallenden Bauten umgeben sind. Die Privatisierung der Mietwohnungen hat in erster Linie die Häuser in besserem Bauzustand erfaßt und damit zu einer weiteren Akzentuierung der Slumbildung geführt. Während im kommunistischen System diese Slumbildung noch keineswegs mit sozialen Desorganisationserscheinungen verbunden war, beginnen unter kapitalistischem Vorzeichen die Phänomene der sozialen Desorganisation zu greifen, ferner öffnet sich die Schere in den Einkommensverhältnissen zwischen Grund- und Mittelschichten. Die europaweit ausgeprägte Innenstadtwanderung von Mittelschichten in Millionenstädten ist bisher in Budapest nicht angelaufen. Suburbia bleibt das Leitbild von Familien der Mittel- und Oberschichten.

Hinsichtlich des zentralen Kraters der Armut besteht eine Ähnlichkeit mit dem nordamerikanischen sozialökologischen Modell. Allerdings weist Budapest neben der zentralen auch eine periphere Armut auf, welche stärker traditionelle Züge trägt und sich in der Nische einer spezifischen Wohnklasse seit langem eingerichtet hat, nämlich in den im Kalakasystem errichteten Siedlungshäusern der Außenstadt. Eine sektorale Aufwertung ist hier längs der Donau nach Süden hin durch den überdurchschnittlichen Privatisierungsgrad und die Preisdynamik im Gang.

Der Transformationsprozeß ist in Budapest noch nicht abgeschlossen, und es bleibt daher die Hoffnung, daß nach der Rückkehr historischer Lagewerte im Westen eine Restituierung des Zentrale-Mitte-Konzepts im nächsten Jahrhundert stattfinden wird.

2.2.7 Bipolare Stadtmodelle

Bipolare Stadtmodelle entstanden und entstehen grundsätzlich überall dort, wo aufgrund der zeitlichen Abfolge von unterschiedlichen kulturellen und gesellschaftspolitischen Systemen eine komplizierte Anlagerung und Überlagerung von zwei Stadtmittekonzepten erfolgt.

Für die ***Nebeneinanderlagerung*** von Städten bieten sich besonders eindrucksvolle Beispiele dort, wo im Zuge der Kolonialisierung durch das Britische Empire, Frankreich und das Russische Reich Neustädte neben bestehenden Städten gegründet wurden. Ein Beispiel bietet Samarkand am Ende des 19. Jahrhunderts (vgl. Abb. 2.19).

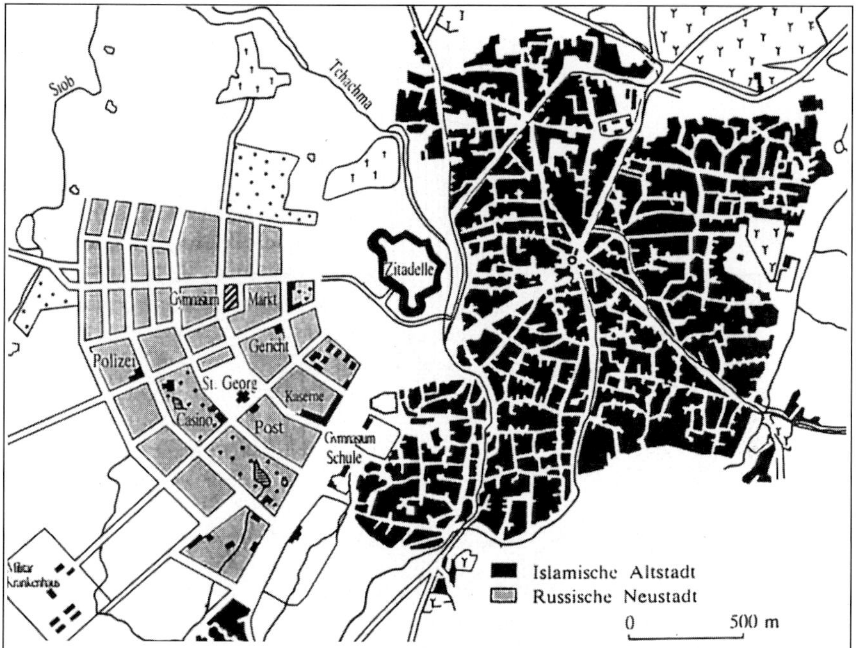

GIESE 1979, S. 153.

Abb. 2.19: Die Nebeneinanderlagerung von orientalischer Stadt und russischer Neustadt: das Beispiel von Samarkand Ende des 19. Jahrhunderts

Die von einem breiten Glacis umgebene russische Zitadelle dominierte und separierte zugleich die orientalische und die neugegründete russische Stadt. Wie in den Fürstenstädten des Absolutismus waren Offiziere und Beamte die wesentlichen Träger der russischen Macht; die öffentlichen Einrichtungen (Kasernen, Militärspital und Gymnasium) lassen dies deutlich erkennen.

Unabhängig von der Kolonialisierung und Entkolonialisierung sind bipolare Stadtstrukturen überall dort entstanden, wo Industrialisierung und Verwestlichung der Oberschicht in orientalischen Städten eine soziale und ökonomische Zweiteilung des Stadtraums zur Folge hatten (WIRTH 1968). Teheran bietet hierfür ein gutes Beispiel (vgl. Abb. 2.20).

Die Zweiteilung der Stadt wird durch die Eisenbahntrasse mit Industriearealen verschärft. Im Norden erstreckt sich die „westliche Stadt" mit einem zentralen Geschäftsbezirk westlichen Zuschnitts und anschließenden Geschäftsstraßen. Die Cityerweiterung mit Hochhausbauten folgte der Anlage dichter Wohnbereiche für eine gehobene Bevölkerungsschicht. Peripher kam es zu einer Auffächerung von erstklassigen Villen- und Mittelstandsvororten. Mit der Entstehung der westlichen Stadt verband sich die Abwertung der im Süden der Bahntrasse gelegenen traditionellen orientalischen Stadt, und zwar sowohl des Basarbereichs als auch der umgebenden Altstadt.

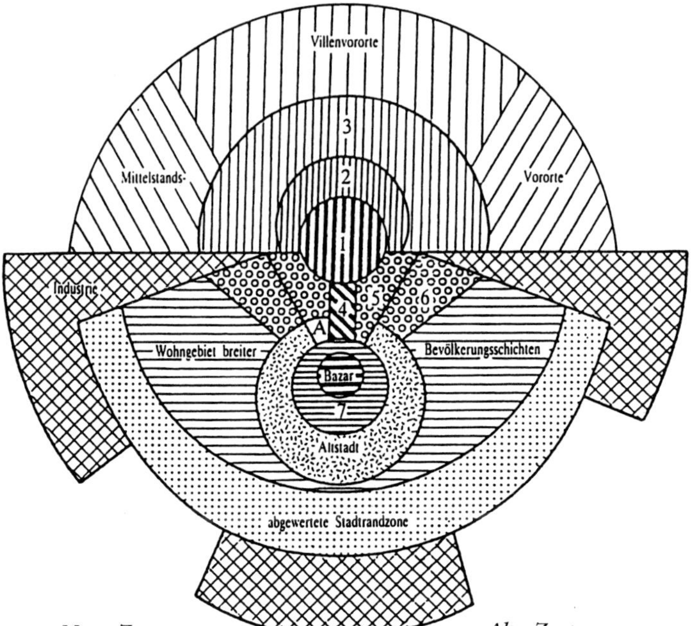

Neues Zentrum:

1 Kern der westlichen City
Hauptgeschäftsstraßen westlichen Typs
2 Randzone, jüngster Cityvorstoß in
gehobenes Wohngebiet
3 Bereich moderner dichter Wohnbebauung

Altes Zentrum:

Basar und Palastbezirk (Ark = A) sowie
7 Basarrandbereich, jüngere funktionelle
Ausweitung des Basars

Übergangszone:

4 ältere Geschäftsstraßen, abgewertet
und "rückorientalisiert"
5 überrollte ältere Peripherie der Stadt mit
frühen zentralen (Regierungs-) Funktionen
6 übrige ältere Villenzone

SEGER 1978, S. 209.

Abb. 2.20: Die Bipolarität der orientalischen Stadt: das Beispiel von Teheran

Es entstand eine Übergangszone mit älteren Geschäftsstraßen zwischen dem Basar und der City, welche abgewertet und „rückorientalisiert“ wurde. Zu dieser Übergangszone gehört auch die „überrollte“ ältere Peripherie der orientalischen Stadt mit den frühen Regierungsfunktionen sowie eine ältere Villenzone. Das an die orientalische Altstadt anschließende Wohngebiet breiter Bevölkerungsschichten geht in eine abgewertete Stadtrandzone über, welche von Industriearealen eingefaßt wird. Die Bipolarität in den beiden Stadtkernen wiederholt sich damit am Stadtrand.

2.2.8 Modelle der Agglomeration

Modelle der Stadt sind nicht mehr ausreichend, um die gegenwärtige Realität von städtischen Siedlungen abzubilden. Groß- und Mittelstädte sind zu Agglomerationen geworden. Eine ***kulturökologisch vergleichende Agglomerationsforschung*** steht jedoch erst in den Anfängen. Die Beispiele der Wiener Stadtregion und der Metropolitan Area von Chicago Ende der 70er Jahre wurden gewählt, weil die sozialökologische Stadtforschung von Chicago ausgegangen ist und Wien nicht nur zu den sehr gut untersuchten Städten Kontinentaleuropas zählt, sondern auch ein sozialräumliches Gegenstück zu Chicago darstellt.

Zuerst zu ***Chicago***.

Abbildung 2.21 stellt die zusammenhängenden Teile der Metropolitan Area von Chicago dar. Ihre West-Ost-Erstreckung beträgt etwa 70 km, die Nord-Süd-Erstreckung über 100 km.

In der Mitte der ***Kernstadt*** liegen die Skyscraper der Downtown, die als „Loop“ bezeichnet wird. Sie wird von einem Autobahnring umschlossen und derart eingeengt und abgegrenzt gegenüber den anschließenden Industrieflächen und Wohngebieten der Gründerzeit (Sie wurden in den beiden letzten Jahrzehnten weitflächig abgeräumt.). Letztere nahmen in mehreren Wellen Zuwanderer aus Europa auf; ausgeprägte ethnische Viertel entstanden. Diese Viertel der Deutschen, Schweden, Iren, Italiener, Polen, Portugiesen, Juden usw. sind nur mehr in Resten erhalten. Die zweite, im Land geborene Generation ist im Zuge des sozialen Aufstiegs in die Suburbs gezogen.

Die Kernstadt wird daher gegenwärtig, abgesehen von einem unmittelbar im Norden des Loop entlang der sogenannten „Gold Coast“ gelegenen Wolkenkratzerquartier der Oberschicht, vorherrschend von unteren Bevölkerungsschichten bewohnt. Längs der Subways nach Westen und Süden sind expandierende Megasektoren von Ghettos der Afroamerikaner entstanden, die in beiden Richtungen bereits über die Stadtgrenze in den Raum der Suburbs ausgreifen. Einzelhaushalte, ein hoher Anteil von alten Männern, hohe Raten von Arbeitslosen und Kriminellen kennzeichnen große Gebiete der Kernstadt. Nur in einzelnen Interstitien bestehen noch Mittelschichtquartiere von intakten Subkulturen der genannten europäischen Zuwanderungswelle vor dem Ersten Weltkrieg.

Die Stadtgrenze stellt noch immer eine sehr wichtige bauliche und sozioökonomische Trennlinie zwischen Kernstadt und ***Suburbs*** dar, deren innere Zone sich freilich ebenfalls bereits in demographischer Auflösung befindet und einen hohen Anteil von Einzelhaushalten sowie von alten Leuten aufweist. Die 40 bis 50 km tiefe Suburbzone ist zonal und sektoral differenziert. Im Hinblick auf die periphere Ausbreitung von Sozialschichten lassen sich folgende Feststellungen machen:

- Die *periphere Bewegung der Oberschichten längs einzelner Sektoren wurde inzwischen durch eine flächige Ausweitung von Suburbs der Mittelklasse abgestoppt.* Das einstige Oberschichtquartier im Westen, am Oakpark, ist bereits von Abwertung bedroht, das im Norden längs des Michigansees expandiert nicht mehr.
- Die aus der Literatur geläufige Vorstellung von einem „*Mittelklassering*“ von Suburbs trifft nicht zu.

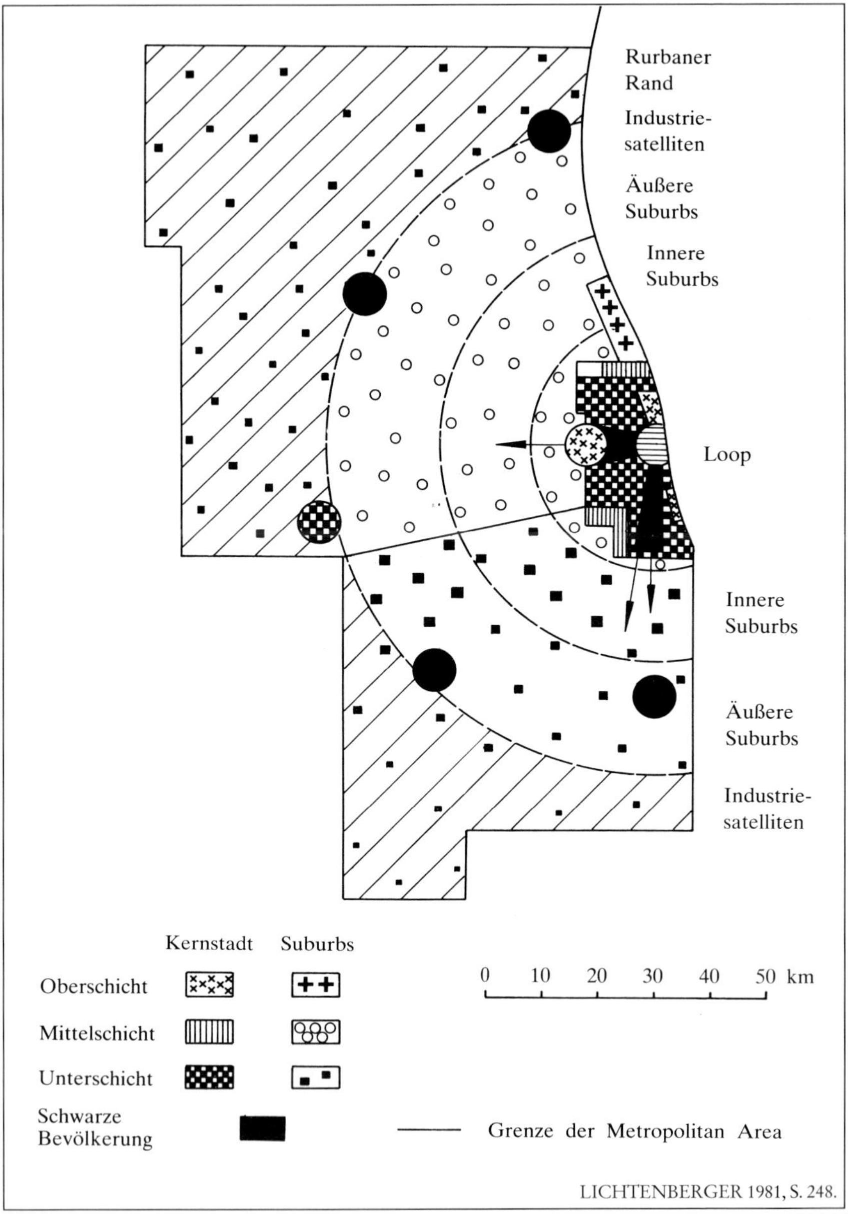

Abb. 2.21: Die sozialräumliche Differenzierung der Metropolitan Area von Chicago in den 70er Jahren

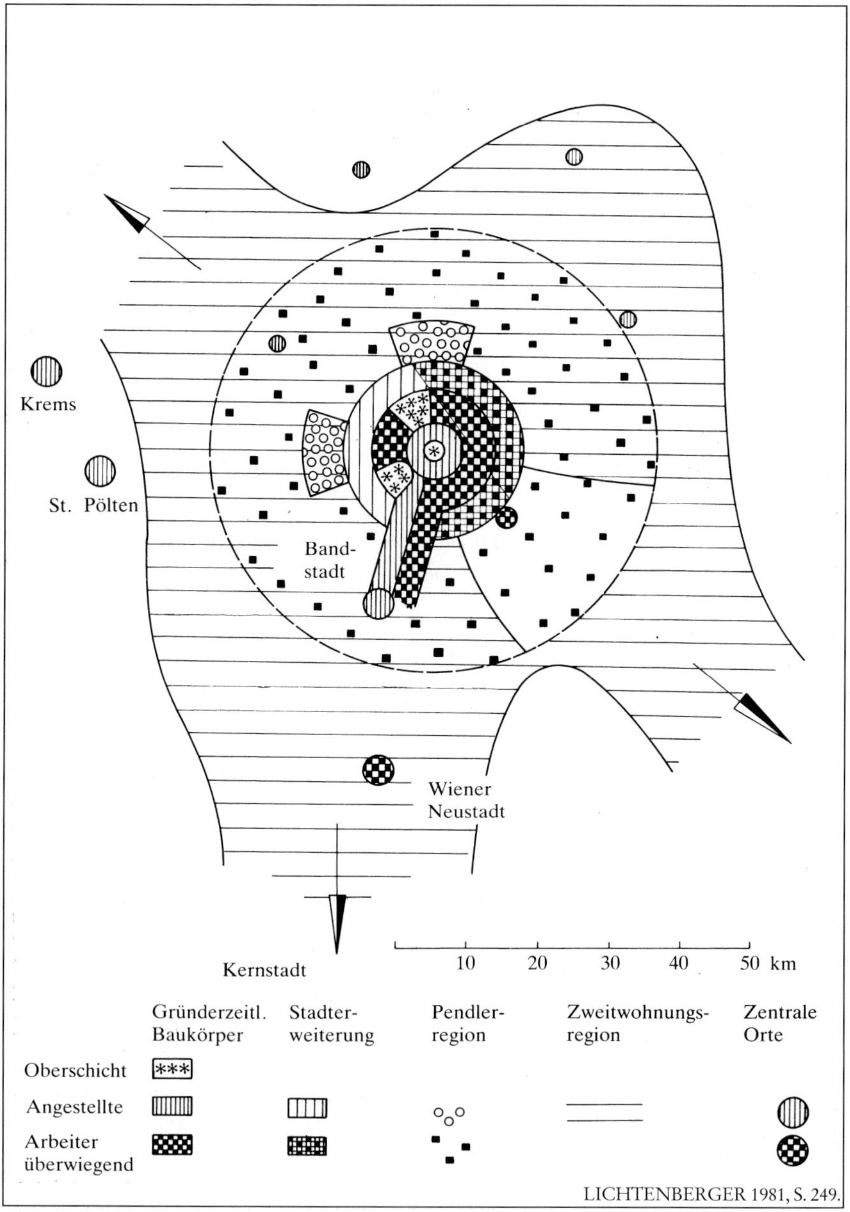

Abb. 2.22: Die sozialräumliche Differenzierung der Wiener Stadtregion in den 70er Jahren

Auch in der Zone der Suburbs besteht eine deutliche Zweiteilung. Derart ist der gesamte Süden und Südwesten, zum Teil bedingt durch die hier schon älteren Ansiedlungen der Schwerindustrie, durch das Dominieren unterer Bevölkerungsschichten, ebenso durch eine stärkere Invasion von Afroamerikanern gekennzeichnet.

- Im Zuge des Ausbaus von ***Industriesatelliten*** im Anschluß an alte Countystädte ist eine sehr starke Ansiedlung von Afroamerikanern erfolgt, die derart den Mittelschichtring „übersprungen" haben.
- Vom Kranz dieser Industriesatelliten fällt der Sozialgradient generell peripher ab. Der anschließende ***„rurban fringe"*** ist sowohl durch einen höheren Anteil von unteren Bevölkerungsschichten, darüber hinaus aber, besonders im Nordwesten, auch durch einen höheren Anteil von alten Leuten gekennzeichnet.

Im folgenden sei dazu die ***Wiener Stadtregion*** (vgl. Abb. 2.22) kontrastiert.

- Die äußere Peripherie der Stadtregion von Wien läßt sich, ähnlich wie in Chicago, durch eine Reihe von Städten, nämlich die alten ***Viertelshauptstädte*** St. Pölten, heute Landeshauptstadt von Niederösterreich, Wiener Neustadt und Krems abstekken. Von Wiener Neustadt abgesehen, handelt es sich bei diesen Städten jedoch nicht um Industriesatelliten, sondern um Zentrale Orte mit einem relativ weiten, wesentlich über die Stadtregion von Wien hinausreichenden Umland. Aufgrund des höheren Anteils von Mittelschichten heben sie sich überdies vom umgebenden ländlichen Raum und von den Pendlersiedlungen deutlich ab.
- Zum Unterschied vom suburbanen Ring von Chicago ist die Wiener ***Pendlerregion*** in erster Linie durch die Komplementärfunktion für den Wiener Arbeitsmarkt im sekundären Sektor und für weniger qualifizierte Arbeitsplätze im tertiären Sektor gekennzeichnet. Derart unterscheidet sich die Pendlerverflechtung in der Stadtregion von Wien grundsätzlich von der in Chicago, wo Afroamerikaner aus der Kernstadt in die Industriegebiete längs der Highways im suburbanen Raum auspendeln und die Bewohner der Suburbs zu einem wesentlichen Teil in die Arbeitsstätten der City einpendeln.
- Eine weitere Besonderheit der Wiener Stadtregion im Vergleich zu der von Chicago stellt die Überlagerung der ***Zweitwohnungsregion*** über die Pendlerregion dar. Der Suburbanisierungsprozeß der Mittelschichten in den nordamerikanischen Metropolitan Areas findet derart in der Ausbildung von Zweitwohnungsregionen, ebenfalls getragen von städtischen Mittelschichten, in kontinentaleuropäischen Städten mit vorherrschenden Mietshäusern ein gewisses Pendant.

Große Unterschiede bestehen auch in den Kernstädten. Die Wiener ***Kernstadt*** weist eine deutliche Zweiteilung in den gründerzeitlichen Baukörper und die Stadterweiterungsgebiete auf. Während in ersterem, von zwei Sektoren im Norden und Westen abgesehen, noch immer ein zentral-peripheres Gefälle der Sozialstruktur besteht, ist in den Stadterweiterungsgebieten aufgrund der massiven Wohnbaupolitik der Gemeinde Wien und in Ermangelung von großen Bauorganisationen für den Einfamilienhausbau die Segregation nach sozialen Kriterien, wie Einkommen, Bildung, Besitz und dgl., sehr gering. Eine demographische Polarisierung zwischen Kernstädten und Suburbs fehlt in der Wiener Stadtregion.

2.3 Kategorien städtischer Systeme

2.3.1 Überblick

Es ist das Verdienst von BERRY und seiner Schule, mittels Faktorenanalysen von Städten und städtischen Systemen Grundkategorien („dimensions", definiert als unabhängige Variable) aufgedeckt zu haben. Es handelt sich hierbei um Größe, Dichte, Mobilität und Komplexität der Muster und Verflechtungen von Elementen sowie deren Dynamik (Wachstum – Konstanz – Abnahme). Um diese allgemeinen Kategorien in den Stadtraum zu transferieren, bedarf es räumlicher Konzepte (vgl. Kap. 2.4).

Die folgenden Ausführungen beschränken sich auf diese Grundkategorien, zwischen denen, teils auf vorliegende Forschungen gestützt, teils hypothetisch, deduktive oder normative Zusammenhänge postuliert werden.

Es wird davon ausgegangen, daß ***die Größe*** *die entscheidende Determinante von Stadt und städtischen Systemen darstellt.*

Sie korreliert – freilich nur partiell – mit der Komplexität von Systemen. In Hinblick auf die physische Struktur von Städten wird darunter die Komplexität der Landnutzung und Verbauung verstanden. Im Falle der städtischen Gesellschaft ist in der sozialwissenschaftlichen Forschung der Begriff „Heterogenität" gebräuchlich, welcher auf dem Konzept der arbeitsteiligen Gesellschaft beruht, freilich auch immer den „way of life" eingeschlossen hat, der gegenwärtig als „Lebensstilforschung" einen Boom erlebt.

Die Dichte *ist ebenfalls eine zentrale Kategorie und gleichzeitig die einzige, welche Gesellschaft und Stadtraum direkt verknüpft.*

Der Flächenbezug wird einerseits zur Gesellschaft (Bevölkerungsdichte) und andererseits zur physischen Struktur (Verbauungsdichte und dgl.) hin definiert. Die Dichte wird extern beeinflußt von kulturellen Determinanten, städtebaulichen Leitbildern, Technologien und politischen Systemen. Sie ist andererseits mit der Größe von Städten nur mäßig korreliert.

Die räumliche ***Mobilität*** *kann sowohl in Hinblick auf den Standortwechsel von Bevölkerung als auch in Hinblick auf den Wechsel von Eigentumstiteln an Einrichtungen und Realobjekten (Betrieben, Nutzungen) gemessen werden. Sie hängt ebenfalls entscheidend von externen Faktoren ab, darunter besonders vom politischen System, ferner von der Technologie der Aufschließung und des Verkehrs (Zugänglichkeit des Raums).*

Die Mobilität im gesellschaftlichen System ist sehr viel höher als die Mobilität der physischen Elemente des Stadtraums, d. h. von Einrichtungen, Nutzungen usw.

Die Komplexität von Stadt und städtischer Gesellschaft korreliert mit der Größe, wobei sie mit der Größe der Stadt nicht kontinuierlich, sondern in Sprüngen zunimmt, und zwar aufgrund der Organisationsprinzipien von Hierarchie und Komplementarität. Systeminterne Bezüge bestehen zur Verbauungsdichte. Mit steigender Verbauungsdichte steigt die Komplexität in der Fläche und in der dritten Dimension des Stadtraumes.

***Die Dynamik** von Stadt und städtischer Gesellschaft wird repräsentiert durch den Input (und Output) an Bevölkerung, Arbeit, Kapital und Boden.* Der Input der genannten Faktoren vollzieht sich in der Regel nicht synchron, sodaß Disproportionen zwischen Bevölkerung und Produktionsfaktoren entstehen, wie Defizite auf dem Arbeits- und Wohnungsmarkt, Bodenknappheit u. dgl. Nun verändert sich die Gesellschaft rascher als die gebaute städtische Umwelt, welche die Generationenfolge der Gesellschaft vielfach überdauert. Daraus resultiert der von der Stadtgeographie häufig untersuchte „gesellschaftliche und ökonomische Wandel im baulichen Gehäuse".

Grundsätzlich festzuhalten ist, daß räumliche Disparitätskonzepte immer einen Bezug der Gesellschaft zur physischen Struktur benötigen, während sich das Konzept der Persistenz primär auf die Situation der physischen Struktur von Städten bezieht. Selbstverständlich bestehen auch Persistenzen in Gesellschaftssystemen aufgrund der Tradierung von Rechtsordnungen, Werten, Normen und dgl.

Bei der Dynamik von Systemen kann zwischen Wachstum, Stagnation und Regression (Abnahme) differenziert werden. Nach diesen Vorgängen unterscheiden sich Prozesse und Probleme von Städten und städtischer Gesellschaft grundsätzlich voneinander.

2.3.2 Stadtgröße

Der Einfluß der Stadtgröße als Determinante des städtischen Systems ist bisher nicht als durchgehende Forschungsfrage thematisiert worden. Die Herausarbeitung wichtiger Zusammenhänge beruht in erster Linie auf angelsächsischen Forschungen.

Hierbei ist es eine ebenso interessante wie wichtige Tatsache, daß zur Bestimmung der Größe einer Stadt nur das Kriterium der Einwohnerzahl herangezogen, die Stadtfläche dagegen vernachlässigt wird. Nur bei Meßgrößen für die Aktivitäten der städtischen Bevölkerung ist es üblich, mittels Kopfquoten den Zusammenhang von Bevölkerung und physischem Stadtraum herzustellen (z. B. Wohnfläche/Einwohner, Kulturstättenbesuche/Einwohner und dgl.). Aussagen über die Komplexität der physischen Struktur von Städten dokumentieren diese zwar sehr häufig in kartographischer Form, ohne jedoch Flächenbilanzierungen vorzunehmen. Es sind in erster Linie normative Richtwerte der Stadtplanung und des Städtebaus, welche den Bezug zwischen Bevölkerung und sachspezifisch definierten Flächen herstellen.

*Aussagen über den **Zusammenhang zwischen Stadtgröße und wirtschaftlichen Aktivitäten** sind zuerst von ULLMAN und DACEY (1962) über die amerikanischen Städte gemacht worden. Sie beruhen auf der Theorie von Basic- und Non-basic-Aktivitäten und damit grundsätzlich auf der bereits von SOMBART (1907) entwickelten Konzeption von*

- *„städtegründenden" und*
- *„städtefüllenden" Funktionen.*

Bei den Basic-Aktivitäten handelt es sich um Produktionszweige und Dienstleistungen, welche aus der Stadt „exportieren" und damit einen Kapitalzustrom bewirken, während die Non-basic-Funktionen zur Versorgung der Stadtbevölkerung selbst dienen.

Mittels einer Regressionsanalyse ist es ULLMAN und DACEY gelungen, für US-amerikanische Städte die theoretische Annahme zu verifizieren, daß, je größer eine Stadt ist, umso mehr von der eigenen Erzeugung an Sachgütern und Diensten von der ortsständigen Bevölkerung selbst verbraucht wird (vgl. Abb. 2.23). Es konnte empirisch festgestellt werden, daß das Verhältnis zwischen dem Basic- und dem Non-basic-Sektor von 3:1 bei Zwergstädten mit nur 1000 Einwohnern auf 2:1 bei Städten mit 100000 Einwohnern und auf 1:1 bei Städten mit einer halben Million Einwohner ansteigt. Im Jahr 1950 betrug z. B. der „Eigenbedarf" von New York bereits 64% der gesamten Menge an erzeugten wirtschaftlichen Aktivitäten.

Der Zusammenhang von Einwohnerzahl und Non-basic-Sektor wurde von Ullman und Dacey empirisch gewichtet. Demnach ist der Non-basic-Sektor (y) eine Funktion (b) der Bevölkerung (logx) und einer Konstanten a.

$$y = a + b \, logx$$

Dieser Regressionsansatz erlaubt generell die Beantwortung der Frage, welcher Anteil der Gesamtproduktion einer Stadt zur Bedienung der ortsständigen Bevölkerung abgezweigt werden muß und welche Stadtgröße daher unter bestimmten ökonomischen Parametern optimal ist.

Der für die USA getestete Zusammenhang besteht grundsätzlich in allen städtischen Systemen, wenn auch die Steigung der Regressionsgeraden je nach kultureller Situation, ökonomischem Entwicklungsstand und politischem System des jeweiligen Staates unterschiedlich ist. Zur Offenlegung der empirischen Forschungsproblematik sei festgehalten, daß die präzise Feststellung des Bedarfs der ortsansässigen Bevölkerung an Gütern und Diensten mit großen Schwierigkeiten verbunden und ihre Ermittlung stets nur auf indirektem Wege möglich ist.

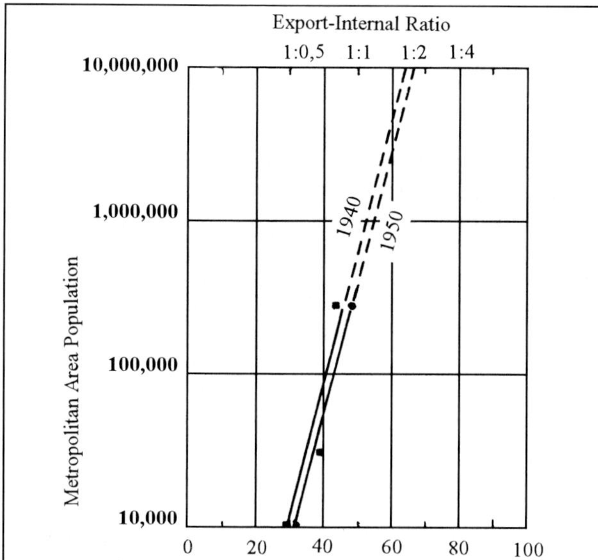

Abb. 2.23: Stadtgröße und Basic-, Non-basic-Aktivitäten

Value for city size

1940 ■
1950 ●

Minimum Requirements, Ullmann & Dacey

ULLMANN und DACEY 1960, S. 127.

Von verschiedenen Autoren wurde auch die Frage gestellt, ***ob und inwieweit die Zusammensetzung der Industrie mit der Stadtgröße variiert.*** Bereits 1950 analysierten DUNCAN und DUNCAN anhand von Daten der USA diese Frage und benützten dabei einen „Index der Dissimilarität". Es ergab sich, daß vor allem Produktionsgüterindustrien zum Teil negativ mit der Stadtgröße korrelieren, während bei Konsumgüterindustrien und nichtlokalen Serviceindustrien eine positive Korrelation mit der Stadtgröße besteht. 1954 unternahm BERRY eine Analyse des Zusammenhangs zwischen Industriebranchen und Stadtgröße unter Verwendung eines *Standortquotienten.*

$$LQi = \frac{Si}{Ti}$$

LQ = „location quotient"
Si = Prozentanteil der Beschäftigten in einem Industriezweig im Gebiet i
Ti = Prozentanteil aller Beschäftigten im Gebiet i

$$\text{z. B. Standortquotient} = \frac{\text{Prozentsatz der Beschäftigten in Industrie X in den Städten der Größe Y}}{\text{Prozentsatz der gesamten Bevölkerung in den Städten der Größe Y}}$$

Sie erbrachte die Unterscheidung von „Großstadtindustrien", „Großstadtbegleitindustrien", „Mittelstadtindustrien" und „Kleinstadtindustrien". Vergleichsuntersuchungen über die französischen Städte von PINCHEMEL (1964) sowie unveröffentlichte über die österreichischen Städte führten zur Feststellung, daß derartige taxonometrische Aussagen grundsätzlich von der spezifischen Industriestruktur eines Staates abhängig sind.

Im Hinblick auf die Branchen lassen sich jedoch einige allgemeine Grundzüge herausstellen:

- *Nahrungsmittelindustrien* (Lebensmittel und Getränke) haben das weiteste Spektrum, wobei einzelne Industrien (z. B. Biererzeugung) außerordentlich unterschiedliche – zum Teil kulturhistorisch erklärbare – Standortbedingungen aufweisen und einerseits in den größten Städten und andererseits in Kleinstädten konzentriert sind.
- Bei der *Bekleidungsindustrie* zeigte sich, daß die Produkte, welche in den Geschäftsstraßen am höchsten rangieren, auch in den Großstädten konzentriert sind (Oberbekleidung, Pelze und dgl.), während Arbeitsbekleidung, Kinderbekleidung, ebenso Unterwäsche und Strickwaren vor allem an kleine Städte, zum Teil außerhalb der Verdichtungsräume, gebunden sind. *Wohnungseinrichtungsgegenstände*, wie teure Möbel, sind gleichfalls ein Kennzeichen der Produktionspalette von Verdichtungsräumen.
- *Grundstoffindustrien,* Maschinenindustrien und Industrien der Verkehrsausrüstung haben vor allem in Mittelstädten ihre Hauptverbreitung.
- *Spinnereien und Webereien* sind vornehmlich in kleinstädtischen bzw. nichtstädtischen Siedlungen, zum Gutteil außerhalb der Verdichtungsräume, lokalisiert.

• Vorwiegend nichtstädtisch lokalisiert sind *Aluminiumhütten* und *chemische Großbetriebe*, welche allerdings häufiger innerhalb als außerhalb von Verdichtungsräumen vorkommen.

Berry konnte bereits 1972 mittels einer Faktorenanalyse zur funktionellen Differenzierung von Städten nachweisen, daß es in einer im Metropolitanisierungsprozeß befindlichen Gesellschaft nur mehr die kleinen Städte sind, in denen noch klassische Standortfaktoren, wie Rohstoff- und Arbeitskraftorientierung, Gültigkeit besitzen, während mit wachsender Stadtgröße die Mengung der Funktionen ansteigt, die das Kennzeichen der großen Metropolitan Areas bilden.

Eine Erweiterung dieser Aussage resultiert aus den Untersuchungen des ***Zusammenhangs zwischen Stadtgröße und Bürosektor.***

Daniels konnte 1975 mittels einer Regressionsanalyse die Zunahme des Anteils der Büroberufe mit der Stadtgröße belegen. In seiner Analyse verdient das Take-off des Bürosektors bei den Neuen Städten besondere Beachtung (vgl. Abb. 2.24). Diese in Großbritannien schon Mitte der 70er Jahre belegte Tendenz der Ansiedlung des Bürosektors in den Neuen Städten hat in Form der konzentrierten Dezentralisierung des Bürosektors in den USA zur Errichtung der Edge Cities geführt. Über den ***Zusammenhang zwischen Stadtgröße und Arbeitsmarkt*** konnte Fassmann 1993 den Nachweis erbringen, daß eine Reihe von Arbeitsmarktindikatoren mit der Stadtgröße

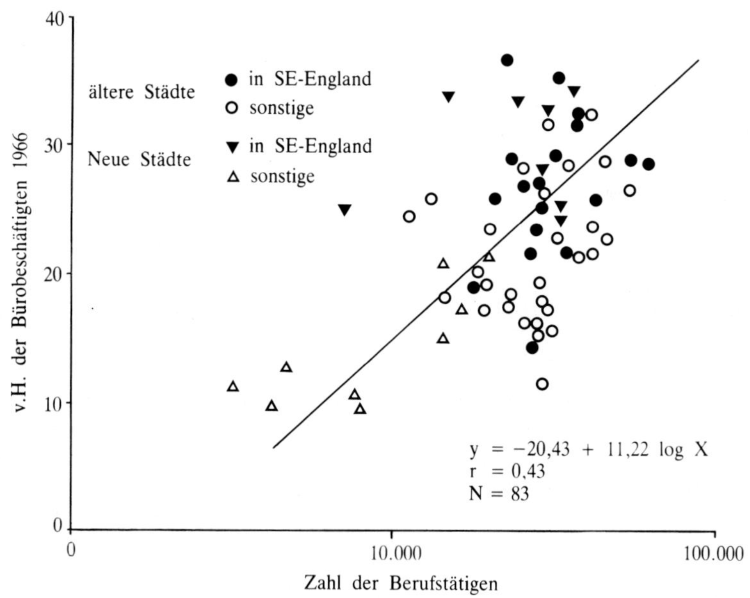

DANIELS 1975, S. 104.

Abb. 2.24: Die Beziehungen zwischen der Gesamtzahl der Berufstätigen einer Stadt und dem Anteil der Bürobeschäftigten

eng gekoppelt ist. Der Anteil hochqualifizierter und leitender Berufspositionen nimmt mit der Einwohnerzahl des Arbeitsortes ebenso zu wie die Arbeitslosigkeit. Die großen Städte offerieren generell ein deutliches Mehr an beruflichen Chancen als Mittel- und Kleinstädte, müssen aber ebenso mit einer Grundlast von Arbeitslosen „fahren". Nur die Primatstädte der postsozialistischen Staaten bilden eine Ausnahme, da der Rückbau des industriellen staatlichen Sektors mit einem Aufschwung des bisher vernachlässigten tertiären Sektors verbunden ist.

Der mit der Stadtgröße steigende „Eigenbedarf" erklärt auch z. T. den positiven ***Zusammenhang zwischen Stadtgröße und sozialen Desorganisationserscheinungen*** *aufgrund der internen Reibungsverluste zur Erhaltung des städtischen Systems.* Hierzu einige empirische Belege. Im Hinblick auf die sozialen Desorganisationserscheinungen stehen die Städte der USA an der Spitze. Die Tabelle 2.5 belegt eindrucksvoll das Ansteigen aller Arten von Verbrechen mit der Stadtgröße. In Metropolitan Areas mit mehr als 250000 Einwohnern betrug 1985 die Rate der Gewaltverbrechen bereits mehr als das Achtfache jener in Kleinstädten mit weniger als 10000 Einwohnern. In Millionenstädten erreichten die Raten sogar das 12- bis 15fache von jenen der Kleinstädte. Auf die Eskalation der Gewaltverbrechen in den Metropolitan Areas der USA wird in Kapitel 3.7 eingegangen.

Tabelle 2.5: Verbrechensrate und Stadtgröße in den USA 1985

Stadtgröße nach Einwohnern	*Verbrechensrate*	*Gewaltverbrechensrate*	*Eigentumsdelikte*
		pro 100.000 Einwohner	
ländliche Gebiete	1.921	177	1.744
suburbane Gebiete	4.244	341	3.833
unter 10.000	4.218	272	3.946
10.000 - 25.000	4.554	307	4.247
25.000 - 50.000	5.550	420	5.130
50.000 - 100.000	6.035	536	5.499
100.000 - 250.000	7.804	802	7.002
mehr als 250.000	8.951	1.344	7.606

Statistical Abstract of the United States 1987, S. 157.

Zur Frage der ***Stadtgröße und Infrastrukturkosten*** können Vergleichswerte aus den US-amerikanischen Städten nicht herangezogen werden, da der kommunalpolitische Aufgabenbereich der Städte wesentlich kleiner ist als in Europa und die gesamte technische Infrastruktur sowie ein beachtlicher Teil der sozialen Infrastruktureinrichtungen von Privatunternehmen bereitgestellt werden. Im folgenden seien daher französische Daten verwendet (vgl. Tab. 2.6). Demnach betrugen die Pro-Kopf-Belastungen für Infrastruktur im Rahmen der kommunalen Ausgaben in Paris etwa fünfmal soviel und in Städten mit mehr als 100000 Einwohnern das Doppelte im Vergleich mit Kleinstädten unter 5000 Einwohnern. In den europäischen Wohlfahrtsstaaten, wo die soziale und die technische Infrastruktur im wesentlichen von der öffentlichen Hand bereitgestellt wird, stellen die großen Agglomerationenen eine echte Belastung dar.

Tabelle 2.6: Budget und Stadtgröße in Frankreich 1980

Stadtgröße nach Einwohnern	*Ausgaben im ordentlichen Budget 1980*	
	in Francs/Einw..	*Index **
unter 700	1.124	52,2
701 - 2.000	1.349	62,6
2.001 - 5.000	1.653	76,4
5.001 - 10.000	1.831	85,0
10.001 - 50.000	2.513	116,7
50.001 - 100.000	3.075	142,7
über 100.000 (ohne Paris)	3.256	151,2
Nationales Mittel (ohne Paris)	2.154	100,0 *

RICHARD und COTTEN 1983.

Ungeachtet solcher Kostenrelationen ist jedoch in den großen Städten der entwickelten Welt derzeit eine unaufhaltsame Entwicklung im Gang, wonach immer mehr Kapital in immer kompliziertere Technologien der technischen, aber auch der sozialen Infrastruktur (Großkrankenhäuser und dgl.) investiert wird. Die staatliche Verkehrspolitik fördert dabei den oft ins Treffen geführten Multiplikatoreffekt der ökonomischen Standortvorteile, welcher letztlich der Privatwirtschaft und vor allem dem Funktionieren hochrangiger Wirtschaftsdienste zugute kommt, wie der Kollektion und Distribution, dem Transfer und der Spekulation mit Informationen bzw. Kapital. Die kleinen Städte kommen hinsichtlich der Ausstattung mit sozialer und technischer Infrastruktur zu kurz. Dabei haben sie jedoch vielfach als Zentrale Orte umfassende Aufgaben für ein ländliches Hinterland zu erfüllen. Aufgrund dieser Situation ist auch eine massive Förderungspolitik zugunsten von Zentralen Orten mittlerer und unterer Ränge durch Zuweisung von Infrastruktureinrichtungen in den abgelaufenen zwei Jahrzehnten (u. a. in der Bundesrepublik Deutschland) erfolgt.

In Hinblick auf die normativen Vorstellungen der Stadtplanung besteht aus Gründen des „menschlichen Maßstabs" und der Überschaubarkeit von städtischen Systemen bei allen Planungsbehörden in hochentwickelten Staaten die Tendenz, Mittelstädte mit 50000 bis 250000 Einwohnern als ***optimale Stadtgröße*** anzusehen, da einerseits unterhalb dieser Größe ökonomische Defizite hinsichtlich der Arbeitsplatzentwicklung und der Ausstattung mit Dienstleistungen bestehen, während über dem Schwellenwert von 250000 Einwohnern die Pro-Kopf-Kosten im Hinblick auf Dienstleistungen und Instandhaltung der städtischen Umwelt eskalieren.

Die wissenschaftliche Frage nach der optimalen Stadtgröße ist bisher unbeantwortet. Die Forschung über die Wechselbeziehungen zwischen Stadtgröße, ökonomischer Produktivität und sozialen Kosten hat keine präzisen Ergebnisse erbracht. Dementsprechend allgemein sind auch die Angaben der Abbildung 2.25 gehalten, welche die Beziehungen zwischen Einwohnerzahlen, Produktivität und Grenzkosten darstellt.

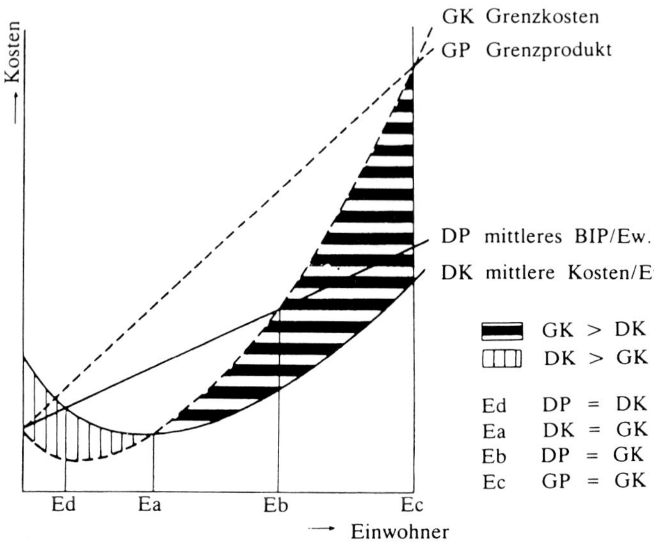

nach: ALONSO 1964.

Abb. 2.25: Beziehungen zwischen Einwohnerwachstum, Produktivität und Grenzkosten

ALONSO (1964), der neben den angelsächsischen auch sowjetische Quellen ausgewertet hat, stellte fest, daß zwar sehr viel von „exzessiver" Größe und Dichte gesprochen werde, daß aber nirgendwo Kriterien für die Definition des Übermaßes angegeben seien. Er kennzeichnete die Situation aus der Sicht der Nationalökonomie folgendermaßen: Die Kategorien „groß" und „klein" müssen aus dem Siedlungszusammenhang heraus beurteilt werden. Es kann durchaus angebracht sein, in einem Verdichtungsraum kleine Elemente zu fördern und andererseits, bei isolierter Lage, möglichst große Einheiten anzustreben. Aus der Aussage, daß der größte Zuwachs und die rascheste Entwicklung in mehrkernigen Agglomerationen zu verzeichnen sind, gelangt er zur normativen Forderung nach einer Politik der Förderung eng verknüpfter mittelgroßer Städte, mit der es möglich sei, Agglomerationsvorteile zu erhalten, ohne Größennachteile in Kauf nehmen zu müssen.

Aus der in den USA geführten Diskussion über die optimale Stadtgröße ist ein ***Indikatorenkatalog*** hervorgegangen, in dem die einzelnen Indikatoren je nach dem Grad der Kostengünstigkeit – den Prinzipien des Kapitalismus entsprechend – eingestuft werden. Aus Abb. 2.26 ist der Zusammenhang von Stadtgröße und Kostenstruktur von Einrichtungen, Dienstleistungen und „Lebensqualität" zu entnehmen. Die Breite des Bandes entspricht einer fünfstufigen Skala. Als ***positive Indikatoren*** für die großen Städte stehen die sogenannten „economies of scale" zu Buche: Höhe der Ein-

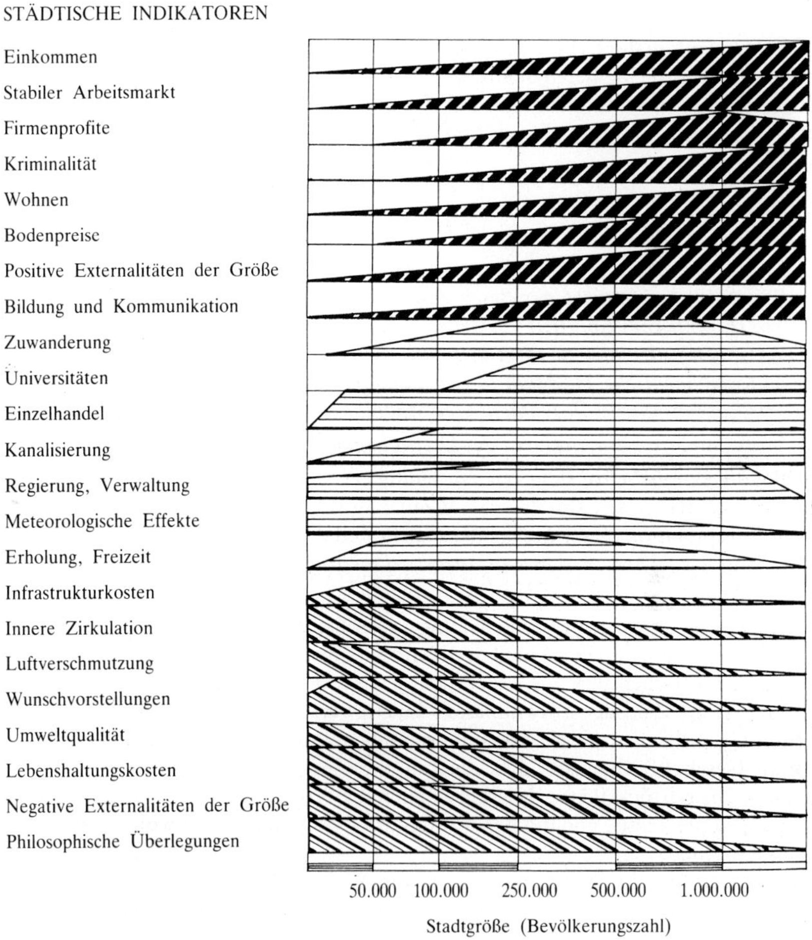

WENTZ 1976, Tab. 16, S. 32.

Abb. 2.26: Positive und negative Indikatoren der Stadtgröße

kommen, Profite der Unternehmer, Differenzierung und Stabilität des Arbeitsmarktes. An die positiven Externalitäten reihen sich die Möglichkeiten der Bildung und Kommunikation an. Vom Standpunkt der Grund- und Hausbesitzer aus ist das Ansteigen der Bodenpreise und Wohnungskosten mit der Stadtgröße ebenfalls positiv zu bewerten, vom Standpunkt der Nachfrager aus freilich nicht.

Auf der ***negativen Bilanzseite*** stehen die Infrastrukturkosten sowie die Verkehrsprobleme. Auf die stark steigende Kriminalität wurde schon hingewiesen. Die Indikatoren der Umweltqualität (Luftverschmutzung, meteorologische Auswirkungen) reihen sich an. Für die kleineren Städte sprechen Ideologien und Präferenzen, ferner die niedrigeren Lebenshaltungskosten und die bessere Zugänglichkeit im Verkehr. Die großen Millionenstädte werden als „unregierbar" eingestuft.

2.3.3 Dichte

Die Dichte wurde bisher in der Stadtgeographie kaum beachtet. Sie ist

1. ein zentrales Konzept zur Beschreibung von Stadt und städtischer Umwelt,

2. ein theoretisches Konstrukt in der sozialwissenschaftlichen Forschung für die Erklärung von sozialer Marginalität in städtischen Gesellschaften,

3. eine exponentielle Funktion in der Standorttheorie und

4. wird als normatives Instrument vom Städtebau und der Stadtplanung verwendet.

ad 1. Die komplexe ***Nomenklatur der Dichtebegriffe*** ist aus Abb. 2.27 zu entnehmen.

Die ***Bevölkerungsdichte*** stellt das am häufigsten verwendete Maß zur Kennzeichnung von Städten und Stadtteilen dar. Wenn man von der statistischen und damit einfachen Interpretation dieser Meßgröße absieht und die Kausalität in den Vordergrund rückt, dann wird deutlich, daß *Strukturen auf mehreren unterschiedlichen räumlichen Aggregatebenen zu berücksichtigen sind,* nämlich

- der Anteil der Bruttowohnbebauung an der Stadtfläche und (einschließlich Straßen, Grünflächen usw.) der Anteil der Nettowohnbebauung an der Stadtfläche (ohne Straßen, Grünflächen usw.); hierbei kann jeweils die Zahl der Gebäude, der Wohnungen und die Zahl der Einwohner als Dichtewert ermittelt werden; weiters
- die Grundflächenzahl als Maß für die mögliche Ausnutzung der Grundstücke und
- die Geschoßflächenzahl, d. h. die Zahl der Geschosse des Hauses auf der überbaubaren Grundstücksfläche. Hierbei können die Wohnungsziffer, d. h. die Zahl der Wohnungen pro Haus, und die Behausungsziffer, die Zahl der Einwohner pro Haus, ermittelt werden.
- Bezogen auf die Wohnung können die Wohnungsbelegung, d. h. die durchschnittliche Zahl von Personen pro Wohnung, und die Wohnraumbelegung, als durchschnittliche Zahl von Personen pro Wohnraum, ermittelt werden.

ad 2. *In der sozialwissenschaftlichen Literatur wird der Begriff der* ***internen Dichte*** *(= Wohnraumbelag) in Kausalmodellen mit sozialer Marginalität bzw. abweichenden sozialen Verhaltensweisen in Zusammenhang gebracht.*

Es wird angenommen, daß eine Zunahme der Dichte eine Zunahme sozialer Desorganisationserscheinungen bewirkt.

BEZUGSEINHEIT	*BAULICHE STRUKTUR*	*EINWOHNER*
Stadt		**Bevölkerungsdichte** Zahl der Einwohner / ha Gesamtfläche der Stadt
Bruttowohnbebauung (einschl. Straßen, Grünflächen, Einrichtungen)	**Bruttowohnungsdichte** Zahl der Wohnungen / ha	**Bruttowohndichte** Zahl der Einwohner / ha
Nettowohnbebauung (ohne Straßen usf.)	**Nettowohnungsdichte** Zahl der Wohnungen / ha	**Nettowohndichte** Zahl der Einwohner / ha
	Gebäudedichte Zahl der Gebäude / ha	
Grundstück	**Grundflächenzahl** Anteil der überbaubaren Grundstücksfläche	
Haus	**Geschoßflächenzahl (GFZ)*** (Ausnutzungsziffer) Zahl der Geschosse auf dem laut Grundflächen- zahl überbaubaren Anteil der Grundstücksfläche	
	Wohnungsziffer Wohnungen pro Haus	**Behausungsziffer** Einwohner pro Haus
Wohnung		**Wohnungsbelegungsziffer** (Wohnungsbelegung) durchschnittliche Zahl von Personen pro Wohnung
		Wohnraumbelegung durchschnittliche Zahl von Personen pro Wohnraum

* *z. B. GFZ 2 = 4 Geschosse bei 50%,*
10 Geschosse bei 20%
überbaubarer Grundstücksfläche

Entwurf: LICHTENBERGER.

Abb. 2.27: Dichtebegriffe

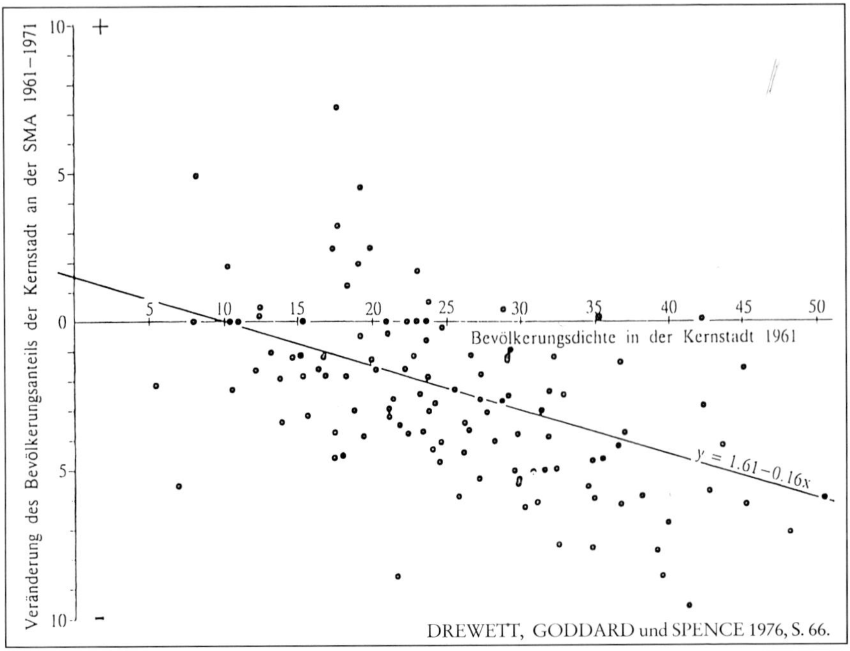

Abb. 2.28: ***Die Abhängigkeit der Suburbanisierung von der Bevölkerungsdichte in der Kernstadt***

Dieser für nordamerikanische Städte nachgewiesene Zusammenhang hält allerdings einer Prüfung im interkulturellen Vergleich nicht stand. Hierbei kann es als ein Nachteil der zum Teil sehr umfangreichen soziologischen Analysen angesehen werden, daß die Komplexität des räumlichen Systems der Stadt, welche nur über eine sorgfältige Mehrebenenanalyse erfaßt werden kann, vielfach unter dem Begriff der ***externen Dichte***, d.h. der Bevölkerungsdichte, subsumiert wurde. *In angelsächsischen geographischen Arbeiten wird die Bevölkerungsdichte als theoretisches Konstrukt für ein antiurbanes Präferenzmodell verwendet.* In diesem Zusammenhang wird angenommen, daß die Suburbanisierung mit der Dichte in der Kernstadt ansteigt. DREWETT, GODDARD und SPENCE konnten mittels einer Regressionsanalyse der britischen Kernstädte für den Zeitraum von 1961 bis 1971 nachweisen, daß Kernstädte mit höherer Dichte stärker an Bevölkerung verloren haben (vgl. Abb. 2.28).

ad 3. *Von der* ***Standorttheorie*** *wird die Dichte als exponentielle Funktion verwendet. Diese Interpretation fußt auf der klassischen Bodenpreistheorie, gemäß der die Transportkosten in die Produktionskosten einzubeziehen sind.*

Diese auf die Theorie der Solitärstadt im Agrarstaat zurückgehende klassische Bodenpreis-Theorie, welche zuerst von THÜNEN verwendet, dann von ALONSO (1964) auf den städtischen Bodenmarkt übertragen wurde, ist inzwischen zum Konzept der „Kommunikationskosten" erweitert worden.

Sie wird damit bei Berechnungen der Zeit-Kosten-Mühe-Relation im Distanzmodell verwendet. In dieser Relation erfolgt eine ***Substitution zwischen Dichte und Transportkosten***, d. h. letztere steigen bei einer Abnahme der Dichte an. Nun wird in dieser Zeit-Kosten-Mühe-Relation in Städten mit Tarifverbund und subventionierten öffentlichen Verkehrsmitteln die monetäre Größe der Kosten (= Fahrpreise) konstant gehalten und damit gleichsam „ausgeschaltet". Es bleiben vom Standpunkt der Benützer – für die innerstädtische Distanz – nur die Zeit-Mühe-Relationen. Diese Ausschaltung des Kostenfaktors muß vom Anbieter, d. h. von den städtischen Verkehrsbetrieben, verkraftet werden. Deren Strategie ist begreiflicherweise durch Kostenminimierung bestimmt und präferiert daher das integrierte städtebauliche Konzept von hoher Wohndichte und hoher Verkehrsdichte, welches ganz allgemein zur Strategie öffentlicher Verkehrsträger zählt. Daraus resultiert die nächste Feststellung.

ad 4. ***Die Dichte ist somit ein äußerst wichtiges normatives Instrument des Städtebaus und der Stadtplanung.***

Die derzeit in der Bundesrepublik Deutschland aufgrund der städtebaulichen Richtwerte geltenden Beziehungen zwischen Wohndichte und Hausformen sind aus Abb. 2.29 zu entnehmen.

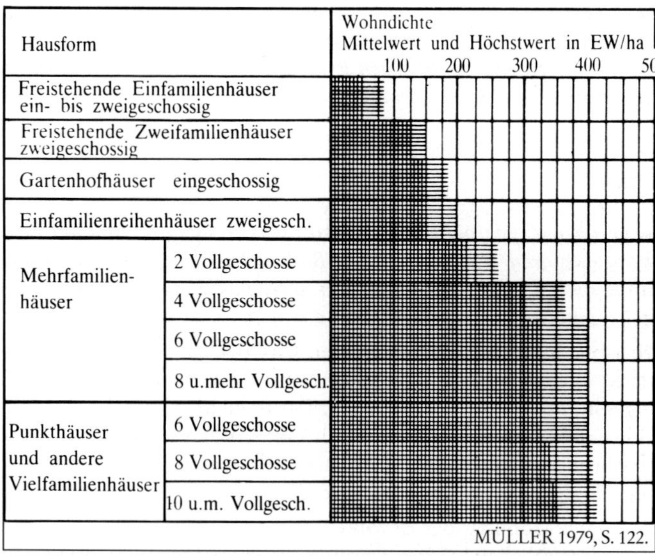

Abb. 2.29: Nettowohndichte und Hausformen in der Bundesrepublik Deutschland

Demnach liegt die Obergrenze bei 400 Einwohnern je Hektar, und zwar von 6 Geschossen aufwärts. Insgesamt hemmen die Baubestimmungen die Entwicklung neuer, auf die Erreichung größerer Wohndichte zielender Bauformen. Im Hinblick auf Kapitalkosten, Instandhaltungskosten, Bedienungskosten, Energieverbrauch und dgl. kommt dichtere Verbauung insgesamt billiger.

Nordamerikanische Untersuchungen in Einfamilienhausgebieten ergaben, daß bei 48 Wohnungen pro Hektar der Kapitaleinsatz um 48% niedriger lag als bei 9 Wohnungen pro Hektar, ferner die Straßen- und Wohnbaukosten um 55%, die Instandhaltungskosten um 11% und die Energiekosten um 49% geringer waren. Im privatkapitalistischen System der USA, in dem keine Substitution von Kapital durch Arbeitskraft stattfindet, wie dies in weiten Teilen Europas im Do-it-with-your-neighbours-Einfamilienhausbau der Fall ist, ergibt sich daraus, daß geringe Wohndichte als Prestigesymbol von besser verdienenden Einkommensgruppen angestrebt wird und daher auch gut vermarktbar ist.

Außerordentlich wenig ist bekannt über *die sozialpsychologische Bedeutung der Dichte als Verbauungsgrad*, ausgedrückt im Verhältnis von Gebäudehöhe und lichter Weite (d.h. Gebäudeabstand), über die kulturspezifischen Wendepunkte zwischen dem Gefühl bedrückender Enge oder dem von Schutz und Sicherheit bzw. richtungsloser Weite bei bestimmter Anordnung und Höhe der Bauten.

In diesem Zusammenhang sei auch auf das in der modernen Stadtarchitektur lange Zeit vernachlässigte Konzept der Straße als Bewegungs- und Kontaktraum hingewiesen, welches im Gegensatz zu den zur Wohnblockverbauung gehörenden offenen Freiflächen steht.

Aus interkultureller Perspektive erweist sich die Dichte als weitgehend von städtebaulichen Leitbildern beeinflußte Kategorie, die überdies aufgrund von Normen der Stadtplanung und gesellschaftspolitischen Prinzipien der Wohnungswirtschaft von den Maximen des politischen Systems abhängt.

2.3.4 Mobilität

Unter den angeführten systematischen Kategorien wird die Mobilität der Bevölkerung und Produktionsfaktoren (Arbeit, Kapital, Boden) entscheidend vom politischen System bestimmt, wobei allgemein festgestellt werden kann, daß hohe Mobilität ein Kennzeichen privatkapitalistischer Systeme darstellt.

Das Musterbeispiel bieten die USA. In diesen wird der zügige Besitzwechsel auf dem Realitätenmarkt ebenso wie auf dem Finanzmarkt entscheidend von Profitdenken, Risikofreudigkeit und Spekulation getragen. Die hohe Mobilität des Produktionsfaktors Boden hinsichtlich der Eigentumsverhältnisse wird zum Unterschied von Europa weder durch bürokratische Prozeduren behindert noch durch eine persönliche Identifizierung mit dem Realitätenbesitz eingeschränkt.

Aus der sehr hohen Mobilität der Bevölkerung, auch der Mittelschichten und nicht, wie in den gründerzeitlichen Städten Europas, in erster Linie der ärmeren Schichten, resultiert ein hohes Maß an Standardisierung von Wohnvorstellungen und Haushaltsführung, das ebenso selbstverständlich ist wie eine allseits transparente Angebots-

und Nachfragestruktur des Wohnungsmarktes und ein nahezu perfektes, marktkonformes Informationssystem.

Um eine so hohe Mobilität der städtischen, vor allem aber der suburbanen Bevölkerung wie in Nordamerika zu generieren, wo jährlich im Durchschnitt – bei allerdings sehr großer Spannweite im Hinblick auf Haushaltsformen und Altersklassen – 12% den Wohnstandort wechseln, war es eine Voraussetzung, Mobilität als Karrierenorm zu etablieren und mit dem Sozialprestige zu verbinden. Diese hohe Mobilität hat in sozialpsychologischer Hinsicht eine Standardisierung der Kommunikationsformen der Bevölkerung ebenso wie der Aktionsräume zur Konsequenz, weil eine rasche Adaptierung an das jeweils neue Wohnmilieu notwendig ist.

Fragen nach der schrittweisen Umpolung des Aktionsmusters nach dem Umzug, wie sie im Rahmen der aktionsräumlichen Forschung in der Bundesrepublik Deutschland mit Recht gestellt wurden, können bei nordamerikanischen Suburbaniten nur fassungsloses Erstaunen erregen.

Zu den weiteren Konsequenzen der Mobilität zählt der Mangel an Identifizierung von Stadtbewohnern und Suburbaniten mit dem jeweiligen städtischen Gebilde. Zu den stadtgeographisch wichtigsten Konsequenzen von hoher Mobilität gehören entsprechend ausgeprägte, über den Hypothekenmarkt und das Schulwesen auch institutionell abgesicherte Segregationsvorgänge in ethnischer, sozialer und demographischer Hinsicht.

In Europa fehlt eine derart hohe Mobilität wie in den USA, es ist vielmehr in den Nachkriegsjahrzehnten zu einer weitgehenden Immobilisierung der Bevölkerung gekommen. Als Hauptgrund kann die Herausnahme großer Teile der Wohnungswirtschaft aus dem Markt angeführt werden.

- Hierzu gehören die Zuweisungsstrategien eines staatlich verwalteten Wohnungsmarktes, bei dem jahrelange Wartezeiten vorhanden sind, welche zu einer Ausschaltung der Mobilität geführt haben.
- Eine ähnliche Wirkung hatte die jahrzehntelang beibehaltene Mieterschutzgesetzgebung, durch die eine Art Pseudoeigentum an Mietwohnungen geschaffen wurde.
- Eine Immobilisierung der Bevölkerung ist ferner durch den Eigenheimbau eingetreten, der vielfach, durch eine Do-it-with-your-neighbours-Bauweise verstärkt, Symbolcharakter erhalten hat, und zwar sowohl bei den „Häuselbauern“ in Mitteleuropa als auch bei den Gastarbeitern in den Heimatorten.

Eine derartige Immobilisierung hat zur Folge, daß die für privatkapitalistische Wohnungsmärkte postulierten Zusammenhänge von Lebenszyklus und Wohnstandortwechsel partiell außer Kraft gesetzt werden. Einerseits ist es für junge Leute relativ schwierig, eine Wohnung zu finden, und sie müssen überdies vielfach einen jahrelangen „Überbelag“ in Kauf nehmen; andererseits erfolgt in vorgerücktem Alter bei Verkleinerung der Haushalte kein Standortwechsel, so daß ein „Unterbelag“ entsteht, der ebenfalls als systemimmanent in vielen sozialen Wohlfahrtsstaaten angesehen werden kann.

2.4 Räumliche Basiskonzepte

Bei der Darstellung der Kategorien städtischer Systeme wurden bereits **räumliche Basiskonzepte** *genannt. Es ist Aufgabe dieses Kapitels, zu zeigen, daß folgende räumliche Basiskonzepte als übergeordnete Prinzipien auf verschiedene Sachbereiche anwendbar sind:*

1. *die Stadt als zentriertes System,*
2. *die Zugänglichkeit,*
3. *das Kern-Rand-Gefälle (Gradientenanalysen),*
4. *das Prinzip der Hierarchie,*
5. *das räumliche Organisationsprinzip der Komplementarität.*

2.4.1 Die Stadt als zentriertes System

Die Stadt ist ein zentriertes System. Ihrer Existenz liegt daher bis heute die Prämisse zugrunde, daß das Stadtzentrum der Ort bester Erreichbarkeit ist und gleichzeitig als Motor der Stadtentwicklung fungiert. In zeitlich-räumlicher Perspektive wird dabei dem Stadtzentrum vom jeweiligen Gesellschaftssystem eine unterschiedliche Funktion zugeschrieben. In der mittelalterlichen Bürgerstadt und in der Residenzstadt des Barockzeitalters war das Stadtzentrum stets auch die „soziale Mitte" der Stadt. Die arbeitsteilige Gesellschaft des Industriezeitalters hat im Stadtzentrum die Arbeitsstätten mit der höchsten Rendite lokalisiert (City). Die Konsumgesellschaft will hier ihr Einkaufsvergnügen ansiedeln; die Verknüpfung von Fußgängerzone und Kaufhauskomplexen kommt dieser Ideologie am besten entgegen.

Nun ist die eingangs erwähnte Prämisse heute nur mehr teilweise gültig. Bodenpreiskrater und sichtbarer Verfall der Innenstädte sind ein Indikator für den „Verlust der Mitte" von Stadträumen in den USA und in Teilen Westeuropas. Dies ist besonders das Ergebnis reduzierter Zugänglichkeit, aber auch die Folge der Preisgabe historischer Leitbilder von Städten zugunsten des Leitbilds von Suburbia, das verschiedene Versionen besitzt.

2.4.2 Die Zugänglichkeit (Erreichbarkeit)

Die Zugänglichkeit der Stadtmitte und des gesamten Stadtraums wird von der Aufschließung und der Verkehrstechnologie bestimmt.

Die Veränderung der Zugänglichkeit der Stadtmitte im Zusammenhang mit der Abfolge der Verkehrstechnologien ist aus Abb. 2.30 zu entnehmen.

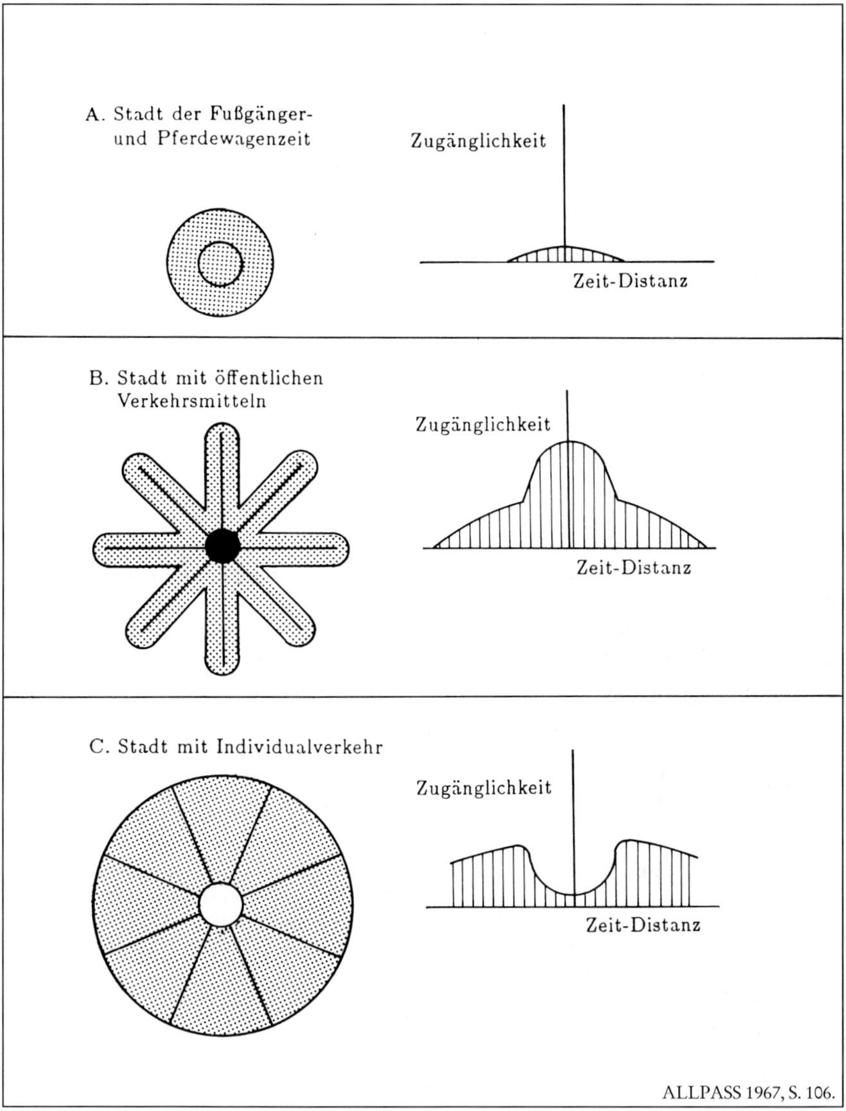

Abb. 2.30: Die Zugänglichkeit der Stadtmitte

Der Stadt des Fußgängers und des Wagenverkehrs entsprach etwa eine kreisförmige Struktur. Mit der Errichtung von Straßenbahnen, welche in den europäischen Städten zumeist von den Stadttoren ausgingen (ähnlich wie heute die Verkehrsmittel in orientalischen Städten), setzte ein sternförmiges Wachstum ein, dagegen blieb die Stadtentwicklung in den dazwischenliegenden Interstitien zurück.

Insgesamt ließ die Schaffung von konzentrischen Ringen in der Vorautobahnzeit meist länger auf sich warten bzw. erfolgte bei vielen kleineren Städten überhaupt nicht. Selbst dort, wo kreisförmige Linien konzipiert wurden, wie in Wien oder Berlin, blieben Segmente schwächerer Entwicklung zwischen radialen und kreisförmigen Massenverkehrslinien zurück.

Festzuhalten ist: *Solange das Primat der öffentlichen Verkehrsmittel gewahrt wird, bleibt das Stadtzentrum der Ort der besten Zugänglichkeit im Stadtraum (und in der Agglomeration).* Mit dem PKW-Verkehr sinkt aufgrund der Stauungen und Parkplatzschwierigkeiten die Erreichbarkeit der Stadtmitte und ebenso innerer Stadtteile im Vergleich mit peripheren Standorten der Stadtregion.

2.4.3 Das Kern-Rand-Gefälle: Gradientenanalysen

Zu den Basiskonzepten der analytischen Stadtgeographie zählt die Vorstellung eines zentral-peripher abfallenden Gradienten („distance decay)". Folgende Gradienten werden dargestellt:

1. der Gradient der Bevölkerungsdichte,
2. der Gradient der Bodenpreise, welcher auf der Theorie des städtischen Bodenmarktes beruht, sowie
3. der soziale Gradient unter Bezug auf das soziale Konzept der Stadtmitte und die zentral-periphere Organisation der städtischen Gesellschaft.

ad 1. ***Der Gradient der Bevölkerungsdichte***

Eine erste Formulierung des Zusammenhangs zwischen der Entfernung vom Zentrum und der innerstädtischen Bevölkerungsdichte erfolgte 1892 von BLEICHER. 1951 formulierte CLARK die Regel einer negativen Exponentialfunktion der Bevölkerungsdichte in Abhängigkeit von der Distanz zum Zentrum. Dieses selbst wurde allerdings aus der Analyse ausgeschlossen. Die CLARKsche Formel wurde von SHERRAT (1960) weiterentwickelt. Sie wird folgendermaßen angeschrieben:

$$dx = do\, e^{-bx}$$

dx = Bevölkerungsdichte *x = Distanz vom Stadtzentrum* *do = Dichte im Stadtzentrum*
e = Basis des natürlichen Logarithmus *b = Dichtegradient*

In weiterer Folge wurden auch Formeln für den zentralen Dichtekrater und für polyzentrische Städte entwickelt.

Eine Erklärung wurde in der Theorie von ALONSO (1964) (vgl. unten) gefunden, nach der die Zugänglichkeit mit der Distanz vom Zentrum abnimmt. Damit wächst andererseits die vom einzelnen Haushalt beanspruchte Fläche, und ebenso nimmt die Wohndichte ab.

In der empirischen Forschung wurden sehr beachtliche Variationen des Dichtegra-

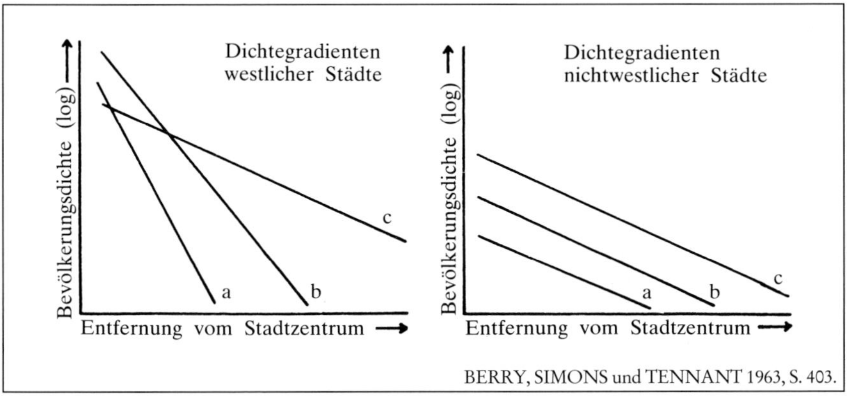

Abb. 2.31: Veränderungen des Dichtegradienten der westlichen und nichtwestlichen Städte

dienten und der zentralen Dichte zwischen verschiedenen Staaten, Kontinenten, aber auch Städten unterschiedlichen Alters und verschiedener Funktion gefunden. BERRY konnte 1963 für die Städte der USA und ebenso für einige asiatische Städte einen Zusammenhang zwischen der Stadtgröße und dem Dichtegradienten feststellen, der allerdings in den USA in weit geringerem Maß zunimmt als in den untersuchten asiatischen Städten. Interesse verdient auch sein Versuch, die Veränderungen des Dichtegradienten im Zeitablauf zwischen westlichen und nichtwestlichen (im wesentlichen indischen) Städten zu vergleichen (vgl. Abb. 2.31). Hierbei kommt er zur Auffassung, daß im Westen die zentralen Dichten zuerst ansteigen und dann abnehmen, während sie in den nichtwestlichen Städten mit dem Wachstum der Städte kontinuierlich ansteigen. Dies bedeutet, daß die letzteren in den inneren Stadtteilen kompakt verbaut werden, zunehmend übervölkert sind und peripher weniger expandieren. Bereits CLARK hat zwei Möglichkeiten der Stadtentwicklung für den Fall, daß die Bevölkerung anwächst, postuliert, und zwar in Abhängigkeit von den Transportkosten. Werden die Transportkosten reduziert, so breitet sich die Stadt flächig aus, wenn nicht, nimmt die Dichte in allen Stadtteilen zu. Mit diesen Postulaten erfolgt der Schritt zur Theorie des Bodenmarktes.

ad 2. *Der Bodenpreisgradient*

Die Theorie des städtischen Bodenmarktes faßt das räumliche Muster der Stadt als Spiegelbild der Transportkosten und der städtischen Grundrente auf. HAIG (1927) hat die Grundlage für die ökonomische Theorie der Stadtstruktur gelegt. Er betrachtet Grundrente und Transportkosten als komplementäre Teile der Gesamtkosten, die er als „Reibungskosten" definiert. Nach seiner Auffassung ist die räumliche Struktur einer Metropole bestimmt durch die Minimierung dieser Reibungskosten. ALONSO (1964) hat die ökonomische Theorie weiterentwickelt. Er nimmt an, daß die einzelnen Entscheidungsträger, Firmen oder Haushalte, danach streben, Mieten und Trans-

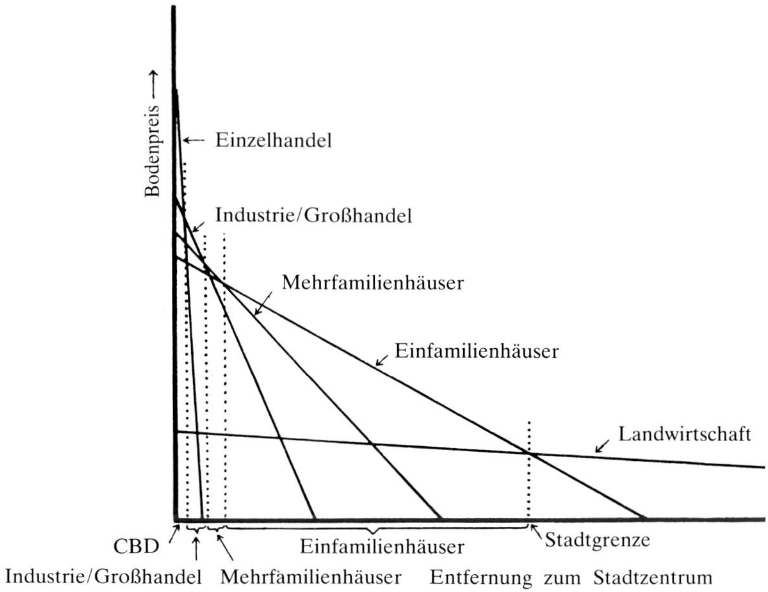

nach: BERRY 1959.

Abb. 2.32: Ertragsgradienten städtischer Nutzungen

portkosten zu minimieren und gleichzeitig die zu benützende Fläche zu maximieren. Entscheidend in der Vorstellung von ALONSO ist die „rent paying ability" des „erfolgreichsten Anbieters". Er ist derjenige, welcher den größten Ertrag aus einer bestimmten Lage ziehen kann. Dieser Ertrag ist abhängig von der Erreichbarkeit des Stadtzentrums und damit der Zugänglichkeit. Er sinkt je nach der Art der Aktivität unterschiedlich rasch ab. Nach der Steilheit der Profitkurven ergibt sich eine Reihung von städtischen Funktionen. Aus dem Ineinanderschieben der verschieden steilen Profitkurven entsteht die Gesamtkurve der Stadt bzw. der städtischen Agglomerationen (vgl. Abb. 2.32). Verschiedentlich wurde Kritik an der Theorie geübt, vor allem an der Annahme eines einzigen Stadtzentrums, an dem symmetrischen Muster der Transportkosten und an der Bedingung der perfekten Konkurrenz. Es wurde darauf hingewiesen, daß außer der Distanz auch andere Faktoren, wie Lageattraktivität, Umweltqualität, Wachstumsrichtung der Stadt usw., eine Rolle spielen.

Die Theorie des Bodenmarktes beruht auf den Verhältnissen der nordamerikanischen Städte in der Zwischenkriegszeit und den 50er Jahren. Inzwischen sind sehr starke Veränderungen eingetreten, unter denen insbesondere der Verfall der Innenstädte bemerkenswert erscheint. STÖHR (1974) hat versucht, dies gleichfalls von einem ökonomischen Ansatz her zu erklären. Da einerseits im Zentrum der Metropolitan Areas die Produktionskosten zu hoch werden, und zwar aufgrund der Kosten für technische Infrastruktur und Umweltbelastungen aller Art, und da andererseits infolge der Aussiedlung von hochwertigen Downtown-Funktionen die Nachfrage absinkt, fallen die Ertragskurven unter die Kostenkurven, und es entsteht in der Downtown ein Ertragskrater, der den Verfall zur Folge hat. Die Privatwirtschaft ist nicht bereit, das Risiko von Investitionen in einen Standort mit potentiellen Defiziten auf sich zu nehmen. Das Modell von ALONSO setzt das Fehlen von Planungsrestriktionen für die Nutzung der Fläche und die „Erschließung" der dritten Dimension voraus. Dort, wo Reglementierungen durch das Bauklassenprinzip bestehen, ändert sich der Bodenpreisgradient (vgl. Abb. 2.33).

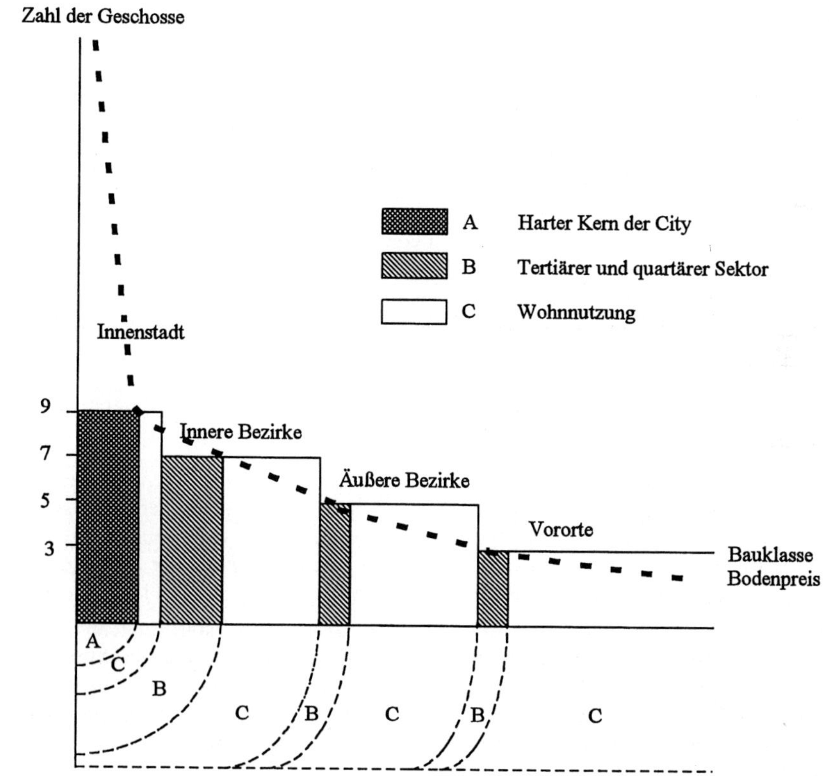

LICHTENBERGER 1972a, S. 21.

Abb. 2.33: Bodenpreisgradienten und Bauklassen

Er teilt jede Bauklasse in zwei Teile, deren innerer begreiflicherweise für das eine höhere Rendite abwerfende Geschäftsleben sowie für Büros besser geeignet ist als der äußere Abschnitt, der Wohnzwecken dient. Es ergibt sich daraus für die City eine Einfassung durch eine Zone stärkerer Wohnnutzung und eine zentripetale Lage von Kaufhäusern, Bürobauten, aber auch von Wohnhochhäusern und dgl. am Innenrand der jeweiligen Bauklasse, und zwar am Schnittpunkt mit Radialstraßen. Die City selbst konnte sich in Europa aufgrund restriktiver Bauordnungen bis herauf in die 70er Jahre, als einzelne Städte ihre Bauordnungen änderten, nicht vertikal ausdehnen, sondern wurde zu einer flächigen Ausweitung gezwungen, welche die Umwandlung von Mietshäusern in Bürohäuser – wie in Paris, Wien usw. – zur Folge hatte.

ad 3. *Soziale Gradienten*

Die gängigen Auffassungen der Sozialraumanalyse und „factorial ecology", welche auf der räumlichen Strukturierung der Städte Angloamerikas fußen, lassen sich auf die einfache Formel reduzieren, daß im großen und ganzen der soziale Gradient vom Zentrum zur Peripherie hin ansteigt. Das Paradoxon von hochrangigen Wirtschaftsfunktionen im CBD im Verein mit niedrigem Sozialstatus und sozialer Desorganisation der Bevölkerung im angrenzenden Übergangsgebiet wurde lange nicht als Zeit-Raum-spezifisches Phänomen erkannt, sondern als allgemeingültiges räumliches Ordnungsprinzip der städtischen Gesellschaft aufgefaßt. Eine Revision dieser Auffassung und eine Begründung für die Vielfalt von Sozialgradienten wurde in den Kapiteln über die kulturökologischen Modelle (vgl. Kapitel 2.2.3) und über die Abfolge von gesellschaftspolitischen Systemen und historischen Stadttypen (vgl. Kapitel 2.2.4) vorgenommen und hierbei die verschiedenen Konzepte für die Stadtmitte festgestellt.

Die im folgenden verwendeten Bezeichnungen zentrifugaler, d. h. zentral-peripher absinkender, Sozialgradient und zentripetaler, d. h. zentral-peripher ansteigender, Sozialgradient, folgen dem englischen Sprachgebrauch, in dem die beiden Begriffe umfassender als im Deutschen verwendet werden.

In der mittelalterlichen Bürgerstadt war der zentrale Marktplatz die „soziale Mitte" der Stadt. Während der Ära des landesherrlichen Absolutismus verschob sich die Mitte der Stadt in Richtung auf den Herrscherpalast, der meist als neues Zentrum am Rande der älteren Bürgerstadt entstand. Somit ist ein ***zentripetaler Sozialgradient*** der sozialräumlichen Organisation bei älteren europäischen Städten festzustellen.

Erst das Industriezeitalter brach mit dieser Tradition. Seine Schöpfung, die Fabrik, brachte ein von der Produktionsstätte ausgehendes zentrifugales Ordnungsmoment ins Spiel. Aus dieser Sicht begreift man auch, daß in der britischen Stadt ein ***zentrifugaler Gradient*** bei der sozialräumlichen Gliederung den Vorrang gewann, welcher dann auch den angelsächsischen Stadtraum in der Neuen Welt und in Australien bestimmt hat.

In der Neuen Stadt – und das beeinflußt die Stadtplanung der Gegenwart entscheidend – ist die Frage der räumlichen Segregation der städtischen Gesellschaft von vornherein aus den Entwürfen ausgeklammert worden. Ihre Mitte ist als ***sozial neutral*** zu definieren.

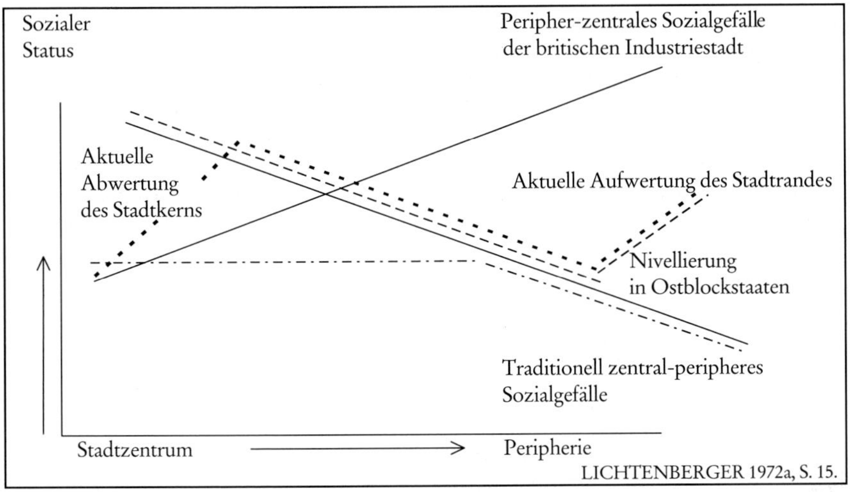

Abb. 2.34: Zentral-peripher ansteigender bzw. absinkender Sozialgradient in europäischen Städten

Die Abfolge dieser Konzeptionen erklärt die ***Fülle von sozialräumlichen Mustern*** und damit auch von Sozialgradienten ***in den europäischen Städten***, von denen im folgenden bloß die wichtigsten skizziert seien (vgl. Abb. 2.34).

● Eine gewisse Abwertung der Wohnqualität der Altstadt setzte in mittel- und westeuropäischen Städten gegen Ende des 19. Jahrhunderts ein, als die zahlenmäßig stark vermehrte Klasse der Bourgeoisie in der Innenstadt nicht mehr genügend Platz fand und, durch das Aufkommen öffentlicher Verkehrsmittel begünstigt, in die Vororte hinauszog. Damit bahnte sich ein ***sozialer Abstieg des Stadtkerns*** an. Viele französische Großstädte gehören zu diesem Typ einer halb vollendeten Proletarisierung des „historischen Stadtkerns". Freilich hat gerade hier in jüngster Zeit der französische Staat auf dem Wege über den Denkmalschutz und massive Renovierungsprogramme entscheidende Verbesserungen gebracht.

● Auch dort, wo bis zur Gegenwart herauf ein ***zentrifugales Sozialgefälle*** bestehen blieb, können wir feststellen, daß dieses meist nur für den kompakt verbauten Stadtkörper Gültigkeit hat, während das Weichbild Bevölkerungsgruppen mit höherem Sozialprestige anzieht. Kopenhagen bietet ein gutes Beispiel für diesen aktuellen Vorgang der ***„Aufwertung des Stadtrandes"***.

● Sektorenweise Unterschiede und damit Lagepräferenzen spielen seit der Bildung von Vororten im Mittelalter eine bedeutende Rolle. Häufig gab die Burg oder später das Schloß der regierenden Dynastie den Kristallisationskern für ein sektorales Wachstum guter Wohngebiete ab. London und Paris sind klassische Beispiele für die Existenz ausgeprägter ***West-Ost-Kontraste***. Im Fall von London kennzeichnen sie jedoch lediglich die inneren Stadtteile, während der Planungsraum von Greater London mehr oder minder dem Mosaikmuster der amerikanischen Metropolitan Areas entspricht.

• In den ehemals sozialistischen Städten kam es aufgrund der dirigistischen Wohnungspolitik zu einem ***Ausflachen des Sozialgradienten***. Als Beispiel sei Prag genannt, welches vor dem Ersten Weltkrieg, wie Wien und Budapest, einen vom Zentrum zum Stadtrand hin fallenden Sozialgradienten aufwies. In den inneren Bezirken sind heute die sozialen Unterschiede nahezu völlig verschwunden. Nur die äußere Wohnzone mit einer teilweise aus der Gründerzeit ererbten Dominanz von Kleinwohnungen

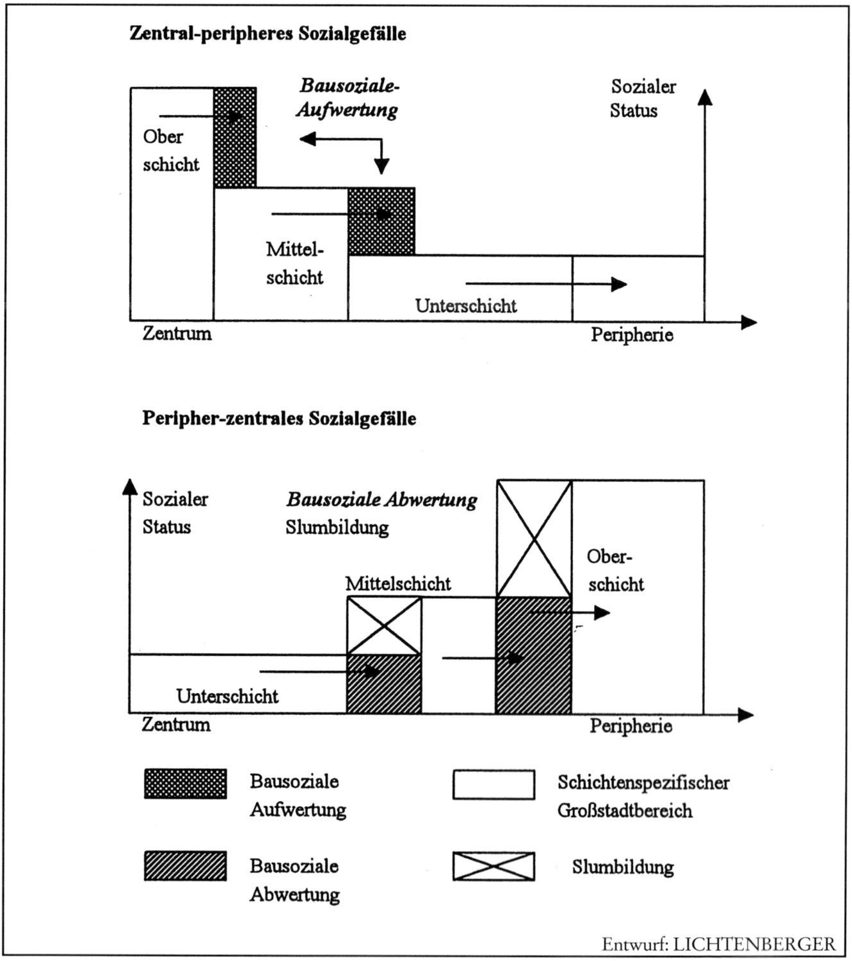

Abb. 2.35: Zentral-peripheres und peripher-zentrales Sozialgefälle und bausoziale Aufwertung und Abwertung

wird auch gegenwärtig noch zu zwei Dritteln von Fabrikarbeitern bewohnt und weist damit einen wesentlich über dem Stadtmittel gelegenen Prozentsatz an Arbeitern auf.

- Überall dort, wo die Industrialisierung erst nach dem Ersten Weltkrieg einsetzte, wie in großen Teilen Südeuropas, sinkt der soziale Gradient selbst bei sehr rasch wachsenden Städten nach wie vor vom Stadtzentrum zur Peripherie hin ab.

Die Modellvorstellungen eines zentrifugalen und zentripetalen Sozialgradienten führen im Zusammenhang mit dem Stadtwachstum zu folgenden Aussagen (vgl. Abb. 2.35):

Überall dort, wo ein zentripetaler Sozialgradient besteht, kommt es aufgrund des Raumbedarfs der Oberschicht in der Innenstadt zu einem Umbauprozeß und einer ***bausozialen Aufwertung*** in den angrenzenden Mittelstandsvierteln. In einer mittleren Zone werden ehemalige Unterschichtquartiere zu Mittelstandsbezirken umgebaut. Einem derartigen Prozeß entsprach etwa das Wachstum von Wien, Budapest, Prag, Kopenhagen, Paris und Berlin während der Gründerzeit. Die bausoziale Aufwertung europäischer Städte kann jedoch nicht mit dem aktuellen Vorgang der Gentrifizierung gleichgesetzt werden, bei dem zumindest teilweise eine Erneuerung der Altbausubstanz und kein totaler Abbruch und Neubau erfolgt, wie dies bei der gründerzeitlichen Aufwertung die Regel war. Auf das Thema der Gentrifizierung wird in Kapitel 4.4 eingegangen.

Dort wo ein zentrifugaler Sozialgradient dominiert, wie bei den amerikanischen Städten, erfolgt ein ***Filtering-down-Prozeß***, bei dem sich im Zuge des Abwohnens der Bausubstanz Grundschichten von der Innenstadt aus jeweils zentral-peripher in benachbarte Mittel- und Oberschichtsgebiete hinein ausbreiten. Dieser schwierig zu durchbrechende Vorgang einer sozialen Abwertung von besseren Wohnquartieren bereitete der britischen Stadtplanung stets großes Kopfzerbrechen. Nachdem sie das gewaltige Programm der Slumsanierung der frühindustriellen Reihenhausquartiere unmittelbar im Anschluß an die Altstädte fertiggestellt hatte, stand sie vor der noch gigantischeren Aufgabe einer Sanierung der hoch- und spätgründerzeitlichen Reihenhausgebiete, die als „verschattete Gebiete“ gelten. Das Problem des Council-Housing der Zwischenkriegszeit wurde in der Regierung Thatcher durch Privatisierungsprogramme zum guten Teil gelöst.

Zentrifugale und zentripetale Gradienten der sozialräumlichen Organisation kennzeichnen nicht nur die Kernstadt, sondern auch das Umland. Wie die Analyse des Pendlersystems einer Mittelstadt (Klagenfurt, Österreich) demonstriert (vgl. Abb. 2.36), steigt die Zahl der Einfamilienhausbesitzer, der verheirateten Pendler und Pendlerehepaare, der Angestellten sowie der Benützer eines PKWs stadtwärts an, während andererseits alleinstehende Personen, Hilfsarbeiter und Kinder von Landwirten gegen die Peripherie des Pendlerraumes hin anteilsmäßig zunehmen. Die Wohnverhältnisse sind an der Peripherie durch das ländliche Gehöft mitbestimmt und zeigen derart den Vorgang der Ausbreitung der Pendlerbewegung in Form der Abschöpfung der agraren Überschußbevölkerung, welche jedoch ihren Wohnstandort beibehält. Ebenfalls mit der Entfernung nimmt die Benützung des Autos als Verkehrsmittel der Pendler zugunsten der öffentlichen Verkehrsmittel, der Busse und der Eisenbahn ab.

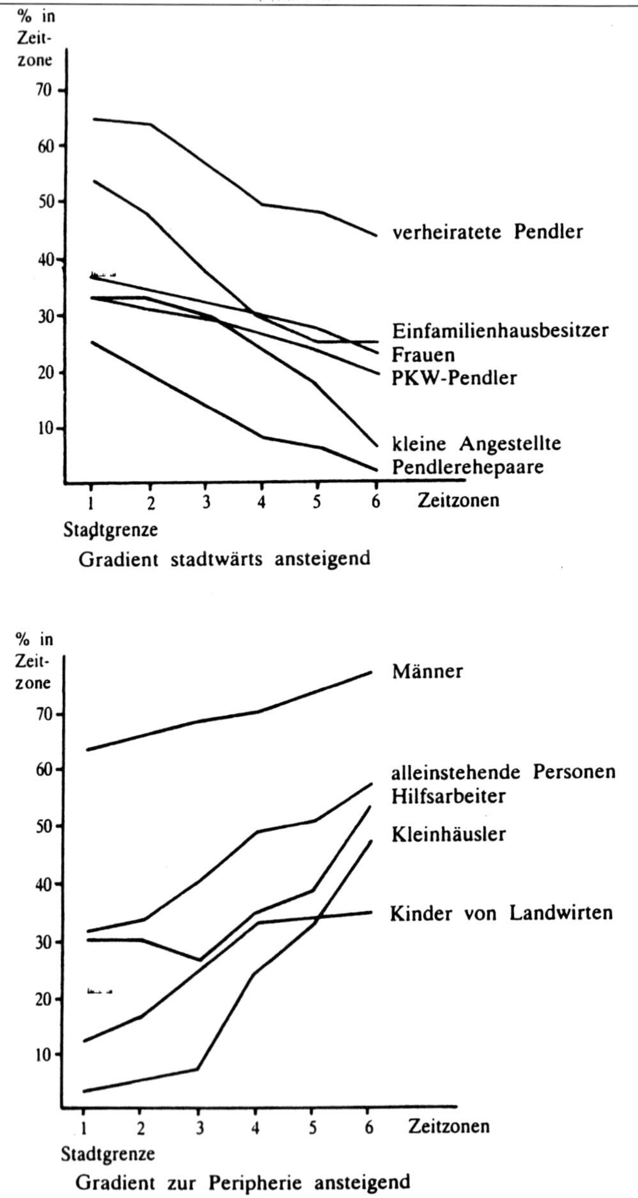

LICHTENBERGER 1976, S. 86.

Abb. 2.36: Gradienten des Pendlersystems einer Mittelstadt (Klagenfurt)

2.4.4 Das Prinzip der Asymmetrie

Alle Gradientenanalysen gehen davon aus, daß Städte symmetrische zentrierte Gebilde darstellen. In der Realität ist diese Symmetrie jedoch eher die Ausnahme, und bei nahezu allen Mittel- und Großstädten ist eine Asymmetrie die Regel. Besonders ausgeprägt findet sich die ***Asymmetrie beim Vorgang der Citybildung,*** bei dem stets eine „Vorderseite“ und eine „Rückseite“ zu unterscheiden sind. Die Wachstumsfront der City richtet sich gegen den anschließenden Stadtsektor mit höherem Sozialstatus, während sich an der Rückseite der City Stagnations- und Verfallsphänomene breitmachen und soziale Desorganisationserscheinungen auftreten können.

In europäischen Städten sind Asymmetrien sehr häufig durch städtebauliche Intentionen, wie Achsenkonzepte, Boulevardanlagen, die Anlage von Bahnhöfen usw., initiiert worden. Derartige Asymmetrien von Städten spiegeln sich in den Bodenpreisen, wie das Beispiel von Puebla, Mexiko, belegt (vgl. Abb. 2.37), wider.

Asymmetrien des Sozialraumes von Städten sind besonders dort ausgeprägt, wo ***Überlagerungen von zwei Stadtsystemen*** auftreten, wie bei der orientalischen Stadt (SEGER 1978, vgl. Abb. 2.20).

Asymmetrien sind vielfach nicht spezifisch auf einen Sektor festgelegt, sondern können als Richtungskontraste beschrieben werden. Derart besteht auf der Makroebene von Stadtregion und Kernstadt eine West-Ost-Differenzierung in Wien und Budapest, jedoch eine Nord-Süd-Differenzierung in München.

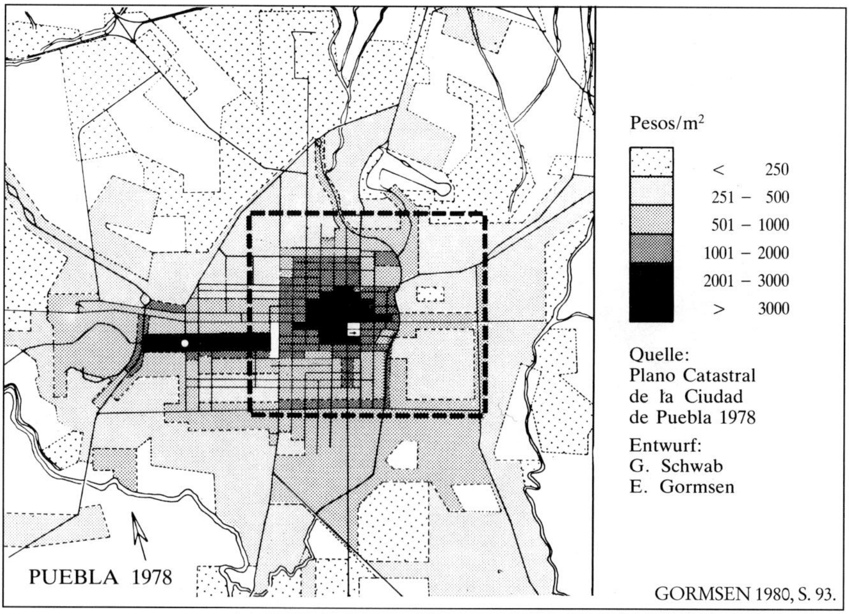

Abb. 2.37: Asymmetrie der Bodenpreise in Puebla

2.4.5 Das Prinzip der Hierarchie

Die Hierarchie ist ein Grundprinzip von Organisationssystemen. Als räumliches Ordnungssystem wurde sie zuerst von CHRISTALLER (1933) im zwischenstädtischen System festgestellt und als ***Theorie der Zentralen Orte*** formuliert.

In der Organisation des physischen Stadtraumes ist ein hierarchisches Prinzip dort immer wieder angestrebt worden, wo es möglich war, Städte planmäßig anzulegen. Unter den zahlreichen ***Plananlagen der Renaissance*** ist eine Stadt in Sizilien, Granmichele, besonders bemerkenswert. Hier wurde das von CHRISTALLER formulierte administrative Prinzip der zentralörtlichen Gliederung in den Stadtraum übertragen. Wie aus Abb. 2.38 ersichtlich ist, sind um das sechseckige Stadtzentrum sechs Stadtviertel gruppiert. Das Prinzip der hierarchischen Organisation der Stadt kehrt wieder in dem Konzept der ***„Neuen Stadt"*** von HOWARD (1902). Grundsätzlich ging es HOWARD dabei um die Neuorganisation der „formlosen" und „inhumanen" grauen Masse der industriellen Großstadt, um ein Zurückführen der Stadtgröße auf einen „menschlichen Maßstab" und keineswegs, wie dies in der späteren Literatur vielfach irrtümlich rezipiert wurde, nur um die Schaffung von ***„Gartenstädten"***. Seine Konzeption wurde für ein städtisches Siedlungsgebilde von 250 000 Menschen (Cluster City) entworfen, bei dem rund 60 000 Menschen in der Zentralstadt und die übrigen in sechs ringsum gelegenen Gartenstädten mit jeweils rund 32 000 Menschen untergebracht werden sollten (vgl. Abb. 2.39).

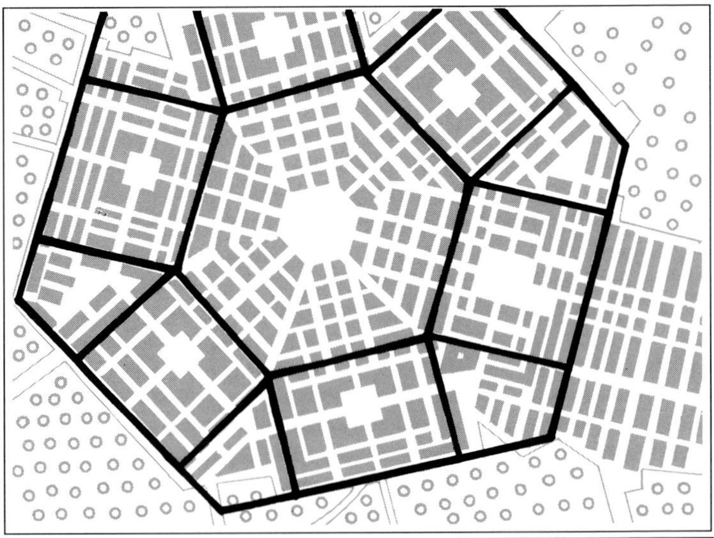

Abb. 2.38: Grammichele, Italien, Planstadt 1693, hierarchische Stadtplanung

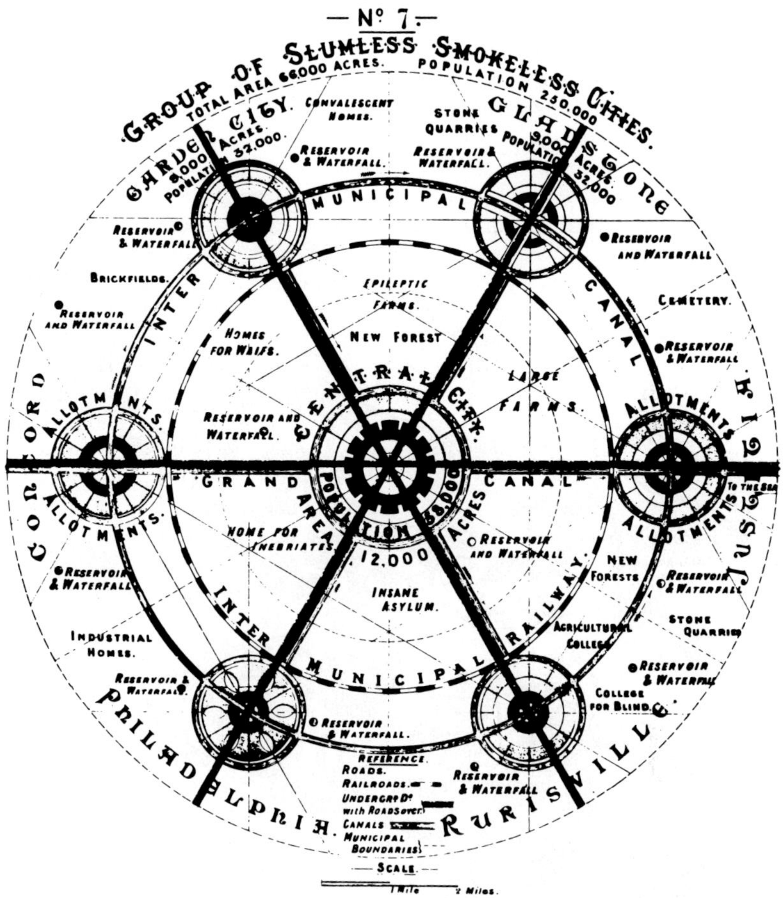

HOWARD 1902, Fig. 7.

Abb. 2.39: Zentralstadt und Gartenstädte von E. HOWARD

Das von CHRISTALLER eine Generation später formulierte optimale Anordnungsprinzip für die administrative Zuordnung von jeweils sechs Gemeinden zu einem Zentralen Ort wurde bereits mit der ***Cluster City*** vorweggenommen. Unter Bezug auf die Komplementarität der Standorte von gesamtstädtischen Einrichtungen (vgl. Kap. 2.4.6) ist darauf hinzuweisen, daß HOWARD wenig attraktive Einrichtungen, darunter psychiatrische Kliniken, in den interurbanen Raum verbannte. Mit diesem Vorschlag beschritt er bereits einen Weg, dem auch die Kommunalbehörden in der Gegenwart folgen, nämlich Einrichtungen der sozialen und technischen Infrastruktur mit geringer Attraktivität und hohen Störeffekten in den ländlichen Raum und damit an die Umlandgemeinden abzuschieben.

Die Gliederung von derartigen Gartenstädten wird durch das aus Nordamerika stammende Nachbarschaftskonzept bestimmt (vgl. Band II).

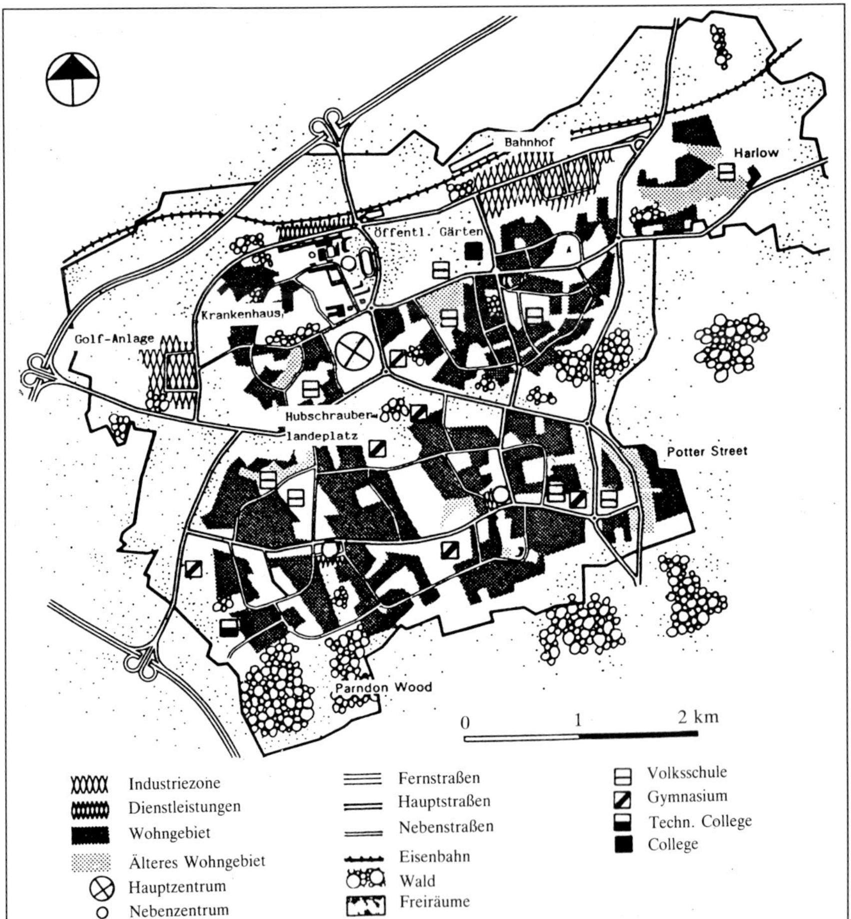

MERLIN 1971, S. 14.

Abb. 2.40: Neue Stadt: Hierarchisches Prinzip der Nachbarschaften; das Beispiel von Harlow, Großbritannien 1952

Bei der *Anlage von Neuen Städten* wurde eine hierarchische Zusammenfassung von Nachbarschaften, welche im Mittel 6000 Einwohner aufweisen, vorgenommen. Es gehörte zur Regel, daß 4 bis 5 derartige Nachbarschaften zu einem „Stadtteil" zusammengefaßt wurden, der seinerseits mit einem Hauptgeschäftszentrum und höheren Schulen (Colleges) ausgestattet ist. Die Details der Zuordnung von Wohnvierteln, Industrievierteln, Haupt- und Nebenzentren, Schulen und Verkehrswegen sind aus dem abgebildeten Beispiel der Gartenstadt Harlow zu ersehen (vgl. Abb. 2.40). Aus dieser festgeschriebenen physischen Strukturierung und Anordnung der einzelnen Bau- und Verkehrselemente ist bereits zu entnehmen, daß es sich bei der Neuen Stadt um eine statische Konzeption handelt. Das Bebauungsmosaik besitzt nur eine geringe Anpassungsfähigkeit an Umstrukturierungen der Bevölkerung (z. B. Abnahme der Zahl der Schüler, Zunahme der Zahl der alten Leute) bzw. der Wirtschaft (Entindustrialisierung, Wachstum des tertiären Sektors usw.).

Derartige hierarchische Raumstrukturierungen fehlen ansonsten im europäischen Städtewesen. Sie sind jedoch in den *traditionellen orientalischen Städten* vorhanden. Auf den unterschiedlichen Grad der Öffentlichkeit bzw. Privatheit der Verkehrswege wurde bereits hingewiesen. Es besteht ein räumlicher hierarchischer Aufbau von Familie, Großfamilie und lokaler Viertelsbildung nach herkunftsmäßigen, religiösen und ethnischen Gruppen. Der hierarchischen Anordnung der Wohnquartiere und Subzentren entsprechen spezifische Straßen- und Gassentypen. Die entsprechende Zuordnung von halbprivaten, halböffentlichen und öffentlichen Verbindungen sowie der Märkte ist aus Abb. 2.41 zu entnehmen.

Blendet man von diesen Beispielen zur Realität der großen Städte über, so muß man feststellen, daß Hierarchien in der räumlichen Organisation eher die Ausnahme als die Regel darstellen. Der Hauptgrund für das Fehlen einer zusammenhängenden hierarchischen Gliederung von Städten ist darin zu suchen, daß Verbauungsgebiete, Aktionsräume der Bevölkerung, Mobilitätsräume und Wahrnehmungsräume, um nur einige Raumkategorien zu nennen, einander vielfach überlagern, und zwar nicht nur hinsichtlich ihrer Arealdefinitionen, sondern auch aufgrund von gruppenspezifischen und individuellen räumlichen Kategorienbildungen. Insgesamt ist es daher im allgemeinen unmöglich, Großstädte nach einem hierarchischen Prinzip aufzugliedern und die Bevölkerung derartigen Hierarchien, wie Wohngruppen, Nachbarschaften, Stadtvierteln, zu[…]ordnen. Diese Aussage bedeutet keineswegs, daß die Zeit der Bildung de[…]rialer Einheiten in Städten grundsätzlich vorbei ist, sondern nur, daß […]trukturierung nicht als räumliches Ordnungsinstrument für große […]esellschaften geeignet ist.

[…]äischen Planungsbehörden derartige hierarchische Prin[…]nung immer wieder größeren städtebaulichen Vorha[…]m Stadtrand, zugrundegelegt. Die Planungslitera[…]n hierarchischen Vorschlägen. Einen Beleg für […] Abb. 2.42.

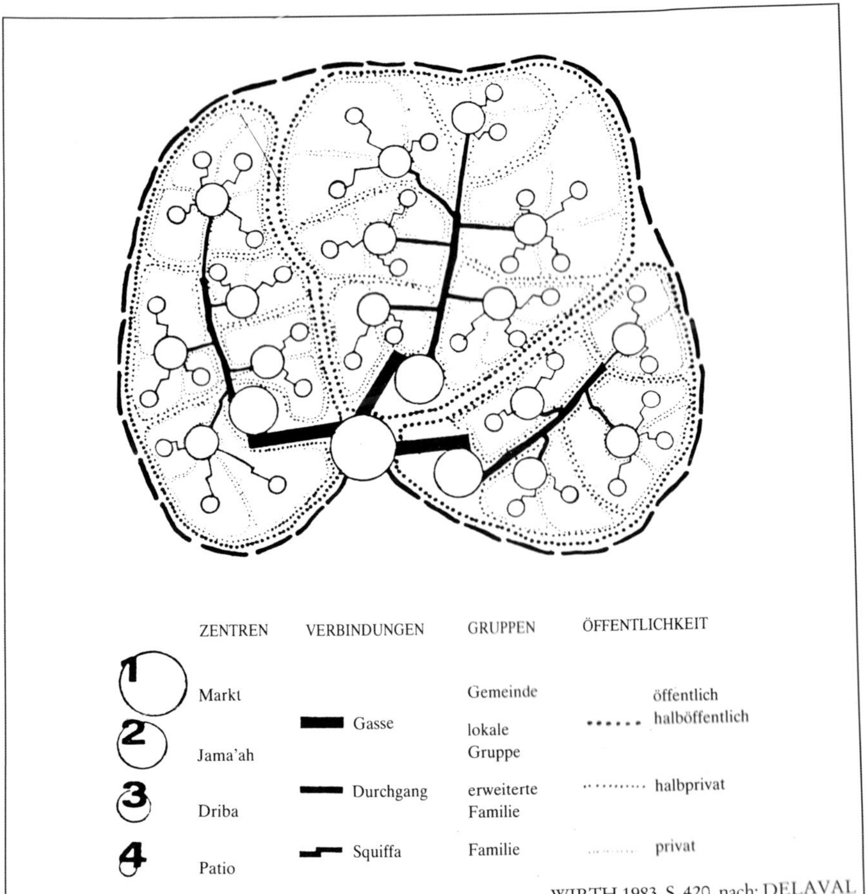

WIRTH 1983, S. 420, nach: DELAVAL

Abb. 2.41: Orientalische Stadt: Hierarchie der Zentren, Straßenräume und soziale Gruppierungen

Die hierarchische Strukturierung wird dabei von unten nach oben vorgenommen. Als unterste Einheit dienen Stimmbezirke, welche in vielen europäischen Staaten u auch in Nordamerika zugleich statistische räumliche Einheiten darstellen. Wi aus der Abfolge der Einwohnerzahlen entnehmen kann, ist jedoch nicht da strative Prinzip von Christaller, sondern eine „Fußgängerideologie“ f gorienbildung entscheidend, bei der die lange Zeit gängige Norm vo ter Fußmarsch, d. h. ein Zeitaufwand von 15 Minuten, als Richts chische Gliederung diente.

Kategorie	*Umgriff*	*Einwohnerzahl*
Verwaltungsbezirk	-	über 100.000
Stadtteil	***15 Min (1.000 m)*** Fußweg zur kollektiven Zone	***30.000 bis 50.000***
Stadtviertel (Statistischer Bezirk, Ortsteil)	***10 Min. (660 m)*** Fußweg zur kollektiven Zone = 130 ha	***10.000 bis 15.000***
Volksschuleinheit (Nachbarschaftseinheit, Verkehrsbezirk)	***5 -10 Min (500 m)*** Fußweg zur kollektiven Zone = 80 ha	***5.000 bis 6.000***
Wohngruppe (Stimmbezirk, Zelle)	***ca. 15 ha***	***1.000 bis 2.000***

BREITLING 1974, S. 64.

Abb. 2.42: Hierarchische Stadtgliederung aus der Sicht der Stadtplanung in der Bundesrepublik Deutschland

Bereits die von unten nach oben gerichtete Vorgangsweise der Stadtplanung belegt, daß es nicht möglich ist, ein hierarchisches Sprengelsystem über ganze Städte oder Stadtteile zu stülpen. Eine derart umfassende zentralistische Stadtplanung ist nur in den ehemals sozialistischen Oststaaten, allen voran in der UdSSR, realisiert worden.

2.4.6 Das Prinzip der Komplementarität

Komplementarität ist ein durchgängiges Prinzip von unterschiedlichen, aber miteinander verschränkten und einander ergänzenden Funktionen und Prozessen, das zu speziellen räumlichen Strukturen führt.

Das Prinzip der Komplementarität wird im folgenden eingeschränkt auf die Frage des Stadtwachstums behandelt, wobei die Effekte von politischen Systemen herausgestellt werden.

Städte sind wachsende Systeme: Hierbei sind zwei Regelkreise zu unterscheiden, die einerseits von der Zunahme der Bevölkerung und andererseits vom zunehmenden Flächenbedarf für die städtischen Funktionen (Wohnen, Arbeiten, Bildung, Freizeit, Verkehr usw.) unter den Voraussetzungen von wirtschaftlichem Wachstum und technischer Innovation gesteuert werden. Die politökonomischen Effekte von Plan und/ oder Markt bewirken wichtige Unterschiede des Wachstums der physischen Stadtstruktur. Im folgenden werden in idealtypischer Form die Effekte des Privatkapitalismus, des ehemaligen Staatskapitalismus und von sozialen Wohlfahrtsstaaten auf das Stadtwachstum dargestellt.

1. Im privatkapitalistischen Gesellschaftssystem der USA gehört es implizit zu den Mechanismen des Wachstums von Städten, daß die von der Privatwirtschaft aus der

Bodenspekulation und damit den steigenden Bodenwerten gemachten Gewinne dazu verwendet werden, den Prozeß der Aufschließung voranzutreiben und in technische Einrichtungen zu investieren. Damit wird eine sich aufwärts drehende Spirale in Gang gesetzt. Die Aufschließung bewirkt nämlich ein weiteres Ansteigen der Bodenpreise in randlichen Lagen, wodurch weitere Gewinne erzielt werden. Konkret bedeutet dies, daß im nordamerikanischen Stadtsystem zwei breite Spekulationszonen vorhanden sind: Auf die ***innere Spekulationszone um das Stadtzentrum (CBD),*** welches gegenwärtig durch Verfall und Slumbildung in großen Kernstädten gekennzeichnet ist, wurde schon hingewiesen. Weit eindrucksvoller, zumindest im Flächenausmaß, sind die um Kernstädte und Suburbs vorhandenen ausgedehnten ***peripheren Flächen von Spekulationsbrache,*** von ***„vacant land“*** (vgl. Abb. 2.43).

Das Ausmaß des „vacant land“ betrug Mitte der 50er Jahre je nach der Einwohnerzahl der Kernstädte und Suburbs zwischen 20 und 60% und war in den kleinen Suburbs am größten. Die kommentarlose Registrierung von „vacant land“ durch BARTHOLOMEW (1955) bzw. die völlige Negierung der riesigen Brachflächen in den

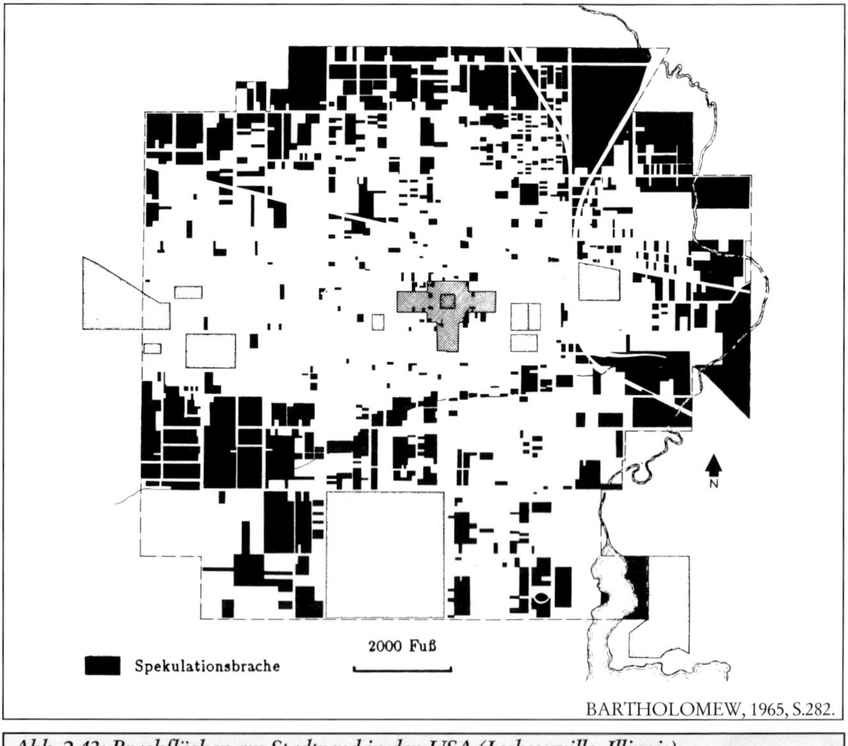

BARTHOLOMEW, 1965, S.282.

Abb. 2.43: Brachflächen am Stadtrand in den USA (Jacksonville, Illinois)

Analysen der Sozialökologie und in den englischsprachigen Lehrbüchern der Stadtgeographie demonstriert, daß die Nichtnutzung von Flächen bzw. Objekten im kapitalistischen System der USA nicht als Problem, sondern als eine Selbstverständlichkeit betrachtet wird.

2. An den Stadträndern von kontinentaleuropäischen Städten kann man ablesen, was ein politischer Systemwechsel bedeutet. Auch sie besaßen im Liberalismus der Gründerzeit ein Spekulationsvorfeld. Es ist in den Notjahren des Ersten Weltkriegs von sogenannten „Notgärten", die später in Kleingartenanlagen („Schrebergärten)" umgewandelt wurden, besetzt worden. Vielfach entstanden ausgedehnte Übergangssiedlungen, zum Teil Vorläufer einer Zweitwohnungsperipherie.

Spontane Siedlungen kennzeichneten über Kontinentaleuropa hinweg nach dem Ende des Ersten Weltkrieges das Weichbild der Großstädte in nahezu allen Staaten. Sie sind als ein Resultat des politischen Systemwechsels nach dem Ersten Weltkrieg aufzufassen. Bei Fehlen von kontrollierter Flächennutzung und staatlichen Ordnungsmächten entstanden ausgedehnte Übergangssiedlungen, zu denen die Pavillons der „chaotischen Urbanisation" in Frankreich ebenso zählen wie die vielfach illegalen Okkupationen von Grund und Boden in der Umgebung von großen Städten Zentraleuropas (Wien, Budapest, Bukarest, Belgrad, Sofia, Warschau). Darin äußerte sich die Tatsache, daß die Nachfolgestaaten rechtsschwächer waren als die österreichisch-ungarische Monarchie, in der es nicht möglich gewesen wäre, daß arme Zuwanderer illegal am Rande der großen Städte ihre Hütten errichtet hätten. Der Vergleich mit den Squattersiedlungen am Rande der großen Städte in der Dritten Welt, in denen die staatliche und städtische Ordnungsmacht den Stadtrand nicht mehr erreicht, drängt sich auf.

3. Hinsichtlich der Planung und Regulierung des Wachstums von Agglomerationen setzte Großbritannien zu Beginn des 20. Jahrhunderts die Standards mit zwei wichtigen Konzepten: Auf das Konzept der Neuen Stadt wurde schon eingegangen. Das zweite Konzept war der ***Grüngürtel (Green Belt).*** Die Schaffung eines Grüngürtels setzt eine staatliche Kontrolle über die Flächennutzung voraus und annulliert damit liberale Spielregeln des Bodenmarktes hinsichtlich der freien Verfügbarkeit über die Nutzung städtischer Grundstücke. Von London ausgehend, ist der Grüngürtel auch in anderen Städten des ehemaligen britischen Empires zu einem rechtsverbindlichen Bestandteil von Flächenwidmungsplänen geworden (vgl. Abb. 2.44).

Der Stadtentwicklungsplan von Ottawa zeigt den mehrere Meilen tiefen Grüngürtel. Durch das anhaltende Stadtwachstum entstand eine charakteristische Overspill-Bewegung von Bevölkerung und Einrichtungen zu den Satellitenstädten. Man gelangt zur allgemeinen Aussage, daß das Wachstum der Stadt grundsätzlich durch einen Grüngürtel nicht behindert werden kann und diesem daher nur Gliederungsfunktion in der städtischen Agglomeration mit eventuellen „Wohlfahrtswirkungen" zukommt (WESCHE und KUGLER-GAGNON 1978).

Unter den dichtverbauten kontinentaleuropäischen Städten ist der Grüngürtel in Wien beispielhaft verwirklicht worden.

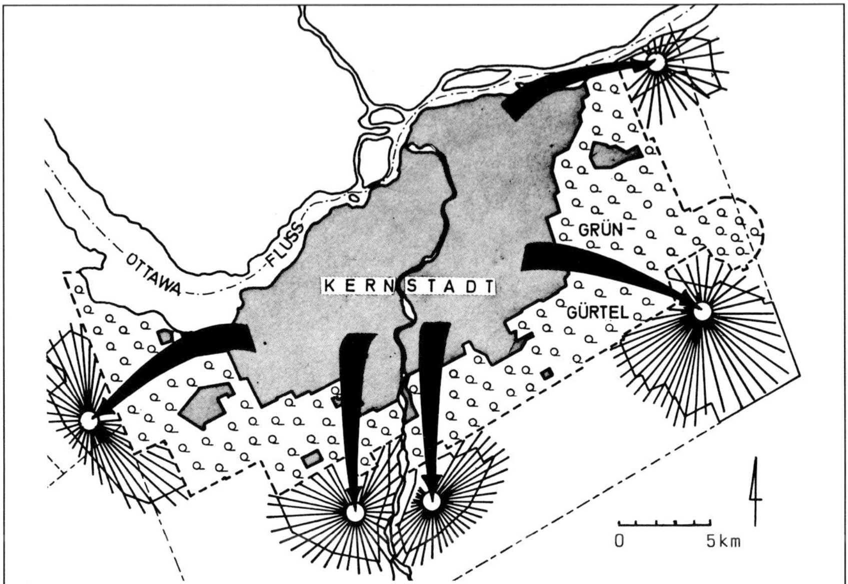

WESCHE und KUGLER-GAGNON 1978, S. 98.

Abb. 2.44: Grüngürtel und "Overspill" von Satellitenstädten in Ottawa

Auf den Begründer des Munizipalsozialismus, Bürgermeister LUEGER, ging der Beschluß des Gemeinderats 1905 zurück, 4400 ha an Wald und Wiesenflächen im Stadtgebiet unverbaut zu erhalten. Hierbei ging es in Wien zum Unterschied von der englischen Green-Belt-Idee darum, der fortschreitenden Mietshausverbauung ein Gegengewicht zu bieten. In der Nachkriegszeit gelang sogar eine Erweiterung durch Einbeziehung der Areale von internationalen Gartenbauausstellungen (LICHTENBERGER 1997, S. 291).

Auch in den USA wurden verschiedentlich Grüngürtelkonzepte in die Stadtentwicklungsplanung aufgenommen, sie konnten jedoch aufgrund der enormen Suburbanisierung nirgends als randliches Element von Kernstädten realisiert werden. Die Schaffung von öffentlichen Grünflächen und Erholungsanlagen fehlt als aktueller Vorgang in den USA. Bei den älteren City Parks handelt es sich um Areale aus der Zeit der Stadtgründung bzw. um private Stiftungen aus der Zeit vor dem Ersten Weltkrieg. Klubsystem und Privatbesitz, damit Institutionen der mittleren und oberen Schichten, sind Voraussetzungen für die Schaffung von Erholungseinrichtungen, Sportanlagen u. dgl. Sie beschränken sich auf die Suburbs.

4. Konträr ist die Situation in den ehemaligen sozialistischen Ländern, wo es zu einer Dichotomie von ausgedehnten staatlichen Erholungsgebieten und umfangreichen privaten Zweitwohnungsgebieten (Datschen) gekommen ist. Diese beiden wichtigen Elemente des Umlandes von Stadtregionen fehlen in den Metropolitan Areas der USA.

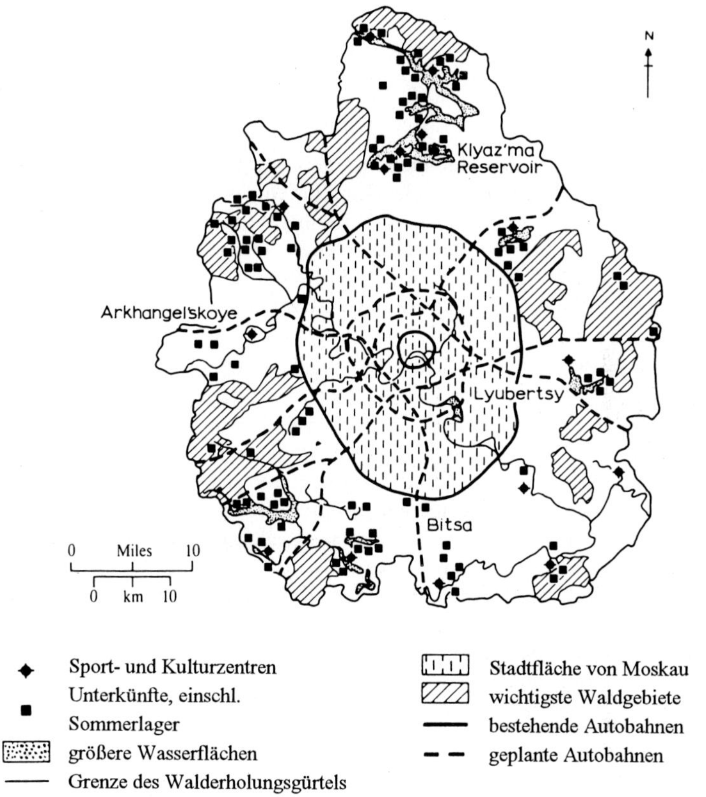

SHAW 1979, S.134.

Abb. 2.45: Walderholungsgürtel von Moskau

Abb. 2.45 zeigt das staatliche Erholungsareal von Moskau, dessen Anlage mit einem schon 1935 im Stadtentwicklungsplan integrierten Grüngürtelkonzept begonnen hat. Die Erholungszone hat insgesamt eine Tiefe von 20 bis 40 km und schließt umfangreiche Sport- und Kulturzentren ein. In den meisten größeren Städten der UdSSR ist das Grüngürtelkonzept in die Stadtentwicklungsplanung integriert worden. Vor der politischen Wende waren in Moskau weitere Areale in Planung.

2.5 Raumbegriffe

Der Pluralismus der stadtgeographischen Forschung wird nicht nur durch wissenschaftstheoretische Zugänge, politische und persönliche Ideologien differenziert, sondern durch die Verwendung von verschiedenen Raumbegriffen und Raumkonzepten noch weiter aufgefächert.

Durch das Wachstum auf allen Gebieten von Wissen, Technologie und Kapital verkürzen sich die „Zerfallszeiten" bei allen Kategorien. Übertragen auf die physische Struktur von Städten bedeutet dies eine Verkürzung der Lebenserwartung sämtlicher physischer Strukturen, insbesondere eine raschere Überalterung der Bausubstanz, wie sie gerade bei sehr hohen Neubauraten, wie in den USA, auftritt, wo der Wohnbaubestand bei Beibehaltung des gegenwärtigen Bautempos in 40 Jahren reproduziert wird. Auf dieses Problem wird noch eingegangen.

Die Fortschritte der Verkehrs- und Kommunikationstechnologie haben zu einer gewissen Substitution der räumlichen Distanz durch die Zeit geführt. Die in die biologische Existenz des Menschen eingebundene Territorialität in einem Fußgängerbereich wird damit zunehmend aufgegeben. Entsprechend den benützten Medien weiten sich Aktions- und Wahrnehmungsräume aus und separieren sich vom Realobjektraum der Gegenstandskategorien. Nichtsdestoweniger fallen alle institutionellen Entscheidungen über Standorte und Kapitalinvestitionen im Realobjektraum der Stadt, der von der aktuellen Forschung häufig bereits negiert wird, da in der postindustriellen Gesellschaft die Thematik der Lebensstile und Aktionsräume von Individuen Vorrang besitzt und auch der Wahrnehmungsraum von der sozialkritisch eingestellten Forschung präferiert wird. Die abstrakten Raumbegriffe sind ein Produkt der Nationalökonomie und Regional Science, was vielfach von Geographen bei Lektüre der einschlägigen Literatur viel zuwenig berücksichtigt wird.

2.5.1 Der Realobjektraum der Stadt

Der bisher kaum gebräuchliche Begriff des Realobjektraums von Städten wird verwendet, um damit wissenschaftsgeschichtlich belastete Begriffe wie „Morphologie der Stadt" und „Stadtlandschaft" sowie die Festschreibung auf einen bestimmten geographischen Maßstab zu vermeiden. Unter dem Realobjektraum kann die Summe aller im Planmaßstab der Stadt vorhandenen und räumlich verortbaren Objekte verstanden werden. Der Realobjektraum ist ein geometrisch unverzerrter Behälter für alle materiellen Erscheinungen der Stadt.

Für die Analyse des Realobjektraums verfügt die geographische Stadtforschung über dieselben methodischen Instrumente wie alle anderen Geowissenschaften, nämlich Luftbildaufnahmen, Remote-Sensing-Aufnahmen, Pläne und topographische Karten, photographische Aufnahmen und die große Palette graphischer Darstellungen. Die Maßstäbe der amtlichen Kartographie definieren das Skelett an topographischen Informationen und damit den Rahmen für Sachinhalte, Klassifizierungen bzw. Typisierungen von Objekten (Bauten, Flächennutzungen und dgl.).

Dadurch werden der geographischen Forschung und Darstellung auch die Generalisierungsschritte in der Maßstabshierarchie gleichsam vorgegeben.

Ebenfalls gravierend ist der durch die zweidimensionale kartographische Grundlage bedingte *Verzicht auf die Darstellung* und damit *Erforschung der dritten Dimension*. Diese wird in vielen Fällen überhaupt gedanklich aus den Perspektiven der Stadtforschung ausgeklammert. Überpointiert könnte man die dritte Dimension als eine „Terra incognita" bezeichnen. Nur in wenigen Städten liegen hierzu gründliche Untersuchungen vor. Schlichtweg falsch ist die von CARTER (1997, S. 130) vertretene Auffassung, daß die zonale Struktur der Stadt in den Vertikalaufbau projiziert wird, d. h., daß sich in den Bauten der Stadtmitte die zentral-periphere Abfolge der Nutzungen im Stadtraum von unten nach oben wiederholt.

Bereits im Überblick wurde davon ausgegangen, daß die Stadt ein räumliches Mehrebenensystem darstellt. Als Ebenen wurden die Mikroebene, die Mesoebene und die Makroebene der Gesamtstadt unterschieden und die verschiedenen Forschungsstrategien und Perspektiven vorgestellt (vgl. Kapitel 1.3), eine Trennung nach Raumbegriffen jedoch nicht vorgenommen.

Zur Positionierung der geographischen Stadtforschung im Realobjektraum der Stadt wird im folgenden auf die Unterschiede zwischen den normierten Kategorien des Realobjektraumes der Stadtplanung, den durch Primärforschung gewonnenen Kategorien der geographischen Stadtforschung und den Kategorien des arealstatistischen Datenraums, welche die Sozialökologie verwendet, an Hand der Gegenüberstellung von Stadtplanung, sozialgeographischer und sozialökologischer Stadtforschung im Mehrebenensystem der Stadt eingegangen (vgl. Abb. 2.46). Bei der Darstellung der sozialökologischen Stadtmodelle (vgl. Kapitel 2.2) wurde darauf verwiesen, daß die Sozialökologie nicht auf den Realobjektraum, sondern auf den statistischen Datenraum der Stadt zugreift und die auf dem Niveau von Bezirken, Zählsprengeln und (falls vorhanden) Baublöcken aggregierten Daten von Personen, Haushalten, Wohnungen, Häusern und Betrieben verwendet. Dieser statistische Datenraum wird als gegeben angenommen, die Abgrenzung der einzelnen räumlichen Bezugseinheiten nicht hinterfragt. Hierin liegt zweifelsohne eine entscheidende Schwäche des räumlichen Aussagensystems der Faktorialökologie. Überdies werden in diesem *arealstatistischen Datenraum* die Aussagen über die Gesellschaft und den physischen Stadtraum zwangsläufg in einer Black box zusammengefaßt, sodaß es nicht möglich ist, gesellschaftliche Prozesse als Ergebnis von individuellem und gruppenspezifischem Verhalten sowie von institutionellen Entscheidungen von den in den einzelnen Elementen des physischen Stadtraums ablaufenden Prozessen zu trennen und ihre Wechselwirkung mittels eines faktorialökologischen Modells präzise zu erklären. Auf das bekannte Problem des ökologischen Fehlschlusses bei der Faktorialökologie kann hier nicht eingegangen werden. Die normativen Kategorien der Stadtplanung erzeugen andererseits ein „Sollmodell" der Stadt im Realobjektraum und widmen aufgrund spezifischer Planungsideologien bestimmte Flächen für bestimmte Nutzungen, wobei in Europa die Palette der normativen Kategorien, ausgehend von einem gesamtstädtischen „Entwicklungsmodell" über normative Konzeptionen auf der Mesoebene (Fußgängerzonen, Stadt-

erneuerungsgebiete) bis zur Angabe des Nutzungspotentials der einzelnen Parzelle reicht (Prinzip der „Parzellenschärfe)".
Worin besteht nun die Aufgabe der geographischen Stadtforschung im Realobjektraum senso stricto? Zunächst ist davon auszugehen, daß sie sich anderer Kategorien und Instrumente zur Informationsgewinnung bedient als die Sozialökologie. Das wichtigste Instrument im Makroraum der Stadt bildet die geowissenschaftliche Auswertung von Remote-Sensing-Aufnahmen und Luftbildern, denen bis hinunter zur Mesoebene primäre Bedeutung für die Informationsgewinnung zukommt. Andererseits wird ein sehr vielfältiger Kanon der Feldforschung (Kartierung von Wohnbautypen, Geschäftstypen, Industrietypen, nach Alter, Ausstattungsqualität und Zustand usw., Nutzungstypen von Parzellen) in Verbindung mit sozialwissenschaftlichen Erhebungsmethoden von der Mikroebene bis auf die Mesoebene heraufgeführt.

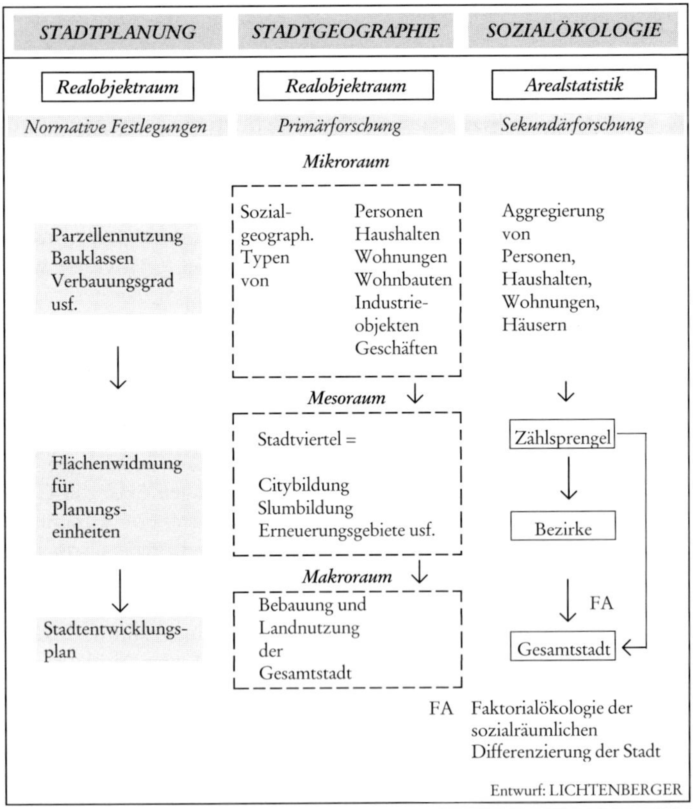

Abb. 2.46: Stadtforschung im Mehrebenensystem der Stadt

Gegenüber der Flächenwidmung der physischen Stadtplanung besteht daher die immanente Aufgabe der kritischen Evaluierung normativer Prinzipien und Zielsetzungen in der Feststellung von Nichtnutzung, Über- und Unternutzung sowie einer Differenzierung der Nutzung auf der Meso- und Mikroebene, ferner in der kritischen Überprüfung der gesamtstädtischen Konzepte für die Stadtentwicklung.

In dreierlei Hinsicht hebt sich die Aufgabenstellung der Stadtgeographie von der Sozialökologie ab:

1. durch den geowissenschaftlichen Forschungsstil der Luftbildanalyse, Kartierungstechnik und Feldforschung,
2. durch die Einbringung standorttheoretischer Modelle; Themen wie Slumbildung und Citybildung oder Commercial Blight und Social Blight fehlen im Forschungsdesign der Sozialökologie auf der Mesoebene ebenso wie die Thematik der Funktion des „Weichbildes" der Stadt in historischer und aktueller Sicht auf der Makroebene (vgl. Abb. 2.11, 2.43, 2.44, 2.45),
3. durch die kulturhistorische Forschungsrichtung (vgl. Abb. 2.9).

Auf die Mikroebene der Stadtgeographie wird in Band II ausführlich eingegangen. Eine Reihe von Forschungsansätzen läßt sich auf dieser Analyseebene realisieren, die bereits ARISTOTELES mit seinen vier „Ursachen" des Hausbaus vorgegeben hat, über deren philosophische Tragweite eine Bibliotheken füllende Literatur vorliegt.

An erster Stelle steht die *causa finalis*, d. h. der Zweck, zu dem ein Haus erbaut wird. Damit wird in die Zukunft hinein gedacht, und zwar in einem zumeist aus dem Lebenszykluskonzept bzw. der Generationenfolge resultierenden Zeitbegriff. Diese zukünftige Funktion des Hauses wirkt ihrerseits zurück auf alle Entscheidungen, die mit dem Bau des Hauses zusammenhängen.

Die *causa efficiens* umfaßt die Aussagen über die Mittel, d. h. über den Einsatz von Kapital und Arbeitskräften, mit denen das Haus gebaut wird.

Ferner bedarf es der *causa formalis*, des Bauplans, der auswählend die Materialien ordnen läßt, die als *causa materialis* ebenfalls beim Hausbau notwendig sind.

In der stadtgeographischen Forschung werden die beiden letztgenannten „Ursachen" zusammengebunden in der sozialgeographischen Wohnbauforschung, welche die Frage nach den Bauträgern und Bewohnern und deren Zielsetzungen und Vorstellungen mit einer sozialgeographischen Sichtweise verknüpft, angesprochen (vgl. Abb. 2.56). Erweitert man das Beispiel durch die Einfügung einer Änderung der Gesellschaftsstruktur, so können sich Zwecke und Mitteleinsatz ändern. Es ändert sich die Funktion des Hauses.

Das Beispiel des Hausbaus wurde aus einer Fülle weiterer Themen auf der Mikroebene gewählt, weil meines Erachtens die geographische Wohnbauforschung mit allen Detailfragen hinsichtlich Legistik, Wohnformen und Wohnverhältnissen der Bevölkerung, der institutionellen Organisation der Bautätigkeit, d. h. den Bauträgern, der Kapitalaufbringung und dem Kapitaleinsatz, zu den ewigen Aufgaben der Stadtgeographie zählt. Diese wäre schlecht beraten, aus diesem interdisziplinären Forschungsfeld herauszugehen, da gerade bei der Untersuchung baulicher Strukturen Geographen eine echte Chance besitzen, Entscheidungsträgern bei Fragen des Ensemble- und Denkmalschutzes, der Altstadterhaltung und Stadterneuerung Problemlösungen anzubieten. Die wissenschaftliche Analyse der physischen Erscheinungsformen der Stadt liefert schließlich Schlüsselinformationen für verschiedene Prozesse wie die Dynamik des Geschäftslebens, die Dezentralisierung der Citybetriebe, läßt die ersten Ansätze von Commercial-, Residential- und Industrial-Blight-Phänomenen erkennen, von Slumbildung und „Verschattung" von Wohngebieten, und bietet Aussagen zu Versorgungsdisparitäten zwischen inneren Stadtteilen und Stadträndern bis hin zu Szenarien für die Stadtentwicklung.

2.5.2 Funktionelle Raumbegriffe

Unter der Bezeichnung „funktionelle Raumbegriffe" werden folgende Bereiche subsumiert, bei denen die individuelle (gruppenspezifische) und institutionelle Ebene (Einrichtungen, Betriebe) unterschieden und der Raumbezug definiert werden:

1. *Bewegung im öffentlichen Raum*
2. *Information*
3. *Kommunikation*
4. *Persönliche Kontakte*
5. *Transfers von Kapitel und Eigentum* (vgl. Abb. 2.47)

1. Mit der Festlegung von ***Pendlereinzugsbereichen*** und ***zentralörtlichen Einzugsbereichen*** ist die funktionelle Stadtgeographie als Stadt-Umland-Forschung entstanden. Im Stil der Münchener Sozialgeographie könnte man von der Daseinsgrundfunktion „Partizipation am Verkehr" sprechen. Die ***Bewegungen des einzelnen im Stadtraum*** haben stets eine bestimmte „Quelle" und ein „Ziel" und sind stets mit bestimmten Zielsetzungen verknüpft. Sie gehören teilweise zu den rhythmischen Phänomenen in der arbeitsteiligen Gesellschaft. Angemerkt sei, daß die Bewegung von Gütern im Stadtverkehr bei weitem nicht die Aufmerksamkeit gefunden hat wie der Personenverkehr, obwohl die Standortwahl von Wirtschaftsbetrieben davon entscheidend beeinflußt wird.

2. ***Das Informationsfeld*** der Bewohner einer Stadt wird ganz wesentlich von den Informationen bestimmt, die sie als passive Konsumenten von den Massenmedien (Zeitungen, Radio, Fernsehen) erhalten, und bei denen aufgrund institutioneller interessenspezifischer Strategien eine Filterung und Selektion von Art und Umfang der Informationen vorgenommen wird.

Hard (1981) hat das durch die Massenmedien erzeugte Problemrelief von Osnabrück untersucht und konnte die auch aus anderen Städten bekannte Tatsache nachweisen, daß dieses keineswegs gleichmäßig die realen Probleme abbildet, sondern daß die Problemlagen der Grundschichten ebenso wie die Probleme der sperrigen Infrastruktur z. T. überhaupt ausgeblendet werden bzw. unterrepräsentiert sind. Grundsätzlich besteht ein Zusammenhang zwischen der Struktur des Informationsfeldes einer Stadt und dem sozialen Status und der Bildung der Bewohner. Mit steigendem sozialen Status und höherer Bildung erweitert und vergrößert sich das städtische Informationsfeld, wobei häufig eine flächige Verdichtung der Informationen erfolgt. Anders ausgedrückt: Gebildete Bevölkerungsschichten sind über die jeweilige Stadt räumlich und sachlich besser informiert als ungebildete. Es besteht aber noch ein zweiter Zusammenhang, dem noch größere Bedeutung zukommt. Die Informationslandschaft einer Stadt wird ganz entscheidend von den politischen Entscheidungsträgern gestaltet, welche ihre Stadtideologie damit den Bürgern vermarkten.

	TECHNOLOGIEN	*individuelle* *Ebene*	*institutionelle* *Ebene*	*RAUMBEZUG*
Information	Massenmedien Zeitungen Radio Fernsehen	• passive (im privaten Raum)	aktive ←Transfer ■ z. B. Problemrelief von Städten	strukturiert ↓ politisches Entscheidungsverhalten (Wahlgeometrie)
(Tele-) Kommunikation und Interaktion	Telephon Post Internet	• wechselseitige Beziehungen	Standard-, Routinearbeit tert. u. quart. Sektor ■ Interaktionsmuster	innerstädtisches Verhalten nicht "raumrelevant"
Bewegung im öffentlichen Raum	Verkehrssysteme Massen-, Individualverkehr	• *Partizipation am Verkehr* • *Ziele:* Arbeitsstätten, Schule usf.	*Standortwahl* von Institutionen (Betrieben usf.) öffentliche Kontrolle	"raumrelevantes Verhalten"
Persönliche Kontakte		• privater halböffentlicher öffentlicher Raum	Konsumentenorientierte Dienste Management-Führungsstil	Face to Face Aktions- und Wahrnehmungsraum
Transfer von Kapital und Eigentum	staatliche Reglementierung und Registratur	■ Standortentscheidungen und -veränderungen		äußerst "raumrelevant", wenig untersucht

• Aktionsraumforschung mittels Tagebuchtechnik ■ Beispiele

Entwurf: LICHTENBERGER

Abb. 2.47: Funktionelle Raumbegriffe und Konzepte

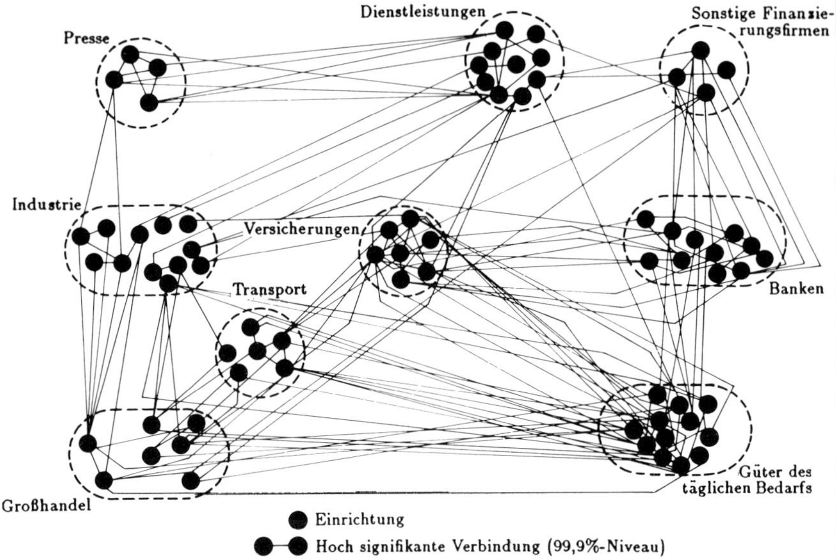

DANIELS 1975, S. 137, nach GODDARD 1968.

Abb. 2.48: Kommunikationsmuster zwischen Betriebsstätten in der City von London

3. ***Das Kommunikationsfeld*** des einzelnen ist abhängig von den Leitungssystemen von Telephon und Post. Welche Änderungen im Telephonnetz seit den 30er Jahren eingetreten sind, kann man daraus ermessen, daß CHRISTALLER (1933) die sogenannte „Telephonmethode" noch als empirische Methode zum Nachweis von zentralen Einrichtungen und zur Festlegung des Ranges eines Zentralen Ortes herangezogen hat, während heute das Nichtvorhandensein eines Telephonanschlusses in sozialgeographischen Untersuchungen als Indikator für soziale Marginalität verwendet werden kann.

Die Telephonmethode ist jedoch keineswegs zur Gänze abzutun. Sie bedarf nur einer Verfeinerung. So konnte GODDARD (1968) mittels einer Korrelationsanalyse der Verflechtungsmatrix von Telephonkontakten zwischen Citybüros in London deren Verflechtungsgrad nachweisen. Aus Abbildung 2.48 ist zu entnehmen, daß die großen Gruppen des Bürosektors, die Versicherungen, Banken, Industriezentralen usw., miteinander in sehr unterschiedlichem Ausmaß verflochten sind. Eine zentrale Position im gesamten Wirtschaftsbereich nehmen die Versicherungen ein, von ihnen besteht eine Verbundschiene über das Transportwesen zum Großhandel und Einzelhandel hin und ebenso zum Bankenwesen. Als deutlich isoliert vom Wirtschaftssektor erweisen sich die Pressebüros, ein klarer Hinweis für den geringen Informationsfluß, der zwischen dem quartären Sektor der Wirtschaft und dem oben gekennzeichneten Informationsfeld des Stadtbewohners besteht.

4. ***Das persönliche Kontaktfeld*** ist vor allem durch die Tagebuchtechnik der Aktionsraumforschung erschlossen worden. Persönliche Kontakte vollziehen sich im öffentlichen, halböffentlichen und privaten Raum. Bei ihrer Untersuchung überschreitet die Forschung die bisherige Tabuschranke der Privatsphäre. Auf der institutionellen Ebene sei auf einen interessanten Gegensatz aufmerksam gemacht. Die sogenannten „face-to-face-contacts" gehören einerseits zum Service von persönlichen Dienstleistungsbetrieben, vor allem solchen mit kleinbetrieblicher Struktur, und zählen andererseits zum Führungsstil des Spitzenmanagements. Die Standardroutine des tertiären und quartären Bürosektors wird dagegen auf die telephonische und postalische Kommunikationsebene abgeschoben.

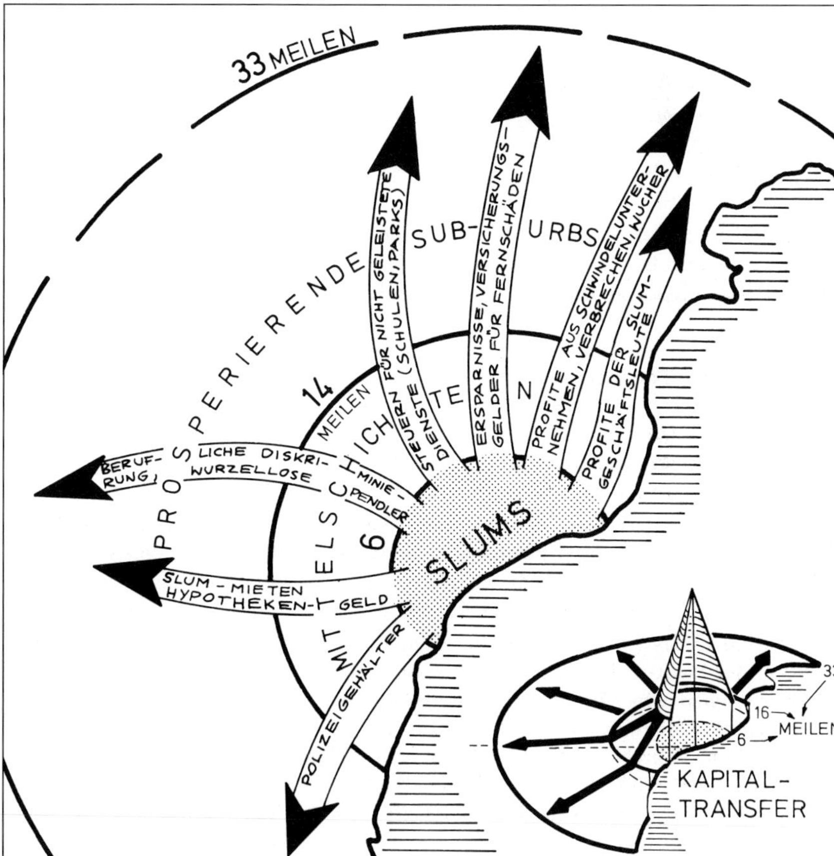

nach: MORRIL 1974, S. 243.

Abb. 2.49: Kapitaltransfer in Metropolitan Detroit von der Kernstadt in die Suburbs

5. Eine fünfte Kategorie von Begriffen sei angefügt, die bisher kaum beachtet wurde. Es handelt sich um den ***räumlichen Transfer von Eigentum und Kapital.*** Hierzu zählen Untersuchungen über das Entscheidungsverhalten der „urban manager". Abbildung 2.49 stellt die vielfältige Struktur des Kapitaltransfers aus den Slums von Metropolitan Detroit in die benachbarten Suburbs dar. Von den Slumlords, den Besitzern von verslumten Bauten, werden die Mieterträge nicht in deren Erneuerung investiert, sondern für den Landerwerb in den Suburbs verwendet. Die in den Slumgebieten Dienst tuenden Polizisten wohnen in den Suburbs. Ihre Gehälter fließen dorthin. Auf die wichtige Thematik des Kapital- und Immobilienmarktes wird in Kapitel 3 eingegangen.

Die angeführten funktionellen Raumbegriffe weisen einen unterschiedlichen Bezug zum physischen Stadtraum auf.

1. Da metrische Distanzen in Zeit-Kosten-Mühe-(Risiko)-Relationen zu transferieren sind, ergibt es sich, daß distanzielle Theorien das Hauptbindeglied zwischen dem Realobjektraum und dem Bewegungsraum darstellen. Auf die Substitution der Distanz durch die Zeit wird noch eingangen.

2. Durch die von den Massenmedien ausgewählten Informationen wird die Vorstellung des einzelnen Bewohners über Art und Standort von städtischen Problemen entscheidend beeinflußt. Es wird derart ein öffentliches ***Problemrelief*** der Stadt erzeugt. Es ist nicht untersucht, in welcher Weise der Bewegungsraum des einzelnen, definiert durch spezifische „Aktionen" im öffentlichen Raum, zum Entstehen eines individuellen Problemreliefs beiträgt.

3. Die Kommunikation (d. h. der Austausch von Informationen) über Telephon und Post bewegt sich im intraurbanen Raum in einem „non-space"; damit werden distanzielle Theorien außer Kraft gesetzt. Nur in den Agglomerationen und im zwischenstädtischen Raum erlangen Distanzen als klassifizierte Kosten wieder Bedeutung. Durch die Vereinbarung von Handlungen entsteht eine Schnittstelle zur Interaktion in Form persönlicher Kontakte bzw. Bewegung im öffentlichen Raum.

4. Der Transfer des persönlichen diskontinuierlichen Kontaktmusters in den Realobjektraum der Stadt ist bisher nicht untersucht. Insgesamt fehlt ein echter Brückenschlag zwischen den räumlichen Analyseebenen der klassischen Stadtgeographie (Bautypen, Straßenzüge, Viertel, spezifische Wohnumwelten usw.) und der Aktionsraumforschung, durch welche der physische Stadtraum auf Distanzen, Richtungen und „constraints" reduziert wird. Wie interessant auch immer die aufwendigen Tagebuchanalysen von Angehörigen spezifischer Sozialgruppen hinsichtlich Zeitverbrauch, -minimierung, -ökonomie usw. sein mögen, die institutionellen Entscheidungsträger von Staat und Wirtschaft, welche die Lokalisierung von Einrichtungen bestimmen, werden damit nur schlecht erreicht. Hierzu sind Bürgerinitiativen, welche Druck auf politische Mandatare ausüben können, ein geeigneteres Mittel.

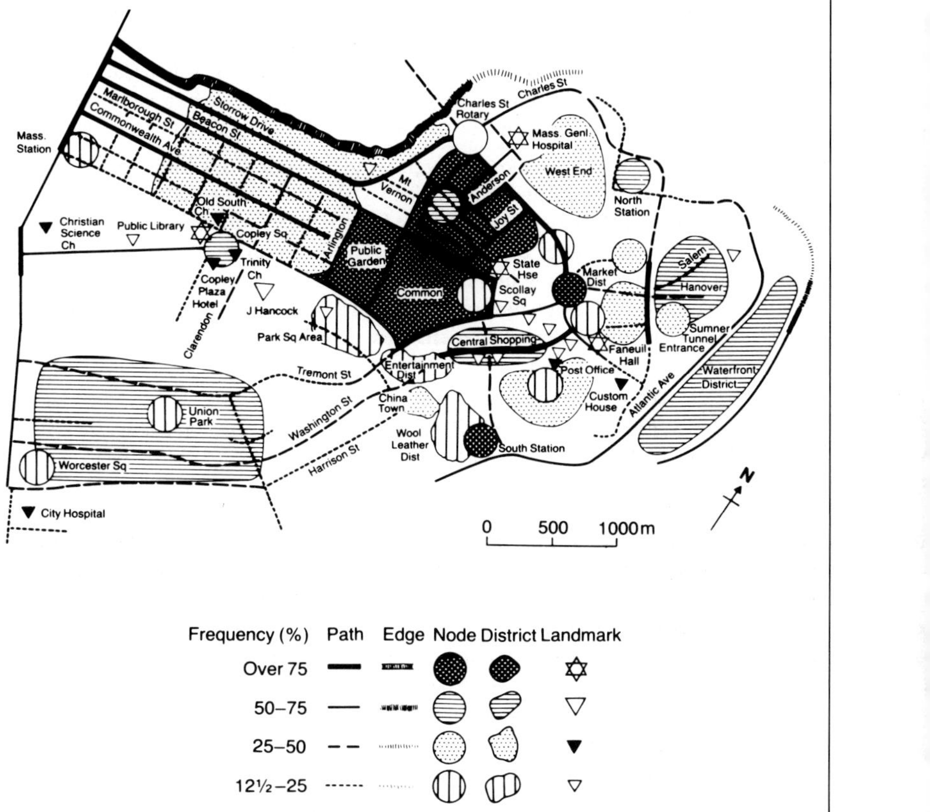

LYNCH 1960, S. 146.

Abb. 2.50: Das Image von Boston

5. Kaum untersucht sind die Raumkonstrukte der Entscheidungsträger von wirtschaftlichen und politischen Institutionen, deren Motivationen sich im Spannungsfeld initiativer Risikobereitschaft von Wirtschaftsmanagern und verantwortungsbewußter Konfliktminimierung bei beamteten Entscheidungsträgern bewegen. Derartige Raumkonstrukte lassen sich kaum mit Präferenzmustern des Konsumverhaltens bei der Nutzung von städtischen Einrichtungen durch den Normalbürger im sozialen Wohlfahrtsstaat zur Deckung bringen.

2.5.3 Der Wahrnehmungsraum

Stark in den Vordergrund gerückt wurde in den letzten zehn Jahren der Wahrnehmungsraum. Ganz allgemein kann festgestellt werden, daß zwischen der Strukturierung von *Wahrnehmungsräumen* und der *Art der Fortbewegung* sehr wesentliche Rückkoppelungseffekte bestehen.

Eine systematische und vor allem weltweit vergleichende Forschung in dieser Richtung steht erst am Anfang. Immerhin spricht viel dafür, daß gerade in Nordamerika die reduzierte Wahrnehmungsintensität des Pkw-Fahrers im Verein mit der Standardisierung von Aufschließung, Bauformen und Aktionsräumen – bei gleichzeitig enormer Mobilität der Bevölkerung und damit fehlender Identifizierung des einzelnen mit der physischen Realität einer bestimmten Stadt – die Loslösung vom Objektbezug und den Aufschwung einer auf statistischen Arealdaten beruhenden analytischen Stadtgeographie begünstigt hat.

Aufgrund des Wahrnehmungshorizonts von Autofahrern ist in Nordamerika die ***Image-Analyse*** (Lynch 1960) entstanden. Die wahrgenommenen Elemente der physischen Gestalt der Stadt sind de facto Orientierungshilfen für die Bewegung des Autofahrers im Raum, wie dominante Vertikalstrukturen, „Landmarken“, Leitlinien von Schnellstraßen und Knoten, zwischen denen amorph strukturierte „graue“ Flächen liegen, welche der Aufmerksamkeit kaum Anreize bieten (vgl. Abb. 2.50). Die Wahrnehmungsforschung ist bisher vom analytischen Forschungsstil geprägt. Das hat insofern Konsequenzen, als die selbst von der analytischen Neuropsychologie nicht in Frage gestellte Existenz von vorsprachlichen, ganzheitlichen Auffassungsgestalten bisher nicht weiter untersucht wurde, wenn man vom ersten Aufgriff von Lynch (1960) in der Imageanalyse absieht. Es ist daher nicht erstaunlich, daß in den Bemühungen, die unvollständigen Informationshorizonte eines Stadtbewohners zu erfassen – unter Verwendung der Lerntheorie, der experimentellen Psychologie und der Informationstheorie -, die Bezüge auf den Realobjektraum der Stadt im allgemeinen auf Distanzen und Richtungen beschränkt bleiben. Verkürzungen von Distanzen und Veränderungen von Richtungen werden wohl als individuelles Gravitationsfeld der Welt erklärt, eine Untersuchung der Verknüpfung mit den oben definierten Kategorien des individuellen Aktionsraums fehlt jedoch.

Eine umfangreiche analytische Forschung hat sich dagegen mit den sozialgruppenspezifischen Unterschieden der Wahrnehmung der städtischen Umwelt beschäftigt. Als Beispiel hierfür sind die kognitiven Karten von Los Angeles von Angehörigen der oberen Einkommensklassen aus einem westlichen Suburb und die der afroamerikanischen Bevölkerung in der Downtown abgebildet (vgl. Abb. 2.51). Es ist daraus die generelle Regel ersichtlich, daß das Wahrnehmungsfeld mit steigendem sozialem Rang an Größe und Inhalt gewinnt. Nicht als generelle Regel können die Ergebnisse der amerikanischen Stadtforschung angesehen werden, daß der Innenstadtraum den Wohnstandort und daher auch das „Hauptwahrnehmungsfeld“ der „marginalen“ (im vorliegenden Fall der afroamerikanischen) Bevölkerung darstellt. Die spezifischen Wahrnehmungsfelder sind vielmehr im interkulturellen Kontext von den sozialräumlichen Gliederungen der Städte abhängig (vgl. Kapitel 3.6).

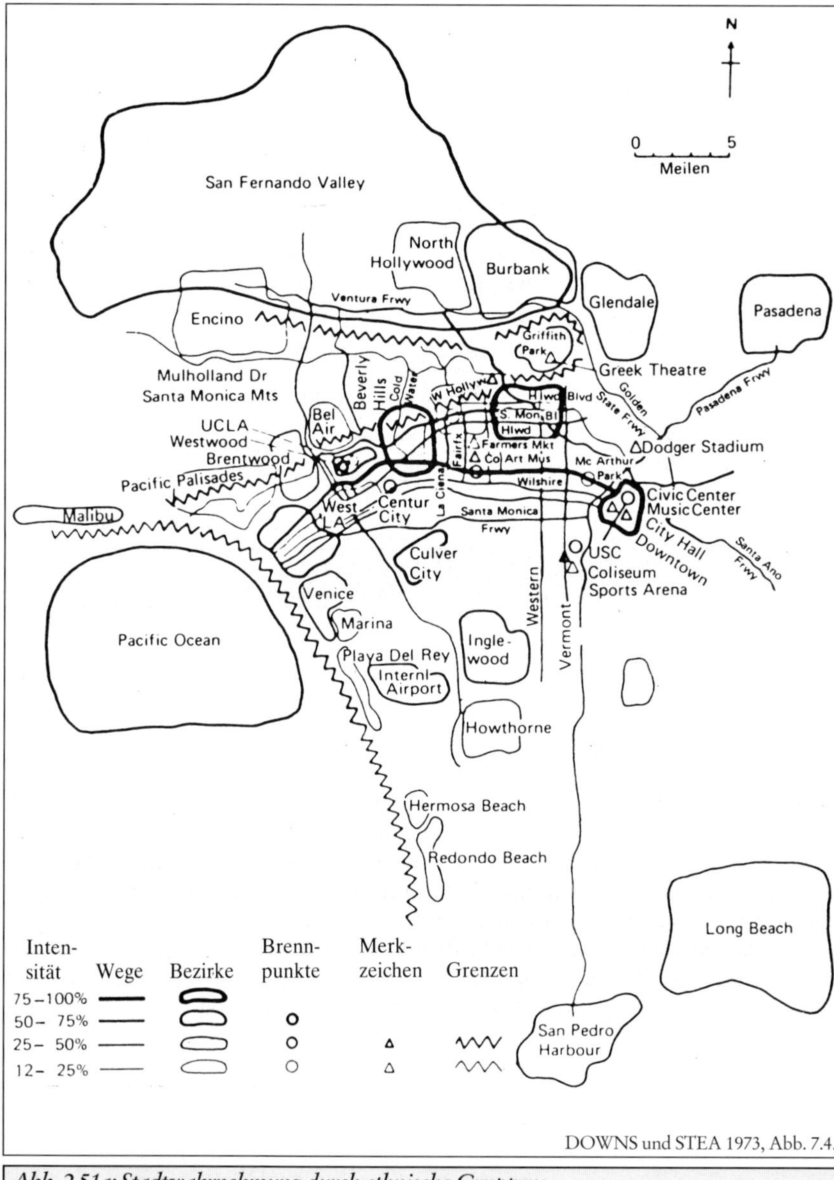

DOWNS und STEA 1973, Abb. 7.4.

Abb. 2.51a: Stadtwahrnehmung durch ethnische Gruppen: Kognitive Karte (Los Angeles) der weißen Einwohner Westwoods mit höherem Einkommen

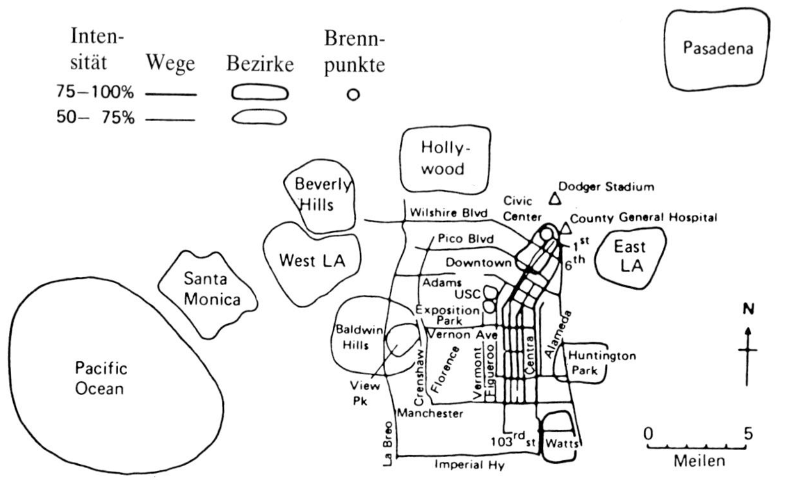

DOWNS und STEA 1973, Abb. 7.2

Abb. 2.51b: Stadtwahrnehmung durch ethnische Gruppen: Kognitive Karte (Los Angeles) der Afroamerikaner Avalons

2.5.4 Abstrakte Raumbegriffe

Gerne übersehen wird die Existenz von ***abstrakten Raumbegriffen***. Sie sind nationalökonomischen Theorien eigen und wurden auf dem Wege der Formelsprache der Algebra u. a. von WILSON (1974) in mathematische Modelltheorien für die Stadtentwicklungsplanung eingebracht. Ein Großteil der sozialgeographischen sowie die gesamte sozialökologische Forschung beruht auf den Datensätzen vordefinierter statistischer Sprengeleinteilungen von Städten, wobei derartige vorgegebene räumliche Aggregierungen nicht mehr einer „Quellenkritik“ unterliegen. Auf dieses Problem des statistischen Datenraums von Städten wurde bereits hingewiesen.

2.6 Begriffe und Konzepte der Zeit

Der Pluralismus der stadtgeographischen Forschung wird nicht nur durch die wissenschaftstheoretischen Basiskonzepte des Raumes, sondern auch durch Begriffe und Konzepte der Zeit differenziert, die miteinander nicht kompatibel sind, woraus zum Teil Mißverständnisse in der Forschung resultieren. Im folgenden wird auf die wichtigsten Konzepte der Zeit in der geographischen Stadtforschung eingegangen, und zwar auf

1. *historische Perioden,*
2. *ökonomische Zyklen,*
3. *Lebenszyklen,*
4. *rhythmische Phänomene der arbeitsteiligen Gesellschaft sowie die*
5. *Zeit als Variable der Systemanalyse.*

2.6.1 Historische Perioden

In den historischen Wissenschaften und damit auch in der kulturhistorischen Stadtgeographie wird mit dem Periodenbegriff gearbeitet. Dabei wird von der Annahme ausgegangen, daß innerhalb einer Periode eine relative Stabilität des gesellschaftspolitischen Systems besteht, zwischen den Perioden jedoch starke Veränderungen stattfinden. Derartige Perioden werden daher auch mit Vorliebe durch politische Zäsuren (Kriege, Revolutionen und dgl.) getrennt. Dieses Konzept der Abfolge von Perioden ähnelt einer erdgeschichtlichen Vorstellung, die als „geologische Zyklentheorie" schon seit langem in die Literatur eingegangen ist, wonach ein Wechsel von einem Abschnitt ruhiger Entwicklung (Evolution) zu einem solchen mit wesentlicher Steigerung der Kräfte und Vorgänge (Revolution, Katastrophe) erfolgt.

Wesentlich ist jedoch, daß der historische Periodenbegriff keine mehr oder minder automatische Abfolge des Auftretens, des Verschwindens und der Wiederkehr von Phänomenen kennt und daher nicht mit einem Zyklusbegriff verwechselt werden soll. Bei Perioden handelt es sich um grundsätzlich irreversible Zeitabschnitte. Als ein Beispiel für die Anwendung des Periodenbegriffs kann das Perioden- und Stufenmodell zur Erklärung der historischen Dimension des europäischen Städtewesens in Kapitel 2.2.6. angeführt werden. Im übrigen haben nicht nur die verschiedensten Kulturwissenschaften Stufenkonzepte verwendet, sondern in teleologischer Perspektive hat sich auch der Marxismus dieser Stufenkonzeption bedient.

2.6.2 Ökonomische Zyklen

Zyklische Phänomene wurden bereits vor langer Zeit von der Nationalökonomie als Konjunkturzyklen interpretiert. Voraussetzung dafür sind Marktmechanismen, bei denen Angebot und Nachfrage durch interventionistische Eingriffe des Staates nicht gestört werden. Grundsätzlich können derartige Zyklen unterschiedlich lang sein. Auf Mischformen mit Perioden wurde bereits hingewiesen.

Für die Stadtforschung besonders wichtig sind ***zyklische Phänomene der Bautätigkeit***, in denen die wirtschaftlichen Konjunkturzyklen einen Niederschlag finden.

Bauzyklen können für die Analyse auf der Makro- und der Mikroebene verwendet werden.

1. Im Verein mit der Bodenpreistheorie können mittels Bauzyklen die Zonen der Stadtentwicklung erklärt und damit die bauliche Form von Städten theoretisch begründet werden, und

2. in der Wohnbauforschung dienen Bauzyklen zur Erklärung der zeitlichen Serie von Bautypen.

ad 1. ***Bauzyklen und Zonen der Stadtentwicklung***

Die angelsächsische Literatur hält ein äußerst einfaches und damit Suggestivkraft besitzendes Modell von Bauzyklen und Zonen der nordamerikanischen Stadtentwicklung bereit. Der Erklärungswert des Modells steht und fällt freilich mit dem Vorhandensein eines privatkapitalistischen Wohnungsmarktes, der durch Angebot und Nachfrage bestimmt wird. Wird dieser außer Kraft gesetzt, indem unterschiedliche Bauträger für unterschiedliche Wohnungswerber bauen – wie dies dem Konzept der Wohnungsklassen in Großbritannien entspricht – bzw. bestimmte Gruppen unterschiedliche Wohnformen präferieren, so ist das Modell hinfällig.

Es enthält eine Reihe von wesentlichen Annahmen wie:

- die absolute Dominanz einer nach außen fortschreitenden „Stadterweiterung“ (Es findet demnach keine „Stadterneuerung“ statt bzw. diese erfolgt nur in einer vernachlässigbaren Größenordnung);
- das Fehlen von Innovation und Diffusion von physischen Objekten (welcher Art immer) im Stadtraum;
- die hindernislose Ausbreitung der Stadt. Gerade in dieser Hinsicht bestehen zwischen Nordamerika und Europa entscheidende Unterschiede im politisch-administrativen Organisationssystem. In Europa kommt es infolge der mit Planungshoheit ausgestatteten Gemeinden im Umland von Kernstädten zu einer außerordentlichen Fragmentierung der Bautätigkeit.

Die Abbildung 2.52 kennzeichnet die Bauzyklen in einer nordamerikanischen Modellstadt nach Verkehrstechnologie und Zonenstruktur für den Zeitraum von 1890 bis 1960. In diesem Zeitraum bilden das Ende des Ersten Weltkrieges (1918), die Rezession der frühen 30er Jahre und das Ende des Zweiten Weltkrieges (1945) eindrucksvolle Zäsuren. Ebenso eindrucksvoll ist der enorme Bauboom der 50er und 60er Jahre, zu dem ein Gegenstück in den europäischen Städten fehlt. Ferner differenziert die Veränderung der Verkehrsmittel als entscheidender Parameter die Stadtentwicklung. Es werden vier Transportperioden unterschieden: vom Fußgängerverkehr über elektrische Straßenbahnen zum „Freizeitauto“ und schließlich zum Auto und zu den Autobahnen hin.

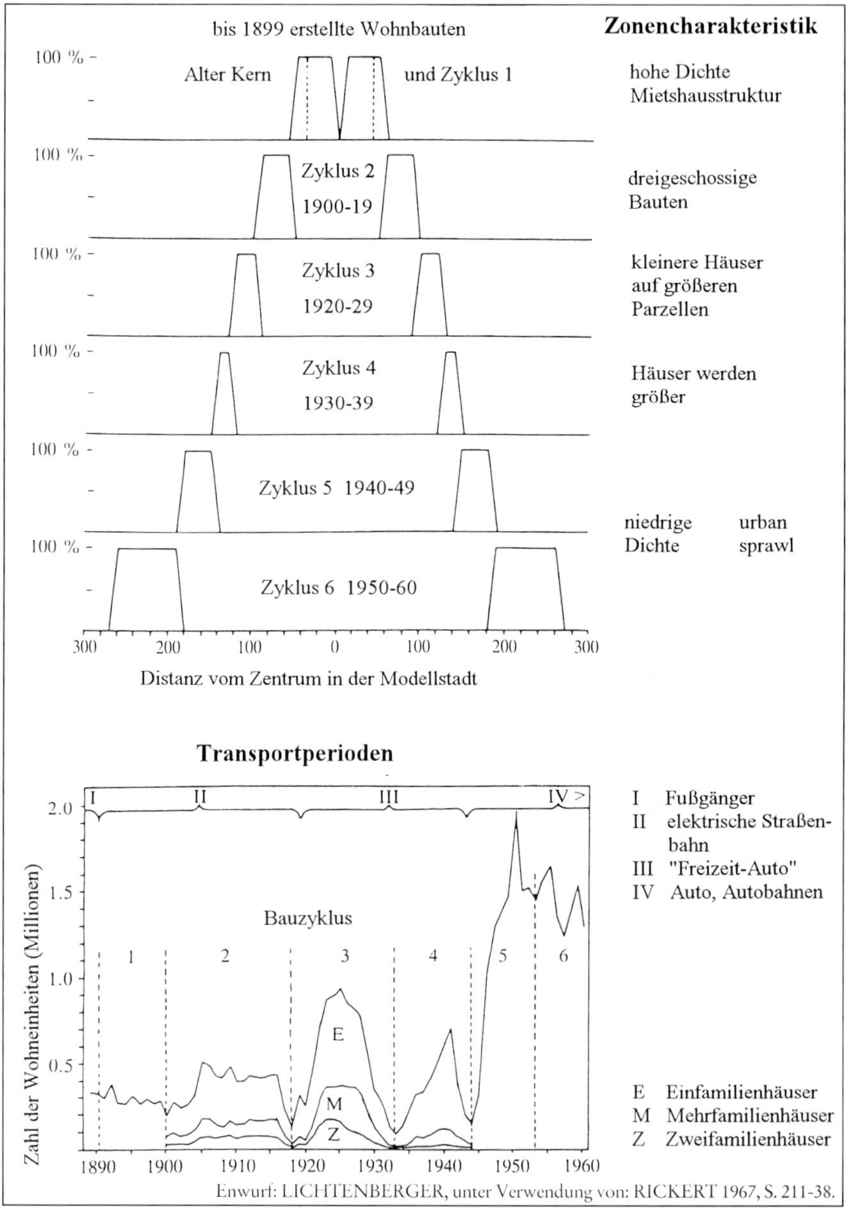

Abb. 2.52: Kennzeichnung der Bauzyklen in einer nordamerikanischen Modellstadt nach Verkehrstechnologie und Zonenstruktur von 1890 bis 1960

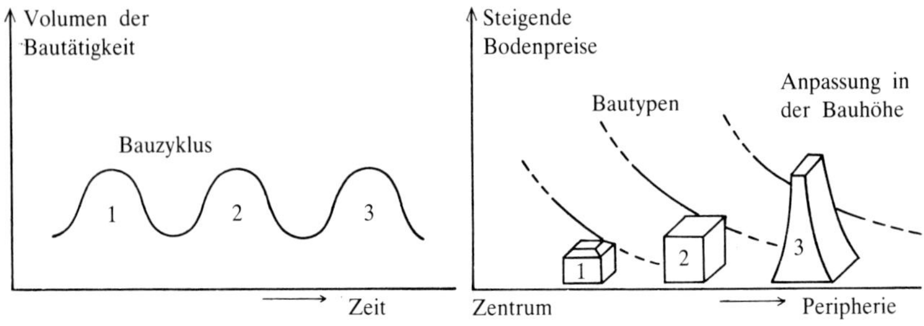

Entwurf: LICHTENBERGER

Abb. 2.53: Bauzyklen und steigende Bodenpreise

Die ausgewiesenen sechs Bauzyklen sind hinsichtlich Verbauungstypen und Baustilen (vgl. Band II) differenziert und bilden aufgrund der zentral-peripheren Verschiebung der Bautätigkeit zonale Wachstumsringe in der Modellstadt.

Das kontinentaleuropäische Modell bietet weitere Aussagen.

- Geht man davon aus, daß in Europa der Boden ein sehr knappes Gut darstellt, und nimmt man an, daß daher die Bodenpreise von Zyklus zu Zyklus sprunghaft steigen, so ergibt sich daraus, daß die Verbauung entweder dichter oder höher werden muß (vgl. Abb. 2.53). Dieses Modell ist übrigens auch sehr gut auf Cityerweiterungen in rasch wachsenden Millionenagglomerationen anwendbar.
- In zahlreichen europäischen Staaten erfolgte schon seit dem Ersten Weltkrieg eine partielle Ausschaltung kapitalistischer Marktmechanismen in der Bautätigkeit. An Hand der Wiener Wohnbautätigkeit läßt sich der Wechsel zwischen der liberalen Bautätigkeit in der Gründerzeit vor dem Ersten Weltkrieg und der Bautätigkeit des Sozialmunizipalismus seit dem Ersten Weltkrieg, in welcher Zyklen fehlen, gut belegen (vgl. Abb. 2.54). In der Zeit der schwersten wirtschaftlichen Krise der Stadt in der Zwischenkriegszeit hat der kommunale Wohnbau den privaten Wohnbau ersetzt. Erst in der Nachkriegszeit traten neue Bauträger (Genossenschaften, Eigentumswohnungsbau) auf, so daß der kommunale Wohnbau schrittweise „zurückgefahren" wurde.

Das Fehlen von ökonomischen Zyklen gestattet somit, die partielle oder totale Herausnahme der Bautätigkeit aus den Marktmechanismen zu erkennen.

ad 2. ***Bauzyklen und Bautypen***

Die ökonomische Bauzyklustheorie allein reicht nicht aus, um die von der Angebots- und Nachfrageseite her bestehende Segmentierung hinsichtlich Aufschließung, Wohnbauformen und Wohnungstypen ausreichend zu erklären. Es wurde daher das

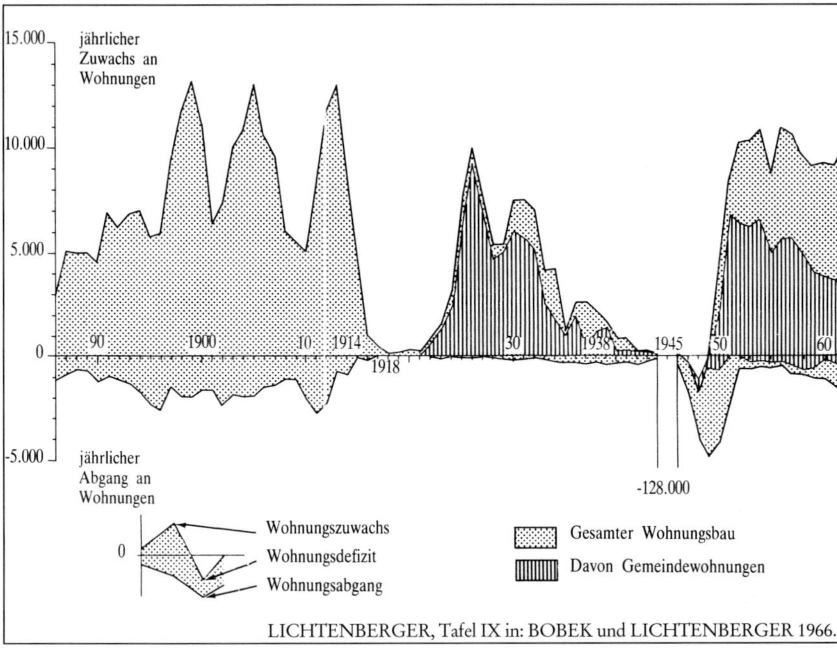

Abb. 2.54: Die Wohnbautätigkeit in Wien in der Gründerzeit, Zwischenkriegszeit und Nachkriegszeit

ökonomische Bauzykluskonzept mit zwei weiteren Forschungsansätzen verbunden:

- erstens mit dem Innovations- und Diffusionsprinzip, wonach bestimmte, in einem Stadtraum kreierte Wohnbauformen sich zentrifugal ausbreiten und sich bei dieser Ausbreitung entsprechend den lagespezifischen Bodenpreisen verändern, bzw.
- zweitens mit einem institutionellen Kohortenprinzip, wonach die nachfragenden Kohorten der Bevölkerung, die ihrerseits nach Sozialgruppen und Ethnien sehr unterschiedlich sein können, bestimmte Vorstellungen hinsichtlich Baustilen, Wohnformen und Wohnwünschen aufweisen und jeweils mit sich ändernden architektonischen Moden, Kapitalgebern und Steuersystemen konfrontiert werden.

Bei der Analyse der ***Ringstraße in Wien***, welche im Zeitraum von 1859–1909 entstanden ist, konnten beide theoretische Zugänge getestet und verifiziert werden. Die Bautätigkeit im Ringstraßenbereich (1859–1909) zerfällt deutlich in vier Bauphasen, in deren Einschnitten die großen öffentlichen Gebäude, darunter die Oper, das Rathaus, die Museen und die Börse, vom Staat errichtet wurden. Die heute allgemein gängige antizyklische Baustrategie des Staates wurde bereits in den Gründerjahren praktiziert (vgl. Abb. 2.55). Die sehr scharf abgrenzbaren Bauzyklen mit einer

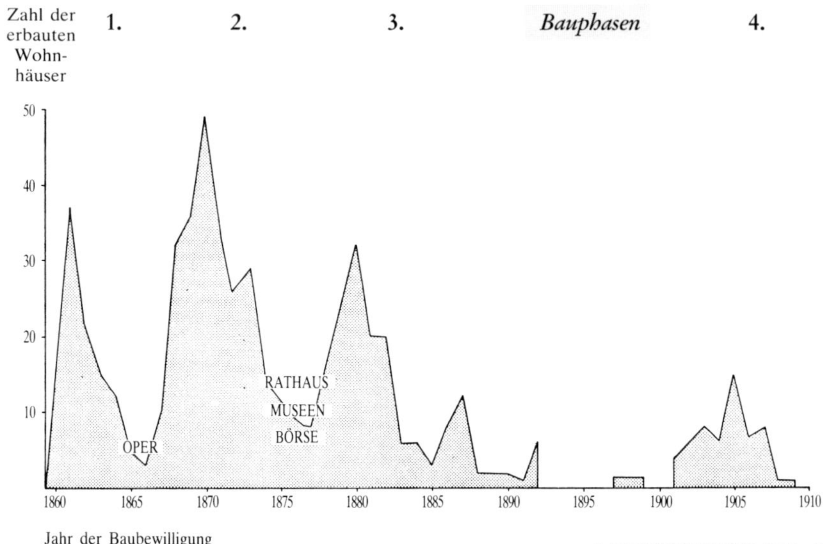

LICHTENBERGER 1970a, S. 19.

Abb. 2.55: Zyklen der Bautätigkeit im Ringstraßenbereich 1859-1909

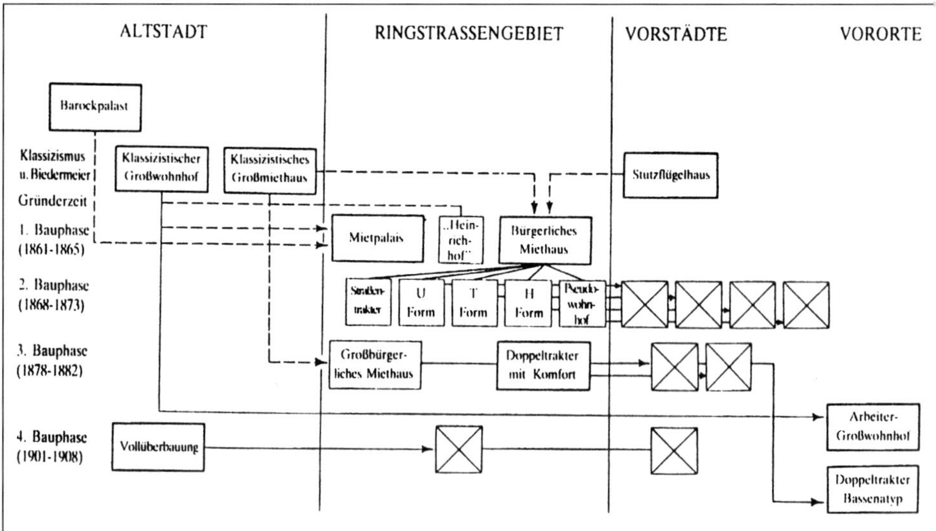

LICHTENBERGER 1970a, S. 47.

Abb. 2.56: Bautypen und Bauzyklen im Ringstraßenbereich 1859-1909

durchschnittlichen Länge von einem Jahrzehnt entsprechen jeweils spezifischen Wohnbautypen mit charakteristischen Elementen der Grundriß- und Fassadengestaltung, unterschiedlichen Kapitalgebern und Mietern (vgl. Abb. 2.56).

In der ersten Bauphase, 1861–1865, sind noch letzte Ausläufer des Mietpalais des Adels zu finden, während in der zweiten Bauphase, 1868–1873, das bürgerliche Mietshaus absolut dominierte, bei dem eine Vielzahl von Grundrißvarianten einerseits unter dem Einfluß des klassizistischen Großmietshauses in der Wiener Altstadt und andererseits unter dem des Stutzflügelhauses aus den Vorstädten entstanden ist. Die bausoziale Palette war dementsprechend breit. Die dritte Bauphase, 1878–1882, wurde vom Großbürgertum bestimmt. Die Verbauungsdichte nahm zu, mit Aufzügen ausgestattete Doppeltrakter traten als neuer Bautyp auf. Die vierte Bauphase, 1901–1908, war durch Vollüberbauung der Parzelle gekennzeichnet. Der Hausbesitz ging in die Anonymität von Hypothekenbanken, Realitätenbüros und Erbengemeinschaften über. Unter den Mietern waren Angehörige der freien Berufe überdurchschnittlich stark vertreten.

Selbst in dem nur kleinen Areal der Ringstraße wurden in jedem Zyklus mehrere Bautypen verwendet, die sich hinsichtlich architektonischer Struktur, Kapitalgebern und Mietern unterschieden haben. Haushaltsformen und Lebensstile von Adel, hohen Beamten, Unternehmern, Kaufleuten, Angehörigen der freien Berufe und Privatiers sonderten sich hinsichtlich der Formen der Mietwohnungen voneinander.

Abschließend sei festgestellt, daß die Untersuchung der Bautätigkeit und der Bauformen zweifellos zu den „immanenten Aufgaben“ der Stadtgeographie zählt. Auf sie wird in Band II daher noch ausführlich eingegangen.

2.6.3 Lebenszykluskonzept

Eine dritte Zeitkonzeption beruht auf dem Lebenszyklus. Sie kann mit dem Kohortenprinzip der soziologischen Forschung verknüpft werden und geht davon aus, daß in den einzelnen Lebensabschnitten verschiedene Standortbewertungen und -ansprüche sowie Zielsetzungen bestehen und, entsprechend den Verschiebungen von Möglichkeiten, Werten und Normen, den räumlichen Standorten eine unterschiedliche „Qualität“ zugeschrieben wird.

Es verändern sich die Wohnansprüche in spezifischen Stadien des Lebenszyklus ebenso wie die Partizipation an räumlichen Mustern des Freizeitverhaltens und damit die Nutzung von Einrichtungen verschiedener Art.

Im folgenden wird auf zwei Konzepte eingegangen:

- das Konzept des Lebenszyklus,
- das Konzept der Aufspaltung der Wohnstandorte in „Arbeitswohnungen“ und „Freizeitwohnungen“, welches eine europäische Besonderheit darstellt.

ad 1. ***Das Konzept des Lebenszyklus***

Auf der Grundlage einer „Familienideologie“ ist in der angelsächsischen Literatur das Konzept des Lebenszyklus entstanden, gemäß dem sich in den einzelnen Phasen des

„Familienlebenszyklus“ die Haushaltsstrukturen und dementsprechend die Ansprüche an die Wohnung und an deren Standort ändern.

Der Lebenszyklus besteht (was nicht direkt ausgesprochen wird) aus einer Aufbau- und einer Abbauphase, wobei unter Bezug auf den durchschnittlich achtmaligen Wohnungswechsel eines Nordamerikaners den einzelnen Stadien folgende Wohnstandorte zugeordnet werden (vgl. Abb. 2.57): Diese Abfolge enthält eine Reihe von Annahmen:

- eine sehr hohe Mobilitätsbereitschaft und dementsprechend geringes „kulturelles Gepäck“ des einzelnen, um in jedem neuen Lebensabschnitt den Wohnstandort zu wechseln und damit jeweils neue Aktions- und Wahrnehmungsräume sowie persönliche Kontaktfelder aufzubauen; weiters wird
- das Wohnen im Einfamilienhaus als Optimum für eine Familie angesehen,
- breite Bevölkerungsschichten können sich diese Wohnform leisten.

	LEBENSZYKLUSKONZEPT	*WOHNSTANDORT*
	Aufbauphase	
1.	*Alleinstehender(r) junge(r) Berufstätige(r)*	*billige Appartmentwohnung in der Downtown*
2.	*Berufstätiges Ehepaar*	*größere Appartmentwohnung in der Downtown*
3.	*Familie mit Kindern/ Kleinkinderphase*	*Suburb, mit kleinem Einfamilienhaus*
4.	*Kindererziehungsphase (Highschool)*	*Suburb, mit größerem Einfamilienhaus*
5.		*Umzug in anderen Suburb, entsprechend der Laufbahn des Mannes*
	Abbauphase	
1.	Kinder werden selbständig und verlassen das Elternhaus	kleineres Einfamilienhaus bzw. Rückkehr in die Downtown
2.	Eltern scheiden aus dem Berufsleben aus	Rückkehr in die Downtown in Appartmentwohnung
3.	Ein Ehepartner bleibt verwitwet allein zurück	Kleinwohnung in der Downtown oder Altersheim

Entwurf: LICHTENBERGER

Abb. 2.57: Aufbau- und Abbauphasen des Lebenszyklus und mögliche Wohnstandorte (USA)

• In der Abbauphase wird implizit der in kapitalistischen Systemen selbstverständliche Wechsel in kleinere Wohneinheiten, der durch die hohen Wohnkosten (Hauserhaltungskosten, Steuern, Mieten und dgl.) erzwungen wird, vorausgesetzt.

Treffen diese Annahmen zu, so ist es relativ einfach, der Kernstadt und den Apartmenthäusern einerseits ledige Berufstätige, junge Ehepaare sowie aus dem Berufsleben ausgeschiedene ältere Personen zuzuschreiben und andererseits die Zahl der notwendigen Einfamilienhäuser für die spezifischen Abschnitte des Lebenszyklus zu „berechnen".

In den sozialen Wohlfahrtsstaaten mit Niedrigmietenpolitik treffen die Annahmen bezüglich des Wohnungswechsels bei Verkleinerung der Haushalte nicht zu. In den ehemals sozialistischen Staaten wurde dieser Wechsel seinerzeit durch totalitäre Umverteilungsmechanismen erzwungen. Damit bestand eine interessante Parallele zwischen den ökonomischen Pushfaktoren privatkapitalistischer Systeme und den Pushfaktoren durch Zuteilungsquoten des Staatszentralismus. Es ist eine offene Frage, ob und in welchem Ausmaß ältere Kulturtraditionen des europäischen Städtewesens, in dem die Beibehaltung des Wohnstandortes ab dem mittleren Lebensalter selbstverständlich war, sich behaupten können oder ebenfalls abgebaut werden.

Während es sich beim Lebenszykluskonzept um ein sozialbiologisches Konzept handelt, aus dem die Frage nach den Prinzipien der demographischen Segregation resultiert, impliziert das Kohortenprinzip gesellschaftlichen Wandel. Daraus resultiert, daß sich aufeinanderfolgende Kohorten – da sie mit unterschiedlichen Werten und Normen „ausgestattet" sind – beim Durchlaufen des Lebenszyklus unterschiedlich im Stadtraum „einrichten", ihn unterschiedlich gestalten und verändern.

Diese Fragen werden nunmehr in einem induktiven Design unter der Flagge der Lebensstilforschung aufgegriffen, wobei bisher nicht abgeklärt ist, ob und in welchem Ausmaß die Internationalisierung von Lebensstilen bestehende, an Sozialgruppen und Ethnien gebundene Stile in einem das städtische System umgreifenden Prozeß erfaßt und zu neuen Formen ausstilisiert bzw. ob, wie in der Vergangenheit, Top-down-Bewegungen von den großen zu den kleinen Städten strukturbestimmend bleiben.

ad 2. ***Das Konzept der Aufspaltung der Wohnstandorte in Arbeitswohnungen und Freizeitwohnungen***

Besonders eindrucksvoll lassen sich Standortverschiebungen im Übergang von arbeitsteiliger Gesellschaft und Freizeitgesellschaft feststellen. Dabei verschieben sich nicht nur die Standorte zwischen dem städtischen und dem ländlichen Raum durch die zunehmende Pendelwanderung, sondern es tritt auch eine Aufspaltung der Wohnstandorte auf. Die Bildung des komplementären Begriffspaares von Arbeits- und Freizeitwohnsitzen erscheint berechtigt, da die Freizeitgesellschaft ihre finanzielle Absicherung aus der arbeitsteiligen Gesellschaft erhält, in der jeder, sei es Arbeitgeber oder Arbeitnehmer, im Lebensabschnitt seiner Berufstätigkeit eine bestimmte soziale Stellung aufgrund der gesellschaftlichen und ökonomischen Bewertung seiner Arbeitsleistung einnimmt.

In den drei Hauptabschnitten im Lebenszyklus – Ausbildung, Berufstätigkeit und Ruhestand (Pension) – erfolgt die Aufspaltung der Wohnfunktion aus verschiedenen Gründen mit unterschiedlicher Standortwahl.

ABSCHNITT IM LEBENSZYKLUS	*STÄDTISCHER RAUM*	*LÄNDLICHER RAUM*
Ausbildung	Zweitwohnsitz = *Ausbildungswohnsitz* Dauerwohnsitz	Hauptwohnsitz (Eltern, Verwandte)
Berufstätigkeit Alleinstehende, junge Ehepaare	Dauerwohnsitz	Zweitwohnsitz = *Freizeitwohnsitz*
Ehepaare mit Kindern Ehepaare im mittleren Alter ohne Kinder	Hauptwohnsitz = *Arbeitswohnsitz*	
Pension (Rente, Ruhestand) Ehepaare	Zweitwohnsitz	Hauptwohnsitz = *Alterswohnsitz*
Alleinstehende	Dauerwohnsitz	

LICHTENBERGER 1980a., S. 4.

Abb. 2.58: Standortwechsel im Lebenszyklus zwischen Hauptwohnsitz und Zweitwohnsitz (Europa)

Wie aus Abbildung 2.58 zu entnehmen ist, ergeben sich im Verhältnis von Hauptwohnsitz und Zweitwohnsitz im Lebenslauf wesentliche Verschiebungen. Während der Zeit der Ausbildung wird ein Zweitwohnsitz in der Studierstadt gewählt, der im Zuge einer Wohnkette in der betreffenden Stadt wieder in einen Dauerwohnsitz eines Berufstätigen umgewandelt werden kann, während der fertige Absolvent in dieser Stadt einen anderen Dauerwohnsitz wählt. Neben dem Hauptwohnsitz der Familie in der Stadt wird die Wohnung im Herkunftsort als Feriendomizil genutzt, welches nach der Pensionierung zu einem Alterswohnsitz neben der beibehaltenen städtischen Wohnung als Zweitwohnung mutieren kann. Mit der Verwitwung werden derart ferial orientierte Wohnsitze jedoch häufig gegenüber stadtorientierten aufgegeben.

2.6.4 Rhythmische Phänomene im Tages-, Wochen- und Jahresablauf

Der vorgegebene Zeitplan der arbeitsteiligen Gesellschaft im Tages-, Wochen- und Jahresablauf führt zur Ausbildung rhythmischer Phänomene, deren Registrierung auf der Individualdatenebene grundsätzlich von drei Seiten aus möglich ist:

1. *durch eine Messung der Verkehrsströme,*
2. *durch die Ermittlung des Zeitbudgets des Individuums,*
3. *durch Feststellung der Nutzung des Stadtraumes.*

ad 1. Die ***Messung der Verkehrsströme*** erfolgt in den Quell- und Zielgebieten bzw. in bestimmten Querschnitten. Als Beispiel wird der Tagesgang des Verkehrsaufkom-

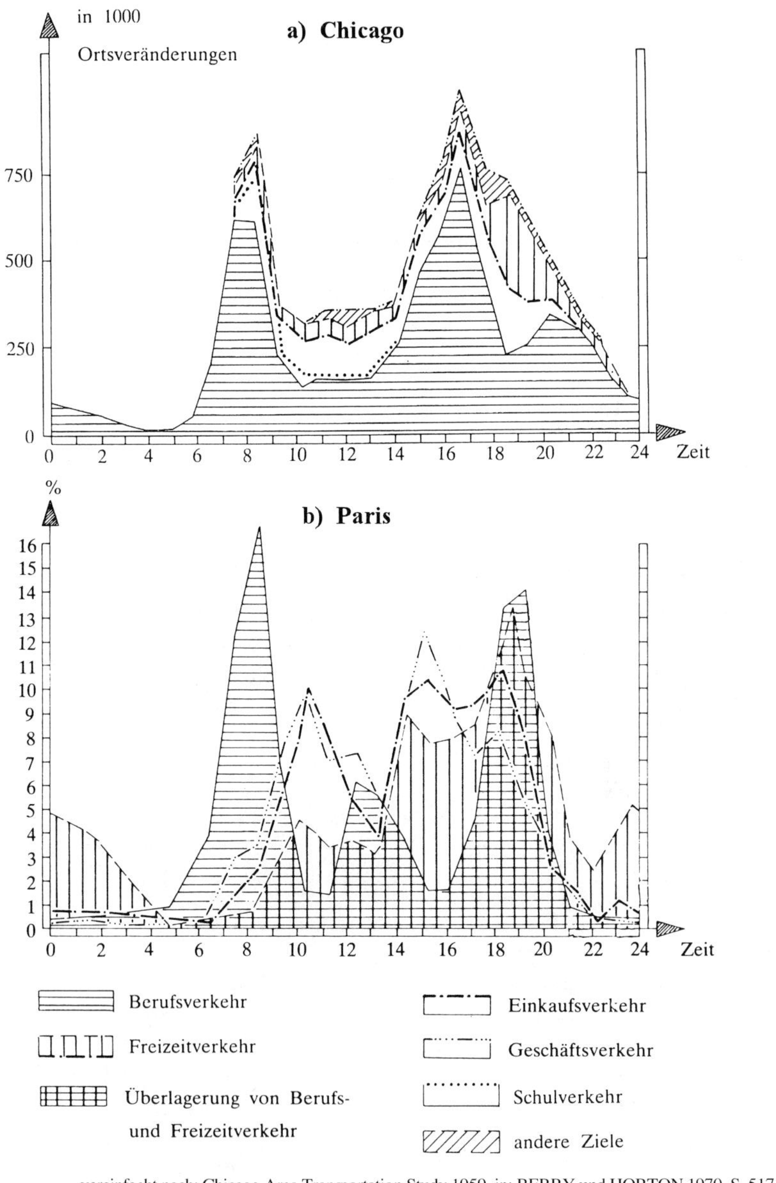

vereinfacht nach: Chicago Area Transportation Study 1959, in: BERRY und HORTON 1970, S. 517, WOLKOWITSCH 1973, S. 304.

Abb. 2.59: Tagesgang des Verkehrs nach Zielen: a) in Chicago, b) in Paris

mens in Paris und in Chicago, und zwar jeweils differenziert nach den Zielsetzungen, abgebildet.

Abbildung 2.59 demonstriert, daß die Wirtschaftsrhythmen der beiden Metropolen unterschiedlich sind und die „Rush-hours" des Arbeitsverkehrs am Morgen und Abend in Paris durch einen kleinen Mittagsgipfel ergänzt werden, da Angehörige der gehobenen Berufe immer noch eine zweistündige Mittagspause halten. Auch folgt der Einkaufs- und der Vergnügungsverkehr in beiden Metropolen jeweils einem spezifischen „way of life".

ad 2. Die zweite Untersuchungsmethode ist aus der amerikanischen Soziologie (CHAPIN 1974) durch die Time Geography (HÄGERSTRAND 1977) in die Geographie eingebracht worden. Hierbei werden das ***Zeitbudget des Individuums*** und rhythmische Standortverlagerungen aufgrund der Teilnahme an bestimmten Aktivitäten der städtischen Gesellschaft registriert. Diese auf der Basisideologie der Konsumgesellschaft beruhende Forschungskonzeption, gemäß der Zeit eine knappe Ressource des einzelnen darstellt und seine Aktivitäten möglichst „befriedigend" gekoppelt werden sollen, enthält freilich keine Vorgaben, die die räumliche Verortung der Einrichtungen im Stadtraum definieren. Gerade diese Tatsache ist ein Beleg dafür, daß, wie in der Einleitung bemerkt, in einer perfekt verstädterten Gesellschaft sich die Stadt in einen „non-place" verwandelt.

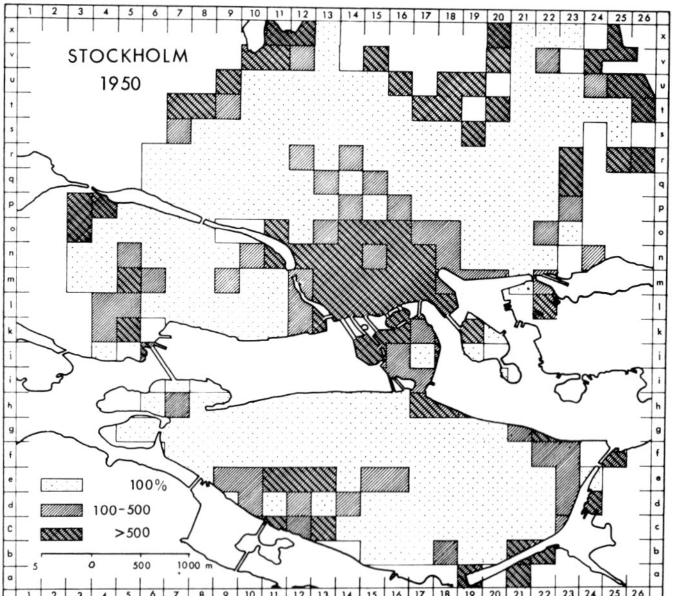

KANT 1962, S. 363.

Abb. 2.60: Das Verhältnis der Tagbevölkerung zur Nachtbevölkerung in Stockholm 1950

ad 3. Die dritte Untersuchungsmethode beruht auf der ***Feststellung der Nutzung des Stadtraumes*** bzw. derjenigen von spezifischen Einrichtungen (z. B. Parkanlagen, Bäder, Geschäfte und dgl.). Das in diesem Zusammenhang mit Abstand wichtigste Konzept hat KANT 1962 entwickelt. Es beruht auf der Trennung der Funktionen Arbeiten und Wohnen im Stadtraum. Danach unterscheidet KANT die ***„Tagbevölkerung"*** und die ***„Nachtbevölkerung"*** einer Stadt (vgl. Abb. 2.60).

Die „Tag- und Nachtgleiche" ist ein wichtiges Abgrenzungskriterium für die City. THRIFT (1980) hat sich besonders mit den im Tagesverlauf auftretenden Phänomenen der Nutzung des Stadtraumes durch Sozialgruppen mit abweichendem Sozialverhalten beschäftigt. Von RAPOPORT (1979) stammt die Abbildung 2.61 von den Flächen der ***„Tag- und Nacht-Kriminalität"*** in New York. Zentrale Parkanlagen, wie der Central Park, welche am Tag allgemein benützt werden können, gelten in der Nacht als unsicher und werden gemieden.

Während der Tag-Nacht-Rhythmus bereits gut untersucht ist, fehlen Untersuchungen über den Wochenrhythmus und die Entleerung der Städte am Wochenende. Symptomatisch ist die Überrepräsentanz von Nicht-Autobesitzern (Jugendlichen, alten Leuten, Gastarbeitern) im Stadtraum (insbesondere in Parkanlagen) am Wochenende.

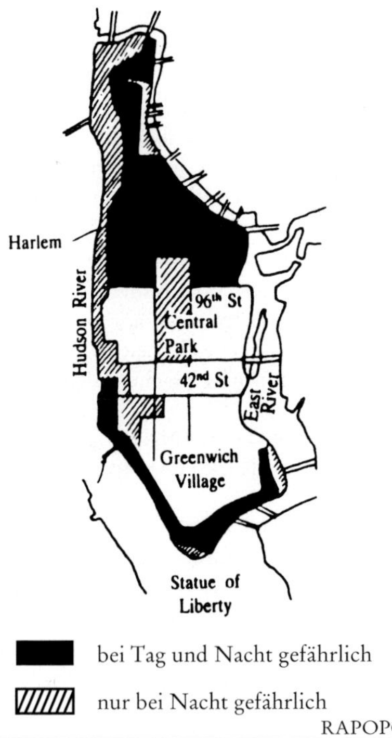

RAPOPORT 1977, S. 154.

Abb. 2.61: Tag- und Nachtkriminalität in New York

Dasselbe gilt für den saisonalen Wechsel der Arbeits- und Freizeitbevölkerung, der zunehmend an Bedeutung gewinnt. Auch für viele andere Großstädte gilt heute sinngemäß der schon ältere Satz über Rom, daß, wenn die Touristen kommen, die Römer die Stadt verlassen.

Rhythmische Phänomene sind in Gradientenfelder transferierbar und bewirken rhythmische Kontraktionen derselben gegenüber einer potentiellen maximalen Ausdehnung. Derartige rhythmische Veränderungen der Reichweiten konnten bisher u. a. für den Einzelhandel nachgewiesen werden (Meschede 1971). Von der Angebots- und Nachfrageseite her bestehen verschiedene Möglichkeiten einer empirischen Analyse in betriebswirtschaftlicher und sozialgeographischer Hinsicht. Auch hier ist noch ein weites Forschungsfeld offen.

2.6.5 Die Zeit als Variable der Systemanalyse

Mit der analytischen Geographie ist auch die Gedankenwelt der Systemanalyse in die Stadtgeographie eingebracht worden. Für die Erfassung der Zeit bestehen grundsätzlich zwei Möglichkeiten:

1. Die Zeit bildet (als Intervalldatum) ein Merkmal von Systemelementen.

2. Die Zeit wird als Attribut der Beziehungen zwischen Systemelementen aufgefaßt.

ad 1. In den Faktorenanalysen über nordamerikanische Städte ist es durchaus gebräuchlich, das Alter von Städten (definiert als Zahl der Jahre seit der Gründung) als Variable aufzunehmen. Auch in den Kausalmodellen der amerikanischen Soziologie wird gelegentlich ***das Alter von Städten als erklärende Variable*** benützt. Verfallserscheinungen der physischen Struktur und soziale Desorganisation der städtischen Gesellschaft werden mit dem zunehmenden Stadtalter erklärt.

ad 2. In der ökonomischen Standorttheorie bildet die ***Zeit ein Attribut der Beziehungen zwischen den Systemelementen*** und kann durch Kosten und Mühe (Risiko) substituiert werden. Damit ist es möglich, die Zeit als ***„Funktion der räumlichen Distanz“*** zwischen zwei Standorten mittels einfacher Gleichungssysteme, im Sinne von

Distanz = Zeit + Kosten + Mühe (Nachfrager) bzw.
Distanz = Zeit + Kosten + Risiko (Anbieter),

in die Konzeption des Gradientenfelds zu transferieren. Auf dieser Konzeption beruhen praktisch alle distanziellen ökonomischen Theorien.

Die Stabilität von Gradientenfeldern ist grundsätzlich von der Stabilität der Zeit-Kosten-Mühe-Relation als Parameter für die Entfernung abhängig. Bei Reduzierung des Zeitaufwandes für die Distanz und gleichbleibenden Kosten-Mühe-Relationen erweitern sich die Gradientenfelder. Es kommt zu einer Überlagerung der kleineren durch größere, bis schließlich die kleineren verschwinden. Auch Veränderungen der Kosten, so zum Beispiel die Einführung des Nulltarifs, müssen sich auf die Reichweite von Aktionsräumen auswirken.

Grundsätzlich verlieren mit dem fortschreitenden Abbau des Distanzfaktors durch immer raschere Verkehrsmittel bei gleichbleibenden Kosten-Mühe-Relationen nicht nur hierarchische Strukturen im zwischen- und innerstädtischen System an Bedeutung, wobei vor allem die unteren Stufen in der Rangordnung betroffen sind, sondern es kommt auch zu einem Rückzug der Einrichtungen aus der Fläche.

Gleichzeitig damit büßen auch die distanziellen Theorien ihren Erklärungswert ein. Assoziationen von Standorten verändern sich, und neue Assoziationen entstehen. Das gesamte städtische System wird durch die Veränderung des Zeitaufwands, welcher zur Durchmessung einer bestimmten physischen Struktur benötigt wird, ganz wesentlich betroffen.

Die Veränderungen der Zeit-Kosten-Mühe-Relationen in Gradientenfeldern werden durch Entscheidungen auf verschiedenen Ebenen bestimmt:

- den technologischen Standard des Verkehrssystems,
- die Allokations- und Investitionsstrategie von seiten wirtschaftlicher und politischer Entscheidungsträger, d. h. die Strategie der Zuordnung bzw. Neuordnung von Standorten und, im Falle der Verkehrspolitiker, von Liniennetzen und Tarifsystemen, sowie
- das aktionsräumliche Verhalten der Benützer.

3 Determinanten von Strukturen und Prozessen im Stadtraum

3.1 Überblick

Der dritte Abschnitt des Lehrbuchs folgt einer komparativen Thematik, welche die direkten Einflüsse der politischen Systeme auf die räumlich-administrative Organisation von Stadt und städtischen Systemen aufzeigt und die direkten und indirekten Einflüsse auf

→ die städtebauliche Gestaltung,
→ die Verwendung und räumliche Verortung von Technologien des Bauens, des Verkehrs und der Kommunikation,
→ die Organisationsformen der Ökonomie und
→ die Segregationsprozesse der Gesellschaft analysiert.

Der Vergleich umfaßt drei politische Systeme:

→ die sozialen Wohlfahrtsstaaten Westeuropas,
→ das privatkapitalistische System der USA und
→ die in Transformation begriffenen postsozialistischen Staaten.

Die räumliche Teilung der Macht des Staates, ausgedrückt in der Zuweisung von politischen Befugnissen und Budgetmitteln an verschiedene Ebenen der Administration, ist von entscheidender Bedeutung für die Organisation von Städten und Stadtsystemen.

Die Darstellung der ***räumlichen administrativen Organisation*** von Städten umfaßt folgende Themen:

→ die legistische Position der Lokalbehörden und die Frage der administrativ-organisatorischen Bewältigung des Stadtwachstums mit dem Instrument von Eingemeindungen,
→ die Rolle der Steuersysteme für die Entwicklung der Städte,
→ die kommunalen Aufgabenbereiche der technischen und sozialen Infrastruktur,
→ die Funktion von Bodenpolitik, Bodenmarkt und Immobilienmarkt,
→ die Wohnungspolitik und Wohnungswirtschaft und schließlich
→ die Differenzierung von öffentlichem und privatem Raum gegen den Hintergrund der jüngsten Entwicklungen von Privatopia und Walled City in den USA.

Bei der Darstellung der ***normativen Prinzipien des Städtebaus und der Stadtplanung*** geht es um die ideologische Polarisierung des Städtebaus zwischen Hochhausbau und freistehendem Einfamilienhaus sowie die Auswirkungen der Charta von Athen mit der Doktrin der Separierung städtischer Funktionen, in weiterer Konsequenz um die Reglementierung der Bautätigkeit in Form von Bauordnungen, Flächennutzungsplänen und dgl.

Das Ende des Staatskapitalismus führt zur Frage nach dem Erbe des sozialistischen Städtebaus und der Stadtplanung.

Im Zeichen der grünen Bewegung und der Freizeitgesellschaft sind auch die Funktionen des Stadtgrüns in die Darstellung einzubeziehen.

In der Stadtgeographie werden ***technologische Aspekte*** kaum berücksichtigt. Dabei sind drei Sektoren der technischen Entwicklung für die Stadt von besonderer Bedeutung: die Technologie des Bauens, die Technologie der installierten Infrastruktur (z. T. auch als *unterirdischer Städtebau* bezeichnet) und die Technologie des Verkehrs. Entscheidungen über die Stadtstruktur fallen jedoch, stärker als uns dies zumeist bewußt ist, im Untergrund, d. h. werden von den dort vorhandenen bzw. neu einzubringenden Leitungsnetzen für die Ver- und Entsorgung der Stadt bestimmt. In den Konsequenzen nur szenarienmäßig abzusehen sind die Effekte der Telekommunikation.

Die ökonomischen Strategien der politischen Systeme sind nicht gleichgeschaltet. Die westlichen Systeme werden von der Verschiebung vom sekundären auf den tertiären und quartären Sektor hin bestimmt. Der Staatskapitalismus war auf die Förderung der industriellen Produktion ausgerichtet, so daß erst im Zuge der Transformation vom Plan zum Markt der tertiäre und quartäre Sektor in den postsozialistischen Staaten zum Zuge kommen.

Mitbedingt durch städtebauliche Faktoren bestehen zwischen den politischen Systemen beachtliche Unterschiede hinsichtlich der Struktur der zentralen Geschäftsbezirke, der innerstädtischen Hierarchie der Geschäftsstraßen und Geschäftszentren sowie der räumlichen Verortung und Struktur des Bürosektors.

Die Segregationsprozesse als räumliches Organisationsprinzip der städtischen Gesellschaft sind in besonderem Maße abhängig von den gesellschaftspolitischen Ideologien, welche die berufliche (soziale), ethnische und demographische Segregation entscheidend beeinflussen. Nur in den sozialen Wohlfahrtsstaaten bestehen z. T. kostspielige indirekte Antisegrationsstrategien, während die ehemaligen sozialistischen Staaten durch direkte Eingriffe in das Wohn- und Arbeitsmilieu Segregation hintangehalten haben, die erst jetzt im Zuge der Transformation vom Plan zum Markt wieder zunimmt.

Städte sind dreidimensionale Gebilde. Diese Aussage gilt auch für die vertikale Segregation von Gesellschaft und Nutzung, welche jedoch zum Unterschied von der baulichen Kubatur nicht über institutionelle normative Planungsparameter bestimmt wird.

3.2 Politisch-administrative Determinanten

3.2.1 Politische Systeme: Grundsätzliche Feststellungen

Im Kapitel 2 wurde auf die Bodenpreis-Theorie und die sozialökologische Theorie eingegangen. Beide Theorien stammen aus Nordamerika und enthalten implizit das ***Gesellschaftsverständnis des Privatkapitalismus***, das folgendermaßen zu kennzeichnen ist:

- Die weitgehende Konkurrenz auf allen Ebenen der Wirtschaft bildet die Basis der gesellschaftlichen Normen. Hohe Effizienz, Produktivität, Spekulations- und Risikofreudigkeit sind allgemeine Leitlinien für den „American way of life".
- Bei jedem einzelnen Mitglied der Gesellschaft werden ebenso selbstverständlich wie bei jedem Unternehmen Renditedenken und Gewinnmaximierung vorausgesetzt.
- Gleichzeitig garantiert der Liberalismus jedem Mitglied der Gesellschaft, ebenso aber auch jedem Betrieb, die freie Standortwahl.
- Die kontinuierliche Anpassung an den Markt erfordert ein extrem hohes Maß an Mobilität der Produktionsfaktoren Kapital und Arbeit. Grund und Boden unterliegen im Besitztransfer praktisch kaum Restriktionen.
- Eine hohe horizontale und vertikale Mobilität der Bevölkerung führt zu einer starken Entmischung und damit zu Segregation nach sozialen, demographischen und ethnischen Kriterien sowie nach Lebensstilen.
- Die Segregation wird ferner gefördert durch die auf dem Realitätenbesitz ruhenden Lokalsteuern als Grundlage für die Finanzierung des Schulwesens (vgl. unten).
- Aufgrund eines konsequenten Renditedenkens werden Kapitalinvestitionen nur solange getätigt, als der Marktwert von Objekten steigt. Daraus entsteht das Dilemma der Kernstädte, in deren abgewohnten Baubestand weder Banken noch Hausbesitzer zu investieren bereit sind. In einem Staat, in dem Grund und Boden noch nicht zu den knappen Ressourcen zählen, ist derart eine Stadterneuerung als flächenhafter Prozeß nur schwer in Gang zu setzen (vgl. unten).
- Dem öffentlichen Sektor obliegen die Aufgaben, welche vom Markt nicht wahrgenommen werden, da sie keine Gewinne erbringen. In einer von der Vorzüglichkeit der freien Marktwirtschaft überzeugten Gesellschaft wird daher von den tragenden Mittelschichten sorgfältig darauf geachtet, daß dieser an sich schmale Aufgabenbereich nicht erweitert wird.

Die sozialen Wohlfahrtsstaaten Kontinentaleuropas unterscheiden sich durch eine Reihe von Merkmalen von Nordamerika:

- Die Top-down-Struktur einer hierarchisch tief gegliederten und gleichzeitig sektoral aufgeteilten Administration geht bereits auf das Zeitalter des aufgeklärten Absolutismus zurück und erhielt in den liberalen Revolutionen die Gemeindeautonomie als kleinteilige Plattform.
- Anders als in den USA zählen die technische Infrastruktur (Verkehr, Versorgung und Entsorgung) und die soziokulturelle Infrastruktur (Erziehung, Forschung,

kulturelle Einrichtungen, soziale Einrichtungen) zum Aufgabenbereich der öffentlichen Hand. Besonders wichtig ist der ausgeprägte Pluralismus der Verkehrstechnologie (innerstädtischer Autobahnbau versus U-Bahn-Bau; in jüngster Zeit Ausbau von Fahrradwegen). Dadurch entstehen Subsysteme im Hinblick auf die Standortwahl der Betriebe und der Bevölkerung.

- Zur Basisideologie der sozialen Wohlfahrtsstaaten gehört die *sozialen Chancengleichheit*. Dadurch wird der Bevölkerung ein beachtliches „social overhead" garantiert und gleichzeitig das Risiko des einzelnen, aber ebenso auch seine Risikofreudigkeit reduziert.
- Die Bemühungen um eine Stabilisierung des Arbeitsmarkts und der relativ hohe Anteil der Beschäftigten im öffentlichen Sektor reduzieren die berufliche Mobilität im Vergleich zu den USA.
- Durch die Segmentierung der nationalen Wohnungsmärkte werden mehr oder minder große Teile aus dem Markt herausgenommen. Eine teilweise Immobilisierung der Bevölkerung ist die Konsequenz.
- Es bestehen Tendenzen zur Abschöpfung des Spekulationsgewinns bei Grund und Boden, darunter des sogenannten „Planungsmehrwerts". Restriktionen der Flächennutzung sind die Regel. Der hohe Anteil des öffentlichen Besitzes stellt ein immobilisierendes Element dar.

Der ***Staatskapitalismus*** östlicher Prägung hat in den Städten eine Erbschaft für die nächsten Jahrzehnte hinterlassen. Ein Rückblick erscheint angebracht.

- Zentralistische Zuteilungsstrategien und kollektive Denkschemata haben eine rigoros arbeitende Stadtplanung erzeugt. Das integrierte Paket von Massenverkehrsmitteln und Massenmietshäusern kam in erster Linie den Kernstädten zugute. Eine Suburbanisierung im westlichen Sinne in Form der Privatisierung des Wohnens ist – von Polen und Ungarn abgesehen – nur in Form des Zweitwohnungswesens toleriert worden (Datscha).
- Die zentralistische Planwirtschaft reglementierte durch neue Gesetze die Bodenpolitik, die Wohnungspolitik und die Wirtschaftspolitik in allen ehemaligen Ostblockstaaten. Durch die Verstaatlichung von Grund und Boden wurde das Hindernis, welches Privateigentum für eine umfassende Planung darstellt, ausgeschaltet. Damit wurde auf eines der mächtigsten Instrumente der Bildung von Kapital – mittels Bodenspekulation und steigender Bodenpreise – verzichtet.
- Aufgrund der Trägheitseffekte staatlicher Planungssysteme kam es vielmehr zur Anwendung eines *Reserveprinzips*, d.h. sowohl bei der Gesamtfläche einer Stadt als auch bei der Ausgrenzung von Nutzungen wurden stets Reserven einkalkuliert, derart wurde bei Eingemeindungen eine Vorsorgepolitik für künftiges Stadtwachstum betrieben, ebenso bei der Ausgrenzung von Nutzflächen für Produktionsbetriebe. Auch die einzelnen Betriebe waren bestrebt, möglichst viel Fläche zugewiesen zu erhalten. Diesem großzügigen Umgang mit Stadtfläche stand jedoch andererseits eine äußerst sparsame Zuweisung von Wohnfläche an den einzelnen Haushalt gegenüber. Eine funktionelle Minimierung des Bewegungsraums kennzeichnete dabei den Zuschnitt der Wohnräume. *Der private Raum unterlag insgesamt einem Minimierungsprinzip.*

• *Die Annullierung der Lagerente* konnte die unterschiedliche Lagequalität der Standorte jedoch nicht beseitigen, vielmehr haben große staatliche Wirtschaftsunternehmen auf dem Industriesektor wie auf dem Sektor des Einzelhandels eine spezifische Standortpolitik betrieben, welche Analogien zu stadträumlichen Allokationsstrategien von Privatfirmen im Westen aufwies.

• Bei den Munizipalbehörden in allen ehemaligen Ostblockstaaten bestand ferner eine doppelte Unterordnung hinsichtlich des Planungsspielraums. In der Horizontalen waren sie an die Weisungen der politischen Kader gebunden und im vertikalen Staatsaufbau von den Richtlinien und Mittelzuweisungen der staatlichen Ministerien abhängig.

• Eine nationalisierte Wohnungsbewirtschaftung mittels strikter Standards, getragen von einer interventionistischen Sozialpolitik, ersetzte die Mechanismen des kapitalistischen Wohnungsmarktes. Die Nationalisierung betraf den gesamten Mietshausbestand und selbstverständlich auch alle Betriebsobjekte. Das Motto der staatlichen Wohnungspolitik lautete: *Jedermann hat ein Recht auf eine staatliche Niedrigmietenwohnung.* Entsprechend der Einbeziehung der Wohnung in das „social overhead" wurden die Mieten auf Anerkennungsbeträge von rund 5% der Einkommen herabgesetzt. Gleichzeitig unterlag der Wohnungsbestand einem rigiden Zuteilungssystem.

Die ***Transformation vom Plan zum Markt*** hat in den postsozialistischen Staaten den politischen Bedingungsrahmen grundstürzend geändert.

Folgendes ist festzuhalten:

• Nach dem Wegziehen der kommunistischen Decke kommen die historischen Strukturen von Metropolen wieder zum Vorschein. Anders ausgedrückt, mit der Rückkehr der Lagerente kommt die historische sozialökologische Differenzierung wieder zum Tragen.

• Das im Einzelfall unterschiedliche sozialistische Erbe wird langfristig als persistente Struktur weiterwirken. In negativer Hinsicht gilt dies für den schlechten Bauzustand der gründerzeitlichen Stadtgebiete und die schlecht gebauten Großwohnanlagen des Stadtrandes, in positiver Hinsicht für den öffentlichen Verkehr, vor allem die U-Bahnlinien.

• Die einzelnen Staaten folgen verschiedenen politischen Modellen des Westens, z. B. Tschechien dem neoklassischen Modell der USA, Ungarn dem Modell der sozialen Marktwirtschaft. In allen Staaten ist eine administrative Reform mittels Aufbau von Lokalbehörden und Abbau des Zentralismus erfolgt.

• Die Primatstädte der Staaten können als Transformationsgewinner bezeichnet werden. Hierbei ist das Investitionsverhalten des ausländischen Kapitals entscheidend. 62% der Auslandsinvestitionen konzentrierten sich (1995) auf Budapest, 61% auf Bratislava, 40% auf Prag und rund 40% auf Warschau (FASSMANN 1997: S. 27). Nur in den Hauptstädten wird ausländisches Kapital den quartären Sektor aufbauen. Nur in ihnen hat ein größerer Teil der Arbeitsbevölkerung die Chance, Ausbildung in ein marktfähiges Gut zu verwandeln.

- Mit der Liberalisierung ist eine neue Citybildung ebenso aber auch eine neue Slumbildung in den Metropolen in Gang gekommen. Gemäß der Polarisierungsthese bildet sich eine neue plutokratische Oberschicht, während synchron dazu die aus den westlichen Großstädten bekannten sozialen Desorganisationsphänomene rasch bedeutende Ausmaße erreichen. Das Entstehen einer Eindrittelgesellschaft ist zu erwarten, d. h. daß zwei Drittel der Gesellschaft aus der kargen Sicherheit der sozialistischen Planwirtschaft in die Unsicherheit und Risken des Marktes transferiert werden und mehr als die Hälfte mit einer „neuen Armut" konfrontiert werden wird.
- Damit ist ökonomisch und sozial die metropolitane Entwicklung als eine neue Gründerzeit zu interpretieren.

3.2.2 Die Bedeutung der administrativen Organisation

In den politischen Systemen bestehen unterschiedliche Machtteilungen zwischen Gesamtstaat und unteren territorialen Einheiten.

Für die ***europäische Stadtentwicklung*** war es von entscheidender Bedeutung, daß die liberale Gemeindeverfassung des 19. Jahrhunderts die mittelalterliche Organisationseinheit der Stadtgemeinde übernommen und als wesentlichen Baustein des Staates sogar mit einer erweiterten Autonomie ausgestattet hat.

Dadurch entstand die enorme größenmäßige Kluft zwischen der großen Stadt (Kernstadt) und der Vielzahl kleiner Gemeinden im Umland, soweit nicht, wie in Großbritannien, eine durchgreifende Reform der administrativen Landkarte erfolgt ist. Die Umlandgemeinden besitzen, ebenso wie die Stadtgemeinde, ein eigenes Budget, Verfügungsrecht über Standortzuweisungen (damit zum Großteil Flächennutzungspläne) und haben auch sonst ähnliche Aufgaben im Hinblick auf die Versorgung mit sozialer und technischer Infrastruktur. Es ergibt sich daraus, daß entsprechend den Intentionen der lokalen Eliten und Parteifunktionäre und den vorherrschenden wirtschaftlichen Aktivitäten und Besitzstrukturen sehr unterschiedliche Entwicklungsstrategien verfolgt werden können.

Der ***Staatssozialismus*** hat die Gemeindeverfassung als politische Institution beseitigt. Vielfach wurden die Gemeinden zu neuen administrativen Großeinheiten zusammengelegt, so z. B. im damaligen Jugoslawien zu solchen mit 50000 und mehr Einwohnern.

Die Effekte des Staatssozialismus und die Neuorientierung in den postsozialistischen Staaten im Vergleich zu den sozialen Wohlfahrtsstaaten Westeuropas können am Beispiel von Wien und Prag demonstriert werden, zwei Städten mit einer langen gemeinsamen Geschichte in der k.u.k. Monarchie, die in der Nachkriegszeit durch den Eisernen Vorhang getrennt waren (vgl. Abb. 3.1).

Die administrative Reform in der Nachkriegszeit in ***Prag***, welche mit mehreren Eingemeindungen verbunden war, belegt die grundsätzliche Zielsetzung der kommunistischen Regime, historisch-topographische Einheiten zu eliminieren, um eine territorial möglichst homogen strukturierte „sozialistische" Stadtgesellschaft zu erzeugen.

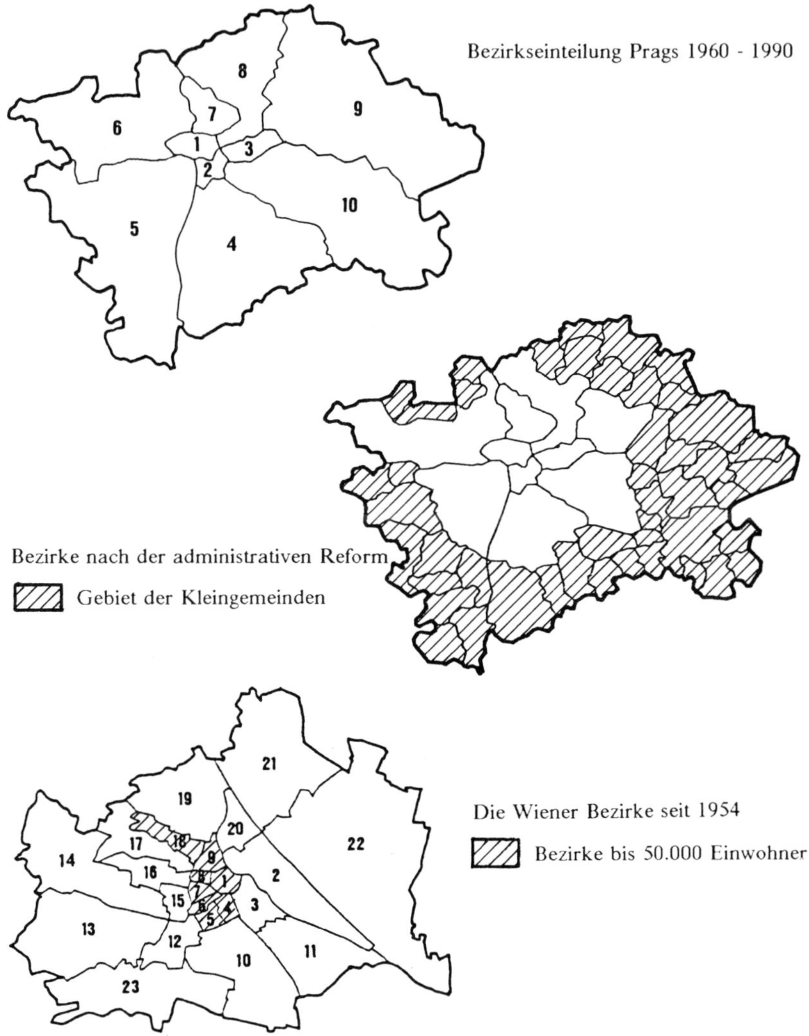

LICHTENBERGER 1993, S. 153.

Abb. 3.1:* *Die Prager administrative Gliederung vor und nach der Reform 1990 und die Wiener Bezirke

So wurden 1960 die bestehenden 16 Stadtbezirke auf 10 reduziert, die nur mehr Nummern und keine Namen erhielten. Die 1968 und 1974 angegliederten Siedlungen wurden diesen Bezirken zugeordnet. Unmittelbar nach dem politischen Umsturz wurde im Oktober 1990 eine neue administrative Gliederung für Prag beschlossen und die vor den Eingemeindungen im Weichbild bestehende Gemeindestruktur zum Großteil wiederhergestellt. Die derzeitige administrative Stadtkarte von Prag bietet ein Amalgam von kommunistischen, egalitären Raumordnungsprinzipien und lokalen Separatismen einer vorindustriellen Landkarte.

Vergleichen wir ***Wien***. Bei der Wiener Bezirksgliederung handelt es sich um eine ins 19. Jahrhundert zurückreichende Zusammenfassung von älteren historisch-topographischen Einheiten (Vorstädten, Vororten) nach sozioökonomischen Kriterien. Schon in der Gründerzeit wurden die Bezirke als mittlere Ebene der Verwaltung mit eigenem Amtsgebäude und administrativen Funktionen ausgestattet. Sie erhielten jedoch keine Planungshoheit und ebensowenig die für die Durchführung von Maßnahmen notwendigen Mittel. Andererseits stellen sie im Bewußtsein der Bevölkerung lebensräumliche Einheiten dar. Vermittlung von Namen und Eckdaten der Wiener Bezirke zählt zum heimatkundlichen Lehrgut der Volksschulen.

Budapest bietet ein Beispiel für eine postsozialistische Metropole, in der keine territorialen Änderungen erfolgt sind, jedoch *im Sinne der politisch-administrativen Reform*

→ *das Eigentum,*
→ *die Planungskompetenz,*
→ *die Finanzen und*
→ *die Entscheidungskompetenz zwischen der Hauptstadt und den Bezirken geteilt* wurden. Die 22 Bezirke von Budapest befinden sich nunmehr im Rang von Munizipalbehörden, haben damit einen eigenen Bürgermeister und Räte und sind in der Entscheidungsfreiheit weitgehend mit der Hauptstadtbehörde gleichgestellt, welche für Verkehr, Wasser und Müllentsorgung verantwortlich ist. Die Bezirke sind somit analog zu den „local states" in Nordamerika als selbständige Lokalbehörden mit Autonomie ausgestattet. Sie können eigene Flächenwidmungspläne aufstellen, Betriebe und Wohnungen verkaufen und eine spezifische Wohnungspolitik betreiben. Nichtsdestoweniger bestehen bisher wesentliche Unterschiede: Es ist nämlich keine Privatisierung des Schul- oder Spitalswesens erfolgt und die Bezirke in Budapest sind in Hinblick auf Fläche und Einwohnerzahl wesentlich größer als die Lokaldistrikte in amerikanischen Metropolitan Areas. Das aus den sozialen Wohlfahrtsstaaten geläufige Dilemma der Stadtbehörden, sowohl die öffentlichen Interessen zu schützen als auch die Privatwirtschaft nicht zu behindern, ist damit weitgehend von der gesamtstädtischen auf die Bezirksebene verschoben worden.

Nun zu ***Nordamerika***. Hier fehlt die Gemeindeverfassung, von Ansätzen in den Neuenglandstaaten abgesehen. Dem Township-System der ländlichen Streusiedlung blieb eine Verankerung im politisch-administrativen Aufbau des Staates versagt. Die zweigliedrige politisch-administrative Struktur besteht aus den Bundesstaaten und den Counties, deren untere Größenordnung, von sehr dünn besiedelten Staaten abgesehen, bei etwa 50000 Einwohnern anzusetzen ist. Der Wirkungsbereich von Counties ist jedoch sehr viel bescheidener als jener der europäischen Gemeinden, so haben sie z. B. keine Funktionen als Baubehörde.

Das zentralisierte Verwaltungssystem europäischer Städte fehlt den amerikanischen Kernstädten, mit Ausnahme von Texas und Indianapolis, Indiana, sie sind vielmehr wie der gesamte Verwaltungsaufbau der Metropolitan Areas in eine Vielzahl von administrativ souveränen Lokalbehörden („towns, villages, cities"), Schuldistrikten und anderen Verwaltungsdistrikten zersplittert. Die komplizierte Verwaltungsstruktur sei am Beispiel von Chicago illustriert: Das Stadtgebiet gehört zwei Staaten an (Illinois und Indiana), ferner 6 Counties; es besteht aus 108 „Civil Townships", 419 „School Districts" und 235 „Special Tax Districts".

Tabelle 3.1 bietet eine Übersicht über den Zusammenhang zwischen der Größe der Metropolitan Areas und der Zahl derartiger Lokalbehörden.

Tabelle 3.1: Stadtgröße und Anzahl der Lokalbehörden in den Metropolitan Areas

Größenklasse der SMSAs (1960)	*Zahl der SMSAs*	*Zahl der Lokalbehörden (1962)*	*Durchschnittl. Zahl der Lokalbehörden*
insgesamt	212	18.422	87,0
1 Million und mehr	24	7.227	301,0
500.001 - 1 Million	29	2.857	98,5
300.001 - 500.000	28	2.146	76,6
200.001 - 300.000	41	3.141	76,6
100.001 - 200.000	68	2.540	37,4
50.000 - 100.000	22	531	24,1

Die Gliederung dieser Lokalbehörden zeigt die folgende Tabelle.

Art der Lokalbehörden	*Zahl in den SMSAs 1962*	*Prozentsatz*
insgesamt	18.422	100,0
Schuldistrikte	6.004	32,5
spezielle Distrikte	5.411	29,3
Munizipalbehörden	4.142	22,5
Towns und Townships	2.575	14,0
Counties	310	1,7

BOLLENS und SCHMANDT 1965, S. 147.

In den als „communities" bezeichneten Lokalbehörden herrscht mehrheitliche und direkte Abstimmung über Details des täglichen Lebens, darunter Flächenwidmung, Schulhoheit, Grundsteuereinhebung und Gemeindebudget. In der Regel erheben alle selbständigen Gemeinden eigene Steuern zur Finanzierung von Schulen, Polizei, Feuerwehr, Müllabfuhr u. dgl. Gelegentlich kooperieren mehrere Gemeinden bei Wasserversorgung und Abwässerentsorgung, Feuerwehr, Zentralschulen usw.

Städte sind wachsende räumliche Gebilde. Mit ihrer Expansion über die Stadtgrenzen hinweg hat in vielen Staaten die ***administrative Stadterweiterung*** nicht Schritt gehalten.

Hinsichtlich der Eingemeindungspolitik von Staaten stehen einander zwei Extreme gegenüber, zwischen denen verschiedene Übergänge vorhanden sind:

1. *Die vorauseilende Eingemeindungspolitik*, bei der sehr große Flächen unverbautes Land als Baulandreserven angegliedert werden. Diese Politik wurde im allgemeinen in der Gründerzeit praktiziert, beschränkte sich aber seit dem Ersten Weltkrieg auf totalitäre Systeme (NS-Regime, kommunistische Staaten).
2. *Die restriktive Eingemeindungspolitik*, durch die eine Versteinerung historischer Stadtgrenzen erfolgt.

Festzuhalten ist, daß bei Eingemeindungen stets zwei Kontrahenten einander gegenüberstehen, welche zumeist unterschiedliche Interessen verfolgen, nämlich die Kernstädte und die Gemeinden des Umlandes. Gemeinden mit guter Wohnqualität und höherem Sozialstatus wehren sich gegen Eingemeindungsbestrebungen von seiten der Kernstädte, vor allem dann, wenn in diesen untere Sozialschichten bzw. andere Ethnien den Ton angeben. Nordamerika setzt für diese Situation die Szene. Umgekehrt ist die soziale Situation in Paris und in anderen Städten Kontinentaleuropas – wo die Städte selbst wenig daran interessiert sind, Infrastrukturleistungen für die einzugemeindenden Vorstädte und Vororte übernehmen zu müssen und dafür nur soziale Problemgebiete mit armer Bevölkerung zu erhalten.

Andererseits besteht aufgrund der Flächenknappheit auf dem Stadtgebiet die Tendenz, unerwünschte Infrastruktureinrichtungen und störende Industriebetriebe sowie marginale Bevölkerungsgruppen in das Umland abzuschieben. Damit wird vielfach die Entwicklung eines *fringe-belts* (Conzen 1981) von vorindustriellen Städten mit Fabriken, Schlachthöfen, Friedhöfen, Mülldeponien, Flugplätzen usw. in der Gegenwart fortgesetzt. Stadtgrenzen akzentuieren sich in der Gegenwart ebenso wie in der Vergangenheit als sozioökonomische und bauliche Grenzen. Das wohl großartigste Beispiel auf dem Kontinent bildet Paris, wo jeder Autofahrer, der den Boulevard Peripherique (identisch mit der Stadtgrenze) benützt, die mit Ausländermärkten besetzte Trennlinie zwischen der Kernstadt und den Vororten mit „pavillons" und „grand ensembles" eindrucksvoll erleben kann.

Die Notwendigkeit zur Schaffung entsprechender administrativer Organisationsstrukturen für Agglomerationen wird zwar in der wissenschaftlichen Literatur ganz allgemein anerkannt, sie ist jedoch in der politischen Praxis – mit Ausnahme von Großbritannien – bisher nur in Einzelfällen durchzusetzen gewesen. Dies hat gute Gründe: Eine durchgreifende Reform der administrativen Landkarte wäre hierzu erforderlich, so daß derartige administrative Planungsverbände für Agglomerationen auch mit Rechtshoheit und Budgetmitteln ausgestattet werden könnten. Dem steht die Realität der Planung in Kontinentaleuropa gegenüber, wo der historische Stadt-Land-Gegensatz noch in den Organisationsformen der Regionalplanung und Stadtplanung fortlebt. In der Praxis bestehen dadurch zumeist nur Verbände für bestimmte Sektoren, insbesondere den Verkehr.

3.2.3 Die Rolle der Steuersysteme für die Entwicklung von Städten

Die entscheidende Rolle der Steuersysteme für die Entwicklung von Städten und Suburbs ist bisher im internationalen Vergleich nicht untersucht worden. Im folgenden können daher nur einige Aspekte geboten werden. Grundsätzlich ist davon auszugehen, daß in allen Staaten Anteile des Bruttonationalprodukts vom Staat zurückbehalten werden. Sektorale Verwendung ebenso wie Zuweisungsprinzipien an verschiedene administrative Ebenen (Länder, Gemeinden) sind unterschiedlich, dementsprechend auch die Budgets von Städten.

Zunächst die Situation in den ***USA***. Die dortige Steuerstrategie unterscheidet sich durch zwei Instrumente wesentlich von der der sozialen Wohlfahrtsstaaten:

● Es werden massive Steuernachlässe bei der Einkommensteuer für Hypothekenrückzahlungen und Hypothekenzinsen gewährt. 1982 betrug dieser Steuernachlaß 39 Milliarden Dollar und war somit größer als das gesamte Budget des Federal Department of Housing and Urban Development. 75% des Nachlasses kamen nur 19% der Steuerzahler mit einem Einkommen von über 30000 Dollar jährlich zugute (!). Die Steuerideologie der Förderung von mittleren und oberen Einkommensbeziehern sowie die Förderung des Einfamilienhausbaus sind damit eindrucksvoll dokumentiert (Dreier 1984).

● Die von den Lokalbehörden eingehobenen Steuern basieren in der Regel auf Gewerbesteuern der ansässigen Betriebe, mit ca. 35% der Einnahmen, und Haus- und Grundsteuern, mit ca. 61%. Diese bilden bis heute den Hauptpfeiler für das Budget der lokalen Behörden und beruhen auf dem Marktwert des individuellen Grund- und Hausbesitzes der Einwohner. Je höher der durchschnittliche Wert der Eigenheime ist, desto mehr Aufwand kann in Hinblick auf die Qualität der Schulen bzw. des Polizeischutzes betrieben werden. Da aus der Lokalsteuer die Schulen erhalten werden, ist die Tendenz der Bevölkerung eines Suburbs mit mittleren und oberen Einkommensbeziehern verständlich, den Zuzug einkommensschwacher Schichten abzuhalten. Für Sonderprojekte, z. B. einen Schulneubau, kann, wenn die Bürger zustimmen, die Grundsteuer auf eine festgelegte Zahl von Jahren erhöht werden. Darüber hinaus gibt es das Recht

→ lokale Verkaufssteuern,

→ Aufschläge auf Hotelübernachtungen und

→ Flughafengebühren für Reisende zu erheben. Die dadurch garantierte fiskale Unabhängigkeit ermöglicht die „grass-roots democracy“ Amerikas (Holzner 1996, S. 107).

Die ***europäische Situation*** weist dazu folgende wesentliche Unterschiede auf:

● Die Steuernachlässe für Hypotheken auf Einfamilienhäusern sind, verglichen mit Nordamerika, relativ bescheiden und zumeist nicht nach dem Einkommen gestaffelt. Ein Boom der Errichtung von Einliegerwohnungen wurde in der Bundesrepublik Deutschland durch eine spezifische Steuergesetzgebung ausgelöst.

● Die massive gesetzliche Wohnbauförderung mit extrem niedrigen Zinssätzen in der Nachkriegszeit ist in erster Linie der Errichtung von Apartmenthäusern zugutegekommen, und zwar sowohl dem Bau von Eigentumswohnungen als auch von Genossenschaftswohnungen.

- In Europa sind durch die Inflation im Zusammenhang mit zwei Kriegen die auf dem Haus- und Grundbesitz lastenden Steuern vielfach zu reinen Anerkennungsgebühren abgesunken. Es wird als „immanenter Strukturmangel" hingenommen, daß Wohngemeinden im Umland von Städten große Schwierigkeiten haben, ihre öffentlichen Aufgaben zu erfüllen, denn die Grundsteuer erbringt selbst dort, wo Mittel- und Oberschichten wohnen, nur geringe Erträge für das Gemeindebudget. Verschiedenste Zuweisungsarrangements bezüglich der Steuern (wie Gewerbesteuer, Lohnsummensteuer) in Form eines Ausgleichs zwischen Arbeitsstättenzentren und Wohngemeinden versuchen dieses Manko zu beheben.

Politiker und Bevölkerung haben in den letzten beiden Generationen vergessen, daß in der Gründerzeit auch in Europa die auf dem Grund- und Hausbesitz lastenden Steuern eine wesentliche Säule des Steueraufkommens waren. Derart entfielen zum Beispiel in der österreichisch-ungarischen Monarchie 40% der Einnahmen des Staates auf die sogenannte *Hauszinssteuer.* Damals war es leicht möglich, mittels *Steuerfreijahren* die private Bautätigkeit sehr stark anzukurbeln. Steuerfreijahre waren im Liberalismus auch ein Schrittmacher für die Vertreter der Wirtschaftscity beim Umbau der Innenstädte. Steuernachlässe motivieren heute in den USA die Privatwirtschaft wiederum, mittels „Urban-redevelopment"-Programmen massiv in der Downtown zu investieren.

3.2.4 Kommunale Aufgaben und Einrichtungen

Für die räumliche Organisation von Städten ist es von entscheidender Bedeutung, ob und inwieweit die Aufgabenbereiche der technischen und sozialen Infrastruktur in der Hand der Privatwirtschaft bzw. in der des Staates oder in der von Kommunalbehörden liegen, da nur in letzterem Fall die Möglichkeit besteht, Defizite bei der Erbringung von Leistungen aus dem Steueraufkommen zu decken und diese damit in das „social overhead" einzubeziehen.

In den ***europäischen Städten*** zählen die meisten Einrichtungen der technischen und sozialen Infrastruktur zum kommunalen Aufgabenbereich, dessen Umfang im Prinzip auf die mittelalterliche Bürgergemeinde zurückgeht. Mit der Subordination der Stadt unter den Verwaltungsapparat des absolutistischen Staates wurden viele Aufgaben von der staatlichen Bürokratie übernommen. Die Errichtung kultureller Institutionen, wie Universitäten, Museen, Theater, wurde ebenso wie die von sozialen Einrichtungen, Spitälern, Waisenhäusern und dgl., eine Verpflichtung des Herrscherhauses. Die neuen Errungenschaften des technischen Städtebaus im 19. Jahrhundert blieben zunächst in der Hand der Privatwirtschaft. Erst mit dem *Munizipalsozialismus* der Jahrhundertwende, dessen Ideen zuerst in Wien von Bürgermeister LUEGER konzipiert wurden, begann ein neues Kapitel der Kommunalpolitik. Die *Verstadtlichung* der Massenverkehrsmittel und anderer städtischer Versorgungseinrichtungen, wie der Gas- und Elektrizitätswerke, rollte in Wien zu Beginn des 20. Jahrhunderts noch als spektakuläres Ereignis ab. Recht unauffällig vollzog sich die Nachahmung im Laufe der Zwischenkriegszeit über Europa hinweg. In vielen Fällen wurden die Stadtbehörden auch zum größten Unternehmen in der von ihnen verwalteten Stadt (Sparkassen, Baugesellschaften usw.).

Die Gemeinnutzenpolitik von öffentlichen Dienstleistungen und die Sozialtarife bilden einen Pfeiler der Kommunalpolitik, Wohlfahrtsprogramme den zweiten. Sie umfassen Schulen, Spitäler, Erholungsanlagen und einen umfangreichen sozialen Wohnungsbau. Die Zahl der Programme kann meist nicht aus dem regulären Budget realisiert werden, die Städte müssen Anleihen aufnehmen. Eine hohe Verschuldung ist die Regel.

In ***Nordamerika*** sind die Infrastrukturleistungen im wesentlichen in der Hand von Privatunternehmen verblieben, vielfach Großbetrieben, wie bei der Wasser- und Stromversorgung, die häufig sogar mehrere Staaten umspannen bzw. wie die Bell-Company das Telephonwesen des Gesamtstaates in der Hand haben. Derartige Unternehmen sind in ihrem räumlichen Interessenbereich daher auch nicht mit irgendwelchen Metropolitan Areas identisch. Sehr spät, im wesentlichen erst nach dem Zweiten Weltkrieg, hat das Federal Government verschiedene Subventionsprogramme gestartet, darunter solche zur Aufrechterhaltung des Betriebes von U-Bahnen. Eine massive Investitions- und Subventionspolitik zugunsten der öffentlichen Verkehrsmittel, wie sie in den Stadtentwicklungsprogrammen europäischer Groß- und Millionenstädte an der Tagesordnung ist, fehlt jedoch. Der Zusammenbruch der Massenverkehrsmittel hat derzeit bereits, von den Mittelstädten ausgehend, die Ebene von Millionenstädten erreicht. Umgekehrt können wir feststellen, daß in Europa in zahlreichen Halbmillionenstädten in der Nachkriegszeit U-Bahnen errichtet wurden.

Private bzw. kommunale ***Infrastruktureinrichtungen*** sind in verschiedenen Teilen der Stadt verortet. Dort, wo der städtische Magistrat Kosten und Verantwortung für die technische Infrastruktur trägt, bedeutet dies in der Regel eine vom Zentrum zu den Rändern hin vorstoßende Aufschließung, die in vielen Fällen (vor allem in Südeuropa) eine Unterversorgung im Weichbild der Stadt zur Folge hat. Allerdings entstehen auch hier in den letzten Jahrzehnten neue Netze.

Abb. 3.2 demonstriert am Wiener Beispiel die seinerzeit vorbildliche Gasnetzstruktur des technischen Städtebaus der Gründerjahre und die aktuelle duale „Standortpolitik" der Kommunalverwaltung, welche das Fernwärmenetz mit den Standorten der kommunalen Großwohnanlagen im Süden und Osten verbindet und ebenso das Stadtzentrum versorgt.

Gerade aus Gründen der nach außen hin abnehmenden technischen Ausstattungsqualität besteht bis zur Gegenwart herauf, besonders in den sozialistischen Staaten, aber auch in Südeuropa, die Tendenz, die Neuverbauung möglichst eng an die bereits bestehende geschlossene Verbauung anzuschließen und damit die vorhandenen Versorgungseinrichtungen zu nutzen.

In den USA ist im Hinblick auf die räumliche Qualität der Infrastruktur die Situation zumeist umgekehrt. Die Fortschritte der technischen Ausrüstung von Siedlungen kommen zuerst den jeweils jüngsten Suburbs zugute. Dort gehört ein guter technischer Standard, d. h. die Einbringung von unterirdischen Leitungsnetzen, zum fertigen Paket des Wohnangebots für mittlere und höhere Einkommensbezieher von sei-

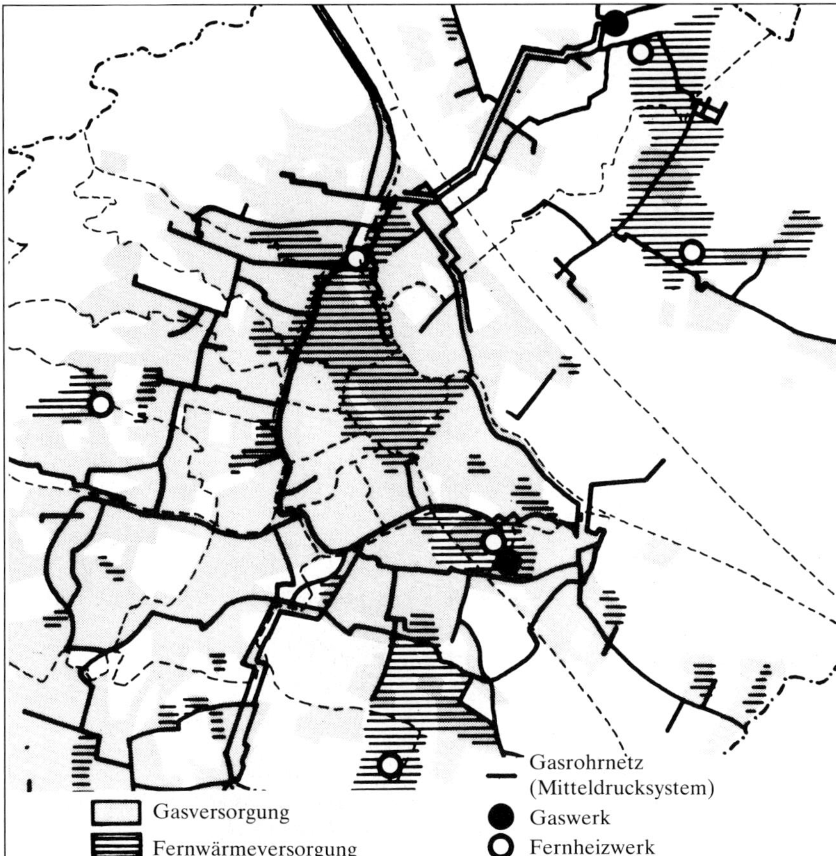

Abb. 3.2: Dualismus der Infrastruktureinrichtungen in Wien (Gasrohrnetz und Fernwärme in Wien 1981)

ten der Privatwirtschaft. Dieselben Privatunternehmer sind jedoch nicht bereit, in den vom Niedergang bedrohten Kernstädten Investitionen zu tätigen.

Unter den Einrichtungen der sozialen Infrastruktur hat das ***Schulwesen*** für die sozialräumliche Gliederung von Städten besondere Bedeutung. In den meisten *europäischen Staaten* ist es heute die Regel, daß die städtischen Behörden, in Aufgabenteilung mit dem Staat, das Erziehungswesen übernommen haben und einheitliche Gehaltsschemata sowie Lehrpläne für den Gesamtstaat bzw. für die Länder, wie in der Bundesrepublik Deutschland, Gültigkeit besitzen.

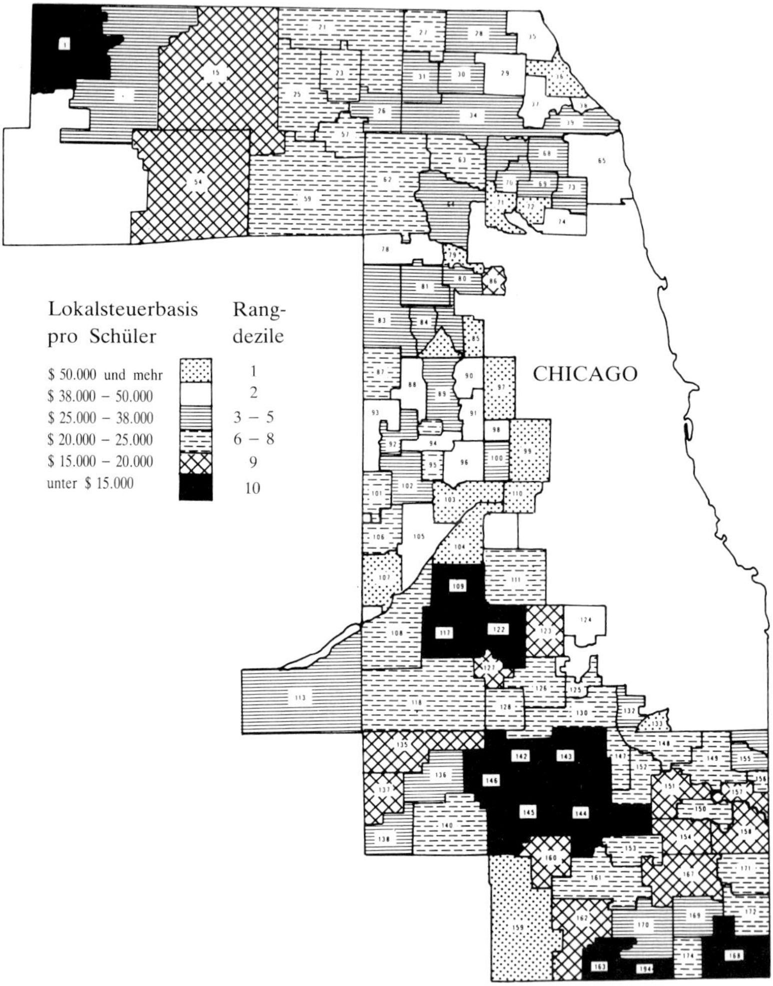

MORRILL 1974, S. 230.

Abb. 3.3: Lokalsteuersatz für Volksschulen im Umland von Chicago (Cook County) 1966

Anders ist die Situation in den *USA*. Hier wird, wie bereits ausgeführt, das Privatschulwesen von der Lokalsteuer erhalten. Die Steuerkraft des jeweiligen Schuldistrikts ist derart vom Einkommensniveau der Wohnbevölkerung abhängig. Aufsicht und Finanzierung der Schulen in den USA unterliegen der Kontrolle der ansässigen

Steuerzahler durch einen direkt gewählten „school board", der nur den Gemeindebürgern verantwortlich ist und über die Anstellung der Lehrer, Direktoren, Lehrpläne u. dgl. entscheidet. Die dabei zur Anwendung kommende Steuerrate („tax levy)" wird von der Bevölkerung jedes Jahr mehrheitlich und direkt bestimmt. Die enorme Spannweite der Steuerbasis pro Volksschüler in den Schuldistrikten des Cook County, Chicago (vgl. Abb. 3.3) demonstriert die steuerpolitische Fragmentierung und die Steuerdiskriminierung.

Da es zu den Verhaltensnormen von Mittelstandsamerikanern zählt, ihren Kindern eine möglichst gute Erziehung zu vermitteln, sind sie bestrebt, die Suburb aufzusuchen, deren Wohnstandard sie sich gerade noch leisten können. Auf diese Weise wird das Schulsystem zu einem der entscheidenden Faktoren der Segregation, während andererseits in Europa (allerdings auch nur) das Volksschulwesen eine integrative Funktion besitzt. Ausweichtendenzen von Eliten in spezielle private (und auch staatliche) höhere Schulen sind in gewissem, von Staat zu Staat unterschiedlichem Maß, auch in Europa vorhanden.

3.2.5 Bodenrecht – Bodenpolitik – Bodenmarkt

Als immanentes Thema von großer politischer Brisanz zieht sich die Bodenfrage, d. h. die Diskussion über die Eigentumsverhältnisse an Grund und Boden, durch die gesellschaftspolitische und planungsorientierte Literatur. Bodenpolitik war und ist ein integrierter Bestandteil der normativen Zielsetzungen und legistischen Regulierungen von Stadtplanung und Raumordnung. Bodenpreistheorien zählen zum Standardrepertoire der Lehrbücher der Stadtgeographie.

In ***Europa*** bietet das liberale Bodenrecht den verfassungsrechtlichen Schutz des Eigentums, das in den Grundbüchern fixiert ist und im Liegenschaftsverkehr der öffentlichen Administration untersteht. Im wesentlichen ist das *Grundstücksrecht* ein Teil des Sachenrechts. Derart bilden Realitäten die Grundlage für das Pfandrecht und gleichzeitig für Kredite. Die Entstehung der Hypothekenbanken hängt damit zusammen, die im Verein mit Bausparkassen usw. einen entscheidenden Einfluß auf die Stadtentwicklung genommen haben und noch weiter nehmen.

Seit dem Ersten Weltkrieg besteht eine zunehmende Tendenz, dem Grundeigentum erneut Bindungen und Beschränkungen aufzuerlegen, und zwar aufgrund der wachsenden Erkenntnis, daß Boden ein beschränkt verfügbares Gut darstellt und in bestimmter Weise genutzt wird. Es ist ein *Bodennutzungsrecht* entstanden, in dem einerseits Enteignungsmöglichkeiten und andererseits Verbote bestimmter Nutzungsarten enthalten sind. Darin wird den Interessen der Öffentlichkeit gegenüber denen der privaten Besitzer Priorität eingeräumt und daher die Möglichkeit vorgesehen, Enteignungen zu einer „angemessenen Entschädigung" durchzuführen. Die diesbezügliche Rechtslage ist in den einzelnen europäischen Staaten verschieden. Insgesamt haben in erster Linie Verkehrsinteressen (Autobahnbau und dgl.) Enteignungen bewirkt. Mit Enteignung und Verbot wird ein negativer Weg beschritten, während zum Beispiel die mittelalterliche Bürgergemeinde mit Zuweisungen und Geboten von ihrem Kontrollrecht über den Boden Gebrauch gemacht hat. Ähnliches galt übrigens noch für den absolutistischen Flächenstaat.

Da derzeit im wesentlichen keine Gebote bestehen, gibt es auch keine generelle *Baupflicht*. Nur Großbritannien hat bisher in dieser Hinsicht ernsthafte Schritte unternommen: Der Erwerber eines Grundstücks muß dieses im Sinne der durch die Planung vorgesehenen Nutzung in einer bestimmten Zeit verbauen. Auch in der Bundesrepublik Deutschland sind derartige Entwicklungen im Gange. Man beginnt in einzelnen Stadtrandgebieten, Auflagen zu machen, welche den Erwerber eines Grundstücks verpflichten, im Laufe einer bestimmten Zeit entsprechend der Widmung ein bestimmtes Objekt zu errichten oder andernfalls den Grund weiterzuverkaufen. Insgesamt besteht jedenfalls das Problem einer *Diskrepanz zwischen der Widmung einer Fläche im Flächennutzungsplan und ihrer tatsächlichen Nutzung*. In Österreich wird daher auch zwischen dem Flächenwidmungsplan (in der Bundesrepublik Deutschland Flächennutzungsplan) und der Flächennutzung unterschieden.

Eine Sonderform des Bodenrechtes besteht in Großbritannien, wo sich das sogenannte *Baurecht* aus der Feudalzeit erhalten hat, bei dem eine Trennung von Eigentum am Bauobjekt und Bodeneigentum besteht und ersteres – zumeist nach 99 Jahren – an den Grundbesitzer zurückfällt. Flächenhafte Slumsanierungen sind aufgrund dieser Rechtslage sehr viel eher möglich als in Kontinentaleuropa.

Durch die Entscheidungen der städtischen Planung über die Verteilung von Standorten durch Flächennutzungspläne, durch Regelungen der Bauhöhe usw. werden Grundstücken und Objekten bestimmte Nutzungsmöglichkeiten vorgegeben. Da eine spezifische Nutzung stets eine potentielle Rendite aufweist, nimmt die städtische Planung indirekt Einfluß auf das Bodenpreisrelief der jeweiligen Stadt. Nun sind Städte vielfach wachsende physische Strukturen. Die städtische Verbauung greift in agrare Gebiete aus. Um eine chaotische Zersiedelung zu verhindern, wird ein Flächennutzungsplan erstellt. Dadurch erzeugt die Planung einen sogenannten ***Planungsmehrwert***, der den jeweiligen Realitätenbesitzern zugute kommt. Anhand Abb. 3.4. sei die Widmungsspirale des Planungsmehrwerts illustriert.

Ausgangspunkt ist landwirtschaftlich genutzter Boden mit nur geringem Wert in einem Stadtrandgebiet. Sobald eine Planungsabsicht bekannt wird, steigen die Bodenpreise an. Ein weiteres Ansteigen erfolgt, wenn tatsächlich der Flächennutzungsplan aufgestellt wird, aus dem die künftige Nutzungsmöglichkeit ersichtlich ist. Sobald dieser Rechtskraft erlangt, wird aus dem *Erwartungsbauland* das *Bruttobauland* (Rohbauland). Bis zu diesem Zeitpunkt erfolgen weder Investitionen an Kapital noch an Arbeit (wenn man von der administrativen Tätigkeit absieht). Nichtsdestoweniger ist durch die Tätigkeit der Behörden eine Preissteigerung des Rohbaulandes gegenüber dem Agrarland erfolgt und somit ein Planungsmehrwert geschaffen worden. Erst mit dem Vorhandensein von Rohbauland beginnt der tatsächliche Einsatz von Kapital und Arbeit. Gesellschaften treten als Vermittler zwischen privaten Besitzern und Behörden auf den Plan. Sie erschließen das Rohbauland im Sinne einer Neuordnung des Parzellensystems (*Nettobauland*) und bringen die vorgeschriebene Infrastruktur ein (*pflichtiges Bauland*).

Das an einem einfachen Beispiel skizzierte, aufgrund der Nutzungsvielfalt in Städten

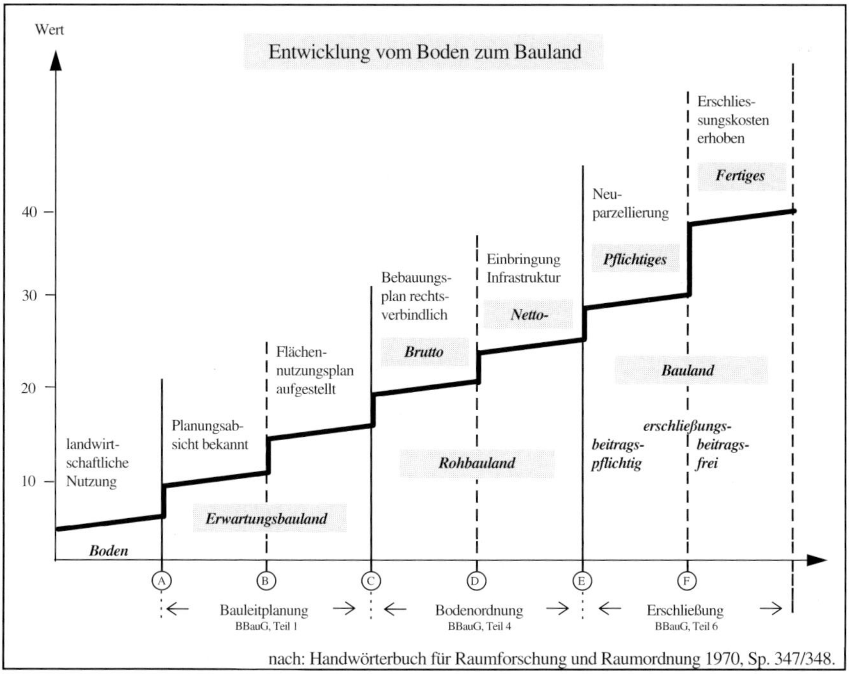

Abb. 3.4: Der Planungsmehrwert

sehr komplizierte Problem des Planungsmehrwerts wurde schon früh diskutiert und verschiedentlich vorgeschlagen, den Profit von Privatpersonen auf den Staat als „Verursacher" umzulenken.

Ernsthafte Versuche hat nur *Großbritannien* unternommen. Im folgenden hierzu einige Details. Grundsätzlich war das Konzept der städtischen Bodenpolitik schon bei HOWARD und der Bewegung der Neuen Stadt vorhanden. Bereits 1909 wurde in dem „Housing and Town Planning Act" festgelegt, daß 50% der Werterhöhung über den Marktmechanismus als Planungsmehrwert an den Staat abgeführt werden müssen. 1937 wurde dieser Prozentsatz auf 75% erhöht. 1947 wurde die bisher umfassendste Regelung im sogenannten „Town and Country Planning Act" zur Lösung der Bodenfrage erlassen. Nach diesem Gesetz gingen sämtliche Entwicklungsrechte, die sogenannten *development rights*, auf den Staat über. Recht langwierige Verfahren ließen den Besitzern nur bestimmte Entschädigungen für den Verlust der Entwicklungsrechte zukommen. 1967 ist eine gewisse Liberalisierung dieser Gesetze erfolgt. Man mußte zur Kenntnis nehmen, daß bei verfassungsrechtlichem Schutz des Eigentums das Gesetz von Angebot und Nachfrage wirksam blieb.

Die Konsequenzen dieser britischen Gesetzgebung waren tiefgreifend: Die Bautätigkeit wurde zunehmend aus der Hand von Privaten in die des Staates übergeführt; in der Nachkriegszeit wurden etwa drei Viertel des Wohnbauvolumens und ein beachtlicher Teil des Industriebauprogramms vom Staat erstellt. Ferner erfolgte eine Immobilisierung des Bodenmarkts, eine Flucht des Privatkapitals aus der Bautätigkeit und eine Immobilisierung des staatlich kontrollierten Wohnungsmarkts. Mit der Liberalisierung seit der Thatcher-Regierung sind diese Gesetze wieder außer Kraft gesetzt worden. Darüber hinaus ist eine extensive Privatisierung des Council-Housings erfolgt.

Mit der Frage des Planungsmehrwerts ist bereits die ***kommunale Bodenpolitik*** angesprochen. Mit ihr steht und fällt jegliche Möglichkeit, tatsächlich umfassende Pläne von seiten der Kommunalbehörden zu realisieren. *Integrale Stadtplanung* (was immer man darunter verstehen mag) bedarf des Verfügungsrechts über den Boden. Schon die Preußenkönige wußten dies, als sie ihre ehrgeizigen Pläne zur Ausgestaltung und Verschönerung Berlins im 18. Jahrhundert in Angriff nahmen. Sie erwarben nach und nach so viele Grundstücke, daß sie schließlich 40% der Stadtfläche ihr eigen nennen konnten. Heute eifern zahlreiche europäische Stadtbehörden diesem Beispiel nach. So begann Stockholm schon um die Jahrhundertwende mit dem Aufkauf von Grundstücken außerhalb und innerhalb der damaligen Stadtgrenze und erwarb die Areale, auf denen dann später die Satellitenstädte errichtet werden konnten. Selbst im gleichen Staat bestehen sehr große Unterschiede in der Bodenpolitik der einzelnen Städte. Eine zu massive Aufkaufpolitik hat überdies zwei Seiten. Sie bewirkt ein Ansteigen der Bodenpreise und vertreibt dadurch potentielle Interessenten (Personen, Betriebe) ins Umland und gestattet umgekehrt eine gezielte Bodensubventionsstrategie für erwünschte Bewerber.

In den ***sozialistischen Staaten*** wurde das Hindernis, welches das Privateigentum für eine durchgreifende Planung darstellt, bekanntlich völlig ausgeschaltet. Die Verstaatlichung betraf den städtischen Grund und Boden sowie die Betriebsobjekte und Mietshäuser. Nun sind auch in den sozialistischen Städten die verschiedenen Standorte in einer Stadt von unterschiedlicher Qualität, zumindest in bezug auf das Kriterium der Zugänglichkeit zum Stadtzentrum und untereinander. Die Entscheidungsträger waren daher mit dem Problem konfrontiert, verschiedene Nutzungen verschiedenwertigen Standorten zuweisen zu müssen. Dabei hatten sie keineswegs die Priorität in derartigen Entscheidungen, da sie subordinierte Organe waren (vgl. oben). Neben der politischen Entscheidungsebene entwickelte sich jedoch eine weitere, die manche Parallele zum Westen aufwies. Große staatliche Wirtschaftsunternehmen, auf dem Industriesektor ebenso wie auf dem Sektor des Einzelhandels, begannen eine eigene Standortpolitik zu betreiben. Ihre Intentionen ähnelten denen internationaler Konzerne im Westen, die gleichfalls recht unbekümmert um die Interessen der städtischen Bevölkerung Standort- und Investitionsentscheidungen treffen.

3.2.6 Immobilienmarkt – Immobilienökonomie

Im *Global-local-Interplay* des Immobilienmarktes in der kapitalistischen Welt sind zwei Kontrahenten am Werk: Erstens die auf der Makroebene steuernden großen *finanzintermediären Institutionen*, die in ihren Aktionen nationale Grenzen übergreifen und nur durch staatliche Gesetze und regionale Regulierungen der Stadtplanung und Raumordnung in ihren profitorientierten Kaufs- und Verkaufsstrategien ge- und behindert werden können und zweitens die *lokalen Akteure* auf der Mikroebene des Realobjektraums, welche Immobilien anbieten und nachfragen und über lokale bzw. regionale Organisationsformen verfügen. Sie bilden die lokale und regionale Basis des Immobilienmarktes.

Das nordamerikanische Immobilienmarktmodell entspricht der kapitalistischen Inwertsetzung von „real estate".

Seine Entstehungsetappen verdienen Interesse. Die erste Etappe ist mit dem kontinentweiten Ausbau des Siedlungssystems verbunden, als in einer aufwärtsdrehenden Spirale von Landvermessung, Landkauf, Landspekulation, Zuwanderung von Bevölkerung, Neuerschließung von Siedlungen und landwirtschaftlichen Nutzflächen im Verein mit dem zügig vorangetriebenen Bahnbau das benötigte Kapital zu einem Gutteil durch die steigenden Boden- und Immobilienpreise über häufig durch Personalunion verbundene Grundverwertungsgesellschaften und Banken geschaffen wurde. Die zweite Etappe ist mit der Hypothekenstützung der Einfamilienhausbesitzer durch die amerikanische Regierung in den 30er Jahren verknüpft, welche in Verflechtung von Hypothekenbanken, Aufschließungs- und Baugesellschaften die kontinentweite Suburbanisierung in Gang gesetzt hat, die dritte Etappe wurde schließlich durch die Downtown-Redevelopment-Programme in den 70er Jahren initiiert.

Während sich die genannten Etappen im Siedlungssystem gleichsam „sichtbar" abbilden, ist ein ganz wesentlicher Konnex der Immobilienwirtschaft, der sozialpolitisch höchste Wichtigkeit besitzt, in Europa weitgehend unbekannt. Es handelt sich um die finanztechnische Verknüpfung der Immobilienökonomie mit den Institutionen der privaten Pensionsversicherung. Derart fußt die Altersversorgung der Bevölkerung in den USA ganz wesentlich auf der Immobilienwirtschaft. Sie weist daher einen ganz anderen politökonomischen und sozialpolitischen Bedingungsrahmen auf als die aus dem allgemeinen Steueraufkommen finanzierte Altersversorgung in den europäischen Wohlfahrtsstaaten. Damit wird aber auch das „immobilienmarktkonforme Verhalten" der US-Amerikaner verständlich, das Eigentumsdenken ebenso wie das „Mitwandern" mit steigenden Boden- und Immobilienpreisen, nur von seiten der Mittel- und Oberschichten, während andererseits die „immobilen" Bevölkerungsteile, d. h. große Teile der unteren Schichten, und vor allem die „underclass", d. h. die aus der arbeitsteiligen Gesellschaft exkludierten Personen und Haushalte in den abgewohnten Gebieten zurückbleiben.

Um negative Auswirkungen auf die Immobilienpreise zu vermeiden, kommt es daher zu einer fortschreitenden Entmischung der Bevölkerung nach den Einkommensverhältnissen und zu einer Ausgrenzung von renditemindernden Gruppen. Ausgeprägte soziale, demographische, ethnische, anthropologische und religiöse Segregationsprozesse sind die Konsequenz.

Die hohe Steuerbelastung von Immobilien durch die *real estate tax* wird ebenso akzeptiert, wie die ausgeprägte Auseinanderlegung der Flächen verschiedener Nutzungskategorien, um die optimalen Kosten-Nutzen-Relationen der nutzungsspezifischen Infrastruktureinrichtungen zu erzielen.

In einem kapitalistischen System stellt der Immobilienmarkt das vorgelagerte Sammelbecken für die Auswirkungen der Zyklusschwankungen auf allen Märkten dar.

Seine Veränderungen im Zeitablauf sind als Immobilienpreistäler und -berge zu registrieren und bewirken eine kontinuierliche Veränderung der regionalen und intrametropolitanen Disparitäten.

Damit ist der Immobilienmarkt zugleich Motor *und* Indikator der räumlichen und gesellschaftlichen Disparitäten.

Das Studium des nordamerikanischen Immobilienmarktes bietet darüber hinaus auch wesentliche Erfahrungen im politökonomischen Umgang mit den negativen Konsequenzen von extremen Konjunkturzyklen, wie Refinanzierungen, Wiederinbesitznahmen oder Notverkäufen von unrentablen Liegenschaften, dem Zurückfahren in der Zahl von Transaktionen, der verzögerten Absorption von überschüssigen Flächen und Objekten, mit Leerstehungsraten u. dgl. Bei Überschüssen im Angebot und gesunkener Nachfrage sinken selbstverständlich die Mieten. Dies gilt vor allem für Bürobauten, bei denen es überdies zur Regel zählt, daß sie durchschnittlich bis zu 3 Jahre nach Errichtung der Objekte leerstehen.

Im übrigen ziehen sich bei einem stärkeren Rückgang der Zahl der Käufer von Immobilien im kapitalistischen System selbstverständlich auch die Geldgeber vom Markt zurück, so daß sich die Spirale sowohl von der Angebots- als auch von der Nachfrageseite auf dem Immobilienmarkt her abwärts dreht. Dadurch erfolgt eine spürbare Wertminderung bei Immobilien mit gravierenden regional- und stadtökonomischen Konsequenzen.

Intrametropolitane Disparitäten brechen auf bzw. verstärken sich. Unter Bezug auf die Entwicklung der Metropolitan Areas sind damit die Vorgänge auf dem Immobiliensektor mindestens ebenso wichtig wie die der ethnischen Migration.

Die Bedingungen auf dem ***Immobiliensektor in den sozialen Wohlfahrtsstaaten*** unterscheiden sich ganz wesentlich von denen Nordamerikas.

Die politischen Zäsuren und Enteignungen im Gefolge der beiden Weltkriege und der seit dem Ersten Weltkrieg in vielen sozialen Wohlfahrtsstaaten praktizierte Ausbau eines geschützten Wohnungssektors haben zu einer weitgehenden *Versteinerung* des gesamten Immobiliensektors in Europa geführt.

Nicht zu unterschätzen ist ferner die *partielle Annullierung der Marktmechanismen,* welche von Staat zu Staat und ebenso von Stadt zu Stadt mittels Flächenwidmungen, Bauordnungen und Auflagen des Denkmalschutzes erfolgt und zu unterschiedlichen lokalen Restriktionen und Barrieren führt.

Nationale Systeme von Hypothekenbanken und Bausparkassen bestimmen bisher den nationalen und/oder föderalen Immobilienmarkt. Grenzüberschreitende Immobiliengeschäfte wurden bis zur Deklaration des freien Grundverkehrs durch die Europäische Union kaum getätigt und überdies, um „Überfremdung" zu vermeiden, z. T. legistisch abgeblockt. Nur die internationalen Konzerne konnten sich schon vorher auf dem Immobilienmarkt international frei bewegen.

In den engen Räumen Europas stellen *Grund und Boden eine immer knapper werdende Ressource* dar. Daher ist ein Ausweichen von Bevölkerung und Nutzungen auf billige Flächen in rurbanen Peripherien wie in Nordamerika nicht möglich. Es zählt zum Spezifikum der europäischen Siedlungs- und Stadtentwicklung, daß ein ganz wesentlicher Teil des wachsenden Einkommens und des damit steigenden Arbeitsertrages der Bevölkerung durch die Bodenpreissteigerung und die Steigerung der Immobilienpreise in der Nachkriegszeit absorbiert worden ist. Davon sind die Verdichtungsräume in den Staaten mit hohem Wohlstand besonders betroffen.

Die *geringe Durchlässigkeit und Transparenz der Immobilienwirtschaft* in Hinblick auf die Finanzierungs- und Aufschließungsgesellschaften und die Bauwirtschaft hat dazu beigetragen, daß der Mehrwert der industriellen Produktion bei der Erzeugung von physischer Bausubstanz von diesen Institutionen nicht an die Masse der individuellen Nachfrager weitergegeben, sondern zurückbehalten wurde.

Den Hauptunterschied zwischen den europäischen Wohlfahrtsstaaten und den kapitalistischen USA, von wenigen Ausnahmen wie den Niederlanden und der Schweiz abgesehen, bildet die *Separierung des sozialen Wohlfahrtssystems von der Immobilienökonomie.*

Zum europäischen „Syndrom" gehört auch das interessante Phänomen, daß die Steuerpolitik der europäischen Wohlfahrtsstaaten auf den Produktionsfaktor Boden (und Immobilien) als besteuerbares Objekt weitgehend verzichtet und sich auf den Faktor Arbeit (und Konsum) als Haupteinnahmequelle konzentriert. Seit dem Ersten Weltkrieg ist, mitbedingt durch die Mieterschutzpolitik auf dem Wohnungssektor und Gesetze zur Abschöpfung des Planungsmehrwerts (wie in Großbritannien), eine Entwertung des Immobilienbesitzes erfolgt, sodaß schließlich der gesamte Realitätenbesitz einschließlich des Anlagevermögens von Betrieben zu einer vernachlässigbaren Größe im Steuerbudget der Finanzminister geworden ist. Nur über Erbschaftssteuern und Verkaufssteuern werden Erben und Käufer von Immobilien zur Kasse gebeten.

Erst durch die Schaffung der Europäischen Union und die Globalisierung der Ökonomie ist durch den Einsatz von internationalem Finanzkapital in den Metropolen die lange andauernde Periode einer weitgehenden *Versteinerung des Immobilienmarktes* zu Ende. Fragt man nach den Vorgängen, die zu dieser *Metropolitanisierung des internationalen Immobilienmarktes* geführt haben, so stößt man auf die europäischen Großvorhaben, bei denen in einer *Public-private-Partnership* Grundstücksverwertung und Standortentwicklung von der öffentlichen Hand in Verbindung mit dem internationalen Finanzkapitel durchgeführt werden. Zu den großartigen städtebaulichen Vorhaben, welche unter die Thematik von *Waterfront Development* zu stellen sind, zählen u. a. der Umbau der Docklands in London, ferner die Großbauvorhaben im Rotterdamer Hafen und schließlich die Errichtung einer Donaucity und damit der Aufbau einer neuen Donaufront in Wien, wo schon das ältere Beispiel einer Public-private-Partnership in Form der vom österreichischen Staat errichteten UNO-City mit dem symbolischen Pachtschilling für die internationalen Behörden genannt werden kann.

Dieser von den Metropolen ausgehende Vorgang überlagert die bisher von nationalen Hypothekenbanken und Bausparkassen bestimmten regionalen Immobilienmärkte. Hier erfolgt die *Mobilisierung des Grund- und Realitätenbesitzes in territorialen Bezügen* durch das hektische Agieren zahlloser, rasch entstehender kleiner Realitätenbüros, deren Akteure über eine „Goldgräbermentalität" verfügen. Eine Top-down-Entwicklung des Immobilienmarktes im System der Zentralen Orte hat eingesetzt. Realitätenbüros sind zu einer wichtigen neuen zentralen Dienstleistung geworden.

In den ***postsozialistischen Staaten*** hat der politische Umbruch zur *Privatisierung des Boden- und Immobilienmarktes* geführt. Die Bedeutung der Kapitalbildung aus Eigentumstiteln an Grund- und Realitätenbesitz für die Entwicklung der Wirtschaft kann gar nicht hoch genug eingeschätzt werden. Ein Vergleich mit der Aufhebung feudaler Nutzungsrechte und der Umwandlung in marktfähige Eigentumsrechte in den liberalen Revolutionen des bürgerlichen Zeitalters ist angebracht. Ebenso wie damals entstehen neue Klassengrenzen nach dem Einkommen und nach dem Vermögen an Realitäten. Im Postsozialismus erfolgt eine *neue Proletarisierung*. Besitzende und Nichtbesitzende separieren sich, Wohnklassen bilden sich analog zur britischen Gesellschaft. Die Stadtplanung wird mit einer *neuen Bodenfrage* konfrontiert und muß zum Grunderwerb durch Ausländer in attraktiven Lagen von Primatstädten und Freizeitregionen Stellung beziehen. Das aus dem westlichen Mitteleuropa bekannte Dilemma von Planungsbehörden, zwischen den Interessen der örtlichen Bevölkerung und denen ortsfremder Investoren wählen zu müssen, ist derzeit erst in den Primatstädten des östlichen Mitteleuropa und Osteuropas bekannt, welche die Internationalisierung des Immobiliensektors in extrem kurzer Zeit erreicht hat. Im Zuge der Internationalisierung von Kapital und Produktion legen sich somit Großunternehmen und Banken transnational gestreuten Immobilienbesitz als Finanzanlage oder Portfolio-Investment zu. Von Relevanz für die Metropolenentwicklung sind derartige Kapitalanlagen in Form von großen Bürokomplexen, neuen Konsumpalästen und exklusiven Wohnprojekten. Damit entspricht das schlagartige Entstehen eines internationalen Immobilienmarktes der Akzelerationsthese vom Plan zum Markt vor allem in postsozialistischen Primatstädten (FASSMANN und LICHTENBERGER 1995).

3.2.7 Wohnungswirtschaft und Wohnungspolitik

Die Unterbringung der Bevölkerung ist eines der Grundprobleme von Städten. Aus der Wohnungsfrage des 19. Jahrhunderts ist die Sozialpolitik entstanden. Während der Arbeitsmarkt in der westlichen Welt weitgehend den Prinzipien der internationalen Verflechtung unterliegt, hängt die Wohnungswirtschaft von den nationalen Systemen und Besonderheiten der Gesellschaftspolitik ab, den speziellen Formen der Steuergesetzgebung, der „Privilegierung" bestimmter sozialer oder demographischer Gruppen und den tradierten, über das Sozialprestige im Bewußtsein der Bevölkerung verankerten Wohnvorstellungen.

Im folgenden sei zunächst auf den ***Wohnungsbedarf*** eingegangen. Hinsichtlich seiner Voraussetzungen lassen sich folgende Komponenten unterscheiden, welche z.T. als Phasen seit der industriellen Revolution nacheinander aufgetreten sind.

- An erster Stelle steht das *Bevölkerungswachstum*, welches nicht nur auf der Zuwanderung beruht, sondern auch aus dem *Geburtenüberschuß der ortsbürtigen Bevölkerung* gespeist werden kann, wie es in der Früh- und Hochphase der Industrialisierung in europäischen Städten der Fall war. Als Beispiel sei angeführt, daß in Wien in der Hochgründerzeit das starke Bevölkerungswachstum der Stadt zur Hälfte (!) aus den hohen Geburtenziffern der ortsbürtigen Bevölkerung resultierte. Ähnliches ist heute in den Städten der Dritten Welt zu beobachten. Die Wohnungsnot wird durch *zu hohe Belagsdichten* (in gründerzeitlichen Städten in Europa ebenso wie in denen der Dritten Welt heute) von 6 bis 10 Personen pro Wohnung bzw. 4 bis 6 pro Raum definiert, wenn die Zuwanderer als Untermieter, Bettgeher und dgl. nur „provisorische" Wohnplätze finden.

• Die zweite Komponente besteht aus der *Verkleinerung der Haushalte,* wodurch die Zahl der als Wohnungssucher auftretenden Personen steigt. Zu ihnen zählen bisherige familienfremde Personen, gewerbliche Hilfskräfte und Untermieter. Selbst bei gleichbleibender oder sogar sinkender Einwohnerzahl kann dadurch eine große Wohnungsnot entstehen. Wieder sei das Wiener Beispiel angeführt, wo unmittelbar nach dem Ersten Weltkrieg über 140000 Haushaltsneugründungen erfolgt sind und die durchschnittliche Haushaltsgröße von 4,1 im Jahr 1910 auf 3,0 im Jahr 1934 abgesunken ist. Die Wohnungsnot wird danach durch das *Zusammenleben von mehreren Haushalten in einer Wohnung definiert.*

• Ein weiterer Wohnungsbedarf entsteht durch die *steigenden Ansprüche an Fläche und Ausstattung* der Wohnungen. Die Wohnungsnot wird durch den Anteil der Substandardwohnungen aus vergangenen Bauperioden definiert.

• Gegenwärtig ist in den Großstädten der westlichen Welt eine „neue Wohnungsnot" durch die *rasche Zunahme von Einpersonenhaushalten,* z. T. von Beziehern niedrigerer Einkommen, im Entstehen begriffen.

Zur Illustration einige internationale Daten zur *Wohnfläche pro Person:*

→ in Nordamerika bei vorherrschender Eigenheimstruktur 40 qm und mehr;
→ in Wien, einer Stadt mit abnehmender Bevölkerung und enormer Bautätigkeit, 33 qm (1981);
→ in Belgrad 14 qm (1981);
→ in Japan bei enorm starker Zuwanderung in die Städte, starker Zunahme der Zahl der Haushalte und steigenden Komfortansprüchen 6 bis 8 qm.

Es ist begreiflich, daß aufgrund dieser sehr unterschiedlichen Situation den Normen für die „optimale" Wohnungsgröße von bestimmten Haushaltsgrößen nur ein auf den jeweiligen Staat beschränkter Wert zukommt.

Nun zum ***Wohnungsangebot.***

Zum Unterschied von der Wohnungsnachfrage, welche kurzfristigen Änderungen unterliegt, ist das Wohnungsangebot von Städten langfristig „physisch festgeschrieben". In den ***sozialen Wohlfahrtsstaaten Europas*** bestehen mehrere Segmente mit unterschiedlichen Zugangsbedingungen.

Beginnen wir mit dem *Altbaubestand.* Er stammt z. T. noch aus der Zeit der ständisch organisierten Gesellschaft der großen Städte Kontinentaleuropas, welche bereits vor der industriellen Revolution durch das Gegensatzpaar von Hausbesitzern und Mietern gekennzeichnet war. Der Hauptanteil geht auf die liberale Gründerzeit zurück, als der Mietshausbesitz zur sicheren Kapitalanlage von Privatiers avancierte. Aufschließung, Finanzierung und Vermarktung von Mietshäusern folgten privatkapitalistischen Spielregeln, gekennzeichnet durch hohe Mieten und hohe Mobilität der Mieter. Die Bauformen orientierten sich an den sozialen Klassen, welche derart mit Wohnklassen identisch waren (vgl. Band II). Als neue Wohnungswerber traten die Industriearbeiter auf, synchron dazu gingen die Hausbesitzer der Massenmietshäuser der großen europäischen Städte in den Absentismus bzw. schließlich in die Anonymität. Hypothekenbanken waren häufig die eigentlichen Hauseigentümer. Die Steuern auf den Mietshausbesitz zählten zu den wichtigsten Einnahmen des Staates, der Steuerermäßigungen als Vehikel für die Ankurbelung der Bautätigkeit verwendet hat.

Der Erste Weltkrieg ist eine entscheidende Zäsur nicht nur für den Städtebau, sondern auch für die Wohnungswirtschaft in Europa gewesen. In den sozialen Wohlfahrtsstaaten Europas bestehen seit der Zwischenkriegszeit ***mehrere Segmente des Wohnungsmarktes*** (vgl. Abb. 3.5).

Im Altbaubestand hatte die in den damals kriegführenden Staaten erlassene ***Mieterschutzgesetzgebung***, welche die Frauen und Kinder der im Felde stehenden Soldaten vor Delogierungen schützen sollte, tiefgreifende Auswirkungen:

→ Es kam zu einer Reduzierung der freien Verfügung der Hauseigentümer über Mietwohnungen.

→ Ferner sanken aufgrund der Inflation in den frühen zwanziger Jahren die Mieten auf reine Anerkennungsgebühren herab. Damit wurde den privaten Mietshausbesitzern und Kapitalgebern jeglicher Anreiz zur Investition genommen.

PRIVATKAPITALISMUS	*SOZIALER WOHLFAHRTSSTAAT = nationale Strategien*	*STAATSKAPITALISMUS (ehemaliger)*
Marktregulierung durch den Preis, definiert durch Alter, Lage, Ausstattung	Segmentierung des Marktes (=Wohnklassen), teilweise Schutzpolitik	planwirtschaftlich, Zuteilung, vormonetärer Markt Tauschmarkt
Mobilität hoch, Bezug sofort	Mobiliät und Bezug differenziert	Immobilisierung, lange Wartezeiten
sozioökonomische und demographische Umzugsketten	hauptsächlich vergrößerungsorientierte Umzugsketten	nur demographische Umzugsketten
Wohnkosten sehr hoch	segmentspezifisch	sehr gering
Zweitwohnungen gering	Anteil unterschiedlich	Zweitwohnungen bedeutend

Entwurf: LICHTENBERGER

Abb. 3.5: Wohnungswirtschaft und politische Systeme

→ Durch die vom Gesetzgeber gewährleistete „Vererbung“ der Wohnungen in direkter Linie entstand eine Art *Pseudoeigentumsdenken* und damit

→ eine Separierung von Wohnungs- und Hausimage aufgrund der Investitionen der Mieter in die Wohnungen.

→ In weiterer Konsequenz kam es aufgrund dieses Pseudoeigentums und der niedrigen Mieten zur Immobilisierung der Bevölkerung. Es fehlten alle Fluchtreaktionen beim Zuzug von Bevölkerungsgruppen mit geringerem Sozialstatus, welche die Voraussetzung für die Filtering-down-These der sozialökologischen Theorie und die darin implizierten Umzugsketten darstellen. Erst in den letzten zwei Jahrzehnten ist durch neue Mietengesetze ein schrittweiser Abbau des Mieterschutzes erfolgt.

Auf dem Neubausektor entstanden in der Zwischenkriegszeit das aus den staatlichen Budgets subventionierte Marktsegment des sozialen Wohnungsbaus und die genossenschaftliche Baubewegung zunächst im Verein mit der Gartenstadtidee (vgl. oben).

In den ersten Jahren der Nachkriegszeit hat die Wohnungspolitik in den sozialen Wohlfahrtsstaaten aufgrund der extremen Wohnungsnot zunächst der sozialpolitischen Schutzfunktion Priorität eingeräumt. Seither sind, bedingt durch die enormen Preissteigerungen auf den Boden-, Bau- und Kapitalmärkten, d. h. den vorgelagerten Märkten, in den einzelnen Staaten zu unterschiedlichen Zeitpunkten die ***Mechanismen der Kapitalverwertung wieder in Gang gekommen.*** Die Schere zwischen Angebot und Nachfrage auf dem Niedrigmietensektor öffnet sich. Dementsprechend erfolgt ein starker Anstieg der Bruttomieten im gesamten *Niedrigmietensektor.* Dessen drastische Reduzierung umfaßt alle Segmente an preiswerten Mietwohnungen:

→ Es kommt zur Reduzierung im Altbaubestand durch die Gentrifikation im Rahmen der Stadterneuerung und

→ zur Reprivatisierung beachtlicher Bestände des ehemaligen sozialen Wohnungsbaus, wie etwa in Großbritannien.

Gerade aufgrund der wirtschaftlichen Prosperität und der Möglichkeit, eine sehr viel bessere Verzinsung durch Investitionen in der Wirtschaft zu erlangen, hat die Investitionsbereitschaft von privaten Kapitalgebern in die Errichtung von Mietwohnungen abgenommen. Ebenso hat der soziale Mietwohnungsbau seit den 70er Jahren einen drastischen Rückgang der Bauleistung zu verzeichnen. Dort, wo sich die Wohnungspolitik noch immer als soziale Schutzpolitik versteht, wie dies in Städten mit sozialdemokratischer Stadtregierung der Fall ist, befindet sie sich in dem Dilemma, einerseits den Wohnungsstandard anzuheben und andererseits einen Niedrigmietensektor für ärmere Bevölkerungsschichten erhalten zu wollen.

Der soziale Wohnungsbau

weist im politischen Systemvergleich eine außerordentlich starke Differenzierung auf. Das ***Public Housing Program in den USA*** hat keine Bedeutung erlangt. Von einzelnen Städten (wie New York) abgesehen, ist die zahlenmäßige Bedeutung des sozialen Wohnungsbaus mit knapp 1% Anteil am gesamten Wohnungsbestand sehr gering (Lichtenberger 1975). Von flüchtigen ausländischen Besuchern häufig mit Urban Renewal verwechselt, ist das Public Housing Program ausschließlich als Hilfsmaßnahme für die Ärmsten der Armen gedacht. Die Kosten dürfen nur etwa 50% der-

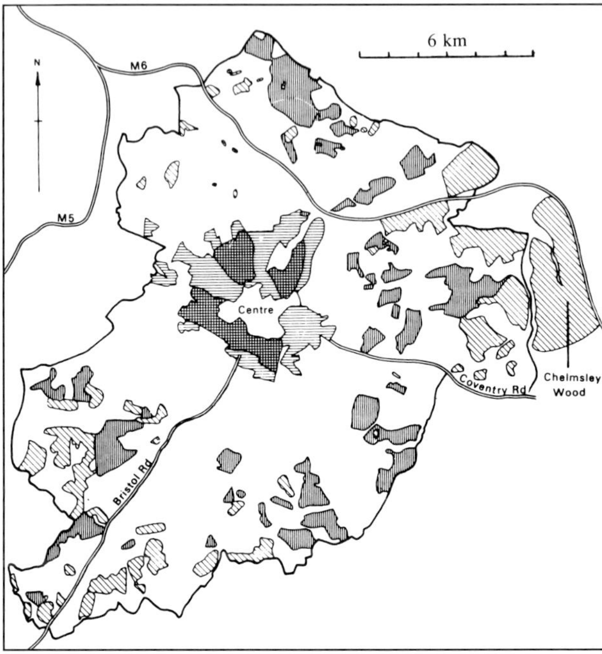

Abb. 3.6: Standorte des sozialen Wohnungsbaus in Birmingham

Sozialer Wohnbau der Zwischenkriegszeit

Peripherer sozialer Wohnungsbau aus der Nachkriegszeit

Sanierung, Phase I

Sanierung, Phase II

PARIS und LAMBERT 1979, S. 237.

jenigen von privaten Wohnbauten betragen, sodaß als Standorte nur sehr billige Baugründe – zwischen Eisenbahntrassen, in halb verfallenen alten Industrie- und Lagerhausvierteln und dgl. – in Frage kommen. Die Vorschriften über die maximale Einkommenshöhe werden jährlich überprüft. Familien mit höherem Verdienst müssen ausziehen (!). Nicht zuletzt durch die Aussiebung der Aufstiegswilligen und Tüchtigeren sind die Wohnsilos des Public Housing zu einem Hort der Kriminalität geworden.

In diesem Zusammenhang sei darauf hingewiesen, daß es in Städten der Entwicklungsländer bereits als sozialer Aufstieg zählt, wenn man von den Behelfshütten der Stadtränder in einen Sozialbau umziehen kann.

In den ***sozialen Wohlfahrtsstaaten*** war der soziale Wohnungsbau stets auch ein politisches Demonstrationsmittel der sozialdemokratischen Stadtverwaltungen. Sie haben sich daher vielfach bemüht, ihn architektonisch attraktiv zu gestalten. Überlegungen der Wahlgeometrie und -arithmetik haben stets eine gewisse Rolle gespielt. Solange die Standorte in den älteren Baubestand eingebettet waren, ist es kaum zu einer Diskriminierung gekommen. Erst mit den *Superwohnanlagen* – vor allem französischer Satellitenstädte –, den *Sarcellites*, entstanden die Phänomene von Jugendkriminalität und sozialer Desorganisation.

In Großbritannien wurden soziale Wohnungsbauten in der Zwischenkriegszeit ebenso wie in Kontinentaleuropa stets im Anschluß an den gründerzeitlichen Stadtkörper errichtet, erst in der Nachkriegszeit diente er als ein Instrument der Innenstadtsanierung (vgl. Abb. 3.6).

In den ***sozialistischen Staaten*** wurde die Wohnung als *soziales Gut* aufgefaßt und die Versorgung der Bevölkerung mit Wohnraum zur staatlich-bürokratischen Aufgabe erklärt. Dementsprechend hoch waren daher die Ausgaben des Staates für den Wohnungsbau, sie lagen bei rund 7 bis 8%. Andererseits wurden nur Anerkennungsbeiträge als Mieten – analog zur älteren Mieterschutzregulierung (s. oben) – eingehoben (im Durchschnitt unter 5% des Einkommens). Die Wohnungsvergabe erfolgte nach einem strikt definierten Zuteilungsschlüssel über staatliche Büros. Lange Wartezeiten, ferner eine Immobilisierung der Bevölkerung (ähnlich wie beim Mieterschutz) waren das Ergebnis der Ausschaltung der Marktmechanismen.
Die Vergesellschaftung des Wohnungswesens führte jedoch nicht zu einer einheitlichen, homogenen und aufgrund gleicher rechtlicher Prinzipien organisierten Angebotsstruktur, sondern zu unterschiedlichen Wohnungsmarktsegmenten (vgl. Abb. 3.7).
Drei große Segmente des Baubestandes auf dem Wohnungssektor können hinsichtlich des rechtlichen Status und der politischen Wertigkeit unterschieden werden:

1. das primäre staatliche Segment des Wohnungsneubaus,
2. das sekundäre staatliche Segment des nationalisierten Altbestandes an Mietshäusern, Mehrfamilienhäusern, Großvillen u. dgl. und
3. das private Segment der Einzelhausverbauung (Altbestand und Neubau).

ad 1. Der staatliche Wohnungsneubau stand im Verbund mit industrialisierter Großfertigung in Plattenbauweise unter staatsübergreifender Planung und vielfach unter dem Diktat des russischen Modells, die Finanzierung erfolgte aus dem Steuerbudget. Auf die äußerst sparsame Zuweisung von Wohnfläche an den einzelnen Haushalt wurde bereits hingewiesen. Ein Minimierungsprinzip mit äußerst bescheidenen Raumgrößen (teilweise bei 8 qm!) kam zur Anwendung. In den meisten ehemals sozialistischen Staaten, allen voran in der UdSSR, erfolgte schon seit den späten 50er Jahren aufgrund budgetärer Überlegungen die Zulassung neuer Rechtsformen: Der *Betriebswohnbau* wurde bei neuen Industriestädten forciert und den Betrieben die Verpflichtung übertragen, für die Unterbringung der Arbeitskräfte zu sorgen, ferner wurden Genossenschaftswohnungen und teilweise sogar Eigentumswohnungen akzeptiert. Insgesamt kamen die staatlichen Bauleistungen in erster Linie den Primate Cities und den Großstädten zugute.

ad 2. Die Nationalisierung des Altbaubestandes aus der vorkommunistischen Zeit umfaßte gründerzeitliche Miets- und Mehrfamilienhäuser, Villen usw. sowie Reihenhäuser und Wohnanlagen aus der Zwischenkriegszeit. Die Defizite bei den Reinvestitionen vor allem im Mietshausbestand führten in weiterer Konsequenz zu gravierenden Verfallserscheinungen (vgl. Kap. 4). Nie offen ausgesprochen wurde die Absicht, diese bürgerlichen Wohnquartiere in langfristiger Perspektive abzubrechen. In diesem sekundären Segment ist ein Tauschmarkt entstanden, auf den noch eingegangen wird.

ad 3. Zum Unterschied von der staatlichen Großplanung überließ man den Einfamilienhausbau dem vorhandenen kleinparzelligen Aufschließungssystem einer chao-

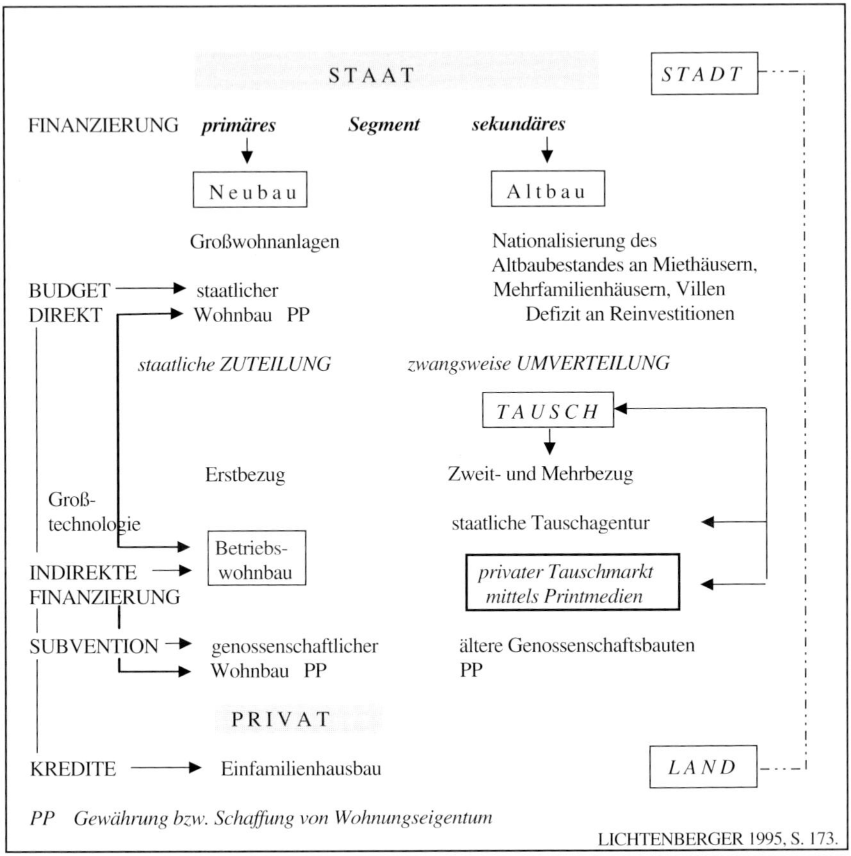

Abb. 3.7: Wohnungsmarktsegmente im realen Sozialismus (Schema)

tischen Urbanisierung. Sein Anteil am Wohnungsbestand korreliert negativ mit der Stadtgröße. Ferner wurde Kapital durch Arbeitskraft substituiert. In allen Nachfolgestaaten der österreichisch-ungarischen Monarchie (Ungarn, ČSFR, Exjugoslawien) und in Polen gilt das für Warschau abgebildete räumliche Muster (vgl. Abb. 3.8), wonach in Privatbesitz befindliche Einfamilienhäuser einen Rahmen um den geschlossenen Stadtkörper bilden.

Unrichtig ist der vielfach in der Literatur vorgenommene Vergleich mit der Suburbanisierung Nordamerikas. Zu unterschiedlich sind die politökonomischen Rahmenbedingungen. Der suburbane Einfamilienhausbau Nordamerikas ist von Anfang an im institutionalisierten privatkapitalistischen Netzwerk von Großbetrieben der Bauproduktion, Finanzierung und Vermarktung entstanden, bei dem ferner Homogenität der Nachbarschaft oberstes Gebot auch von seiten der Nachfrager darstellt.

Die drei Segmente des Wohnungsektors waren unterschiedlich offen für Ein- und Austritte:

Wohnungen des ersten und zweiten Segments wurden nicht gehandelt, sondern nach unterschiedlich gewichteten Kriterien der Familiengröße, der Vormerkdauer, der beruflichen Position, der politischen Loyalität u.a.m. zugeteilt.
Dem staatlichen Zuteilungssystem weitgehend verschlossen war der private Siedlungshausbereich.

Die Transformation der Wohnungswirtschaft vom Plan zum Markt

Das primäre und das sekundäre Segment sind vom politischen Systemwechsel betroffen. Der gesamte Wohnungsbau der öffentlichen Hand ist schlagartig zum Erliegen gekommen. Selbst die Frage der Erhaltung der großen Wohnbauten ist ungelöst. Ein Teil wird privatisiert, ein Teil soll aber der öffentlichen Hand weiterhin für sozialpolitisch motivierte Zuteilung zur Verfügung stehen. Dabei entstehen Mischformen von Eigentums- und Mietwohnungen in ein- und demselben Gebäude, die eine bestandorientierte Nutzung sehr nachteilig beeinflussen.

Die *Betriebswohnungen*, ein wichtiger Bestandteil des primären Segments, sind bei der Privatisierung von Betrieben hinderlich, da in- und ausländische Investoren nicht

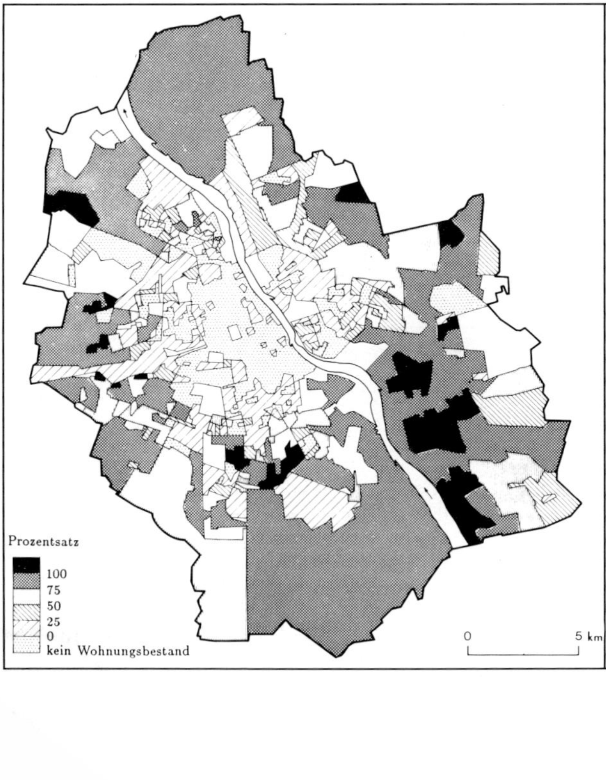

Abb. 3.8: Der Anteil des Privateigentums am Wohnungsbestand in Warschau 1979

HAMILTON 1979, S. 211.

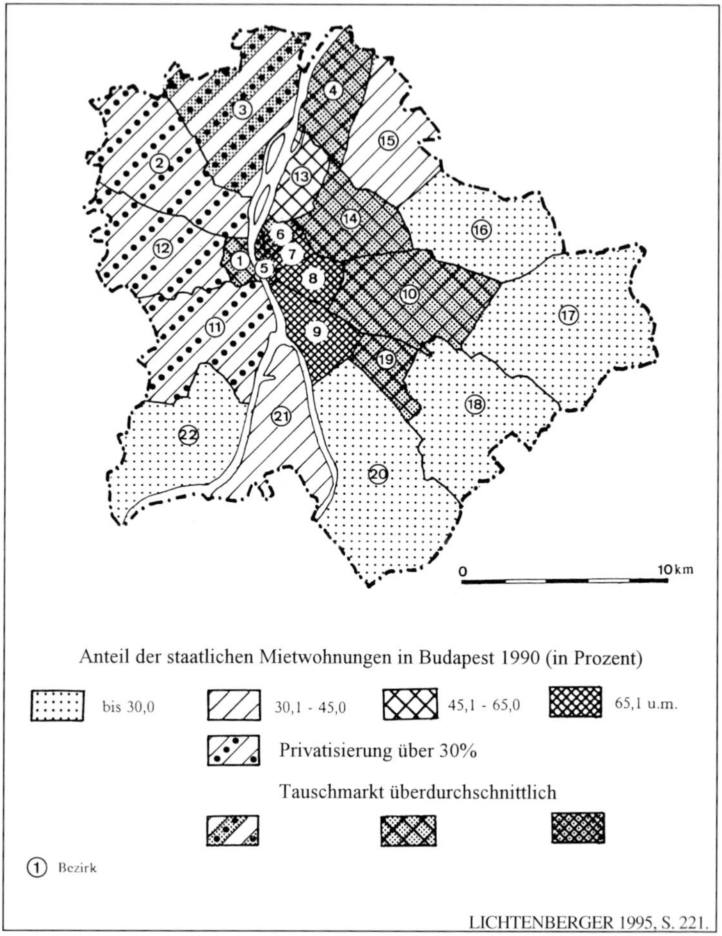

Abb. 3.9: Staatlicher Wohnungsanteil, Privatisierung und Tauschmarkt in Budapest 1992

interessiert sind, Vermieter von Betriebswohnungen mit Billigmieten zu werden. Zum Kauf von Betriebswohnungen fehlt andererseits den Betriebsangehörigen aufgrund der unsicheren Arbeitsmarktlage bisher das notwendige Kapital.

Im sekundären Wohnungssegment sorgen *Privatisierungsprogramme* für erhebliche Veränderungen. Die Rückgabe des alten Baubestands an die früheren Besitzer ist mit Nutzungsänderung, baulichen Maßnahmen und Mieterhöhung verbunden. Auch wenn gesetzliche Maßnahmen die Mietzinsbildung regulieren und damit exorbitante Steigerungsraten verhindern, erfährt das zweite Segment des Wohnungsmarktes eine

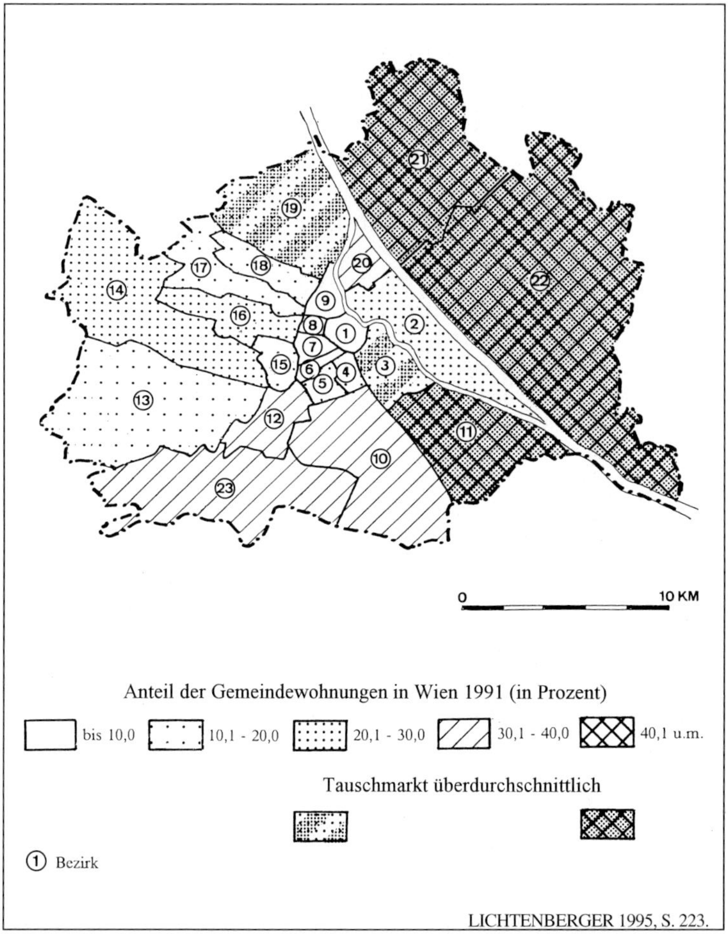

Abb. 3.10: Kommunaler Wohnungsbestand und Tauschmarkt in Wien 1993

zunehmende Differenzierung der Eigentumsverhältnisse. In den Metropolen erfolgt eine bemerkenswerte Rückorientierung auf vorsozialistische Strukturen der Bau- und Lagequalität.

Als Beispiel sei *Budapest* angeführt. In der City und am nordwestlichen Stadtrand hatten die Allokationsprinzipien des kommunistischen Regimes die Funktionärseliten privilegiert, hier kommt es nunmehr zur zügigen Privatisierung durch Gewährung staatlicher Kredite (vgl. Abb. 3.9), welche de facto eine Subventionierung der Wohnbevölkerung darstellen.

Das dritte Segment des Modells, der private Einfamilienhausbereich, stellt den Kern des postsozialistischen Marktes dar. Die Errichtung von Einfamilienhäusern, früher vielfach nur geduldet, wird heute mit staatlicher Unterstützung und durch Bausparkassen gefördert, durch Baumärkte, private Baufirmen und erwerbbare Baugründe erleichtert.

In den sozialistischen Systemen bestanden ***Wohnungstauschmärkte***. Die staatlichen Wohnungsbehörden waren mit der Neuzuteilung von Wohnungen und damit der Organisation des Erstbezugs in Neubauten ausgelastet, die Durchführung der Umverteilung wurde als Suchaufgabe den Haushalten zugeschoben. Aus der Initiative der Wohnungssuchenden heraus ist in den Printmedien ein *Tauschmarkt* als vormonetärer Markt faßbar. Er wurde zuerst in Ostberlin, dann in Budapest, Prag und Warschau im Detail analysiert (Fassmann und Lichtenberger 1995). Man würde erwarten, daß er mit dem politischen Systemwechsel verschwunden ist. Dies ist keineswegs der Fall, er besteht weiter. Der Nachweis, daß auch in westeuropäischen Städten mit hohem Anteil des sozialen Wohnungssegments ein informeller Tauschmarkt besteht, konnte in Wien erbracht werden, einer Metropole des europäischen Munizipalsozialismus. Ein Vergleich mit Budapest, einer postsozialistischen Stadt, mit einem im Rückbau begriffenen öffentlichen Mietwohnungssegment erschien naheliegend.

Im räumlichen Muster der Verteilung des geschützten Segments bestehen Unterschiede. In Budapest findet sich nach wie vor der höchste Anteil von staatlichem Eigentum in der Innenstadt, der geringste Anteil in den Bezirken des Stadtrandes (vgl. Abb. 3.9).

Dagegen ist die räumliche Verteilung des kommunalen Wohnungsbaus in Wien am besten als Halbmond zu beschreiben, welcher das ausgedehnte gründerzeitliche Baugebiet, in dem zum Unterschied von Budapest der private Hausbesitz dominiert, im Osten und Süden umgreift (vgl. Abb. 3.10).

Die Zielvorstellungen in Hinblick auf die Wohnungsgröße sind auf dem Tauschmarkt verschieden. Es ist einsichtig, daß der erneut angekurbelte soziale Wohnbau in Wien eine optimistische Einschätzung durch die Haushalte in den Kommunalwohnungen bewirkt, die beim Tausch daher größere Wohnungen anstreben. Rund 25% der Tauschwünsche richten sich auf eine Vierzimmerwohnung, und ca. 15% der Anbieter von größeren Wohnungen suchen ein Eigenheim, ein Reihenhaus oder dgl. in Kommunalbesitz (!). Andererseits wählt in Budapest (ebenso wie in Prag und Warschau) bei rasch fortschreitender Privatisierung die noch in staatlichen Wohnbauten lebende Bevölkerung, verunsichert durch Inflation und steigende Arbeitslosenraten, den pessimistischen Weg der Verkleinerung von Wohnungen. Die Präferenz richtet sich auf Zimmer-Kabinett-Wohnungen (!).

Was sind nun die räumlichen Tendenzen in der Nachfrage auf dem Tauschmarkt? Die Antwort lautet, daß in beiden Städten, wenn man die räumlichen Zielvorstellungen der Nachfrage mit der Allokation des Angebots vergleicht, eine Zentrums- und Innenstadtausrichtung festzustellen ist. Darin äußert sich die ungebrochene Attraktivität der Stadtmitte in beiden zentraleuropäischen Metropolen.

3.2.8 Die Privatisierung des öffentlichen Raumes in den USA

Die Begriffe von öffentlichem, halböffentlichem und privatem Raum sind nicht festgeschrieben, sondern in ihrer Legistik und Ausdehnung, in ihrem Ineinandergreifen abhängig von den politischen Systemen. Aufgrund der Veränderung gesellschaftlicher Parameter können selbst im gleichen politischen System Veränderungen erfolgen, wie dies gegenwärtig im privatkapitalistischen System der USA der Fall ist. Hier laufen seit längerem drei Vorgänge ab, welche die Bedeutung des öffentlichen Raums für die städtische Gesellschaft reduzieren und einen Bedeutungsgewinn des halböffentlichen und privaten Raums bewirken. Sie seien in einem einfachen Schema festgehalten.

Die Privatisierung des öffentlichen Raumes in den USA

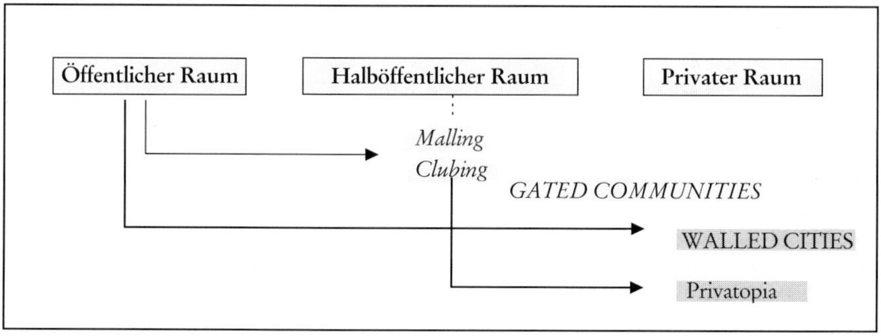

Es handelt sich um folgende Vorgänge:

1. die als *Malling* bezeichnete Ausbreitung und schließlich Dominanz von geschlossenen Geschäfts- und Konsumkomplexen (Kowinski 1986);

2. die Privatisierung des öffentlichen Raumes, welche als *Gating* bezeichnet wird und von den Watched Neighborhoods der Suburbs über Common Interest Developments (CID) zu den *Gated Communities* und *Walled Cities* führt;

3. die Zusammenbindung von Gating und Malling in *Privatopia*. Es handelt sich um das neue Ghetto einer nach Lebensstilen differenzierten postindustriellen amerikanischen Gesellschaft, welches dem Vorgang einer primären Ghettobildung folgt, d.h. sich selbst aus der „Stadt" ausschließt und sich von dieser mittels „Pseudo-Lokalbehörden" legistisch-administrativ zu emanzipieren bestrebt ist.

ad 1. ***Malls und Malling***

Das Symbol des öffentlichen Raumes, der Marktplatz, wurde von den Promotoren der modernen Shopping Malls nachgeahmt. Die Entwickler von Malls und ihrer Ableger, den Unterhaltungsstädten wie South Street Seaport in New York, haben das Ambiente authentischer Reproduktionen von „main street", „frontier towns" und „colonial towns" geschaffen.

Das erste moderne Shopping-Center in den USA, die 1923 eröffnete Kansas City's Country Club Plaza (Jackson 1985, S. 123), entlehnte von der spanisch-maurischen

Architektur die Details von vielfarbigen Mosaiken, roten Ziegeldächern, Türmen und Giebeln, Blumengärten, Wasserfällen und Springbrunnen. Mit der Mengung von Geschäften, Büros und Dienstleistungen wurde bereits damals eine funktionelle Kombination begründet, welche über den Einzelhandel hinausging. Wäre nicht die Depression gewesen, so hätten Shopping-Centers schon in der Zwischenkriegszeit eine Blüte erlebt. Bis 1946 wurden nur 9 gebaut. Die erste geschlossene Mall, Southdale, öffnete im Oktober 1956 in Edina, Minnesota. Der Architekt, Victor Gruen, gestaltete sie als Gegenmittel zum „suburbanen sprawl" und als Instrument für die Schaffung von Community Centers (Kowinski 1985, S. 120). Seit den 80er Jahren sind die zuerst in den Suburbs gebauten Malls auch in den Downtowns errichtet worden, um mit den Suburbs konkurrenzfähig zu sein.

Malls sind mehr als eine Kollektion von Geschäften. Die größeren umfassen Einzelhandel, Unterhaltung, Hotels, Restaurants, Büros und gelegentlich Condominiums und Apartments. Es kommt dabei zu einer Zentralisierung von Aktivitäten, die vorher in einem größeren Areal zerstreut waren. Jede Mall ist ein definierte Mischung von Geschäften, Gestaltungselementen und Klientel. Malls weisen eine erstaunliche Vielfalt bei gleichzeitig identischem Ambiente und weitgehender Uniformität auf. Die soziale Palette reicht von den luxuriösen Ausführungen über solche für Mittelschichtsfamilien bis zu den Discount Malls für die Grundschichten.

Malls sind kontrollierte Einrichtungen. Das Angebot unterliegt einer sorgfältigen und rigiden Kontrolle, nicht zugelassen sind Billigläden, Alkoholgeschäfte, Pornoshops, Secondhand-Läden und Reparaturwerkstätten (Holzner 1996, S. 90). Unerwünschten Personen wird der Zutritt verwehrt: Vertretern der Heilsarmee, in einigen Fällen Teenagern, selbstverständlich Obdachlosen. Verboten sind alle sozialen und politischen Aktionen, welche im öffentlichen Raum gestattet sind, d.h. Malls sind in dieser Hinsicht private Einrichtungen, die Benützer werden als passive Konsumenten definiert, die ein Kaleidoskop von Bildern und Impressionen als „stilisierte Version des Karnevals" erhalten sollen. Die Malls sind die privatwirtschaftlich kontrollierten Straßen der amerikanischen Städte. Sie haben sich damit auch – zum Unterschied von Europa – gegenüber den Fußgängerzonen durchgesetzt, welche in der überwältigenden Mehrheit der Fälle nicht angenommen worden sind (Robertson 1990), sondern inzwischen durch überdachte, klimatisierte und bewachte Malls ersetzt oder dort, wo sie noch bestehen, verlassen wurden, da sie mit Ausnahme der Universitätsstädte zu Treffpunkten von Drogensüchtigen, Obdachlosen und Jugendgangs geworden waren. Malls sind somit Repräsentanten einer privatwirtschaftlich organisierten und kontrollierten Konsumklasse der Bevölkerung, welche alle unerwünschten Elemente an den öffentlichen Raum zurück verweist.

ad 2. *Gating und Walled Communities*

Die Privatisierung des öffentlichen Raumes durch Einfriedung und Ummauerung von Gemeinden ist ein ganz junger Vorgang in den amerikanischen Metropolitan Areas, der in den späten 80er Jahren einsetzte und lawinenartig weiter wächst.

Der Vorgang ist komplex. Mehrere Bedingungen haben sich wechselweise verstärkt. Es handelt sich um

1. die Fragmentierung der Lebensstile,
2. die legistischen Grundlagen für die Schaffung von privatwirtschaftlichen territorialen Organisationsformen,
3. die Effekte des Marktes sowie
4. die individuellen Bedürfnisse zwischen Exklusivität und Sicherheit vor Kriminalität.

Im Sozialraum hat sich der Vorgang als Top-down-Bewegung von den Oberschichten über die Mittelschichten ausgebreitet und greift bereits in die Grundschichten aus. Räumlich ist die Bewegung zunächst bei der Errichtung von neuen Suburbs entstanden und greift analog zum Malling in den 90er Jahren auf bestehende Suburbs und die Kernstädte aus. Diese neue Enclosure-Bewegung in bestehenden Stadtteilen muß sich zum Unterschied vom Gating in den Suburbs, welches kaum die Aufmerksamkeit der Öffentlichkeit erweckt hat, mit der Genehmigung durch föderalistische Gesetze und den Lokalbehörden auseinandersetzen, wobei Konflikte unvermeidlich sind.

ad 1. Die postindustrielle Gesellschaft hat eine ***Fragmentierung nach Lebensstilen*** gebracht. Die Reduzierung der Arbeitszeit und der traditionellen sozialen Bindungen im Verein mit hohem Wohlstand haben die zeitlichen und finanziellen Freiräume für individuelle Lebensgestaltungen geschaffen. Lebensstile sind als ein neues Amalgam aus Alterklassen, Haushaltstypen und sozialen Schichtkriterien, wie Bildung, und disponibles Einkommen, unter den Effekten der Konsum- und Freizeitgesellschaft entstanden. Sie sind nicht städtische Lebensstile sensu stricto. Ihre räumliche Ausprägung haben sie über die Privatisierung des öffentlichen Raumes in den Gated Communities der USA gefunden, als sich unter bestimmten legistischen Voraussetzungen der Markt um ihre räumliche Kommerzialisierung angenommen hat.

ad 2. Die legistische Grundlage der ***Common Interest Development (CID)*** war die Voraussetzung für die rasante Entwicklung des Gating. Als CID wird eine Institution für eine territoriale Einheit definiert, in welcher die Bewohner gemeinsam Gebiete und Einrichtungen besitzen. CIDs legen als eine Art Privatbehörde die Konventionen und Restriktionen fest, bevor noch ein einziges Stück Eigentum verkauft ist. Damit wird die Altersstruktur ebenso a priori festgesetzt, wie die Farbe des Anstrichs der Häuser, Stil und Farbe der Vorhänge, Größe der Haustiere und Zahl der Kinder (wenn beides überhaupt erlaubt ist) und die Regeln für die Patio- und Landschaftspflege bis zum Hissen der amerikanischen Flagge. CIDs haben eine Tendenz zur Autokratie, denn sie sind nicht angehalten, die Rechte von „self-expression“, „free association“ und „free speech“ zu beachten. CIDs waren die Vorläufer der Gated Communities. Die Zahl der CIDs hat von 1000 in den frühen 60er Jahren auf über 80000 im Jahr 1984 zugenommen. In den späten 80er Jahren lebte 1 Amerikaner von 8 in einer Art von Common Interest Development (McKenzie 1989, S. 257). Im nächsten Jahrhundert werden CIDs die Hauptform von Hauseigentum darstellen. Damit wird die jahrzehntealte Politik der Segregation von Wohngebieten weitergeführt. Bauunternehmer, Hypothekenbanken und die Bundesregierung unterstützen CIDs als eine Form zur Stabilisierung von Landnutzung und Eigentumswerten.

ad 3. Die Entwicklung der CIDs war mit einer ***Änderung der Bauformen*** der Suburbs, von den freistehenden Einfamilienhäusern zu Reihenhausanlagen, zu Mehrfamilienhäusern und Apartmenthäusern, verbunden und brachte damit bei sinkenden Realeinkommen in den 80er Jahren der Bauindustrie weitere Aufträge. Ebenso wurden von den Aufschließungsgesellschaften blitzartig die Vermarktungschancen des Gating erkannt. Die Nachfrage nach Objekten in Gated Communities erhöhte die Hauswerte und ließ gleichzeitig in den benachbarten nichtbefestigten Siedlungen die Immobilienpreise fallen. Derzeit werden 8 von 10 Neubauten bereits in Gated Communities errichtet.

ad 4. Pull-Effekte der Exklusivität spielen ebenso eine Rolle wie die exzessiv ansteigende Kriminalität, welche neue Fluchtbewegungen ausgelöst hat.

Statistische Daten über Gated Communities fehlen. Blakeley schätzte 1997, daß 3 Millionen Haushalte in ca. 20000 Gated Communities leben (S. 7). Bei anderen Autoren werden bereits 1994 30000 Einheiten angegeben. Rechtlich ist eine Sezession von den Lokalbehörden und die Gründung von „privaten Behörden" im Gange.

Blakeley unterscheidet ***3 Haupttypen der Gated Communities*** mit jeweils 3 Subtypen (1997):

- Siedlungen für spezifische Lebensstile, wie Pensionisten, Ehepaare nach dem Auszug der Kinder, für Freizeitaktivitäten, wie Golf bzw. Landleben;
- Siedlungen von Eliten, angefangen von den Enklaven für Reiche und Berühmte, über das Topmanagement bis zum mittleren professionalen Management hin;
- aus Angst vor der Kriminalität vorgenommene „Einfriedungen" von zumeist bereits bestehenden Anlagen von Mittelschichten und unteren Einkommensschichten bis zu den von der öffentlichen Verwaltung veranlaßten Einfriedungen von sozialen Wohnungsbauten.

ad 3. ***Privatopia***

Ebenso wie Gated Communities einerseits als Neuentwicklung im Rahmen der Suburbanisierung und andererseits in den Kernstädten entstehen, gilt dies auch für Privatopia. Nicht nur Neue Städte entstehen als Walled Cities, sondern selbst bei den neuen Zentren des tertiären Sektors im äußeren Ring der Metropolian Areas, den Edge Cities, gibt es bereits ein Beispiel für eine Walled City. Es handelt sich um Los Colinas in der MA Dallas, in der bereits 30000 Menschen hinter elektrischen Zäunen leben.

Andererseits entsteht auch in Kernstädten eine ineinandergeschachtelte Kubatur als bauliches Pendant einer polarisierten Gesellschaft. In Atlanta hat ein gewaltiger Komplex von miteinander verbundenen Gebäuden die historische Downtown völlig beseitigt. Verglaste Skyways verbinden die verschiedenen Atrien und Lobbies und isolieren ihre Benützer von den darunter gelegenen öffentlichen Straßen. Dasselbe gilt für Minneapolis, wo die Downtown Mall das Innere der historischen Gebäude nach und nach aufgezehrt hat und nur die Fassaden bestehen ließ. Eine perfekte Separierung zwischen dem privaten Raum innerhalb und dem öffentlichen Raum außerhalb entspricht der räumlichen Apartheid zwischen der weißen Mittelklasse und den Studenten, Minoritäten und armen Leuten. In Montreal und Dallas sind beachtliche Untergrundstädte mit einem Maulwurfsnetz von Tunnels errichtet worden. Die bereits von Le Corbusier propagierte Trennung der Verkehrsebenen ist in den amerikanischen Metropolen als Segregationsinstrument benützt worden.

3.3 Normative Prinzipien des Städtebaus und der Stadtplanung

3.3.1 Städtebau und Stadtplanung zwischen Utopie und Wirklichkeit

Den Sozialwissenschaften ist es bisher nicht gelungen, eine Brücke zum technischen Städtebau zu schlagen. Eine wissenschaftliche Beschäftigung mit den Konsequenzen, welche von verschiedenen Formen der Technologie des Bauens und des Verkehrs ausgehen und die Gesellschaft beeinflussen, fehlt weitgehend. Umgekehrt haben Basiskonzepte der Sozialwissenschaften, wie die Vorstellung von der Sukzession von Sozialgruppen und Nutzungen im Stadtraum, wie sie u. a. der sozialökologischen Theorie eigen ist, keinen Eingang in den Städtebau und die Stadtplanung erfahren.

Die normativen Prinzipien des Städtebaus und der Stadtplanung bestimmen die physische Struktur von Städten ganz wesentlich. Städtebau versteht sich als *Stadtgestaltung* im weitesten Sinn. Er war und ist in seinen besten monumentalen Leistungen architektonische Repräsentation und Symbol für die Selbstdarstellung geistiger Werte, religiöser Ideen, politischen und wirtschaftlichen Machtanspruchs. Gleichzeitig ist er ein Teil der Kunst, und bedeutende Künstler, die sich von bisher gültigen Lösungen distanzierten, haben ihn daher immer entscheidend beeinflußt. Er enthielt stets soziale Utopien, indem eine harmonische Ordnung, ein Gleichgewicht der verschiedenen städtischen Funktionen angestrebt wurde und fand überall dort sein ideales Terrain, wo Idealstädte von überschaubarer Größe und klar definierten funktionellen Organisationsstrukturen zu kreieren waren.

Im Industriezeitalter ist der Städtebau von den ästhetischen Gestaltungsaufgaben abgerückt. Er wurde zum technischen Städtebau, ging als solcher gleichsam in den Untergrund der Städte und hat die großen Leistungen der Stadtassanierung in der zweiten Hälfte des 19. Jahrhunderts vollbracht (Wasserleitungen, Kanalisation, Strom- und Gasleitungen und dgl.). Im Zuge der immer umfangreicher werdenden Aufgabenbereiche der Stadtbehörden ist der Städtebau schließlich in die Bautätigkeit der Kommunalbehörden integriert worden. In der Gegenwart gewinnen technische und verwaltungsrechtliche Gesichtspunkte die Oberhand, eine immer stärkere Bürokratisierung und Technokratisierung erfolgt. Ästhetische Prinzipien treten gegenüber Kostenüberlegungen zurück. Hinsichtlich der ästhetischen Maßstäbe entsteht eine zunehmende Unsicherheit. Es werden daher als „Alibi“ Bürgerinitiativen bemüht, um gestalterische Details festzulegen. Es erfolgt eine Gleichsetzung des so verstandenen Städtebaus mit der Stadtplanung, wobei die Detailvorhaben häufig von wahltaktischen Überlegungen diktiert werden.

Fragt man unter diesen Gesichtspunkten nach den Beziehungen zwischen Stadtplanung, Städtebau und Stadtforschung, so muß als Problem von nicht zu unterschätzender Bedeutung auf die grundsätzlichen Verständigungsschwierigkeiten zwischen Wissenschaftlern, Technikern, Beamten, Politikern und Künstlern hingewiesen werden. Es bestehen keine objektivierbaren Prozeduren des Transfers von wissenschaftlicher Erkenntnis in Aktivitäten bzw. solche der Umsetzung in bauliche Gestaltungen. Betrachtet man die Hierarchie der städtebaulichen Planungskategorien und blendet man ferner die oben angesprochene pluralistische Struktur des Boden- und Wohnungsmarktes, der Bautätigkeit, die divergierenden Interessen von Öffentlichkeit und privater Wirtschaft ein, werden die realen Schwierigkeiten offensichtlich.

Zuerst einige grundsätzliche Feststellungen. Die einzelnen Elemente des städtischen Systems sind hinsichtlich ihrer künftigen Entwicklung in unterschiedlichem Maß abschätzbar. So ist die Bevölkerungsentwicklung, welche zumeist als Hauptbezugsbasis für Flächenausweisungen dient, äußerst schwer abzuschätzen, während andere Faktoren, wie steigender Motorisierungsgrad, steigender Wohnstandard, ebenso Verschiebungen vom sekundären zum tertiären Sektor hin, aufgrund von internationalen Vergleichsdaten relativ besser zu prognostizieren sind.

Selbst wenn alle diese systematischen Entwicklungen transparent und abschätzbar wären, bliebe noch das grundsätzliche Problem bestehen, daß es keine allgemein verbindlichen Strategien für die räumliche Allokation von neu auftretenden Einrichtungen und Flächen aller Art gibt, ebenso wie für die Sukzession nach verfallenden bzw. schrumpfenden Einrichtungen. Auf das Defizit der Stadtforschung hinsichtlich des Angebots an räumlichen Verteilungsmodellen wurde bereits hingewiesen.

Betrachten wir die einzelnen *Planungskategorien* etwas näher:

● Voraussetzung für jede ***Stadtentwicklungsplanung*** ist eine wissenschaftliche Situationsanalyse unter Benützung der zur Verfügung stehenden Ansätze der Stadtforschung. Mittels Konstanthaltung von externen Variablen werden zumeist sektorale Prognosen erstellt (Bevölkerungsentwicklung, Wirtschaftsentwicklung, Verkehrsentwicklung usw.). Diese sektoriellen wissenschaftlichen Resultate gehen an sektorielle Fachplanungsbereiche, von denen sektorielle Leitpläne erstellt werden. Voraussetzungen hierfür sind

→ die Formulierung der gesellschaftspolitischen Zielsetzung, die meist vorgegeben ist,
→ die Überprüfung der öffentlich-rechtlichen Situation,
→ die organisatorisch-verwaltungstechnische Überprüfung,
→ die Feststellung der Finanzierung und
→ Fragen der öffentlichen Meinungsbildung und damit der publizistischen Effizienz.

Diese sektoriellen Leitpläne werden zumeist unter absoluter Priorität der gesellschaftspolitischen Zielsetzungen in einer häufig nicht nachvollziehbaren Form der Konsensbildung zwischen Personen zu einem Stadtentwicklungsplan zusammengefügt.

● Die Umsetzung des Stadtentwicklungsplanes, der meist in sehr kleinem Maßstab, 1:50000, erstellt wird und die Aufgabe hat, eine Grundlage für eine langfristige Planung von Investitionen aller Art darzustellen, geht meistens im Sprung zum Maßstab 1:10000, zum tatsächlichen ***Flächennutzungsplan***. Es werden Zuweisungen von Nutzungsarten aufgrund von Flächenbilanzierungen vorgenommen, Verbauungsgebiete und Freiräume ebenso wie Nutzungsbereiche ausgegrenzt. Bei diesem Schritt steht die physische Planung absolut im Vordergrund. Eine Überprüfung der Zuweisung anhand der erhobenen wissenschaftlichen Grundlagen erfolgt meist nur mehr in Ausnahmefällen.

• ***Verbauungspläne*** (Bauleitpläne) gehen den Schritt in den großen Maßstab. Hier sind rechtlich verbindliche Festsetzungen von Bedeutung, Regelungen der erforderlichen Maßnahmen des Bodenverkehrs, der Vorkaufsrechte der Gemeinde, Entschädigung, Enteignung, Erschließung usw., ferner Festsetzungen über die äußere Gestalt baulicher Anlagen und dgl. mehr. Juristen und Techniker haben das Wort.

• In konkreten Bauvorhaben, vor allem solchen größerer Art, erfolgt schließlich die Verwirklichung, wobei dort, wo es sich um ***„städtebauliche Modellgebiete"*** handelt, nochmals wissenschaftliche Grundlagenforschung eingebracht werden kann. Dies kann in Form von „action research" erfolgen, d. h. einer laufenden Untersuchung, vor allem der Meinungsäußerung der Bevölkerung bzw. von sozioökonomischen Veränderungen. Dies ist jedoch nur ausnahmsweise der Fall, und wenn, dann in erster Linie bei Stadterneuerungsvorhaben.

3.3.2 Die ideologische Polarisierung des Städtebaus zwischen Urbanismus und antiurbaner Haltung

Das 19. Jahrhundert war das Jahrhundert des technischen Städtebaus. Grundsätzliche Äußerungen zur sozialen und wirtschaftlichen Struktur der Stadt fehlen. Im Hinblick auf die ästhetischen Gestaltungsprinzipien folgte der Städtebau noch weithin den Richtlinien, die einerseits an den monumentalen Prinzipien des absolutistischen Städtebaus orientiert waren und andererseits auf den bereits in der vorindustriellen Zeit gegebenen verwaltungsrechtlichen Gesichtspunkten der Reihenhausaufschließung fußten. Städtebau wurde als Kunst aufgefaßt, nicht nur von Camillo SITTE, sondern auch von den meisten seiner Zeitgenossen, und mit der größten Selbstverständlichkeit überdies auf die großen Städte zugeschnitten. In der ersten Hälfte des 20. Jahrhunderts vollzieht sich dann ein grundsätzlicher Wandel in den Prinzipien des Städtebaus. Es kommt zur *Polarisierung zwischen Urbanisten und Vertretern einer antiurbanen Haltung*, wobei beide Gruppen die Entflechtung und Separierung von städtischen Funktionen in der räumlichen Gliederung von Städten propagieren.

Zunächst sei auf den ***Urbanismus*** eingegangen, der in der Spätgründerzeit noch der Tradition der geschlossenen Reihenhausverbauung verhaftet ist. Als ein Beleg für die gängigen Konzeptionen wurde die Planung für den 22. Wiener Gemeindebezirk ausgewählt (vgl. Abb. 3.11).

Sie stammt von Otto WAGNER, einem Hauptvertreter der Wiener Richtung des Städtebaus. Folgende Merkmale des Projekts verdienen Hervorhebung:

• Das Rasterschema entsprach dem im 19. Jahrhundert auf dem Kontinent angewandten Aufschließungsprinzip. Es ist, was heute gerne übersehen wird, funktionsneutral und gestattet die Auswechslung der Funktionen.

• Als Verbauung des 22. Wiener Stadtbezirkes waren 7- bis 8geschossige Wohnbauten in geschlossener Reihenhausverbauung vorgesehen.

• Aufgrund eines Verbauungsgrades von 50% und der zur Verfügung stehenden Fläche von 619 Hektar war die Unterbringung von 150000 Einwohnern in rund 30000 Wohnungen möglich. Die daraus zu errechnende Dichte von 500 Einwohnern pro Hektar Nettobauland mag für die Stadtplanung der Gegenwart im deutschen

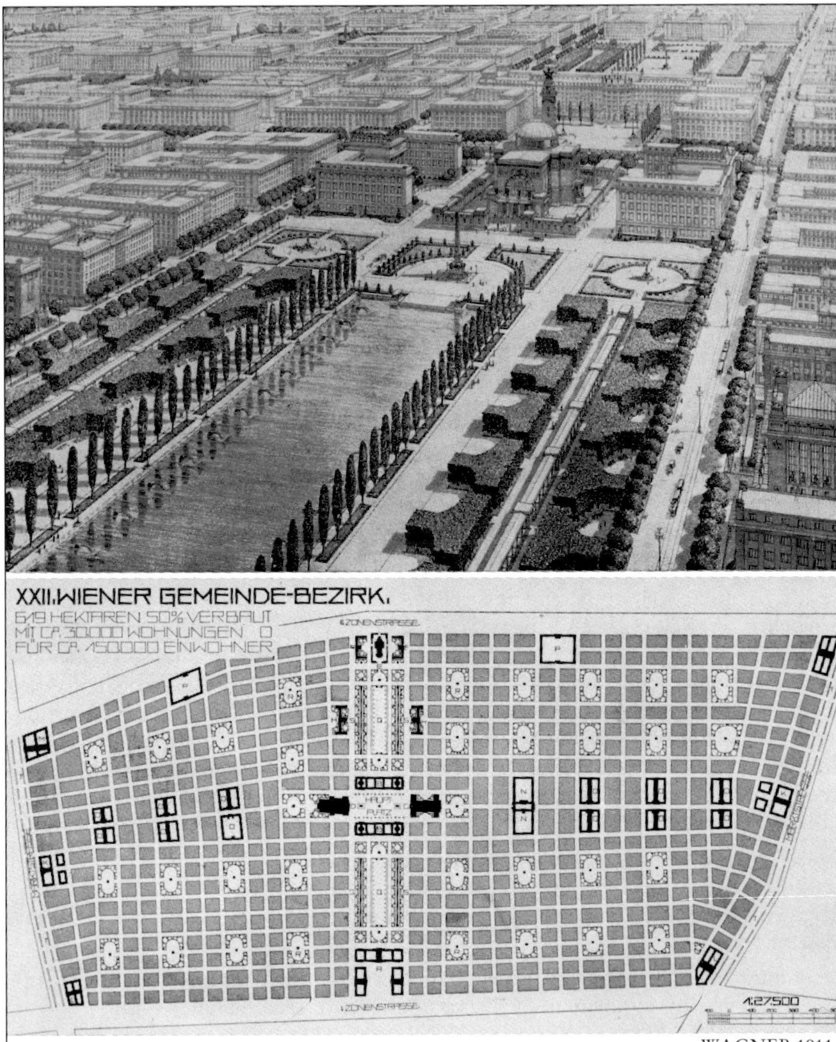

WAGNER 1911.

Abb. 3.11: Otto WAGNER: Planungsschema für den 22. Wiener Bezirk, 1911

Sprachraum sehr hoch erscheinen, entsprach aber durchaus der damals in kontinentaleuropäischen Millionenstädten üblichen Einwohnerdichte.

● Einer zentralen Achse wurden repräsentative und wirtschaftliche Funktionen, Amtsgebäude, Schulen, Geschäfte, zugeordnet. Ohne explizit Einzugsbereiche zu formulieren, war eine Streuung verschiedener Einrichtungen, darunter insbesondere von Schulen und Grünflächen, in der Rasteraufschließung vorgesehen.

- Angaben zur sozialen Struktur, d. h. zur Wohnungsgröße und Wohnungsausstattung, fehlen. Vom Städtebau bestand damals keine Brücke zur Sozialpolitik. Der traditionelle Städtebau endete mit dem Ausbruch des Ersten Weltkriegs. Nur die Ideologie des Urbanismus, das Bekenntnis zur großen Stadt, lebte weiter. Der Hauptvertreter und gleichzeitig optimistische Bejaher der Lebensform der großen Stadt in der Zwischenkriegszeit war LE CORBUSIER, der in seiner *Ville contemporaine* 3 Millionen Menschen unterbringen wollte (vgl. Abb. 3.12) und vor Dichtewerten bis zu 2000 Einwohner pro Hektar nicht zurückschreckte.

Er kreierte erstmals die *Hochhauscity* mit 60stöckigen Bürobauten im Zentrum, umgeben von einem Wohndistrikt, in dem achtstöckige Wohnbauten im Zickzack aneinandergereiht waren. Zwischen den Hochhäusern befanden sich Grünflächen und zentrale Einrichtungen. Außerhalb einer ausgedehnten Grünlandschaft waren Gartenstädte mit Einfamilienhäusern angeordnet. Mit seinen Projekten vollzog LE CORBUSIER den Schritt in eine damals utopische Zukunft des Städtebaus. Seine Ideen brachten in weiterer Folge einen grundsätzlichen architektonischen Wandel, dessen Bedeutung für die Stadtentwicklung gar nicht hoch genug eingeschätzt werden kann. Folgende Elemente wurden von besonderer Bedeutung:

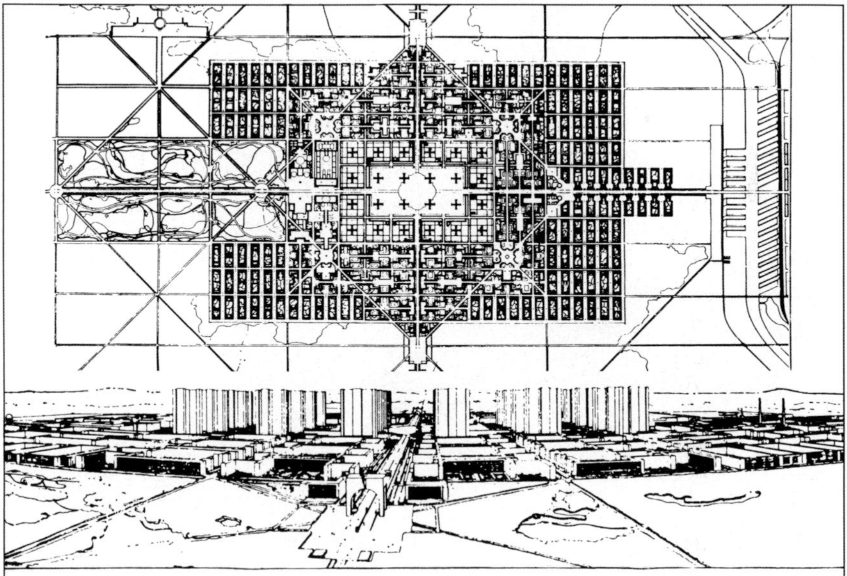

LE CORBUSIER 1934.

Abb. 3.12: LE CORBUSIER: La ville contemporaine (1934)

→ das *Aufbrechen der Reihenhausverbauung* und damit das Abgehen von einem der ältesten Prinzipien des Städtebaus, wodurch die alten Elemente der Straße und des Hofes aufgegeben wurden,

→ die *Polarisierung der Wohnformen* von Hochhaus und Einfamilienhaus,

→ die *Trennung von Flächennutzungskategorien* und

→ die *Trennung von verschiedenen Verkehrsebenen.*

Die erste Hälfte des 20. Jahrhunderts gehörte nicht den urbanistischen Großprojekten. Sehr viel mächtiger als die Bewegung der Urbanisten war die antiurbane Grundhaltung weiter Kreise der Städtebauer. Die ***Gartenstadtbewegung*** erfaßte, von Großbritannien ausgehend, große Teile Nordwesteuropas (vgl. Abb. 3.13).

Sie ebbte im deutschen Sprachraum ab und wandelte sich in Frankreich zur *chaotischen Urbanisierung der „pavillons"*, ganz ähnlich der Entwicklung an den Stadträndern in Ostmitteleuropa und Südosteuropa.

Mit dem Konzept der ***Neuen Stadt*** gelang es HOWARD, in Vorwegnahme von Ideen des sozialen Wohlfahrtsstaates, einen Stadttyp zu schaffen, der sich in nahezu allen wichtigen Merkmalen von älteren Stadttypen abhebt. Das Konzept der Stadtmitte wurde bereits erwähnt, in der – in Vorwegnahme der Ideologie einer Konsumgesellschaft – die für die menschlichen Bedürfnisse zentralen Einrichtungen der Versorgung mit Gütern und Diensten angesiedelt sind. Einem Gleichgewichtsdenken entsprach die Vorstellung, daß eine Autarkie auf dem Sektor der Arbeitsplätze vorhanden und die Zahl der Arbeitsplätze mit der Arbeitsbevölkerung in Einklang stehen soll. Revolutionär war die Forderung von HOWARD, daß sich der Grund und Boden im Eigentum der Stadt befinden müßten, um Spekulationen zu verhindern und die Entwicklung der Stadt steuern zu können.

LEISTER 1970, S. 72.

Abb. 3.13: Luftbild einer Gartenstadt, Großbritannien

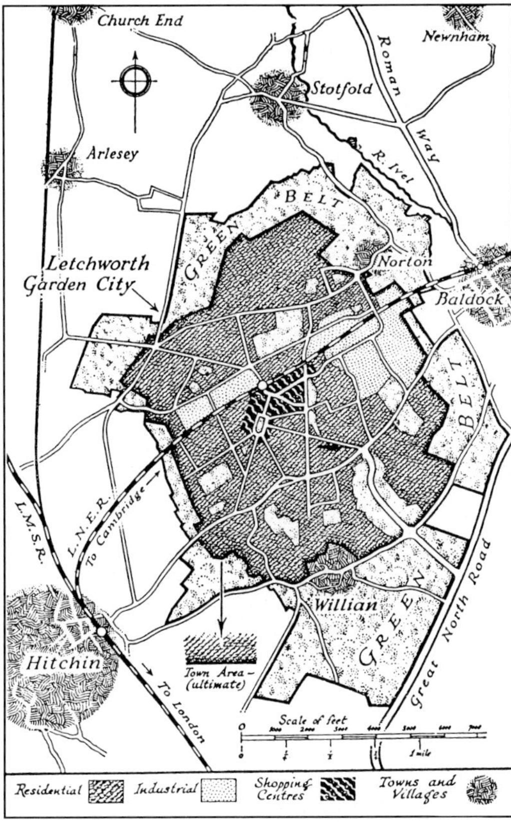

Abb. 3.14: Gartenstadt Letchworth 1903

59 km nördlich von London gelegen, besitzt diese 1903 gründete Gartenstadt alle wesentlichen Flächennutzungselemente, wie

- *einen zentralen Geschäftsbereich,*
- *einen Industriestreifen im Anschluß an die Bahn,*
- *Wohnquartiere, die nahezu ausschließlich aus Einfamilienhäusern bestehen, und*
- *einen Grüngürtel.*

Auch das Ziel eines aus reichenden Arbeitsplatzangebotes wurde erreicht; 1965 besaß Letchworth etwa 200 kleine Gewerbe- und Industriebetriebe bei einer Einwohnerzahl von rund 25.000 Menschen.

HOWARD 1902.

Im übrigen verblieb auch die Idee der Neuen Stadt in der ersten Hälfte des 20. Jahrhunderts mehr oder minder im Experimentierstadium. Insgesamt haben sich folgende ***Haupttypen der Neuen Stadt*** herausgebildet:

• Der *Prototyp* der Neuen Stadt konnte selbst in Großbritannien nur in einer einzigen städtischen Siedlung, nämlich in Letchworth (vgl. Abb. 3.14), den Prinzipien von HOWARD folgend, ohne direkten Eingriff des Staates verwirklicht werden.

1934 wurde die Idee der Neugründung von Städten dann von der britischen Raumordnungspolitik aufgegriffen und als Strategie zur *Dezentralisierung des Wachstums der Region von London* verwendet. Der eigentliche Boom der Neugründung von Städten setzte jedoch erst nach dem Zweiten Weltkrieg ein.

• Die Konzeption der Neuen Stadt als *zentraler Ort* wurde ferner überall dort verwendet, wo – wie in Italien und den Niederlanden – Agrarkolonisationen erfolgten. In Italien stellen die Pontinischen Sümpfe, in der Campagna von Rom gelegen, ein Kernstück der Bonifikationen der 30er Jahre dar. Als zentrale Stadt wurde Latina, das bis 1947 Littoria geheißen hat, gegründet. Aus der Zeit von MUSSOLINI ist heute nur mehr die zentrale Platzanlage mit anschließenden Wohnblöcken erhalten. In der Nachkriegszeit erfolgte ein starker Ausbau durch Industrieanlagen und Mietshäuser, nicht zuletzt aufgrund des Zuzugs von Kolonisten, welche von den Einzelhöfen abwanderten und diese verfallen ließen.

• Große Bedeutung erhielt die Konzeption der Neuen Stadt im Zusammenhang mit der Errichtung von industriellen Großbetrieben. Als Vorläufer dieser *neuen Industriestädte* können in Deutschland die Werkssiedlungen angesehen werden, für welche die Familie KRUPP im Ruhrgebiet beispielgebend war. Das beste Beispiel für eine neuangelegte Industriestadt in Westdeutschland bildet *Wolfsburg*, 1938 als „Stadt des KdF-Wagens“ begründet. Durch das Dritte Reich wurden großzügig Sonderverhältnisse geschaffen, welche der Trägergesellschaft einen raschen Erwerb von Grund und Boden gestatteten. Die ursprüngliche Planung sah auf der Höhe des Rückens im Süden des Werksgeländes – in einer Akropolislage – die Parteibauten vor, darunter ein Forum mit dem Rathaus. 1947 erfolgte eine Umplanung unter Zugrundlegung einer Bevölkerungszahl von 35000 Einwohnern. Die Stelle der Parteibauten nahm ein Krankenhaus ein, die Bahnhofstraße wurde zur zentralen Geschäftsstraße. Über diese ursprüngliche Planung ist Wolfsburg inzwischen längst hinausgewachsen; es zählte 1991 129000 Einwohner.

Westlich des ehemaligen Eisernen Vorhangs ist die Zahl von neuen Industriestädten nach dem Zweiten Weltkrieg bescheiden geblieben, während in den Satellitenstaaten der Sowjetunion und insbesondere in Sibirien zahlreiche neue Industriestädte gegründet worden sind.

3.3.3 Bauordnungen und die dritte Dimension

Die physische Struktur von Städten als dreidimensionales Gebilde von Freiflächen und baulicher Kubatur wird entscheidend durch die Möglichkeiten der Einflußnahme von Stadtbehörden in Form von Bauvorschriften und Bauordnungen bestimmt. Die vertikale Struktur des Baukörpers hängt nicht nur von der Bautechnologie ab. So gab es z. B. die technische Möglichkeit des Hochhausbaus bereits im mittelalterlichen Italien, die Wohntürme von San Gimignano beweisen es. Doch zwang der Stadtrat der italienischen Stadtstaaten die Adelsfamilien, ihre Turmbauten abzubrechen. Die kurze Periode eines mittelalterlichen Hochhausbaus in Europa war damit zu Ende. Die Begrenzung des Baukörpers der Städte in der Vertikalen wurde auch vom Absolutismus beibehalten. Aufgrund der Technik der Ziegelbauweise mit dem Leiterngerüst entstand die einheitliche ruhige Trauflinie einer maximalen Bauhöhe von rund 25 Metern, welche, erstmals in Paris 1795 in der Bauordnung verankert, über Europa hinweg als *Traufhöhenprinzip* Nachahmung fand und den europäischen Städtebau bis zum Ersten Weltkrieg herauf bestimmte.

Aus der Festlegung von Traufhöhen entstand das ***Bauklassenprinzip*** (in der Bundesrepublik Deutschland die Baustaffelpläne, in Frankreich Bauhöhenpläne), das den Baukörper in drei Dimensionen definiert:

→ Es beruht auf der geschlossenen Reihenhausverbauung und legt daher Baublöcke fest. Dabei fand vielfach ein funktionsneutrales Rasterschema Verwendung (vgl. oben), in dem entsprechend den jeweiligen Bedürfnissen Blöcke für Schulen, kleine Grünflächen, Amtsgebäude, später an den Stadträndern auch Fabriken eingefügt wurden.

→ In der Vertikalen wurde die Traufhöhe definiert.

→ Ferner wurde die Straßenbreite festgelegt.

Nicht definiert wurden dagegen die Hofräume und deren Nutzung, sowie der Abstand zwischen auf tiefen Parzellen hintereinander gestaffelten Gebäuden. Entsprechend der „Ausschlachtung" von Grundstücken nach liberalistischen Grundregeln entstand in der Gründerzeit die *Hinterhofverbauung* als ein für die aktuelle Stadtplanung schwer zu lösendes Problem. Erst die Zwischenkriegszeit brachte – wenn auch nicht in allen Staaten – Revisionen der Bauordnungen, welche den Mindestabstand von Gebäuden mit der *lichten Weite* festlegten.

Als Beispiel sei der Wiener Bauklassenplan angeführt. Er zeigt eine Übereinstimmung der Bauklassen mit den historischen topographischen Einheiten der Stadt und weist folgende Stufen auf:

→ Bauklasse IV: Innenstadt, ursprünglich 6 (heute aufgrund der Traufhöhe 8 bis 9) Geschosse;

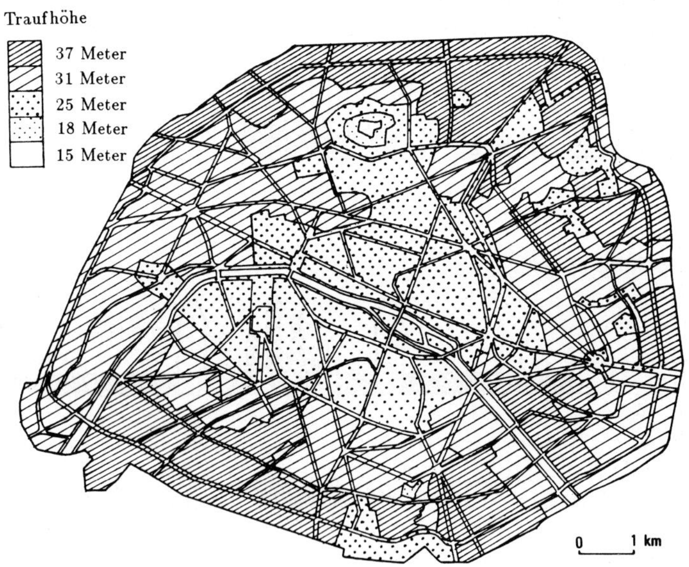

BASTIE 1984, S. 111.

Abb. 3.15: Bauhöhenplan von Paris 1974

→ Bauklasse III: innere Bezirke (ehemalige Vorstädte): in der Gründerzeit 5 Geschosse, derzeit 7;

→ Bauklasse II: äußere Bezirke (ehemalige Vororte): in der Gründerzeit 4 Geschosse, derzeit 6;

→ Bauklasse I: offene Verbauung, 2 Geschosse.

Paris setzte die Maßstäbe für die gründerzeitliche Reihenmietshausverbauung in Europa und revidierte in der Nachkriegszeit als erste westeuropäische Stadt das Bauklassenprinzip (vgl. Abb. 3.15).

Die Traufhöhen der Kernstadt gleichen nunmehr einer an den Rändern aufgebogenen Schüssel. Während im inneren Stadtraum die Traufhöhe von 25 Metern beibehalten wurde, erfolgte gegen die Stadtgrenze hin eine *Aufzonung* um jeweils zwei bis drei

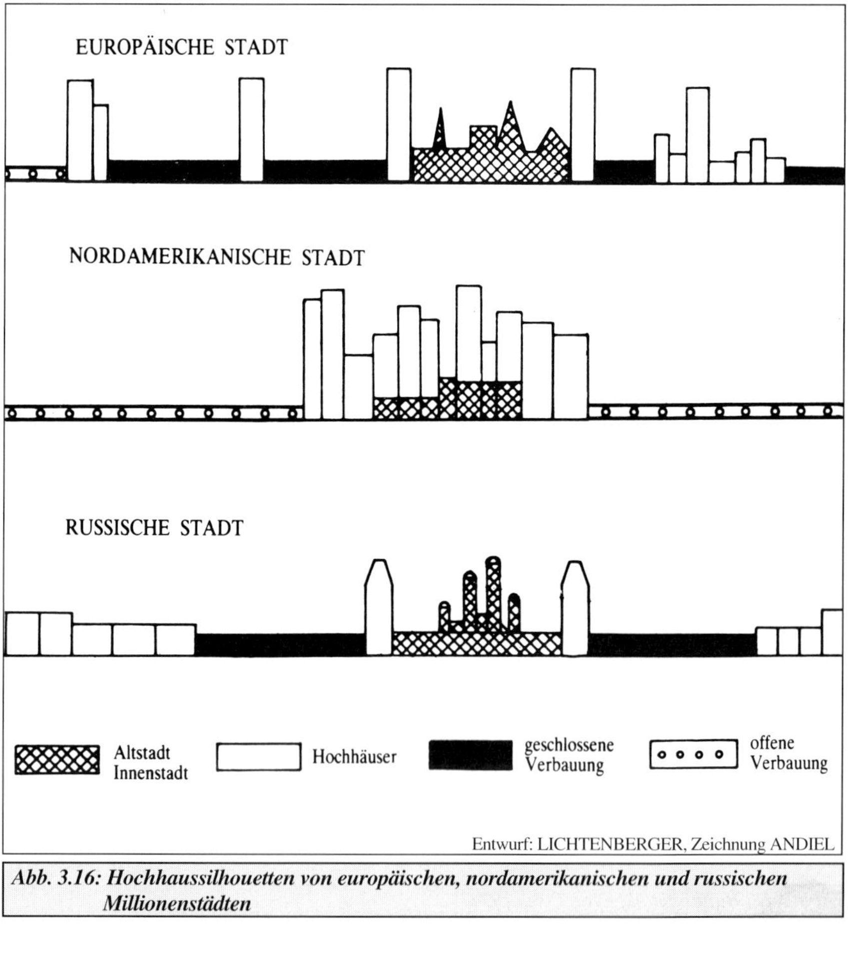

Abb. 3.16: Hochhaussilhouetten von europäischen, nordamerikanischen und russischen Millionenstädten

Geschosse auf 31 bzw. 37 m Traufhöhe. Dieses Pariser Zonenmodell beeinflußte die Stadtentwicklung in Südeuropa und in den sozialistischen Ländern, allen voran in der russischen Metropole.

Grundsätzlich haben viele europäische Staaten – wenn auch nicht alle – im gründerzeitlichen Baugebiet noch immer ein modifiziertes Bauklassenprinzip beibehalten. Bei Neuverbauung und neuen Aufschließungen wurde es seit den 50er Jahren durch die Einführung des neuen normativen Prinzips der *Geschoßflächendichte* (vgl. Abb. 2.27) von einer in der Vertikalen elastischen Bauregulierung abgelöst.

Damit hat relativ spät auch in den europäischen Städten der *Hochhausbau* seinen Einzug gehalten (vgl. Abb. 3.16).

Seine Verortung im Stadtraum, die vielfach Sondergenehmigungen unterliegt, unterscheidet sich jedoch grundsätzlich von der in Nordamerika. Dort reflektiert die Vertikalstruktur der Skyline den Gipfel der Bodenpreise in der Stadtmitte, während umgekehrt in den europäischen Städten unter dem Einfluß des Denkmalschutzes die Stadtmitte von Hochhäusern ausgespart bleibt. Damit halten die neuen Landmarken der Banken, Versicherungen, Großkonzerne und Hotels einen Ehrenabstand von den alten Landmarken der Kirchen, Rathäuser und Schlösser. Aus Gründen des Anschlusses an die Hauptstränge der Ent- und Versorgung etablieren sich Hochhäuser in den Narbenzonen der städtischen Verbauung, dort, wo traditionelle Bauklassen aneinanderstoßen und ehemalige Stadtgrenzen durch Freiflächen oder niedrige Objekte nachwirken. Häufig markieren neue städtebauliche Dominanten nicht nur den Rand der Altstadt, sondern in zentripetaler Weise auch die Eingänge zu älteren Vorstädten und Vororten. Hochbauten kennzeichnen schließlich die Wachstumsfront des zentralen Geschäftsbezirks, durch den Nahverkehr stark frequentierte Bahnhöfe sowie Auslieger der City, ferner sind sie zu einem Instrument der Slumsanierung geworden.

Der Hochhausbau hat bereits die Großstädte und Mittelstädte erreicht. Bei den Großstädten folgt auf die Hochhäuser am Rande des Stadtkerns (Altstadt) nach außen hin nur mehr der Wohnhochhausbau der Peripherie. Bei Mittelstädten mit einer unter Denkmalschutz stehenden Altstadt fehlt vielfach die Anlagerung von Hochbauten an den Stadtkern, und Hochhäuser markieren nur mehr das Take-off der Bevölkerungs-

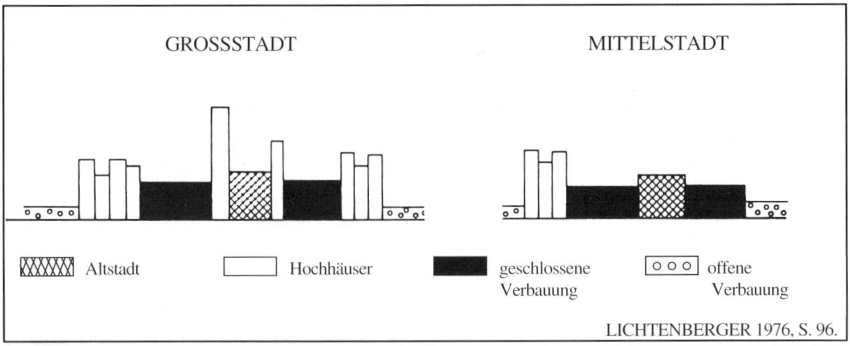

Abb. 3.17: Hochhaussilhouetten von europäischen Groß- und Mittelstädten

entwicklung am Stadtrand. Hinsichtlich des anzustrebenden Musters von Hochhausbauten im Stadtgebiet bestehen allgemein akzeptierte städtebauliche Leitbilder. Von der Detailplanung zur städtebaulichen Gesamtkonzeption der dritten Dimension der Stadt ist noch ein weiter Weg (vgl. Abb. 3.17).

In der Praxis unterliegt die *Bautätigkeit in großen Agglomerationen* drei unterschiedlichen Grundsätzen:

→ einem modifizierten Bauklassenprinzip im geschlossen verbauten Stadtkörper mit Sonderregelungen für einzelne Hochhäuser,

→ einer Geschoßflächennutzungsregulierung im Weichbild und

→ örtlichen Flächennutzungsregulierungen in den Randgemeinden außerhalb der Stadtgrenze.

3.3.4 Flächennutzungspläne und die Separierung städtischer Funktionen

Flächennutzungspläne gehören zu den wichtigen Rechtsgrundlagen der Stadtplanung und der Bautätigkeit in der Stadt. Erste Ansätze gehen auf die Zeit des starken Großstadtwachstums im letzten Drittel des 19. Jahrhunderts zurück. Hingewiesen sei auf die 1877 erschienene Denkschrift des Österreichischen Ingenieur- und Architektenvereins, in der bereits Grundprinzipien moderner Stadtplanung vorweggenommen sind. So wurden unter anderem Geschäftsviertel, der Berufsarbeit gewidmete Bezirke und – dies ist ein Gesichtspunkt, der später in der Stadtplanung nicht mehr aufscheint – sozial abgestufte Wohnviertel unterschieden und darauf hingewiesen, daß jede dieser Kategorien an die Art der Parzellierung und Verbauung, an die Verkehrswege und die Umgebung (!) ganz verschiedene Anforderungen stellt.

In allen Großstädten des deutschen Sprachraums entstanden im späten 19. Jahrhundert die Vorläufer dessen, was wir heute als *Flächennutzungspläne* bezeichnen. Im folgenden sei auf den Flächennutzungsplan von Frankfurt hingewiesen, der in vorbildlicher Weise bereits im Jahr 1891 zwei Leitprinzipien herausgestellt hat (vgl. Abb. 3.18).

Es erfolgte erstens eine Regulierung der Gebäudehöhe durch die Einführung von zum Stadtrand hin abnehmenden Bauklassen und damit Geschoßzahlen (Baustaffelpläne) und zweitens eine funktionelle Sonderung von Wohngebieten, Mischgebieten und Industriegebieten unter Berücksichtigung der Bahnlinien und – im speziellen Fall von Frankfurt – des Hafengeländes entlang des Mains.

Die Trennung der städtischen Funktionen wurde 1927 von der Bewegung der Urbanisten, angeführt von Le Corbusier, in der sogenannten *Charta von Athen* verankert, in der eine grundsätzliche Separierung der Daseinsgrundfunktionen der Bevölkerung, nämlich Wohnen, Arbeiten, Verkehrsbedürfnisse, Erholung usw., gefordert wurde. Es ist hier nicht der Platz, um auf die Bedeutung dieser Doktrin einzugehen. Sie führte in weiterer Konsequenz dazu, daß von Architekten und Städtebauern nicht nur die oben genannten Daseinsgrundfunktionen räumlich separiert wurden, sondern ebenso die einzelnen Wohnformen, wie das Ein- und das Mehrfamilienhaus, das Miets- und das Hochhaus. Aufgrund der fortschreitenden Separierung stieg in einem Circulus vitiosus der Flächenbedarf der einzelnen Funktionen an. Vor allem den

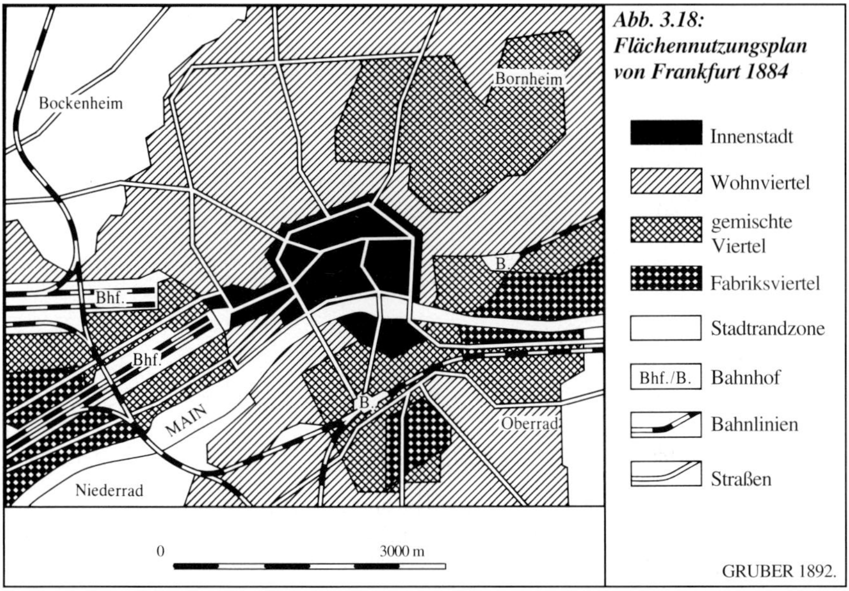

Abb. 3.18: Flächennutzungsplan von Frankfurt 1884

ebenfalls nach Verkehrsarten gesonderten Verkehrsbändern und -flächen mußte zunehmend mehr Raum zugewiesen werden. Wenn man heute in der wissenschaftlichen Diskussion schon wieder von dieser strikten Flächentrennung abgerückt ist, so gelang es jedoch bisher nicht, die inzwischen eingespielten bürokratischen Prozeduren zu durchbrechen und durch neue Verfahren die nunmehr wieder geforderte Mengung von Funktionen zu erzielen.

Die Flächennutzungspläne stellen zumeist Kompromisse dar, in denen Wohnbauflächen, gewerbliche Bauflächen und gemischte Baugebiete sowie Sonderbauflächen getrennt werden. Unter gemischten Baugebieten werden Kerngebiete mit zentralen Funktionen (City) und dgl., ferner eigentliche Mischgebiete, in denen sämtliche Nutzungen mit Ausnahme von störenden Industrien zulässig sind, und Dorfgebiete verstanden (vgl. Tab. 3.2).

Mit der Erstellung von Flächennutzungsplänen ist das unlösbare Problem der *Diskrepanz zwischen geplanter und tatsächlicher Nutzung* verbunden. Flächennutzungspläne nehmen nämlich einen künftigen, prognostisch ermittelten Zustand vorweg. Derart entsteht der oben besprochene Planungsmehrwert. Steigen durch die Ausweisung von zu umfangreichen Flächen für höher qualifizierte städtische Nutzungen die Bodenpreise innerhalb des Stadtgebietes zu stark an, so erfolgt eine Dezentralisierung von Bevölkerung und Arbeitsstätten in das Umland, und zwar noch lange, bevor die ausgewiesenen Flächen im Stadtgebiet selbst mit den vorgesehenen Nutzungen erfüllt sind.

Dasselbe Problem tritt auf, wenn Entwicklungspläne für eine Stadtregion erstellt werden und aufgrund von Bevölkerungsprognosen Ausweisungen für Nutzungsän-

Tabelle 3.2: Art und Maß der baulichen Nutzung (Baunutzungsverordnung 1993)

	Geschoßzahl	*Geschoßflächenzahl*
Kerngebiet:		
Handelsbetriebe, zentrale Einrichtungen der Wirtschaft	6	3
Gewerbegebiete (G)	6	2,4
Mischgebiete (G+W)	6	1,2
Wohngebiete (W)	6	1,2
Kleinsiedlungsgebiete	2	0,4
Wochenendhausgebiete	1	0,2
Dorfgebiete	2	1,2
Industriegebiete		**0,8 Grundflächenzahl**

Entwurf: LICHTENBERGER (Baunutzungsverordnung 1993).

derungen erfolgen. Erweist sich die Bevölkerungsprognose als zu optimistisch – wie dies gegenwärtig in Agglomerationen mit stagnierender Bevölkerungszahl der Fall ist –, so entstehen Probleme dadurch, daß Rückwidmungen von Flächen als bürokratische und juristische Prozeduren bei weitem nicht so entwickelt sind wie die Umwidmung von agrarwirtschaftlichen Flächen in Bauland.

Die Privatwirtschaft hat zu Flächennutzungsplänen ein grundsätzlich ambivalentes Verhalten. Auf der einen Seite profitiert sie von den Vorleistungen der öffentlichen Hand, wie z. B. von der Verkehrsinfrastruktur (Autobahnknotenpunkte) bzw. technischen Infrastruktur (Nutzwasser, Kraftstrom und dgl.). Ihre Manager versuchen sogar aufgrund von Vorinformationen über künftige Investitionen des Staates und der Stadt, durch „rechtzeitigen" Grunderwerb einen besonders hohen Planungsmehrwert zu erzielen. Auf der anderen Seite weichen jedoch unter bestimmten Bedingungen Privatunternehmen über die Stadtgrenze aus, sodaß in der Stadt selbst, in den Arealen, in denen die Privatwirtschaft nicht mehr bereit ist zu investieren, Blight-Phänomene entstehen. Diese Situation ist besonders für Nordamerika charakteristisch.

Im Hinblick auf Formalkategorien und Nutzungsklassen unterscheiden sich die *Flächennutzungspläne in nordamerikanischen Städten* kaum von den europäischen Gegenstücken (vgl. Abb. 3.19).

In der praktischen Durchführung bestehen jedoch wesentliche Unterschiede, von denen die wichtigsten herausgegriffen seien:

- Sie enthalten vielfach Angaben über die Grundstücksgröße und die Hauswerte. Damit werden sie in den Suburbs als ein Instrument verwendet, um die Invasion von Bevölkerung mit niedrigem Sozialstatus bzw. von Farbigen zu verhindern. In einer Art „Schachspiel" versuchen die verschiedenen Suburbs, unerwünschte Bewerber abzuweisen. Flächennutzungspläne werden damit als *Mittel zur Segregation* und Aufrechterhaltung eines bestimmten Sozialstatus verwendet; sie erlangen eine Funktion, die sie in Europa nicht besitzen.

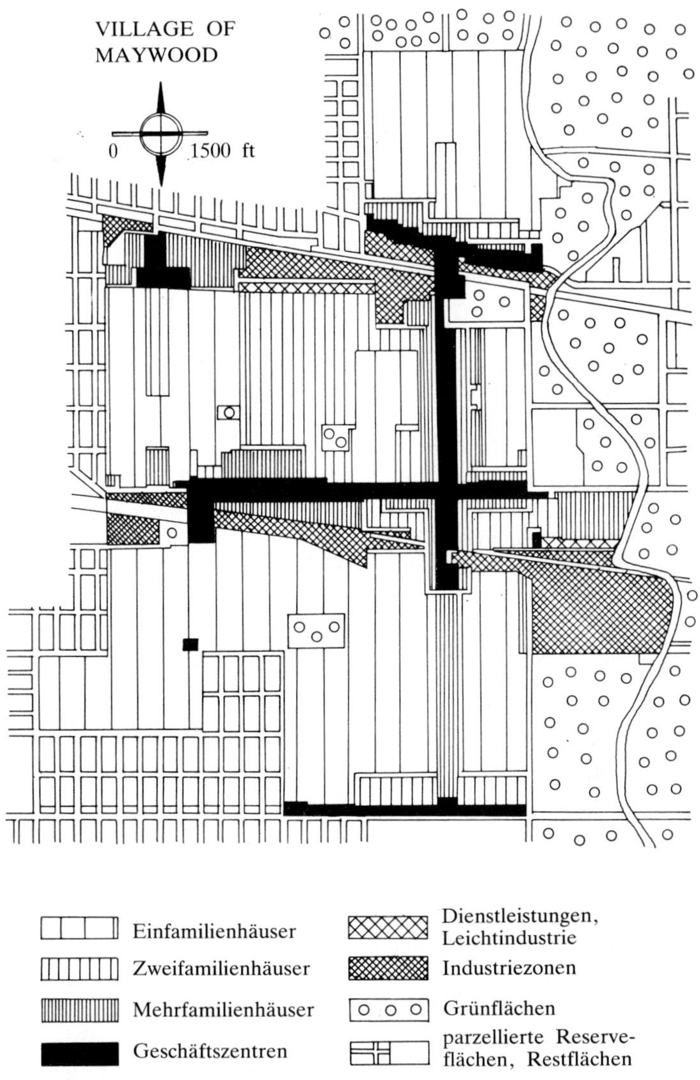

nach BARTHOLOMEW 1965, S. 139.

Abb. 3.19: Flächennutzungsplan einer US-amerikanischen Kleinstadt

- Vor allem in den großen Städten sind jährlich Zehntausende *Umwidmungen* an der Tagesordnung. Der Druck von seiten der Wirtschaft, ihre Interessen durchzusetzen, äußert sich darin.
- Die Parzellenschärfe von Bauleitplänen fehlt. Beim herrschenden System der *Subdivision Control* wird eine Parzellierung nur gestattet, wenn für ein größeres Landstück ein Aufschließungsplan einer Terraingesellschaft vorliegt. Diese Maßnahme fördert Großprojekte von privaten Aufschließungsgesellschaften. Gleichzeitig wird damit diesen eine Funktion zugewiesen, welche in Europa den Behörden zukommt, nämlich die Anlage von Straßen, die Einbringung der technischen Infrastruktur usw. Bei der sogenannten *Planned Unit Area Development* werden überhaupt verschiedene Landnutzungen zu einer Einheit zusammengefaßt. Die Errichtung der zahllosen von der Privatwirtschaft geplanten und erbauten Shopping Centers und Industrial Parks ist auf dieser Rechtsbasis erfolgt.
- Weit mächtiger als in Europa sind nordamerikanische Stadtbehörden im Hinblick auf den *Open Space* (Freiraum), d. h. die Planung und Errichtung öffentlicher Straßen und Plätze. Diese eilte stets der tatsächlichen Verbauung voraus. Von der rechtlichen Seite her ist es daher sehr viel leichter möglich, innerstädtische Highway-Trassen zu realisieren. Dieser Stadtautobahnbau wurde seit 1962 überdies vom Federal Aid Highway Act mit einer 90%igen finanziellen Beteiligung unterstützt, wenn ein gesamtstädtischer Verkehrsplan vorlag.
- Viel zuwenig beachtet wurden bisher in der Forschung die vielfach grundsätzlichen Unterschiede in den Vorschriften hinsichtlich der Verwendung von Baumaterialien, Leitungsverlegung, Dachgestaltung usw. Nordamerikanische Einfamilienhäuser in der üblichen Holzrahmenbauweise würden, als *Leichtbauweise* klassifiziert (sie wiegen nur knapp ein Viertel im Vergleich zum konventionellen Ziegelbau), in den meisten kontinentaleuropäischen Städten keine Bezugsgenehmigung als Dauerwohnsitz erhalten (!). Diese großen Unterschiede zwischen den Bauvorschriften und damit der Bauqualität beeinflussen selbstverständlich auch Lebensdauer und Erneuerungsbedarf von Bauten ganz wesentlich. In jüngster Zeit werden bei dem von Norden nach Süden vordringenden Fertigteilbau in Europa ebenfalls die Standards beim Einfamilienhaus reduziert.

3.3.5 Das Erbe des sozialistischen Städtebaus

Durch die politischen Veränderungen in Europa sind die folgenden Ausführungen über den Städtebau im Sozialismus zum Teil in die historische Dimension gerückt, zum Teil haben sie ihre Gültigkeit bewahrt. Grundsätzlich hatte der Städtebau im Sozialismus andere Rahmenbedingungen als der im Westen. Die Stadt und das städtische Leben wurden als höchste Form des sozialistischen Lebens angesehen. Nur in der Stadt – so lautete die staatliche Ideologie – konnte die Perfektion der sozialistischen Gesellschaft erreicht werden. Dementsprechend sind vor allem die großen Städte die Investitionszentren gewesen.

Es wurde wiederholt die Frage nach den spezifischen Merkmalen der „sozialistischen Stadt“ gestellt. Die Zeitspanne der Existenz des politischen Systems war zumeist zu kurz, das Erbe einer „bürgerlichen Vergangenheit“ zu mächtig, so daß vielfach nur Stückwerk entstanden ist. Hervorzuheben ist die Tatsache, daß die sozialistische Stadt ein spezifisches politisches System vertreten hat, woraus sich folgende Konsequenzen ergeben haben:

- Der Städtebau folgte totalitären Prinzipien und enthielt dementsprechend architektonische Elemente wie große „Schaustraßen“ und Plätze.
- Die Verstaatlichung von Grund und Boden gab den Städtebauern und Stadtplanern aber nicht nur absolutistische Verfügungsrechte im Hinblick auf die architektonische Gestaltung, sondern auch hinsichtlich der Flächennutzung, welche in liberalistischen Systemen kaum vorstellbar sind. Einschränkungen entstanden nur durch die Machtposition von Großbetrieben der Bauindustrie und deren limitierte Kapazitäten.
- Gesamtstaatliche und gesellschaftliche Einrichtungen hatten in der Bautätigkeit grundsätzlich Vorrang gegenüber der Privatsphäre. Sie bestimmten daher das Stadtzentrum. Der Dualismus von privatwirtschaftlichen und staatlichen Einrichtungen, wie er in Form der Wirtschaftscity und Regierungscity die Stadtzentren im Westen kennzeichnet, fehlt.
- Der Ausbau der Städte erfolgte mittels Großwohnanlagen, die nach einem hierarchischen Prinzip strukturiert sind, wobei der *Mikrorayon* das unterste Glied bildet. Gleichzeitig wurden in der Flächennutzung, in strikter Befolgung der Charta von Athen, Industrie- und Wohnanlagen separiert und der dadurch entstehende Pendlerverkehr durch den Bau von öffentlichen Verkehrsnetzen aufgefangen.
- Die Verfügung über den Boden gestattete ferner, in den Entwicklungsplänen für Stadtregionen ausgedehnte Erholungsareale und Zweitwohnungsgebiete auszuweisen und zu realisieren.

Als Beispiel für den „sozialistischen“ Weg der Stadtgestaltung sei die Prager Außenstadt abgebildet, in der nach 1968 das Moskauer Modell der Stadtplanung zur Anwendung kam (vgl. Abb. 3.20).

Wichtige Leitlinien waren:

→ weiträumige Eingemeindungen,
→ Schaffung von hierarchisch organisierten Großwohnsiedlungen und
→ forcierter U-Bahn-Bau.

Mit den Eingemeindungen wurde in Prag die Millionengrenze der Einwohnerzahl erreicht und die Flächen für die neuen Großsiedlungen bereitgestellt. Die mehrstufige hierarchische Organisation folgte dem Moskauer Modell. Der Mikrorayon mit rund 1500 Wohneinheiten bildete die unterste Einheit. Bei der Zusammenfassung derartiger Mikrorayons über eine mittlere Ebene zu den Großeinheiten Nordstadt (1966–1975, Soll: 100000), Südstadt (1976–1985, Soll: 100000) und Südweststadt (seit 1981, Soll: 130000) ging die Prager Stadtplanung wesentlich weiträumiger vor als dies bei ähnlichen Großanlagen in Bratislava oder Budapest der Fall war.

Zu den international beachtenswerten Leistungen zählt die unter der Direktive von Moskauer Spezialisten erfolgte Errichtung von drei Hauptlinien der U-Bahn im Zeitraum von 1974 bis 1990. Massive staatliche Investitionen aus dem generellen Steuer-

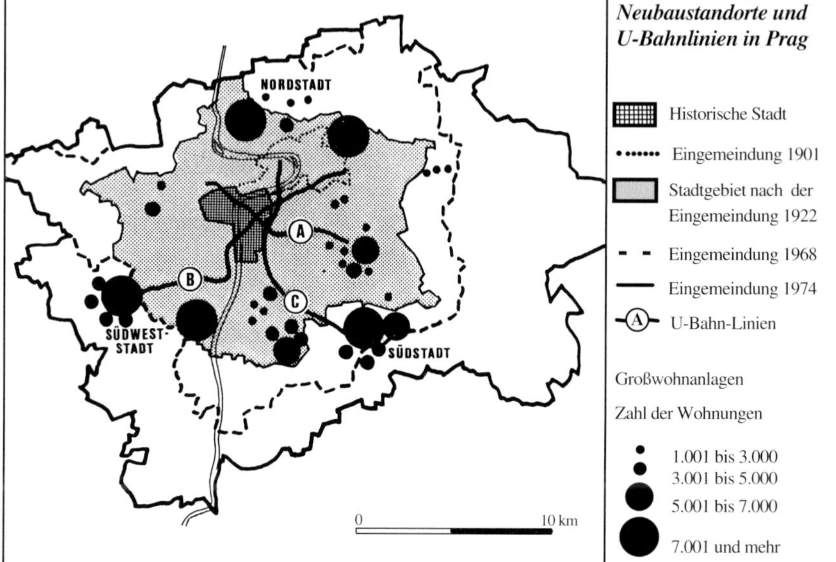

Abb. 3.20: Eingemeindungen, Neubaustandorte und U-Bahnlinien in Prag

LICHTENBERGER 1993b, S. 107.

aufkommen und die Übernahme der Betriebskosten für die Verkehrsinfrastruktur, deren Benützung praktisch zum Nulltarif der Prager Bevölkerung als Bonus zugeschrieben wurde, waren die Voraussetzungen.

In den Großwohnanlagen der Außenstadt bestanden von Anfang an unterschiedliche Eigentumsverhältnisse (staatliche, genossenschaftliche, Betriebswohnungen), die nunmehr über die Privatisierung eine relativ kleinteilige Eigentumsstruktur erhalten. Die organisatorischen, marktwirtschaftlichen und gesellschaftlichen Konsequenzen des Privatisierungsvorgangs in der Außenstadt sind in Prag ebenso wie anderen postsozialistischen Metropolen nicht abzusehen.

3.3.6 Die Funktionen des Stadtgrüns

Durch die grüne Bewegung ist das Stadtgrün wieder stärker in das Bewußtsein der Öffentlichkeit gerückt worden. Die ***historischen und aktuellen Funktionen*** des Stadtgrüns sind sehr vielfältig (vgl. Abb. 3.21).

Grünflächen können als Teil der baulichen Gestaltung der Stadt *Repräsentationsaufgaben* besitzen, sie können als Konsequenz der Ideologie von sozialen Wohlfahrtsstaaten *Wohlfahrtsfunktionen* wahrnehmen, und sie können schließlich auch stadthygienische Aufgaben erfüllen. Im Zusammenhang damit liegt u. a. die angewandte Aufgabe einer ökologischen Stadtforschung darin, hierfür den Nachweis zu erbringen, wobei Grünflächen als komplexe Registrierplatte für die Bioindikation von Schadstoffen verwendet werden.

Das abgebildete Beziehungsdreieck kann in historischer Sicht in eine Abfolge aufgelöst werden: Bereits die antiken Stadtkulturen kannten die repräsentative Einbeziehung von „Natur" in die gebaute Kubatur der Stadt. In umfangreichen Werken zur Geschichte des Gartenbaus und der Gartenarchitektur ist diese repräsentative Funktion von Grünanlagen dokumentiert und illustriert worden. Unsere moderne Stadtgesellschaft in den europäischen Wohlfahrtsstaaten hat die Chance, historische Prunkstücke der Gartenkultur – von Terrassengärten der Renaissance bis zu den Landschaftsparks des 18. und 19. Jahrhunderts – benützen zu können und gleichzeitig die Scherrasenflächen des sozialen Grüns von Neubaugebieten als selbstverständliches Ambiente zu betrachten.

Damit ist bereits eine Sukzession der Gartenkultur genannt, wie sie der Abfolge von „politischen Eliten" und dem fortschreitenden „Demokratisierungsprozeß" des

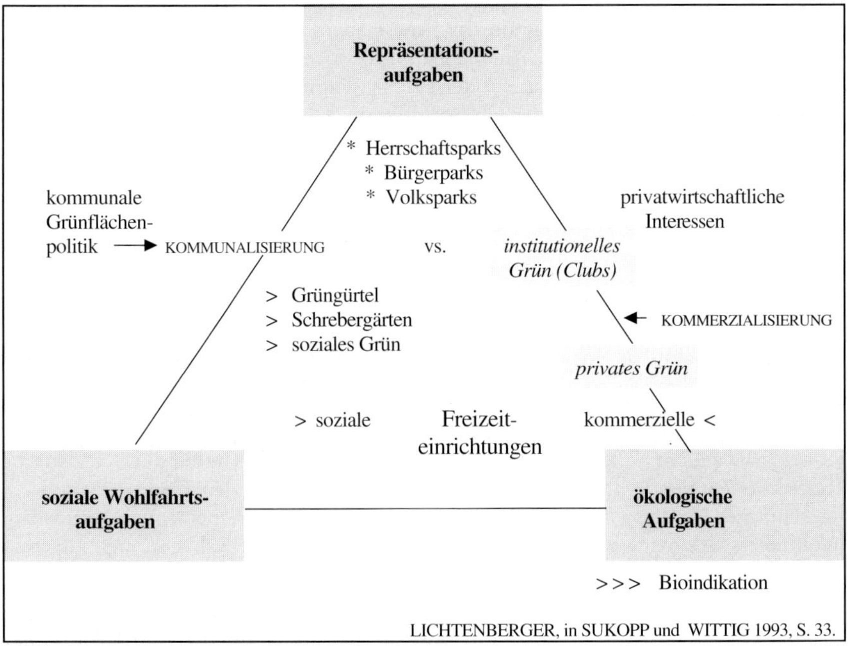

Abb. 3.21: Funktionen des Stadtgrüns

Stadtgrüns entspricht. Der Herrschaftspark des absolutistischen Zeitalters, als Gesellschaftspark für die Feudalgesellschaft mit künstlichen Seen, Brunnen und Grotten, Reitalleen und Hippodromen, Theatern und Tempeln wird nach der bürgerlichen Revolution vom Bürgerpark mit Gaststätten und Kaffeehäusern, Ausstellungshallen und Freilichtbühnen abgelöst. Volksparks mit sehr differenziertem Freizeitangebot in zentraler Lage folgen. Als Beispiele sind der Central Park in New York und für sozialistische Kulturparks, der Moskauer Gorki-Park anzuführen. Die aktuelle gesellschaftliche Einbindung derartiger zentral gelegener Parkanlagen in die sozialräumliche Organisation der Städte ist in Europa durch eine Verbreiterung der ursprünglich gesellschaftlich elitären Rekreationsfunktion zu einer Funktion der gesamtstädtischen Repräsentation und Erholung erfolgt. Synchron dazu ist die symbolische Identifikation durch den Bürger der jeweiligen Stadt entstanden.

Die Schaffung von *öffentlichen Grünflächen* und *Erholungsanlagen* ist als Aufgabe europäischer Kommunalverwaltungen bereits alt. Im Liberalismus verschmolz das Allmendekonzept der mittelalterlichen Stadtgemeinde mit den ästhetischen Prinzipien barocker Gartenkultur. An der Stelle des Befestigungsareals der Städte entstanden bei deren Abtragung in vielen Fällen Parkanlagen. Selbst das spekulationsfreudige späte 19. Jahrhundert sparte im gründerzeitlichen Rasterschema kleine Parks aus.

Während die Repräsentationsfunktion die Geschichte des Stadtgrüns begleitet hat, ist die soziale Wohlfahrtsidee relativ jung und überdies nur auf die sozialen Wohlfahrtsstaaten und auf die früher kommunistischen Staaten Osteuropas beschränkt. Die Integration einer kommunalen Grünflächenpolitik sowohl in die kommunale Bodenpolitik als auch mit dem Instrument der Flächenwidmung und Bauleitplanung in die Stadtentwicklungsplanung bildet ein Spezifikum der mittel- und westeuropäischen Städte. Nichtsdestoweniger bildet auch hier das Grün in der Stadt gleichsam eine „Negativplatte“ zur Verbauung einschließlich der Verkehrsbänder und -flächen. Das *soziale Grün* des kommunalen Wohnbaus ist inzwischen zu einem selbstverständlichen Inventar auch von Genossenschafts- und Eigentumswohnanlagen geworden, freilich noch nicht in Südeuropa.

Auf ein entscheidendes ökonomisches Manko der Grünflächen im Stadtraum sei hingewiesen. Sie sind niemals in ein standorttheoretisches Modell der Flächennutzung von Städten integriert worden und unterliegen bei Akzeptanz der Regeln eines kapitalistischen Bodenmarktes als renditeschwache Nutzungen dem kontinuierlichen Verdrängungsprozeß durch renditestärkere Einrichtungen und Flächen. Sie können jedoch, wie andere Nutzungen, z. B. denkmalgeschützte Altbauten, durch legistische Restriktionen aus dem Markt herausgenommen und durch den Gesetzgeber in ein „geschütztes Nutzungssegment“ transferiert werden, dem monetär nicht einlösbare Wohlfahrtswirkungen zugeschrieben und dementsprechende Subventionen zugeteilt werden. Auf die Probleme der städtischen Grünflächenpolitik bei knappen Bodenressourcen kann nur hingewiesen, jedoch nicht eingegangen werden.

3.4 Technologische Determinanten

3.4.1 Entwicklungsschema von Technologien

Drei Sektoren der technologischen Entwicklung sind für die Stadt von besonderer Bedeutung: die Technologie des Bauens, die Entwicklung der technischen Infrastruktur (auch als *unterirdischer Städtebau* bezeichnet) und die Technologie des Verkehrs. Diese Technologien sind selbstverständlich in den generellen technischen Fortschritt eingebunden. Ihre Entwicklungsstufen sind jedoch nicht gleichgeschaltet. Es gehört vielmehr zum Charakteristikum der Stadtentwicklung, daß in den letzten 100 Jahren in verschiedenen zeitlichen Abschnitten jeweils bestimmte Technologien beherrschend aufgetreten sind. Dabei waren der Einsatz der Technologien und ihre Koppelung stets von gesellschaftspolitischen Zielsetzungen und damit von den politischen Systemen abhängig.

Ein Zeitschema bildet das Auftreten neuer Technologien in den genannten Sektoren ab (vgl. Abb. 3.22).

Der technische Fortschritt begann in der *Gründerzeit* mit der Einrichtung von Pferdestraßenbahnen, welche sich in den 50er Jahren in den USA und in den großen europäischen Städten ausbreiteten (1850 New York, 1854 Paris). Eine Generation später

	BAUEN	***VERKEHR***	***TECHNISCHE INFRASTRUKTUR***
Gründerzeit	Ziegelbauweise erste Hochbauten 1880	Öffentlicher Verkehr	Glanzzeit unterirdischen Städtebaus
	Stahlbauweise CBD, USA elektr. Aufzüge Stahlbetonbauweise	Pferdestraßenbahn Straßenbahn Stadtbahn U-Bahn	*Liniennetze:* Kanalisation Licht, Gas, Wasser ↓
Zwischenkriegszeit	Holzfertigteilbauweise	Bus Elektrifizierung der Straßenbahn PKW ↓	
Nachkriegszeit	Montagebauweise Glas-Aluminium-Konstruktion	innerstädtische Autobahn ↓	↓ Fernwärme

Entwurf: LICHTENBERGER

Abb. 3.22: Entwicklungsschema von Technologien

erfolgte die Einrichtung elektrischer Straßenbahnen, nämlich in den späten 80er Jahren. 1890 waren diese schon in über 50 nordamerikanischen Städten in Betrieb. Wenig später, 1895, wurde die erste Untergrundbahn in Boston eröffnet. Um die Jahrhundertwende folgte eine Reihe anderer Städte in Nordamerika und in Europa.

Die Großleistung der Gründerzeit war jedoch der *unterirdische Städtebau* und damit die sogenannte Assanierung der alten großen Städte, vor allem in der Mitte und im Westen Europas. So sehr man heute unter sozialpolitischen Gesichtspunkten geneigt ist, diese Epoche im Hinblick auf ihre Versäumnisse im Wohnungsbau zu kritisieren, so sehr muß man doch andererseits ihre Glanzleistung im unterirdischen Städtebau bewundern, vor allem da erst jetzt, nach fast 100 Jahren, in den gründerzeitlichen Stadtgebieten eine Erneuerung der damals eingebrachten unterirdischen Netze notwendig wird.

Entscheidungen über die Stadtstruktur fallen, stärker als uns dies zumeist bewußt ist, im „Untergrund", d.h. werden von den dort vorhandenen bzw. neu einzubringenden Leitungsnetzen für die Ver- und Entsorgung der Stadt bestimmt. Zum Unterschied von den Fortschritten der Bau- und Verkehrstechnologie hat die technische Infrastruktur der Versorgung und Entsorgung der Städte bisher keinen echten Fortschritt im Hinblick auf die Leitungsnetze erfahren, auch wenn in den letzten Jahrzehnten die Kapazitäten der Anlagen (z.B. Fernheizwerke, Kläranlagen und dgl.) ganz wesentlich erhöht wurden. Sie ist damit technologisch gegenüber ihren beiden Partnern, dem oberirdischen Städtebau und der Verkehrsbedienung, relativ zurückgeblieben und wird überdies zunehmend kostenaufwendiger.

Die geringe Kapazität von traditionellen Leitungssystemen ist ein wesentlicher Faktor für die hohen Kosten einer durchgreifenden Stadterneuerung, da nicht nur ein Austausch der lokalen Netze, sondern die Neuanlage von Verbindungen höherer Ordnung zu Vorflutern und dgl. erforderlich ist.

Bei der ***Technologie des Bauens*** zeichnet sich in der Gegenwart eine Zweiteilung ab. Auf der einen Seite hat die Stahlbetonbauweise (in Form von Montagebauweise oder Fertigteilbauweise) die Wohnanlage und den Wohnhochbau erobert. Auf der anderen Seite ist es aber zu einer Standardisierung der Einfamilienhäuser in Form von Fertighäusern gekommen. Auch hierbei hat Nordamerika das Vorbild abgegeben.

Diese Zweiteilung in Montagehochhaus und (Holz)fertighaus entspricht auch den beiden derzeit zur Anwendung kommenden städtischen Verkehrstechnologien: den Massenverkehrsmitteln auf der einen Seite und dem Individualverkehr auf der anderen.

Es gehört zu den faszinierenden Tatsachen des gegenwärtigen Städtewesens, daß zwei Staaten, die nur dünn besiedelt sind und in denen der Boden keine knappe Ressource darstellt, nämlich die USA und die UdSSR, sich aufgrund der unterschiedlichen politischen Systeme für die beiden Extremlösungen, nämlich auf der einen Seite für das Primat des PKWs und des Einfamilienhauses und auf der anderen Seite für das Primat der Massenverkehrsmittel und des Montagehochbaus entschieden haben. In Europa versucht man, ebenso wie in anderen Bereichen, hinsichtlich der Technologie des Bauens und des Verkehrs einen mittleren Weg zu gehen.

Aufgrund des Gesagten zeichnen sich auch ganz generell die *Reststrukturen vorindustrieller Technologien* ab, wie sie vor allem noch kleinere Städte kennzeichnen, nämlich erstens, die *Ziegel- und Steinbauweise*, vor allem in den Einfamilienhausgebieten Europas, und zweitens, der *Fußgängerverkehr*. Auch hier geht die Tendenz dahin, den Fußgänger in „Reservate“ zu verweisen: in die Fußgängerzonen der Innenstadt, auf die Fußgängerwege europäischer Stadtrandsiedlungen und in das Shopping Center amerikanischer Suburbs. In jüngeren amerikanischen Suburbs ist der fußläufige Verkehr so „aus der Mode gekommen“, daß man die Gehsteige abgeschafft hat.

3.4.2 Die Fortschritte der Bautechnologie und ihre Rückwirkung auf die Stadtentwicklung

Wohnbau und Monumentalbau unterscheiden sich in Vergangenheit und Gegenwart nicht nur in der Gesamtarchitektur, sondern auch hinsichtlich der verwendeten Materialien. Die Innovation zukunftsweisender *Materialien* erfolgte stets beim Monumentalbau. Die Backsteingotik von Kirchen und Rathäusern Nordwesteuropas entstand zu einer Zeit, als die Masse der Wohnbauten in diesem Raum noch der älteren Tradition des Fachwerkbaus verhaftet blieb.

In der Zeit der mittelalterlichen Bürgerstadt und der barocken Stadt des absolutistischen Landesfürstentums wurden in erster Linie lokale Baumaterialien (Fachwerk, lokale Steine) verwendet, welche, im Verein mit lokalen architektonischen Varianten, zum besonderen Reiz des aus dieser Periode erhaltenen Baubestands beitragen. Erst in der Gründerzeit gelang es der Ziegelbauweise von den Großstädten aus, dank der industriellen Fertigung, die Bauweise mit lokalen Materialien zu verdrängen, vor allem dort, wo sich das Mietshaus durchsetzen konnte. Dessen ungeachtet blieb in Südeuropa, einem Raum mit einer alten Steinbautradition, bis zur Gegenwart herauf die Verwendung lokaler Steine in Gebrauch, insbesondere beim Einfamilienhausbau. Die in der Gründerzeit auf der Basis von Ziegelwerken entstandenen Kapitalgesellschaften bildeten ihrerseits wieder ein retardierendes Element gegenüber der Einführung von moderneren Technologien, wie der Fertigteilbauweise, in der Nachkriegszeit.

Anders war die Situation in ***Nordamerika***. Vor allem in den Nordstaaten beherrschte die Holzbauweise die gesamte ältere Stadtentwicklung. Städte wie Chicago bestanden im 19. Jahrhundert noch aus Holzbauten, und einfallsreiche Unternehmer konnten daher demonstrieren, wie man derartige Bauten „absägen“ und anderwärts wieder aufstellen konnte. Nur äußerst kurz war die Phase der Ziegelindustrie. Diese wurde sehr rasch, bereits nach einer Generation, von der Stahlbetonbauweise abgelöst. Zusammengedrängt in einem halben Jahrhundert hat Nordamerika eine erstaunliche Hochhausentwicklung in den Downtown-Areas erlebt. Während sich die ersten Hochbauten Mitte der achtziger Jahre des 19. Jahrhunderts auf der Basis hydraulischer Aufzüge noch einer gemischten Stahl- und Ziegelbauweise bedienten, setzte in den neunziger Jahren, nach Einführung der elektrischen Aufzüge (1887), auch die Stahlbetonbauweise ein. Schon 1913 erreichte in New York das Woolworth-Gebäude 60 Geschosse. Bereits in der Zwischenkriegszeit wurden alle Variationen durchgespielt, z. B. der aufgrund der neuen Bauvorschriften zurückgesetzte *Lean Tower*, ein Turmbau auf Terrassensockel (Empire State Building, New York, 1931, 102 Geschos-

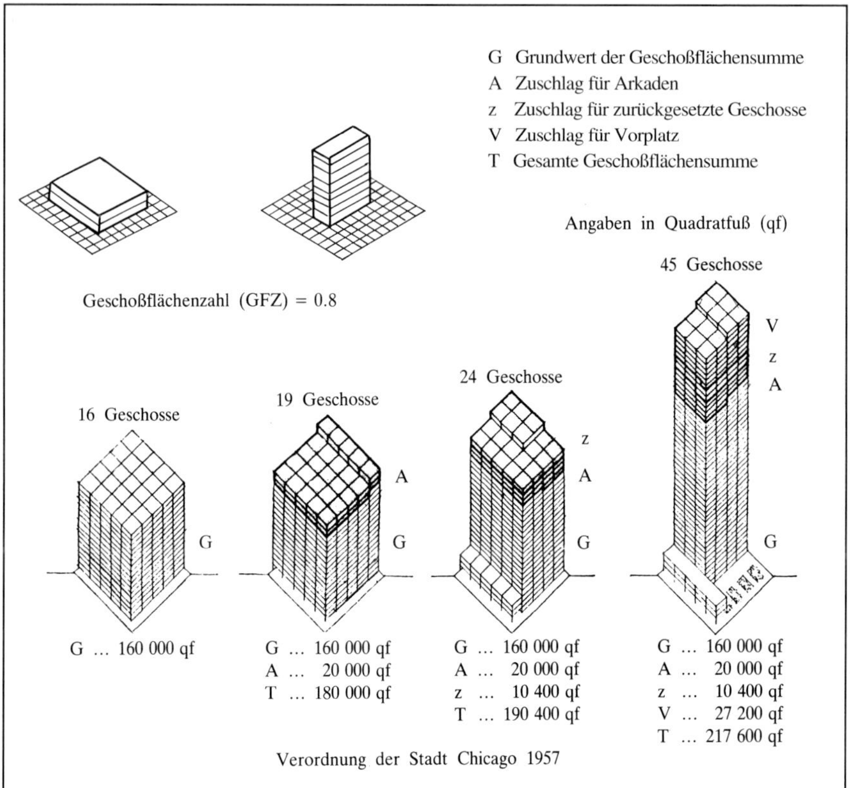

GALLION und EISNER 1963, S. 214.

Abb. 3.23: Geschoßflächendichte in Chicago

se, 362 Meter), welcher den neuen Regulierungen hinsichtlich der Geschoßflächendichte Rechnung trägt (vgl. Abb. 3.23).

Eine derartige frühe Entwicklung der Bauindustrie fehlt in ***Europa***. Aus Gründen, die schwer zu fassen sind, blieb das Baugewerbe (vergleichbar der Landwirtschaft) lange vorindustriellen Strukturen verhaftet, nicht zuletzt infolge des Nachwirkens zünftischer Organisationsformen. Erst auf dem Wege über die großen technischen Infrastrukturleistungen, vor allem des unterirdischen Städtebaus, und die großen Regulierungsarbeiten (z. B. die Donauregulierung bei Wien, die mit den Maschinen vom Suezkanalbau mit rund 50000 Arbeitern 1870 bis 1873 bewerkstelligt wurde), entstanden in den Großstädten um die Jahrhundertwende gleichfalls große Bauunternehmen.

In der Nachkriegszeit ist den Kommunalbehörden bzw. Genossenschaften als Großauftraggeber die Rolle von Innovatoren zugefallen, indem sie aus Kostengründen beim sozialen (genossenschaftlichen) Wohnungsbau die Fertigteilbauweise einführten und damit einem Beispiel folgten, das schon früher sozialistische Länder geboten haben. Die Einführung der Montagebauweise und die sukzessive Verdrängung des Ziegelbaus bei der Errichtung von großen Wohnanlagen hat weitere Konsequenzen. Montagebauweise und Kranstraße erfordern die Großbaustelle und bewirken derart eine Vergrößerung der Aufschließungseinheiten. Gleichzeitig verdrängen sie traditionelle Bauformen aus der Neubautätigkeit. Derart sind z. B. mehrgeschossige Bauten in Nordamerika von der Palette der Neubauformen weitgehend verschwunden.

Wie häufig bei den Anfängen neuer Technologien sind diese kostenmäßig gegenüber den traditionellen nicht immer im Vorteil. So war es z. B. recht bezeichnend für die britische Entwicklung, daß Wohnhochhäuser der frühen 60er Jahre pro qm erstellter Wohnfläche noch wesentlich teurer waren als die herkömmlichen, aus billigen Ziegeln hergestellten *terrace houses*. Da mit der Massenhaftigkeit der Produktion der Vorteil industrieller Fertigung gegenüber dem Handwerk steigt, ist es begreiflich, daß die anfangs durch Großbauträger gestützten Fertigteilindustrien sich nunmehr als eigenständige Bauinitiatoren entwickeln, die nun ihrerseits ihre Promotoren unter Druck setzen können und einen Groß(wohn)baustil perpetuieren, den der „Bürger" selbst, zumindest in Mitteleuropa, nicht mehr haben will.

Fassen wir zusammen. Insgesamt sind es derzeit drei Produkte der Bauindustrie, welche die Entwicklung der großen Agglomerationen bestimmen und deren Bedeutung in Zukunft noch weiter zunehmen wird:

- Der *monumentale Hochhausbau* des tertiären und quartären Sektors (für Büros, Krankenhäuser, Konferenzzentren und dgl. bzw. für Wohn- und Wirtschaftsnutzung); er ist zumeist als individuelle architektonische Lösung konzipiert. Architektenwettbewerbe sind die Regel. Sein Standort ist keineswegs ausschließlich die City, vielmehr entstehen Cityausleger an Verkehrsknoten des Massenverkehrs bzw. der Autobahnen im Randbereich von Agglomerationen.
- Der *Montagewohn(hoch)bau* in standardisierter Ausführung;
- Die standardisierte Vielfalt des *Fertighauses als Einfamilienhaus.*

Wie das nordamerikanische Beispiel zeigt, sind als Konsumgüter bewertete Holzfertighäuser, entsprechend dem technischen Fortschritt, einem sehr raschen Wertverfall ausgesetzt (Zunahme der Zahl der Badezimmer, der Schlafräume, der Garagenplätze usw.). PACKARD konnte daher in seinem Buch *The Wastemakers* die Zukunftsvision einer Stadt entwickeln, die jedes Jahr von ihrer Bevölkerung verlassen und dann dem Erdboden gleichgemacht wird, um die anfallenden Reinigungs- und Reparaturarbeiten zu vermeiden.

3.4.3 Verkehrstechnologie und Stadtentwicklung

Die Zusammenhänge zwischen Fortschritten der Verkehrstechnologie und der Stadtentwicklung sind äußerst vielschichtig, die räumlichen Auswirkungen dagegen unmittelbar einsichtiger als bei den Fortschritten der Bautechnologie. Im folgenden können nur einige wichtige Aspekte herausgegriffen werden.

- Aufgrund der oben skizzierten Abfolge der Einführung immer rascherer innerstädtischer Massenverkehrsmittel ergab sich ganz allgemein eine *Veränderung des Bewegungsraums* der städtischen Bevölkerung. Anhand des Berliner Beispiels sei diese Wechselwirkung zwischen dem Wachstum der Stadtfläche und dem Ausbau der innerstädtischen Massenverkehrsmittel skizziert (vgl. Abb. 3.24).

Hierbei wurde als Gradmesser für die Reichweite eine auf das Stadtzentrum bezogene 30-Minuten-Isochrone gewählt. Betrug in der Zeit des Fußgängerverkehrs der in diesem Zeitraum zu durchmessende Radius rund 2,5 Kilometer, so erhöhte er sich durch die Einführung eines regelmäßigen Droschkenverkehrs (1814) bereits auf 4 Kilometer. Die Einrichtung von Pferdestraßenbahnen und Omnibussen (1868) erweiterte ihn auf knapp 5 Kilometer. Mit der Hochgründerzeit war bereits eine potentielle Ausdehnung der Stadtfläche auf das knapp Sechsfache des Fußgängerzeitalters erfolgt. Eine sprunghafte Erweiterung des Verkehrseinzugsbereichs brachte um die Jahrhundertwende die Anlage von elektrischen Straßenbahnen (1896) und innerstädtischen Schnellbahnen (1902). Letztere bedienten bereits ein Stadtgebiet mit einem Durchmesser von rund 25 Kilometern. Dieser Durchmesser vergrößerte sich mit der Erbauung der elektrischen Vorortebahn (1926) auf 40 Kilometer.

● Mit den genannten Verkehrsarten sind unterschiedliche *Standortmuster von Funktionen* verbunden. Linien von Straßenbahnen und Autobussen haben im dicht verbauten Gebiet aufgrund des geringen Haltestellenabstandes zur Entwicklung eines linienförmigen Musters des Geschäftslebens beigetragen. Die *ribbon development* in den amerikanischen Städten folgte dem gleichen Prinzip wie die Geschäftsstraßen in

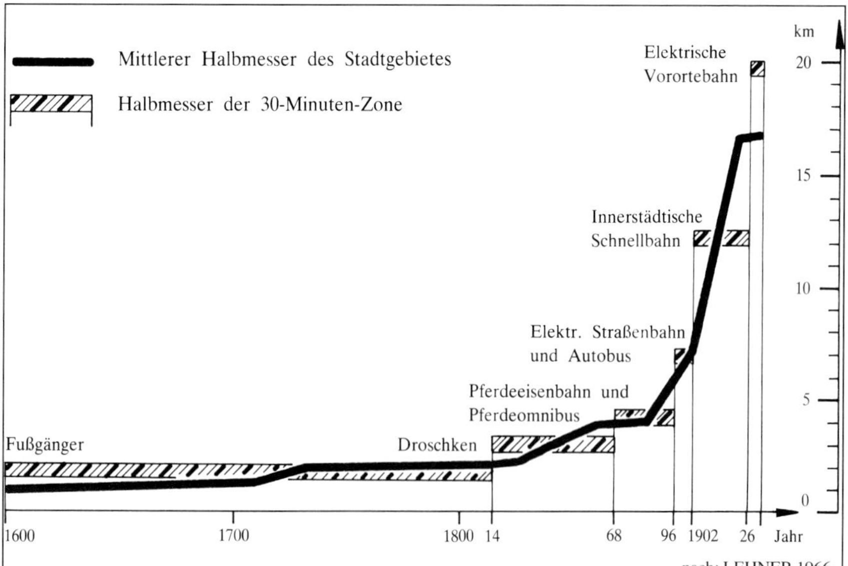

nach: LEHNER 1966.

Abb. 3.24: Das Wachstum der Stadtfläche in Abhängigkeit vom öffentlichen Personennahverkehr

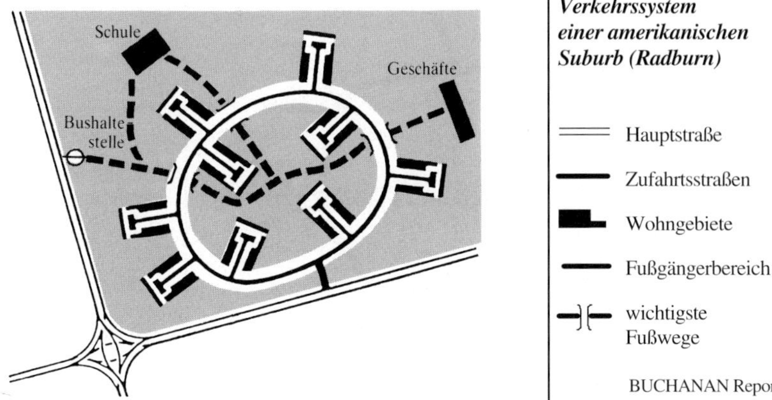

Abb. 3.25: Das Verkehrssystem einer amerikanischen Suburb (Radburn)

BUCHANAN Report 1963, S. 69.

den europäischen Städten. Aufgrund der Bedeutung von Bahnhöfen für den innerstädtischen Quell- und Zielverkehr entwickelte sich die *Bahnhofsstraße* häufig zur führenden Geschäftsstraße einer Stadt. Infolge der drastischen Reduzierung des Bahnverkehrs in den USA sind die Bahnhöfe und mit ihnen die Bahnhofsstraßen seit den späten 60er Jahren vielfach verödet. Als Gegenbeispiel sei Japan angeführt, wo bei enorm steigendem Personenverkehr Bahnstationen und Geschäftszentren als integrierte Einheiten geschaffen wurden (SCHÖLLER 1976). Damit ist bereits das zweite Standortprinzip des *Verkehrsknotens* genannt. U-Bahn-Stationen und Autobahnknoten sind die zwei Alternativen des öffentlichen und Invidivualverkehrs, deren Standortvorteile von integrierten Komplexen verschiedener Art genutzt werden.

• Aus dem Paradigma der Separierung von Nutzungen entstand das Konzept der *Verkehrsentflechtung*. Anhand von zwei Beispielen seien die Prinzipien vorgeführt. Radburn in New Jersey wird als der Prototyp für die Verkehrsentflechtung in *Stadtrandsiedlungen* aufgefaßt (vgl. Abb. 3.25).

Voraussetzungen hierfür sind ein zusammenhängendes größeres Aufschließungsgebiet ohne Durchgangsverkehr sowie die Möglichkeit der Schaffung eines entsprechenden Fußgängerbereichs. Hierbei werden die Wohnbauten über Sackgassen an den Straßenverkehr angeschlossen und von der Rückseite her durch ein System von Fußgängerwegen miteinander und mit zentralen Einrichtungen, wie Schule und Einkaufszentrum, verbunden. Die erst zögernde, dann raschere Übernahme dieses Modells hat recht verschiedene städtebauliche Lösungen gefunden.

Ein etwas größeres – gleichzeitig duales – Modell der Verkehrsentflechtung hat inzwischen unter dem Slogan „jeder Klein- und Mittelstadt eine *Fußgängerzone*" Europa mit Lösungen verschiedener Art überschwemmt (vgl. Abb. 3.26).

Verschiedene Intentionen standen Pate:

→ Es sollte dem Fußgänger die Stadt wieder „zurückgegeben" werden (Verkehrsentflechtung),

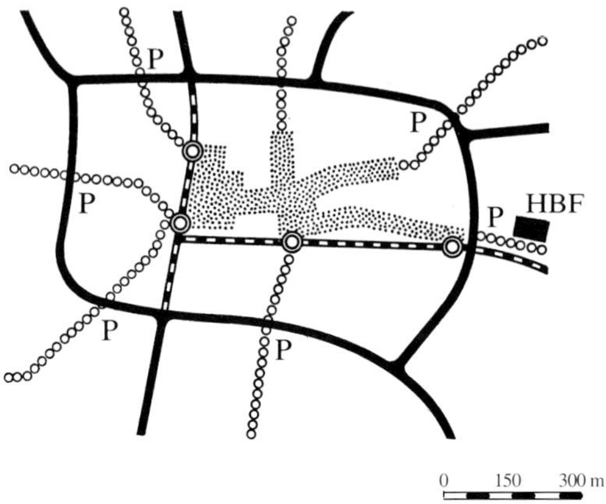

Abb. 3.26: Verkehrserschließung des Zentrums einer Mittelstadt

SCHAECHTERLE 1974, S. 250.

→ es sollte das zentrale Geschäftszentrum gestärkt und
→ historischer Baubestand erhalten werden, und
→ man hoffte, daß die Wohnbevölkerung diese neugestalteten Stadträume auch „annehmen" würde.

Das in Abb. 3.26 vorgestellte Modell der Verkehrserschließung des Zentrums einer Mittelstadt legt die Haltestellen des öffentlichen Nahverkehrs unmittelbar an die Fußgängerzone heran. Dagegen wird der PKW-Verkehr deutlich abgesetzt davon in einer Kreislinie – an Stelle der ehemaligen Befestigungen – um den Innenstadtbereich herumgeleitet. Parkplätze (Parkhäuser) sind zugeordnet. Ferner führen von der Fußgängerzone radiale Fußwege in die umliegenden Stadtteile. Dieses Modell räumt dem öffentlichen Verkehr eine deutliche Priorität gegenüber dem PKW-Verkehr in der Innenstadt ein. In der Realität sind in Abhängigkeit von der historisch-topographischen Struktur der jeweiligen Städte sehr unterschiedliche Lösungen entstanden.

3.5 Ökonomische Determinanten

3.5.1 Überblick

Gesellschaftspolitische Systeme sind „relativ stabile" Einheiten, die sich – und dann meist schlagartig – zumeist durch politische Ereignisse ändern. Ähnliches gilt für städtebauliche Vorstellungen; sie unterliegen ebenfalls einem episodischen Wandel. Den eigentlich „hochtourigen" Motor in der Stadtentwicklung bilden die ökonomischen Determinanten. Nur kurz sei darauf hingewiesen, daß die Nationalökonomie als Wissenschaft in einem abstrakten Makroraum entstanden ist und sich eine Stadtwirtschaftslehre erst sehr spät entwickelt hat. Sie steht bis heute im Schatten der Regional Science und der Regionalökonomie, deren Fortschritte in erster Linie der Erforschung der räumlichen Organisation von Arbeitsstätten in nationalen Siedlungssystemen zugute gekommen sind. Die *Differenzierung von städtischen Systemen* in intermetropolitane Systeme, zentralörtliche Systeme und an „natürliche Ressourcen" gebundene Reviere (z. B. Industriereviere, Freizeitreviere) läßt sich von einer ökonomischen Theoriebildung aus argumentativ gut begründen.

Für die räumliche Allokation und die Abfolge von Betrieben im Stadtraum kann die Stadtwirtschaftslehre jedoch aufgrund der sehr viel größeren Komplexität von Arbeitsstätten und von beruflichen Tätigkeiten im Vergleich zur „sozialen Organisation der Gesellschaft" im engeren Wortsinn nicht eine übergeordnete Konzeption anbieten, wie sie die Sozialwissenschaften mit dem Segregationsprinzip als beschreibende und prozessuale Konzeption für die Erklärung der sozialräumlichen Organisation der städtischen Gesellschaft besitzen.

Derzeit stehen nur zwei deduktive Aussagensysteme zur Verfügung, um die innerstädtische Verortung von Arbeitsstätten zu erklären.

1. Bereits besprochen wurde die ***Bodenpreis-Theorie*** von ALONSO (1964). Sie scheint in der Literatur auch des öfteren als Landnutzungstheorie auf und schließt als räumliche Konzepte die Zugänglichkeit, die Komplementarität und die Inkompatibilität von Nutzungen mit ein, welche auch auf andere Sachverhalte als die der Landnutzung angewandt werden können.

Es wurde bereits darauf hingewiesen, daß die *Zugänglichkeit* ein in erster Linie technologisch bestimmtes Konzept darstellt, mit dem sich sowohl die Dominanz der Stadtmitte bei radialem Netz der Massenverkehrsmittel als auch die Dekonzentration, d. h. die Standortverlagerung des tertiären und quartären Sektors aus der Stadtmitte bei entsprechendem Ausbau des Individualverkehrs, begründen läßt.

Das Konzept der *Komplementarität* ist im Zusammenhang mit ökonomischen Funktionen geeignet, zentral-periphere Funktionsteilungen zu erklären, wobei in europäischen Städten bei Aufspaltung von Funktionen diejenigen mit größeren Flächenansprüchen bzw. mit geringerer „Umweltfreundlichkeit" peripher abgeschoben werden. Angewandt auf den einzelnen Betrieb bzw. Betriebsgruppen umgreift Komplementarität die Aussagen über betriebsmäßige Aufspaltungen, wie z. B. Büros für repräsentative Managementfunktionen, für Standard- und Routinetätigkeiten, Räumlichkeiten für Distribution und Lagerhaltung und dgl. mehr. Die geographische Forschung hat sich bisher mit derartigen Fragen kaum beschäftigt.

Inkompatibilität ist ein sehr stark von der Stadtgröße abhängiges räumliches Konzept, das folgende allgemeine Aussage gestattet: Mit steigender Stadtgröße wächst die Unverträglichkeit zwischen Betrieben des sekundären, tertiären und quartären Sektors, und es kommt zu einer räumlichen Auseinanderlegung. Gut untersucht sind diese Vorgänge im Stadtzentrum, wo für Produktionsstätten kein Platz bleibt und diese durch tertiäre konsumentenorientierte Einrichtungen verdrängt werden, welche ihrerseits mit wachsender Bedeutung des quartären Sektors ebenfalls peripher abwandern müssen.

2. Aus dem zwischenstädtischen Raum wurde die ***Zentralörtliche Theorie*** von Christaller (1933) übernommen. Hierbei erfolgte eine Einschränkung auf das marktwirtschaftliche Axiom, während die Administration und der Verkehr und damit distanzielle Elemente der Theorie unberücksichtigt geblieben sind. Die Zentralörtliche Theorie fand daher im innerstädtischen System in erster Linie eine Anwendung auf das Geschäftsleben. Die zentralen Dienste einschließlich der in den sozialen Wohlfahrtsstaaten Europas wichtigen *gesetzten* Dienste (öffentliche Einrichtungen der sozialen und technischen Infrastruktur) wurden, wenn überhaupt, separat analysiert. Beide Theorien, die Bodenpreis-Theorie und die Zentralörtliche Theorie, sind aktualistische Theorien; sie enthalten daher keine Annahmen, die die Entwicklung der städtischen Wirtschaft beschreiben oder erklären könnten.

Bei zwei Sektoren der Wirtschaft bestehen ganz wesentliche *Theoriedefizite*:

1. Es gibt keine Standorttheorie, welche den sekundären Sektor im Stadtraum „verorten“ kann. Die industrielle Standorttheorie von Weber (1909) erhebt nicht den Anspruch, Aussagen über die Standorte von Produktionsstätten im Stadtraum (bzw. überhaupt im Siedlungsraum) machen zu wollen. Auf die „kulturspezifische“ Position der Industriezone im Bodenpreis-Kegel von Alonso, der de facto die Situation in der angelsächsischen Welt abbildet, wurde in Kapitel 2 eingegangen.

2. Die Verselbständigung des quartären Sektors vom konsumentenorientierten tertiären Sektor hat wohl die Bürostandortforschung als induktiven Forschungszweig begründet, daraus ist aber bisher noch keine Theorie des quartären Sektors entstanden.

Bereits im Kapitel über die politischen Determinanten wurde auf die verschiedenen ökonomischen Strategien der politischen Systeme des Privatkapitalismus, der sozialen Wohlfahrtsstaaten und des ehemaligen Staatskapitalismus hingewiesen. In den westlichen Gesellschaften erfolgte eine zügige Verschiebung vom sekundären Sektor, d. h. vom Produktionssektor, in Richtung auf den konsumentenorientierten Dienstleistungssektor bzw. den quartären Sektor. Dagegen hat der Staatskapitalismus östlicher Prägung den Produktionssektor bevorzugt und den konsumentenorientierten Sektor der Industrie und der Dienstleistungen erst in zweiter Linie in den staatlichen Wirtschaftsplänen berücksichtigt. Die Transformation vom Plan zum Markt kommt nunmehr einer sehr zügigen Entwicklung des quartären Sektors mit Hilfe von internationalem Finanzkapitel in den Metropolen zugute.

Die Aufgabe des Kapitels ist dreigeteilt:

1. Im ersten Abschnitt werden die Effekte der Stadtgröße auf die Dezentralisierung des tertiären und quartären Sektors und auf Citymodelle in Zentraleuropa dargestellt.

2. Im zweiten Abschnitt wird die Übertragung der Zentralörtlichen Theorie auf das innerstädtische Geschäftsleben vorgenommen.

3. Der dritte Abschnitt behandelt zwei für die Stadtentwicklung wichtige ökonomische Prozesse der Nachkriegszeit unter Bezug auf die politischen Systeme, und zwar

→ auf dem Sektor des Einzelhandels die Entstehung von planmäßig angelegten Einkaufszentren bis hin zu Megamalls als Spitzenreiter metropolitanen Wachstums und

→ die Allokation des stark wachsenden Bürosektors, der sich aus der Einbindung in den vorhandenen Baubestand löst und sich baulich verselbständigt. Auf das Endergebnis, die neugegründeten Bürostädte in den Metropolitan Areas der USA (Edge Cities), wurde bereits eingegangen.

3.5.2 Stadtgröße und Dezentralisierung des tertiären und quartären Sektors

Der Einfluß der Größe als Determinante von Stadt und städtischen Systemen wurde in Kapitel 2.3.2. analysiert und der Zusammenhang zwischen Stadtgröße und wirtschaftlichen Aktivitäten belegt. Im Anschluß daran wird im folgenden der Konzentrationsgrad von tertiären und quartären Aktivitäten in der City in Abhängigkeit von der Stadtgröße, anders formuliert, der Zusammenhang zwischen Stadtgröße und Dezentralisierung von tertiären und quartären Aktivitäten aus der City, analysiert. Eine Analyse von bundesdeutschen und österreichischen Städten ergab, daß beim Bankenwesen und beim Einzelhandel klare (negative) Korrelationen mit der Stadtgröße nachgewiesen werden können (vgl. Abb. 3.27).

Danach waren beim Einzelhandel 86% des Konzentrationsgrades, beim Bankenwesen 62% von der Stadtgröße abhängig. Großhandel, Hotel- und Gastgewerbe erwiesen sich dagegen in ihrem Standortverhalten nicht mehr signifikant durch die Stadtgröße bestimmt.

Das Bankenwesen, dessen Anfänge in den großen europäischen Städten auf den Frühkapitalismus zurückgehen, behält von den Mittelstädten über die Großstädte bis zu den Millionenstädten hin seine dominierende Position in der City bei. Wie die Steigung der Regressionsgeraden von Stadtgröße und Anteil der Beschäftigten im Stadtzentrum belegt, ist die Dezentralisierung der Banken mit Abstand die niedrigste unter allen Wirtschaftssparten. Zentrifugale Tendenzen beschränkten sich auf die Gründung von Zweigstellen. In der Arbeitsstättenstruktur der City gewinnt das Geldwesen mit wachsender Einwohnerzahl an Bedeutung.

Mit Zunahme der Stadtgröße erfolgt andererseits eine exzessive *Dezentralisierung des Einzelhandels aus der City*. Dieser regelhafte Zusammenhang kann anhand einer Regressionsanalyse von Einwohnerzahl und Anteil der im Einzelhandel Beschäftigten im Stadtzentrum für Städte des deutschen Sprachraums belegt werden und wird auch durch eine Regressionsanalyse der im CBD getätigten Einkäufe in den Metropolitan Areas der USA bestätigt. Die Regressionsgerade würde Wien aufgrund der gegenwärtigen Einwohnerzahl einen Konzentrationsgrad von 18% der im Einzelhandel Be-

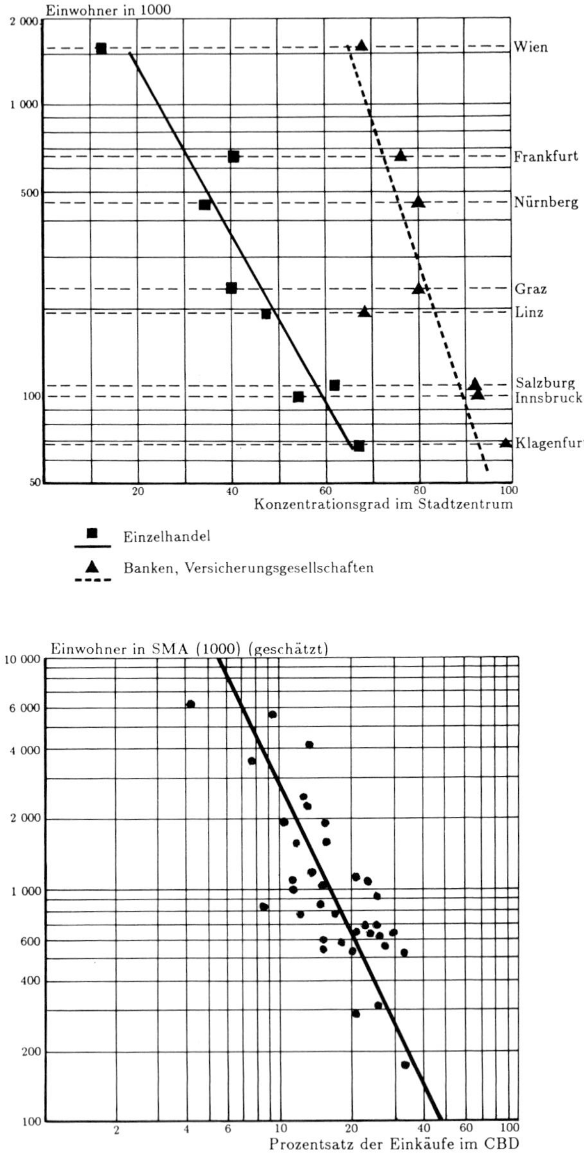

LICHTENBERGER 1976, S. 101; NORTHAM 1976.

Abb. 3.27: Stadtgröße und Dezentralisierung tertiärer und quartärer Aktivitäten

schäftigten zumessen. Der tatsächliche Wert liegt mit 13% wesentlich darunter. Dies ist ein Erbe der Einwohnerzahl von Wien im Jahr 1918 mit 2,2 Mio. Menschen und der damaligen Dezentralisierung des Einzelhandels, die trotz gesunkener Einwohnerzahl der Stadt nicht mehr rückgängig gemacht worden ist.

3.5.3 Stadtgröße und Citymodelle

Auf die asymmetrische Struktur der City mit der Wachstumsrichtung auf Wohngebiete der Ober- und Mittelschicht wurde bereits beim sozialökologischen Modell von Harris aufmerksam gemacht, ebenso auf die jeweils entgegengesetzte Positionierung eines verschatteten Randes mit Blight-Erscheinungen. Die europäische City weist weitere Merkmale auf:

- Aufgrund der lange aufrechterhaltenen Restriktionen in der Bauhöhe der Innenstadt erfolgte die Ausweitung der Citybildung in der Horizontalen in die angrenzenden Stadtbereiche hinein. Wohnraum wurde in Büroraum umfunktioniert. Die City von großen Städten umfaßt daher ein historisch-topographisch mehrgliedriges Areal.
- Entsprechend der politisch-administrativen Funktion ist stets eine Regierungs- (Verwaltungs-) City neben der Wirtschaftscity vorhanden.
- Die City besteht aus einem *harten Kern* und einem *Ergänzungsgebiet (Citymantel).*

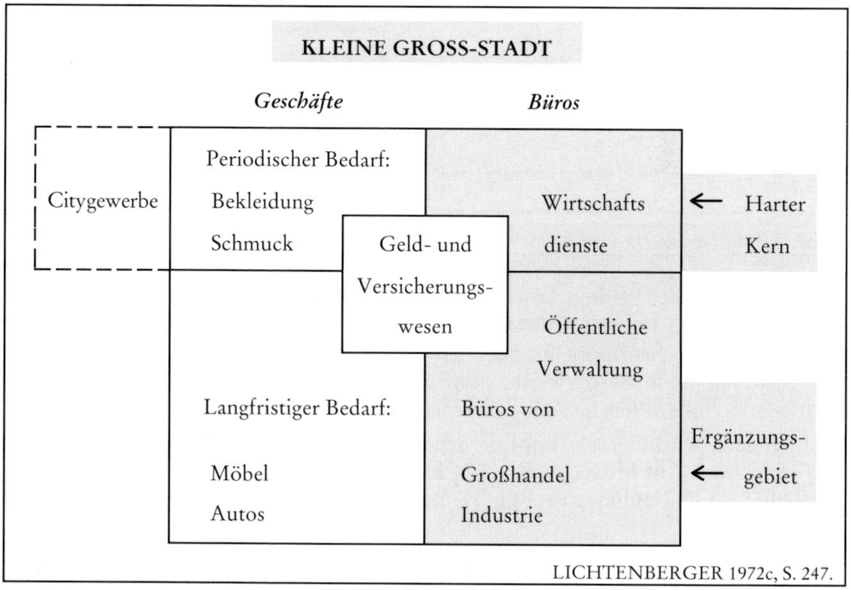

Abb. 3.28a: Geschäfte und Büros in der City einer kleinen Großstadt

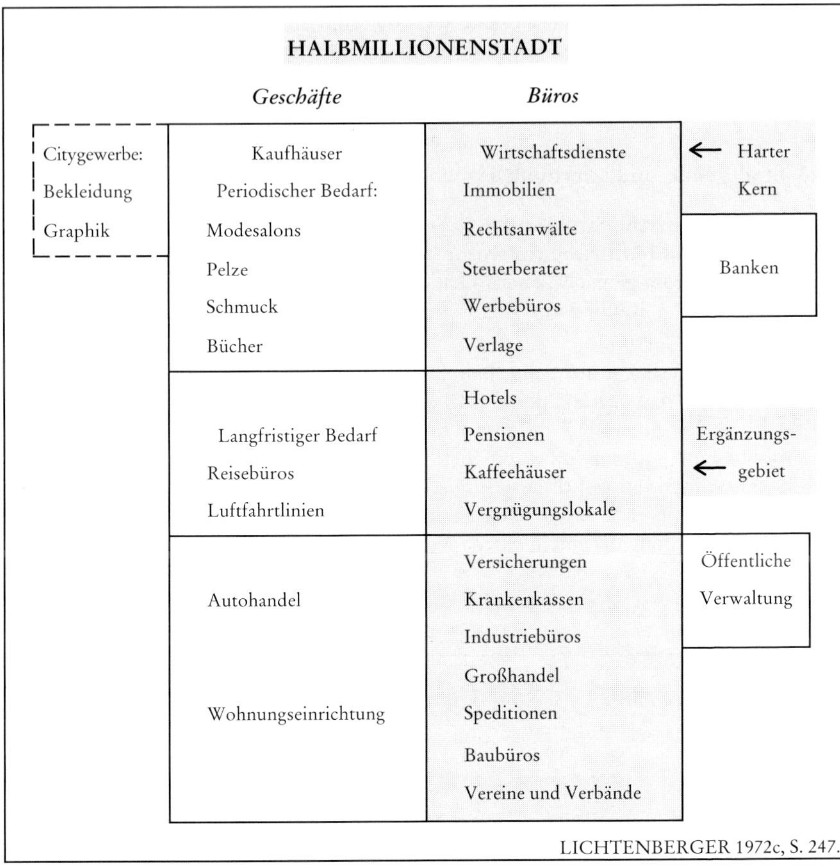

Abb. 3.28b: Geschäfte und Büros in der City einer Halbmillionenstadt

- Mit steigender Stadtgröße gewinnen Geld- und Versicherungswesen, Büros industrieller Unternehmen und des Großhandels, Wirtschafts- und Verkehrsdienste sowie halboffizielle Institutionen, Kammern, Gewerkschaften, Verbände und Vereine an Bedeutung. Eine viertelsweise, straßen- und blockweise Auseinanderlegung von spezifischen Funktionen setzt im allgemeinen erst bei Großstädten ein.

Im folgenden wird eine Deskription der Assoziationen des tertiären und quartären Sektors anhand von Modellen für die City kleiner Großstädte und von Halbmillionenstädten in der Bundesrepublik Deutschland sowie anhand der Millionenstadt Wien geboten.

Bei der *kleinen Großstadt* wird der *harte Kern* aus den Büros des Geld- und Versicherungswesens und dem Geschäftszentrum längs einer Fußgängerzone gebildet (vgl. Abb. 3.28a).

Die Betriebe des Geldwesens sind nicht zahlreich genug, um, wie in Halbmillionen- und Millionenstädten, eigene Viertel auszubilden. Geldinstitute schalten sich in die Front der Hauptgeschäftsstraßen der Innenstadt ein. Dasselbe gilt für die Kaufhäuser, bei denen einige blockweise zusammentreten. An den harten Kern schließt sich der *Citymantel* an. Er besteht aus

→ Büros von Wirtschaftsdiensten,
→ Einrichtungen der öffentlichen Verwaltung,
→ Büros des Großhandels und von Industrieunternehmen,
→ einem randlichen Citygewerbe-Rayon mit spezialisierten Fertigungen und
→ Ergänzungsstraßen des Geschäftslebens für den langfristigen Bedarf, in denen Möbel (Autos) angeboten werden.

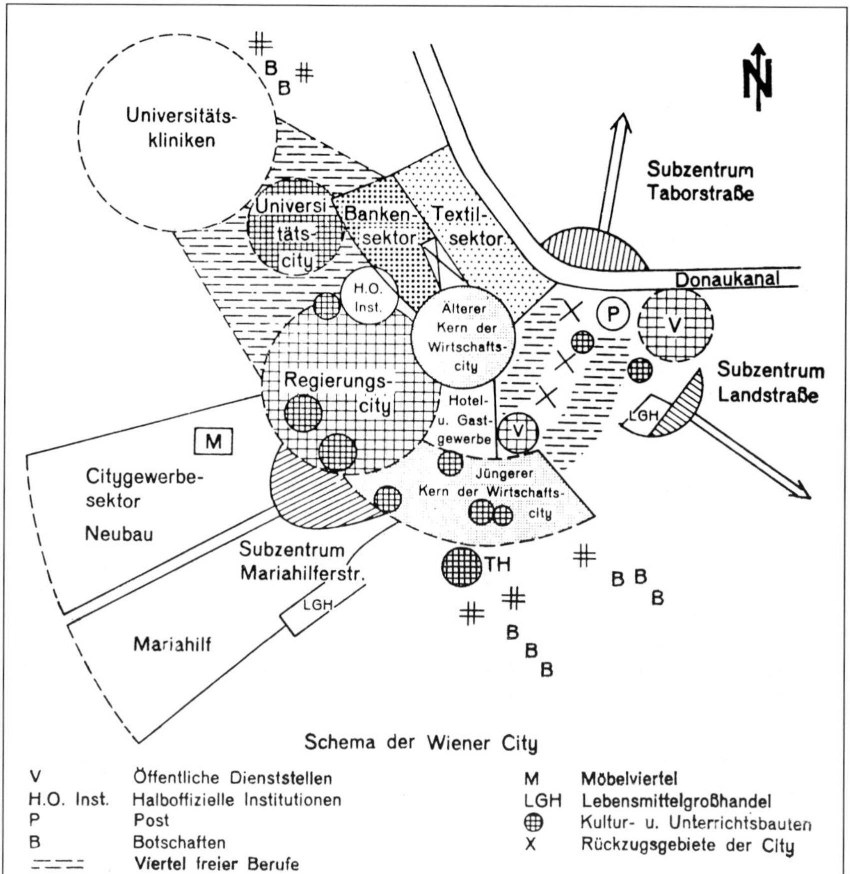

LICHTENBERGER 1972b, T. IX.

Abb. 3.29: Die räumliche Struktur der Wiener City

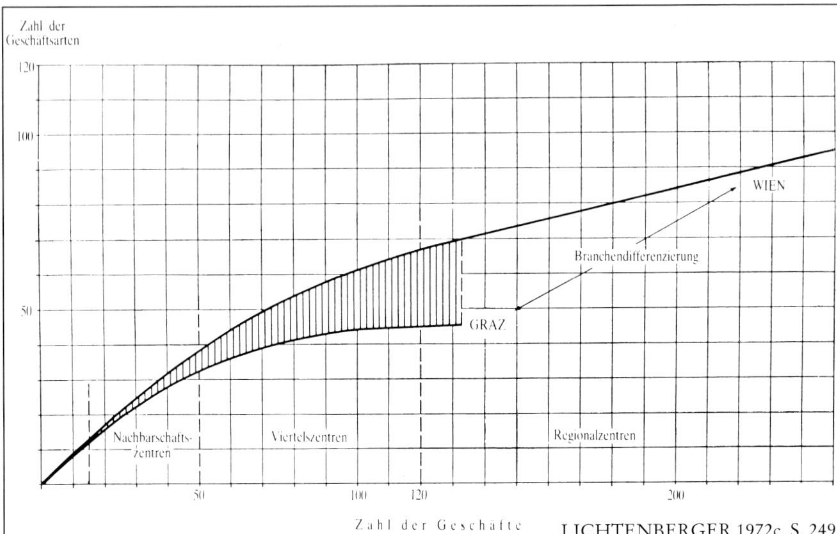

LICHTENBERGER 1972c, S. 249.

Abb. 3.30: Branchendifferenzierung auf Geschäftsstraßen (Wien, Graz)

Die *Halbmillionenstadt* weist bereits eine Anzahl spezifischer Viertel auf. Im harten Kern sondern sich die Kaufhäuser meist als geschlossener Komplex von Straßenzügen mit spezialisierten Lokalen (Köln: Gegensatzpaar von Schildergasse und Hoher Straße; Frankfurt: Zeil und Kaiserstraße). Am Rande des Geschäftsdistrikts gruppieren sich die Banken in einem eigenen Viertel. Häufig ist damit eine Ballung von Rechtsanwälten und Notaren verbunden. Desgleichen besteht ein spezielles Hotel- und Vergnügungsviertel, dem häufig Reisebüros und Büros von Fluglinien zugeordnet sind. Eine randständige Bürozone sondert sich meist von diesem Ergänzungsgebiet des harten Kerns. Hier bilden öffentliche Dienststellen größere Komplexe, dazu treten Versicherungen und Bürogebäude der Großindustrie.

Die Differenzierung der City auf der Ebene der *Millionenstadt* (vgl. Abb. 3.29) vollzieht sich vor allem bei den Industrie- und Großhandelsbüros.

Ein Textilviertel entsteht, Verwaltungszentralen von Bergbaubetrieben treten dazu, Speditionen bilden lockere Gruppierungen, Zeitungen und Verlage können viertelsweise auftreten. Selbst die öffentlichen Dienststellen gliedern sich auf, der städtische und der staatliche Apparat beziehen getrennte Standorte. Eigene Post- und Gerichtsviertel gelangen zur Ausbildung.

3.5.4 Die innerstädtische Hierarchie der Geschäftsstraßen

In der innerstädtischen Rangordnung des Geschäftslebens bestehen wesentliche Unterschiede gegenüber dem Aufbau des Einzelhandels im zwischenstädtischen zentralörtlichen System.

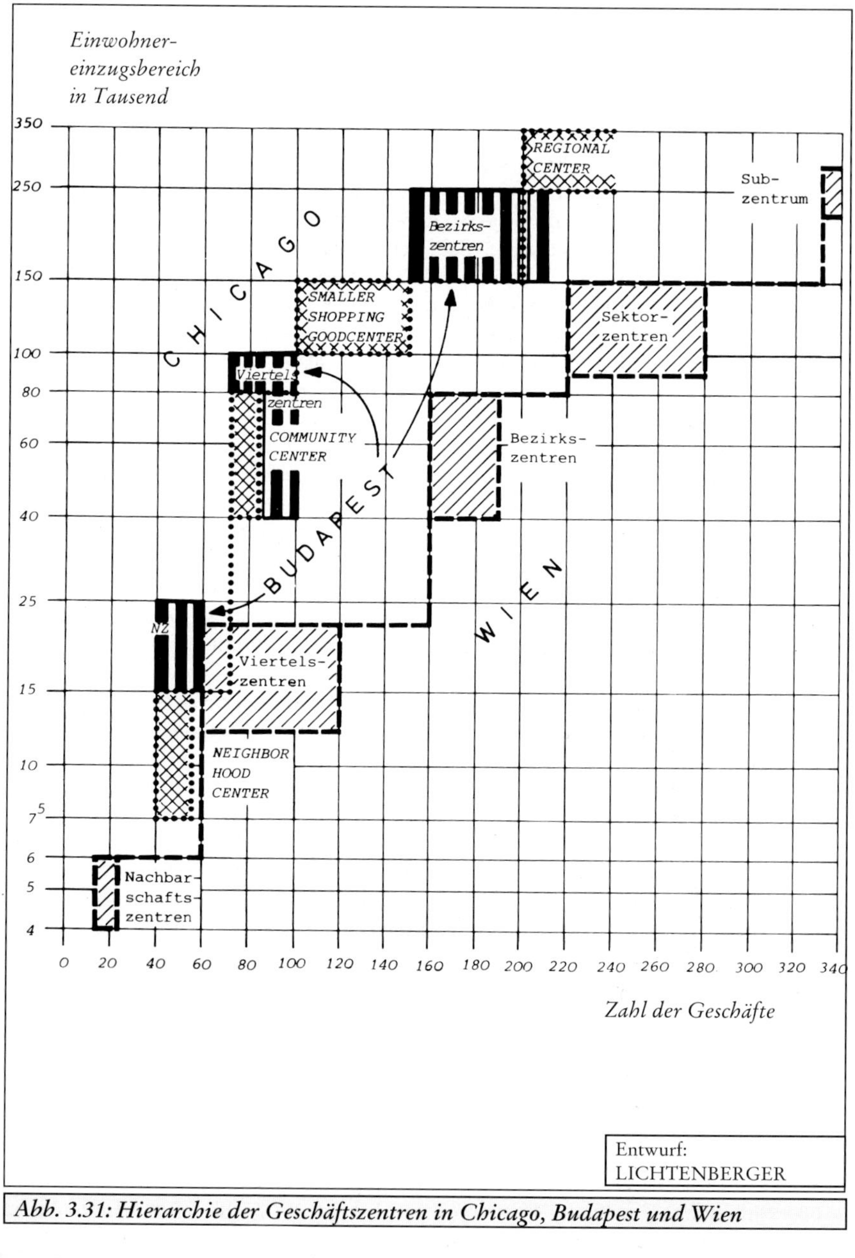

Abb. 3.31: Hierarchie der Geschäftszentren in Chicago, Budapest und Wien

1. Während das Kriterium der Spezialisierung und das Auftreten immer stärker spezialisierter Geschäfte zur Einstufung Zentraler Orte in verschiedene Ränge führt, versagt diese Methode bei der Erfassung der innerstädtischen Rangordnung, weil hier die höchstspezialisierten Geschäfte durchaus nicht den „zentralen Standort" für sich in Anspruch nehmen. Das hängt damit zusammen, daß dem Spezialisierungsprinzip in der innerstädtischen Hierarchie das Ballungsprinzip von gleichartigen Geschäften in einer Geschäftsstraße entgegenwirkt. Das Verhältnis von Zahl der Geschäfte und Zahl der Geschäftsarten, definiert als *Branchendifferenzierung*, bildet nämlich eine asymptotische Kurve, die mit zunehmender Zahl der Geschäfte ausflacht (vgl. Abb. 3.30). Eine empirische Analyse der Wiener und Grazer Geschäftsstraßen ergab, daß dieses Ausflachen bei Graz früher als bei Wien, d. h. bereits auf der tieferen Stufe der Viertelszentren einsetzt. Man gelangt damit zur allgemeinen Aussage, daß der Spezialisierungsgrad mit steigender Stadtgröße zunimmt und daher Viertelszentren in Großstädten weniger spezialisiert sind als gleichrangige Viertelszentren in Millionenstädten. Dieser Spezialisierungszuwachs ist ein Ergebnis der Dezentralisierung des Einzelhandels aus der City, wobei spezifische Geschäfte, welche in der City einer Großstadt noch in dieser verbleiben, an untergeordnete „Zentren" abgegeben werden. Die Ausstattung spezifischer Ränge in der innerstädtischen Hierarchie des Geschäftslebens stellt daher keine konstante Größe dar, sondern ist unter anderem abhängig von der Größe der Stadt.

2. Als tragende Säule in der innerstädtischen Hierarchie erweist sich die Sparte des periodischen Bedarfs (Bekleidung und Schmuck). Auch die *Rangordnung* wird durch den Anteil der Geschäfte für den *periodischen Bedarf* bestimmt. Diese Aussage gilt im interkulturellen Vergleich.

3. Mit zunehmender Betriebsgröße entsteht ein *Konzentrationseffekt*, durch den die Unterschiede zwischen den Stufen der Hierarchie ausgeprägter werden. Der Vergleich von Wien und Chicago belegt dies deutlich. Die Stufen der Hierarchie sind in Wien stärker aneinandergerückt und lassen sich weniger scharf quantitativ und qualitativ voneinander trennen (vgl. Abb. 3.31).

4. Die Größe der Versorgungsbereiche ist im interkulturellen Vergleich nicht nur von der Betriebsgröße, sondern auch von Kaufkraft und Konsumverhalten der Bevölkerung abhängig. Der Vergleich von Wien und Budapest (vor der politischen Trendwende) dokumentiert, daß in Budapest Regionalzentren (Bezirkszentren) bei gleicher Zahl der Geschäfte und annähernd gleicher Zahl der Geschäftsarten (bei nicht gleichem Umfang des Warensortiments) etwa die doppelte Bevölkerungszahl versorgen müssen als in Wien.

5. Ein Vergleich der Versorgungsbereiche einer Millionenstadt (Wien), einer Großstadt (Graz) und einer Mittelstadt (Klagenfurt) belegt ferner, daß die *Größe der Versorgungsbereiche*, die notwendig ist, um bestimmte Geschäftsstraßentypen entstehen zu lassen, *keine Konstante* darstellt, sondern von der Mittelstadt über die Großstadt bis zur Millionenstadt hin abnimmt (vgl. Abb. 3.32).

Demnach benötigen Viertelszentren im Wiener Stadtgebiet zwischen 15000 und 25000 Einwohner, im Stadtgebiet von Graz bereits 25000 bis 35000 Einwohner. Zwangsläufig erhebt sich die Frage nach den Gründen für die Erscheinung, daß bei steigender Stadtgröße eine abnehmende Zahl von Konsumenten imstande ist, äquiva-

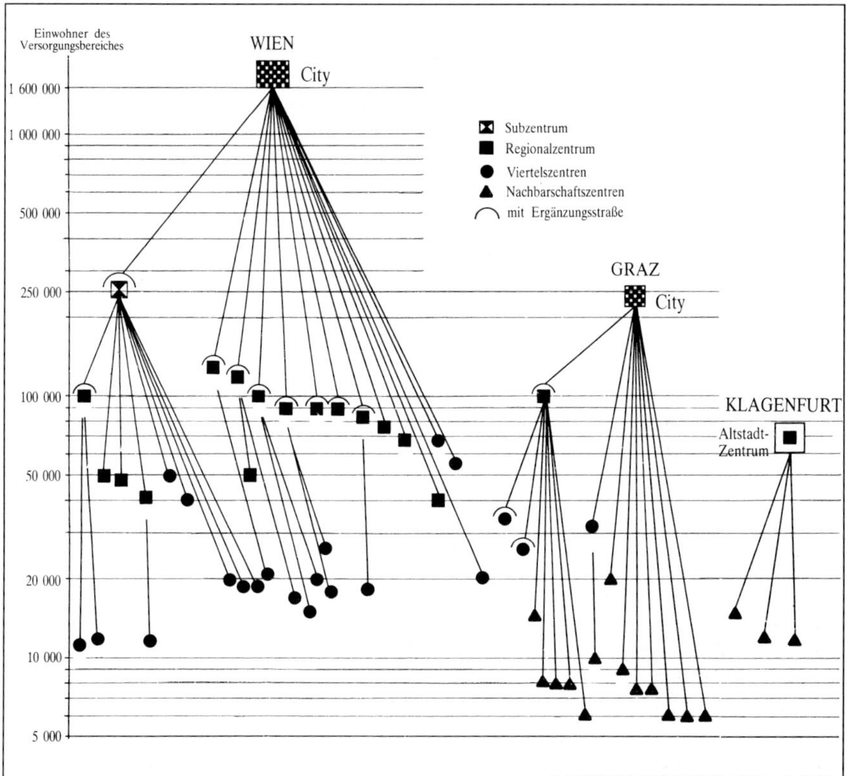

LICHTENBERGER 1972c, S. 255.

Abb. 3.32: Hierarchie der Versorgungsbereiche in der Millionenstadt, Großstadt und Mittelstadt (Wien, Graz, Klagenfurt)

lente Geschäftsstraßen zu „tragen". Die Beantwortung dieser Frage führt zurück zum Korrelationsdiagramm zwischen Stadtgröße und Konzentrationsgrad des Einzelhandels in der Innenstadt (vgl. Abb. 3.27). Die mit der Stadtgröße zunehmende Dezentralisierung des Einzelhandels aus der City bedingt diese Unterschiede.

6. Wie man aus dem Vergleich der hierarchischen Gliederung des Geschäftslebens in Städten feststellen kann, bestehen hinsichtlich der *Zahl von Geschäftszentren* und ihrer *Verortung im Stadtraum* sehr große Unterschiede. Diese Variabilität wird bedingt durch die administrative Gliederung von Städten und die Bedeutung, welche Bezirke als politisch-administrative Verwaltungseinheiten besitzen, durch Bebauungs- und Bevölkerungsdichte, sozialräumliche Gliederung und Verkehrstechnologien.

Im Hinblick auf die genannten Variablen lassen sich folgende Regeln aufstellen:

- Die administrative Selbständigkeit von Stadtbezirken begünstigt die Entstehung von Geschäftszentren.

● Die Bevölkerungsdichte korreliert negativ mit der Bevölkerungszahl der jeweiligen Einzugsbereiche. Bei geringerer Dichte sind größere Einwohnerzahlen zur Erhaltung eines Zentrums notwendig.

● Infolge der grundsätzlich größeren Reichweite von höheren Sozialgruppen hinsichtlich des Aktionsraums und der höheren Qualitätsansprüche besteht im Einkaufsverhalten eine stärkere Affinität zur City.

● Mit zunehmender Bedeutung des Individualverkehrs nehmen zentrifugale Bewegungen der Konsumenten überhand. Das Stadtzentrum verliert an Bedeutung, während die Dezentralisierung des Einzelhandels hinsichtlich Allokation und Umsatz beschleunigt wird.

3.5.5 Shopping-Center versus traditionelle Geschäftstraßen

Die Nachkriegsentwicklung wird durch drei wichtige Vorgänge bestimmt:

1. Die exzessive planmäßige Anlage von Einkaufszentren, in hierarchischer Abfolge und zugeschnitten auf spezifische Sozialschichten, bestimmte die perfekte Suburbanisierung des Einzelhandels in den USA.

2. Die Filialisierung des Einzelhandels transformierte das traditionelle Geschäftsleben der europäischen Städte. Das Vorhandensein bzw. Nichtvorhandensein der Filialen bestimmter Firmen ist zum Indikator für die Rangordnung einer innerstädtischen Geschäftsstraße bzw. eines Zentralen Ortes geworden und hat das traditionelle Kriterium des Vorhandenseins eines bestimmten spezialisierten Geschäftstyps mit einem spezifischen Sortiment und einer definierten Preisklasse der Waren ersetzt. Allerdings bestehen in Europa sehr große Unterschiede von Staat zu Staat hinsichtlich der Kapitalkonzentration im Kaufhaussektor und im Filialsystem, d. h. den Eigentumsverhältnissen und Betriebsgrößen im Einzelhandel sowie den Einkommensverhältnissen und dem Konsumverhalten der Bevölkerung.

3. Als akzessorische Elemente sind auch in Europa von ethnischen Subkulturen getragene Geschäftsviertel und Märkte entstanden. Zwar haben die Chinatowns amerikanischer Städte in Kontinentaleuropa kein Gegenstück gefunden, doch erfolgte in den letzten zwei Jahrzehnten eine auffällig exzessive und gleichzeitig disperse Neugründungswelle von Chinarestaurants bis hin zu den unteren Rängen des zentralörtlichen Systems.

Typologie und Standortmuster des Geschäftslebens in den Städten der westlichen Industrienationen sind, sehr vereinfacht, durch einen Dualismus von traditionellen Geschäftsstraßen und -vierteln und Shopping-Center gekennzeichnet. Das von Berry 1963 für die USA entworfene Schema besitzt nunmehr auch Gültigkeit für Europa. Aus Abb. 3.33 sind die Haupttypen von Geschäftsstraßen und Geschäftszentren zu entnehmen.

1. ***Traditionelle Geschäftsstraßen und -viertel*** sind an die geschlossene Verbauung gebunden, welche im wesentlichen aus der Gründerzeit stammt. Hier können drei Funktionstypen unterschieden werden:

● *Geschäftsstraßen* in hierarchischer Anordnung, entsprechend der Relation zwischen Geschäften des periodischen Bedarfs (in erster Linie Bekleidung und Schmuck)

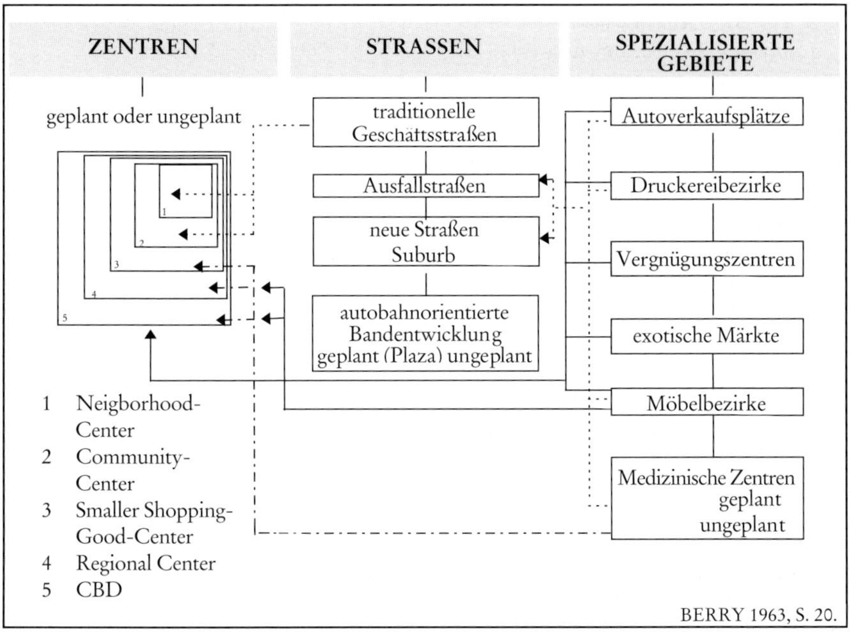

Abb. 3.33: Duale Typologie von Geschäftsstraßen und Geschäftszentren

und des kurzfristigen Bedarfs, als
→ *Ladengruppen*,
→ *Viertelsstraßen*,
→ *Bezirksstraßen*,
→ *Citystraßen* (mit exklusivem Sortiment),

• *Ergänzungsstraßen* des langfristigen Bedarfs, auf der oberen Stufe mit Autosalons, Luftverkehrslinien und dgl., auf der mittleren Stufe mit Möbeln und Wohnungseinrichtung,

• *Viertel* für Antiquitäten, Bücher und dgl.

• *Ausfallsstraßen* nehmen eine Sonderstellung ein (in Nordamerika: Highway-oriented Commercial Centers): Alt- und Neuwagenschauplätze (zumeist auf freier Fläche), Tankstellen, Reparaturwerkstätten, Motels, Fast-food-Restaurants u. dgl. reihen sich auf.

2. Im Zuge der Suburbanisierung sind zunächst in den USA in standardisierter Vielfalt ***Einkaufszentren (Shopping-Center)*** planmäßig angelegt worden, und zwar in der hierarchischen Abfolge von
→ *Neighborhood Center*,
→ *Community Center*,
→ *Smaller Shopping Good Center*,
→ *Regional Shopping Center* (vgl. Abb. 3.31). Im Hinblick auf Lage und Größe

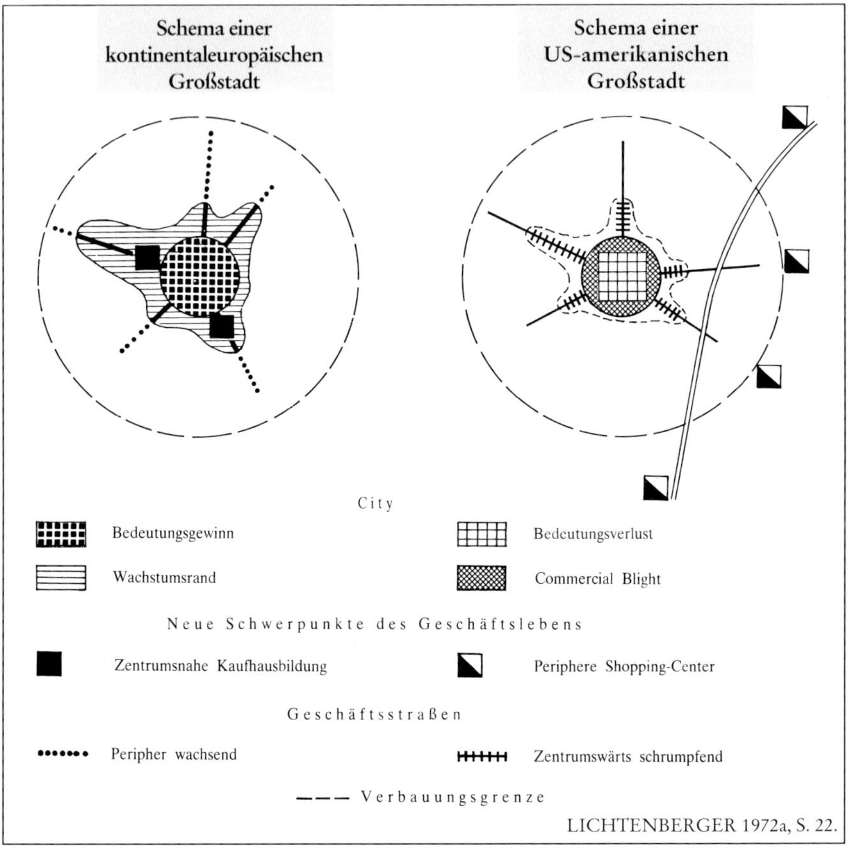

Abb. 3.34: Zentripetale und zentrifugale Standortprinzipien des Geschäftslebens

der Einkaufszentren innerhalb oder außerhalb der Kernstadt bestehen ebenso wie bei den traditionellen Geschäftsstraßen sehr große nationale und selbst stadtspezifische Unterschiede.

Die duale Standorttypologie von Geschäftsstraßen und Einkaufszentren ist in den europäischen Städten teils durch eine Zweiteilung der Bebauungsstruktur in geschlossene bzw. aufgelockerte und offene Verbauung, teils durch Benützung unterschiedlicher Verkehrsmittel zu erklären. Traditionelle Geschäftsstraßen und -viertel sind im Verkehrsaufkommen durch den fußläufigen Verkehr und linear gebundene Massenverkehrsmittel (Straßenbahnen) bestimmt. Planmäßig angelegte Einkaufszentren können an Knoten oder Endstationen von Massenverkehrsmitteln (wie in den schwedischen Satellitenstädten) oder an Verkehrsknoten des Individualverkehrs gebunden sein.

Die unterschiedlichen ***Standortprinzipien*** des Geschäftslebens in den USA und in Europa sind aus Abb. 3.34 zu entnehmen.

Die traditionelle Geschäftsstraßenstruktur europäischer Städte ist durch ein zentripetal orientiertes Standortprinzip gekennzeichnet, bei dem sich die Geschäftsstraßen mit dem Wachstum der Stadt zentral-peripher ausdehnen und Kaufhäuser zentrumsnahe Lagen bevorzugen. Das zentripetale Standortprinzip behält solange seine Gültigkeit, als das Stadtzentrum den Ort bester Erreichbarkeit in der Stadt darstellt und die Attraktivität als „soziale Mitte“ der Stadt wahren kann. Erst wenn der Individual-

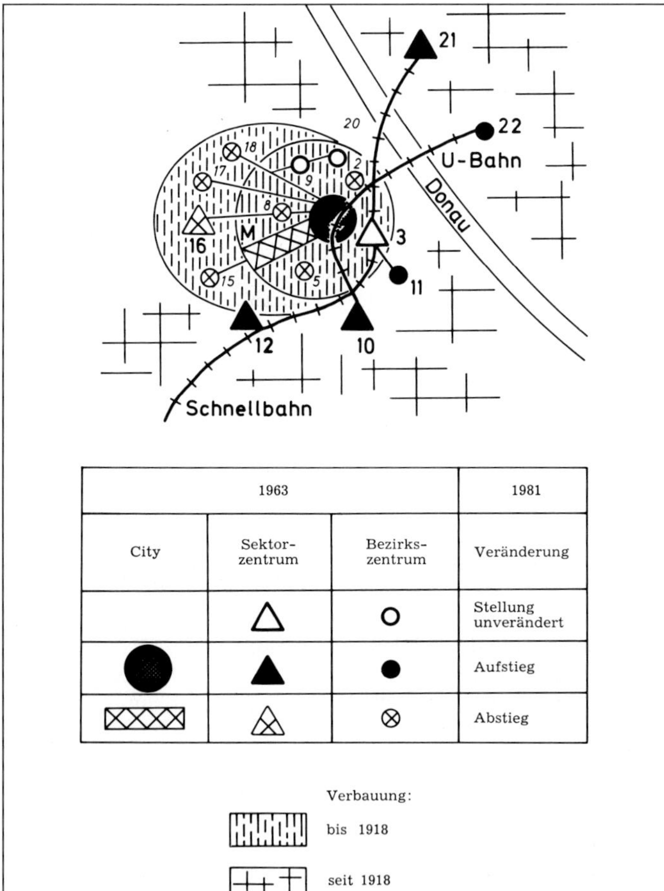

LICHTENBERGER 1983, S. 31.

Abb. 3.35: *Commercial Blight und neue Geschäftszentren am Stadtrand von Wien*

verkehr überhandnimmt, erfolgt eine partielle Umpolung der Käuferströme zu den peripheren Einkaufszentren hin, die zentrumsnahen Geschäftsgebiete verlieren an Bedeutung. Die City schrumpft, *Commercial Blight (Blight = Pilzbefall)* tritt auf und befällt zunächst die zentrumsnahen Geschäftsstraßenabschnitte (vgl. Abb. 3.35).

Zuerst sind derartige Vorgänge in Chicago von BERRY festgestellt worden (1963). Er hat vier ***Ursachen für Commercial Blight*** angegeben:

- *Ökonomischer Blight* entsteht, sobald eine Änderung der Nachfrage zu Marktverlusten führt. Hierzu zählen Reduzierung des Kundenkreises und Auftreten von neuen Konkurrenten. Höherrangige Spezialisierung wird reduziert, das Sortimentsvolumen verkleinert.
- *Funktioneller Blight* wird von der Betriebsseite her definiert, d.h. der Wandel der Technologien führt zu einer Betriebsvergrößerung, so daß ältere und kleinere Geschäfte in eine residuale Position geraten.
- *Umweltblight* entsteht durch starke Verkehrsbelastung von Straßen, durch Luftverschmutzung usw.
- *Physischer Blight* tritt auf, wenn aufgrund von Überalterung der baulichen Objekte die Instandhaltung aus Kostengründen nicht mehr möglich ist.

Aus sozioökonomischer Sicht wird ferner die Invasion von marginalen Bevölkerungsgruppen stets als weitere Voraussetzung für Blightphänomene angesehen. Die Untersuchung des Commercial Blight in Wien ergab, daß es sich bei der sozialen Abwertung von Vierteln und dem Niedergang des Geschäftslebens um zwei ursächlich getrennte Erscheinungen handelt, die wegen spezifischer politischer Systemzusammenhänge gemeinsam auftreten können, jedoch nicht zwangsläufig müssen: Im Wiener Stadtraum ist es aufgrund der stark rückläufigen Bevölkerungsentwicklung zu einem „In-sich-Zusammensinken" des noch auf dem fußläufigen Verkehr beruhenden Netzes der Geschäftsstraßen gekommen. Dieser negativen Entwicklung steht auf der anderen Seite ein beachtlicher Aufschwung von Einkaufszentren in den südlichen und östlichen Bezirken gegenüber, die dank neuer Knoten des innerstädtischen Massenverkehrs ihre Erreichbarkeit ganz wesentlich verbessern und durch starke kommunale Bautätigkeit auch die Zahl potentieller Käufer erhöhen konnten.

Blightphänomene des Geschäftslebens waren aufgrund der Nationalisierung des Einzelhandels in den ***ehemaligen sozialistischen Staaten*** ein flächenhaftes Phänomen, das die Kernstädte der Metropolen ebenso erfaßte wie die kleinen Zentralen Orte. In *ostdeutschen Großstädten* sind nach der Wiedervereinigung durch eine massive, z.T. spekulative Investition westdeutschen Finanzkapitals in einem rasanten Neugründungsprozeß ausgedehnte Einkaufszentren von „pseudoamerikanischen" Ausmaßen und häufig in einer „Zwischenstadtlage", wie das größte Einkaufszentrum, das Saalezentrum im Westen von Leipzig mit 124000 qm, entstanden. Für eine Revitalisierung der City waren die Hemmnisse für das Finanzkapitel von seiten des kleinteiligen, z.T. unter ungeklärten Rechtsverhältnissen stehenden innerstädtischen Bodenmarktes einfach zu groß, die Anreize von seiten der politischen Entscheidungsträger zu gering. Für eine „Bottom-up-Entwicklung" durch lokale Geschäftsleute fehlten unter dem Druck der großbetrieblichen Strukturen am Stadtrand in den historischen Innenstädten alle Voraussetzungen. Ein „Citysortiment" des Einzelhandels wird sich nur

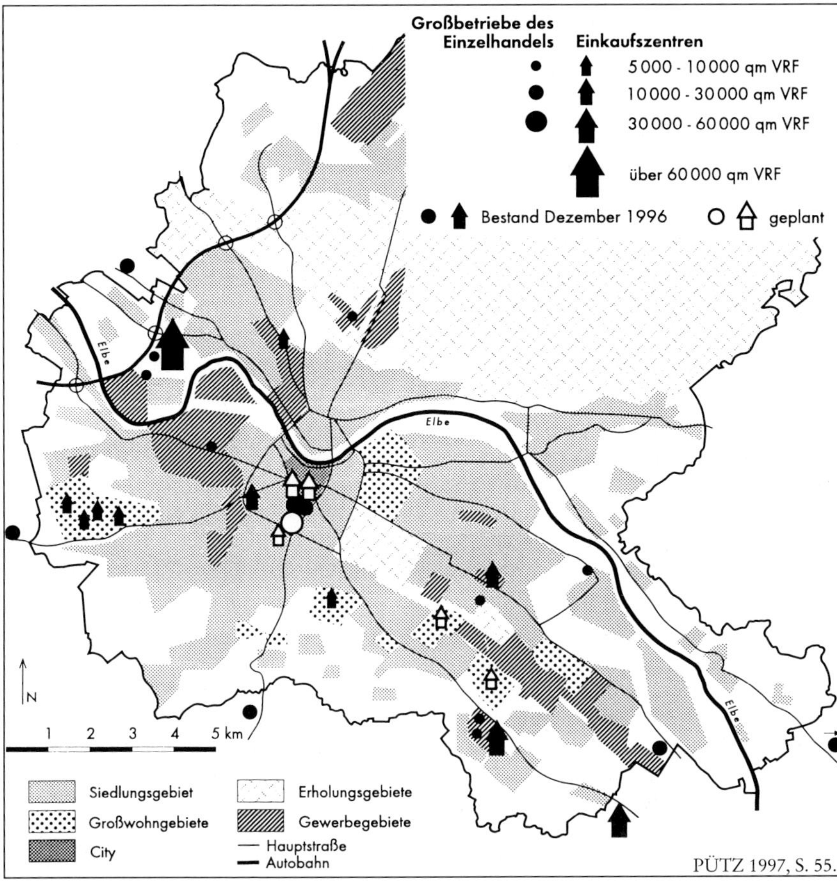

Abb. 3.36: Neugründung von Einkaufszentren in Dresden

in einzelnen Metropolen wie Leipzig, die europäische Handelsfunktionen wahrnehmen, mittelfristig entwickeln. Die Neugründung von Einkaufszentren in Dresden belegt die zentrifugale Standorttendenz des Einzelhandels (vgl. Abb. 3.36).

Die Transformation des Geschäftslebens in den *ostmitteleuropäischen Städten* unterscheidet sich durch eine sehr große Bandbreite von der in ostdeutschen Städten. Die Top-down-Entwicklung umfaßt einerseits die Rückkehr historischer Filialsysteme (z. B. Firma Meinl) und die Etablierung neuer ausländischer Kettengeschäfte und andererseits eine breite Bottom-up-Entwicklung durch Neugründung kleiner Läden und die Errichtung von offenen Ständen bis zum Wanderhandel hin.

Budapest bildet ein ausgezeichnetes Beispiel für eine Bottom-up-Entwicklung im Einzelhandel. Im Zuge der Transformation sind Tausende Miniläden in den inneren

Bezirken im Anschluß an die City neu gegründet wurden. Ein Vergleich mit Wien drängt sich auf, wo aufgrund der Gründung von Einzelhandelszentren am Stadtrand im gründerzeitlichen Stadtraum rings um die City Tausende kleine Einzelhandelsgeschäfte geschlossen worden sind.

Ausländisches Kapital, staatliche Unterstützungsmaßnahmen und private Initiativen auf einem informellen Pseudomarkt konzentrieren sich in den großen Städten. Funktionierende Massenverkehrsmittel aus der Zeit der sozialistischen Planwirtschaft schreiben den Innenstädten in der Gegenwart eine Gründungswelle des Einzelhandels zu. Die rasche Formierung einer plutokratischen Oberschicht fördert die Entwicklung der City als Einzelhandelsstandort. Einkaufsklassen bilden sich und differenzieren sich räumlich in den Preisklassentypen der Geschäfte. Festzuhalten ist: Die Rückkehr nationaler Unterschiede in der Transformation vom Plan zum Markt gilt nicht nur für den Wohnungs- und Arbeitsmarkt, sondern auch für den Einzelhandel.

3.5.6 Der Bürosektor zwischen City und Außenstadt

Die Informationsgesellschaft hat das Büro zur wichtigsten Arbeitsstätte gemacht. Ein umfassender internationaler Vergleich des Bürosektors scheitert an den völlig unzureichenden statistischen Informationen über die innerbetriebliche Differenzierung des Bürosektors in der Industrie sowie über die Tätigkeitsprofile der Büroangestellten.

Die folgenden Ausführungen zentrieren um die unterschiedliche räumliche Verortung des Bürosektors in den USA und in Europa.

Der Bürosektor ist in Nordamerika ein Produkt der Wirtschaft, Einrichtungen der öffentlichen Verwaltung und Regierung haben entsprechend dem liberalen Wirtschaftsstil wesentlich geringere Bedeutung als in Europa. Zum Unterschied von Nordamerika steht der Bürosektor in den europäischen Städten auf drei historischen Pfeilern: den Einrichtungen der Regierung und Verwaltung, den Betrieben der Wirtschaft und den halboffiziellen Institutionen. Der Bürosektor in Europa weist daher eine breitere Palette auf. Er umfaßt den quartären Sektor des Staates, der in einzelnen sozialen Wohlfahrtsstaaten partiell selbst den Finanzsektor umgreift, Banken und Versicherungen, Krankenkassen und Pensionsanstalten, Fernsehen, Rundfunk und Printmedien, Zeitungs- und Verlagswesen, Universitäten und Forschungseinrichtungen, ebenso wie Teile des tertiären Sektors, darunter den Bildungs-, Sozial- und Rechtsbereich sowie den öffentlichen Verkehr einschließt. Die wichtigen halboffiziellen Institutionen umfassen Körperschaften, Vereine und Verbände, Parteien- und Gewerkschaftszentralen, Forschungsinstitutionen und zahlreiche Einrichtungen, welche Transferfunktionen zwischen dem Staat und dem Markt wahrnehmen. Zu den Wirtschaftsbetrieben gehören die Büros der Industrie und die Wirtschaftsdienste, die Büros für Werbung, Information und Kommunikation, Unternehmensberatung und allgemeines Marketing, ferner die Büros des Großhandels und der Speditionen, um die wichtigsten zu nennen.

Bezüglich der ***räumlichen Einbindung des Bürosektors in die gebaute Kubatur der Städte*** bestehen gravierende Unterschiede zwischen Amerika und Europa. ***Amerika*** ist der Trendsetter in der Globalisierung der Wirtschaft, in seinen Metropolen entstand in den Downtowns in den 60er Jahren die Skyline der Wolkenkratzer, die als immanentes Merkmal derselben angesehen wurde. 1971 wurde in New York das World Trade Center mit 110 Stockwerken gebaut, 1974 der Sears Tower in Chicago als Machtsymbol in der Höhenkonkurrenz der firmeneigenen Wolkenkratzer mit 109 Stockwerken errichtet. Nahezu synchron dazu begann 1975 mit der Eröffnung des ersten Bürozentrums 20 km außerhalb des Stadtzentrums von Detroit in Southfield durch die American Motors Corporation die *Suburbanisierung des Bürosektors* in den Metropolitan Areas als letztes Glied in der Kette der Suburbanisierung des Wohnens, der Industrie und des Geschäftslebens. Nach den Industrial Parks entstanden die *Office Parks* und die *Edge Cities*. 1988 hatte Southfield allein, die weiteren 7 inzwischen entstandenen Außenstadtzentren im Detroiter Raum nicht mitgerechnet, mit über 7 Mio. qm bereits mehr Bürofläche als das Stadtzentrum mit 6 Mio. qm. Das Buch von GARREAU (1991) dokumentiert die Neugründung von Bürostädten (Edge Cities) in den Metropolitan Areas.

Das Beispiel von Washington (vgl. Abb. 3.37) belegt die Errichtung von 16 großen Außenstadtzentren in der amerikanischen Kapitale, von denen das größte, Tysons Corner, mit 2,3 Mio. qm Bürofläche nahezu doppelt so groß ist wie La Defense in Paris (!). In Washington befanden sich 1990 nur noch 20% der privatwirtschaftlich vermieteten Gesamtbürofläche in der Kernstadt, dagegen 80% in den 16 großen Außenstadtzentren. Bereits 1990 lagen fast 60% der privaten Bürofläche in den Metropolitan Areas in den Außenstadtzentren. Die Auswirkungen der Suburbanisierung

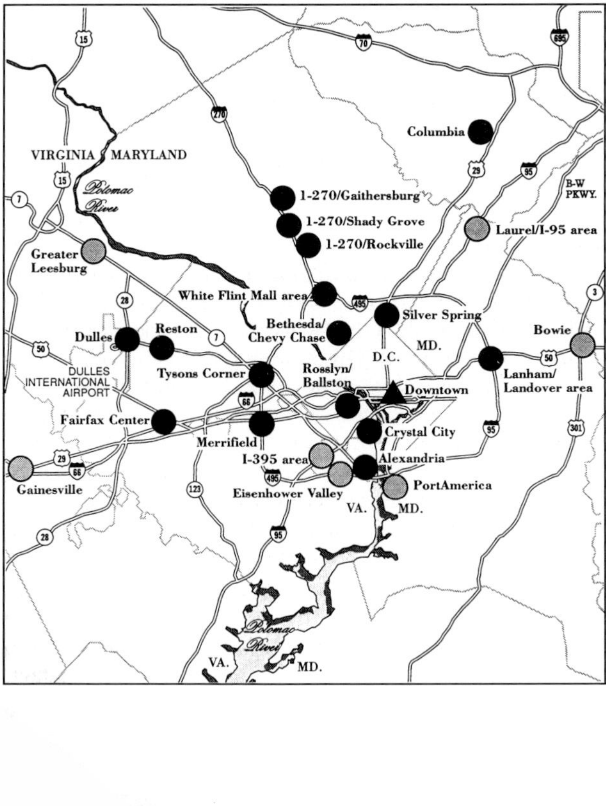

Abb. 3.37: Edge Cities in der Metropolitan Area von Washington 1991

GARREAU 1992, S. 345.

auf die Downtowns waren katastrophal. Kontinentweit waren zu diesem Zeitpunkt über 25% der Büroflächen in den Wolkenkratzern der Downtown nicht vermietet, selbst im Nordosten und Mittelwesten, in den klassischen „corporate headquarter cities“, betrug die Leerstehungsrate z.B. in Chicago 22%, in Boston 20%, in Philadelpha 17% und in New York ebenfalls 17% (HOLZNER 1996, S. 101). Der Sears Tower wurde bereits 1988 verkauft und stand 1993 zu 30% leer.

Tabelle 3.3 gibt einen Überblick über die Anzahl der Edge Cities in den Metropolitan Areas.

Sie belegt eindrucksvoll, daß die Entstehung von neuen Downtowns am Rande der Metropolitan Areas in der Rang-Größen-Skala bereits die Stufe der Halbmillionenmetropolen erreicht hat. Bei analogen Entwicklungstendenzen müßte demnach Paris ebenfalls neben La Defense noch weitere 15 ähnliche Sub-Cities aufweisen, Berlin zumindest 4 und München 3.

Die ***räumliche Verortung des Bürosektors in den europäischen Großstädten*** unterscheidet sich ganz wesentlich von Nordamerika. Sie ist durch folgende Elemente gekennzeichnet:

- Die räumliche Einbindung des Bürosektors erfolgt noch immer zu einem beachtlichen Teil durch *Umwandlung von Wohnungen in Büros* in der Mietshausverbauung mit guter Wohnqualität und in den gründerzeitlichen Villengebieten des Stadtrandes. Es ist kaum bekannt, daß z.B. die Wiener Ringstraße, bei der die Planung keine Wirtschaftsfunktionen vorgesehen hatte, durch diesen Vorgang zum Standort der Industriebüros geworden ist (mit annähernd 10000 Beschäftigten in 370 Zentralbüros 1991). In kleineren Städten erhielt sich, wenn auch stark reduziert, die Einheit von Wohnung und Büro bei Angehörigen der freien Berufe (Ärzten, Rechtsanwälten, Notaren, Architekten usw.).
- Die *architektonische Verselbständigung von Wirtschaftsfunktionen* begann im Bankenwesen in London bereits um die Mitte des 18. Jahrhunderts, auf dem Kontinent in der 1. Hälfte des 19. Jahrhunderts, Mehrzweckbauten von Geschäfts-, Büro- und Wohnhäusern entstanden vor der Jahrhundertwende.
- Die Nachkriegsentwicklung ist in einzelnen Millionenstädten durch die von der staatlichen Planung initiierte und reglementierte *Errichtung von Sub-Cities*, wie La Defense in Paris, der City Nord in Hamburg, der UNO-City in Wien, gekennzeichnet.
- Sehr verspätet gegenüber Nordamerika erfolgte seit den 70er Jahren nach *Aufhebung der Bauhöhenrestriktion die Errichtung von Wolkenkratzern* in Anlagerung an die Altstädte (vgl. Abb. 3.16), die Ausnützung des Planungsmehrwerts hat einen Hochhausboom wie in Frankfurt zur Folge.
- Mit der *spekulativen Errichtung von Bürobauten zu Vermietungszwecken* ist London vorangegangen und hat damit auch als erste europäische Metropole das Problem der hohen Leerstehungsraten zu verzeichnen gehabt.
- In Hinblick auf die Suburbanisierung des Bürosektors ist derzeit die Auslagerung bis zu den *Trade Centers bei internationalen Flughäfen* fortgeschritten.

Die Entwicklung von Edge Cities ist nirgends in Sicht.

Die jüngste Entwicklung auf dem *Wiener Bürosektor* sei als Beispiel geboten. Drei Vorgänge laufen ab:

• Die Mobilisierung von Büroraumflächen im Althausbestand beträgt allein über die Printmedien mehr als eine halbe Million qm im Jahr. Dies entspricht unter Zugrundelegung des Richtwertes von 18 qm für einen Arbeitsplatz der räumlichen Unterbringung von rund 30 000 Arbeitnehmern.

• Die Errichtung von Bürobauten durch nahezu alle Großkonzerne des Computersektors, wie IBM, Hewlett Packard, ABB, Epson, aber auch Firmen wie General Motors, die von Wien aus die neuen Märkte in Osteuropa betreuen.

• Der spekulative Bürohochhausbau (darunter Millennium-Tower mit 202 m am Handelskai, derzeit vierthöchstes Gebäude Europas) aufgrund der Internationalisierung des Immobilienmarktes wird durch den Munizipalsozialismus in Form der Einbringung einer sozialen Infrastruktur mit Schulen, Kindergärten und Subventionierung der Wohnungsmieten abgestützt.

• Im Zeitraum von 1992 bis 1995 hat Wien mit rund 345 000 qm das Jahresmittel des Bürobauvolumens von Frankfurt in den 80er Jahren erreicht. Mit einer geschätzten Bürofläche von 6,5 Mio. qm liegt Wien etwa flächengleich mit der Downtown von Detroit (vgl. oben). Im räumlichen Muster des Büroneubaus unterscheidet sich Wien von den deutschen Städten, allen voran Frankfurt, deutlich (vgl. Abb. 3.38).

Tabelle 3.3: Metropolitan Areas und Edge Cities in den USA 1991

Metropolitan Area	*Einwohner in 1.000*		*Down town*	*Edge Cities*	
	Kern (1990)	*MA (1991)*		*vor handen*	*im Ent-stehen*
New York (-Northern New Jersey-Long Island)	7.323	19.586	1-1-1-1	17	4
Los Angeles (-Riverside-Orange County)	3.486	14.823	1-1	16	8
Chicago (-Gary-Kenosha)	2.784	8.326	1	4	
Washington (-Baltimore)	607	6.829	1	16	7
San Francisco (-Oakland-San Jose)	724	6.335	1-1	7	4
Philadelphia (-Wilmington-Atlantic City)	1.586	5.916	1	3	
Boston (-Worcester-Lawrence)	574	5.439	1	5	5
Detroit (-Ann Arbor-Flint)	1.028	5.215	1-1	5	3
Dallas (-Fort Worth)	1.008	4.139	2	4	3
Houston (-Galveston-Brazoria)	1.631	3.854	1	9	2
Miami (-Fort Lauderdale)	359	3.266	1	1	1
Seattle (-Tacoma Bremerton)	516	3.057	1-1	1	3
Atlanta	394	3.054	1	4	3
Cleveland (-Akron)	506	2.874	1	1	1
Minneapolis (-St. Paul)	368	2.582	1-1	1	1
San Diego	1.111	2.556	1	3	2
St. Louis	397	2.508	1	2	1
Baltimore	736	2.412	1	3	4
Phoenix (-Mesa)	984	2.285	1	3	4 (5)

Quelle: Statistical Abstract of the United States 1996, S. 40ff; GARREAU 1992.

Der Büroneubau hat in Wien zu keiner Akzentuierung des Citybereichs geführt, vielmehr verteilen sich die neuen Bürobauten im Anschluß an U-Bahnstationen und Knoten des Straßensystems mehr oder minder gleichmäßig über den gesamten geschlossenen Stadtraum aus der Gründerzeit, wobei allerdings durch die jüngsten Bürotürme Akzente am Rande desselben gesetzt werden. Eine Suburbanisierung des Bürosektors ist in Wien bisher nicht in Sicht.

In den ***Metropolen der Transformationsstaaten*** ist, getragen von ausländischem Finanzkapital, ein Büroneubau sehr rasch in Gang gekommen. In *Budapest* wurden im Zeitraum von 1990–1993 insgesamt 63 Bürohäuser mit einer Gesamtfläche von 300 000 qm im Bereich des gründerzeitlichen Stadtraums in Eckpositionen des Hauptstraßennetzes errichtet. Ungarische Unternehmer vollziehen die zügige Umwandlung von Wohnungen in Büros, ein Vorgang, der in Budapest, anders als in Wien, durch keine Restriktionen behindert wird und dem gleichzeitig die anhaltende staatliche Subventionierung der Privatisierung von Wohnungen zugute kommt (LICHTENBERGER, CSEFALVAY und PAAL 1994, S. 88ff.).

Abb. 3.38: Standorte der Büros in Wien 1993

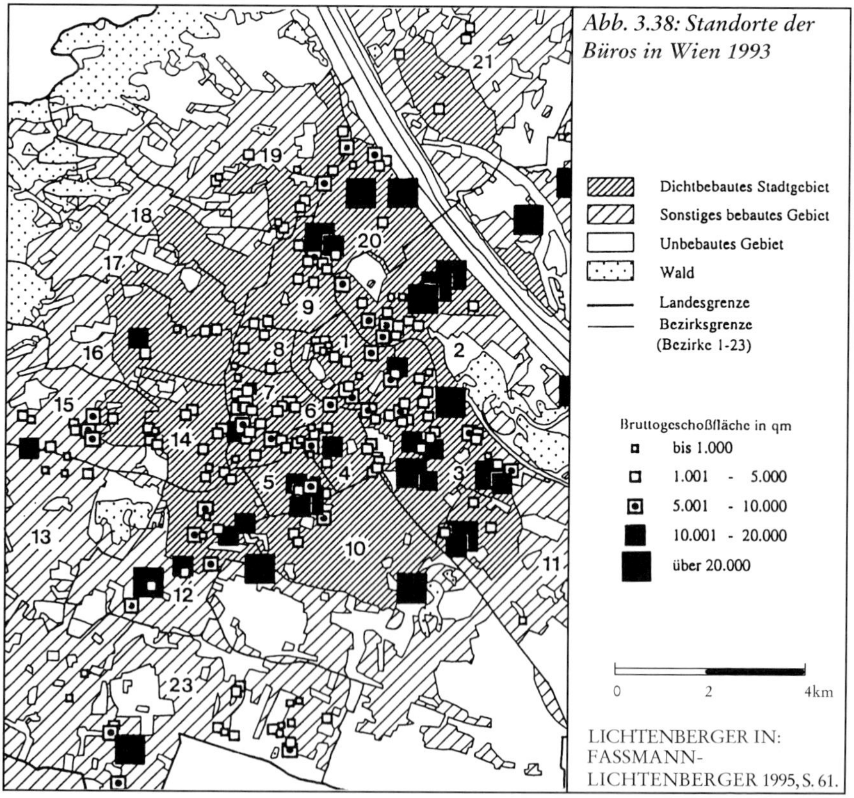

LICHTENBERGER IN: FASSMANN-LICHTENBERGER 1995, S. 61.

3.6 Segregationsprozesse als räumliches Organisationsprinzip der städtischen Gesellschaft

3.6.1 Überblick

Die Segregation ist das wichtigste Organisationsprinzip der Gesellschaft im Wohnraum der Stadt. Sie ist abhängig von den gesellschaftspolitischen Ideologien hinsichtlich der „erstrebenswerten" gesellschaftlichen Stratifizierung, von den Strategien der Wohnungswirtschaft und des Bodenmarktes, den städtebaulichen Leitbildern und Wohnbauformen und dem Entwicklungsstand des arbeitsteiligen Prozesses.

Die außerordentlich umfangreiche Literatur über die sozialräumliche Differenzierung der Stadt wird beherrscht vom Konzept der *Social Area Analysis* und der *Faktorialökologie*. Eine kurze Rekapitulation der Begriffe und Aussagen erscheint angebracht. Bereits in Kapitel 2.2 wurde darauf eingegangen, daß außer den sozialökologischen Modellen auch andere tragfähige Konzeptionen von Stadtmodellen bestehen. Unter Bezug auf die Abfolge von politischen Systemen und davon bestimmten sozialgeographischen Modellen in der europäischen Stadtentwicklung (vgl. Kapitel 2.2.4) wird die Frage der *dominanten Segregationsprinzipien in der vorindustriellen, industriellen und postindustriellen Gesellschaft* in den Mittelpunkt der Analyse gestellt. Die *ethnische Segregation* bezieht nach Auffassung der Autorin eine Sonderstellung in der Entwicklung von Städten. Aufgrund der bibliothekenfüllenden Literatur zentriert die Thematik um die *Ghettobildung in den US-Städten*. In der Literatur der 50er Jahre war noch von Negern die Rede, ab Ende der 60er Jahre von Schwarzen, seit Ende der 80er Jahre wird der Begriff afroamerikanische Bevölkerung verwendet. Die Änderung des Begriffes hat jedoch nichts an der Ghettoisierung geändert.

Städte sind dreidimensionale räumliche Gebilde. Es besteht eine *vertikale Segregation* von Gesellschaft und Nutzung im Stadtraum, die in der Stadtforschung vernachlässigt ist. Völlig ausgeblendet wird die Segregation vom Städtebau und von der Stadtplanung. Diesbezügliche normative Aussagen fehlen. Nichtsdestoweniger besitzen politische Systeme, welche Chancengleichheit und Sozialpolitik auf ihre Banner schreiben, eine stadtrelevante *Antisegregationsstrategie*.

3.6.2 Sozialraumanalyse und Faktorialökologie

Die ***Sozialraumanalyse*** beruht auf dem Konzept, daß die Stadt in verhältnismäßig homogene Teileinheiten zerfällt, welche durch eine spezifische physische Individualität und bestimmte soziale, wirtschaftliche und kulturelle Charakteristika der Bevölkerung ausgezeichnet sind. Hierbei handelt es sich um *natürliche Nachbarschaften* oder Stadtviertel. Je größer eine Stadt ist, desto mehr Subareale dieser Art besitzt sie und umso klarer sind diese abgrenzbar. Die Definition der Grenzen bediente sich zuerst in intuitiver Form „natürlicher Grenzen", wie Straßen, Eisenbahnlinien, Parks, Flüsse und dgl., in einem zweiten Schritt wurden dann sogenannte „diagnostische

Variable", vor allem monetäre Größen, wie Bodenpreise, Mieten, Steuermeßwerte, verwendet.

Die empirische Analyse beruht auf der deduktiven Identifizierung von Konstrukten des (nichtgeographischen) Sozialraums, welche durch Indizes operationalisiert werden. Sie erfolgt in zwei Schritten. Zunächst werden die statistischen Einheiten (Zähldistrikte) im „Sozialraum" derart klassifiziert, daß z. B. Variable des Familienstatus und des ökonomischen Status in einer Matrix zu Zellen vereint werden. Anschließend werden die Ergebnisse in ein Kartogramm des Stadtgebiets übertragen.

Ausgehend von einer in Ansätzen explizierten Theorie des sozialen Wandels, bei der wachsende Komplexität der Organisation, größere Differenzierung der Gesellschaft und Veränderungen im Umfang und in der Intensität sozialer Beziehungen die Grundpostulate darstellen, werden drei Konstrukte entwickelt:

→ sozialer Rang (ökonomischer Status),
→ Verstädterung (Familienstand = demographischer Status),
→ Segregation (ethnischer Status).

Folgende ***raumrelevante Begriffe*** wurden von der Sozialökologie geprägt:

→ Der Grundbegriff der *Segregation* umfaßt alle Vorgänge der Auseinanderschichtung von Bevölkerungsgruppen und wird auch für solche von Nutzungen verwendet.

→ Der Begriff der *Invasion* umfaßt das Eindringen von anderen Bevölkerungsgruppen in einen Stadtraum.

→ Als *Sukzession* wird – analog zur Pflanzensoziologie – die Abfolge von Gruppen an einem Standort bezeichnet.

→ Wenn es zur *Dominanz* einer Gruppe kommt, so kann diese Kontrollfunktionen im betreffenden Areal übernehmen.

Weitere Begriffe beziehen sich darauf, daß Bevölkerungen und Nutzungen a priori in ungleicher Weise im Raum verteilt sind. Hierher gehören die Begriffe der *Konzentration* und *Dekonzentration*.

Unter Bezug auf die auf Burgess und Park (1925) zurückgehende Grundannahme, daß jede Entwicklung vom Stadtzentrum ausgeht und dessen Ausdehnung und Wachstum die Stadtentwicklung determiniert, werden unter Bezug darauf die Begriffe der *Zentralisierung* bzw. *Dezentralisierung* von Gruppen und Einrichtungen verwendet.

Die ***Faktorenanalyse*** verbesserte die Technik der Identifizierung der oben genannten Konstrukte, ohne eine Veränderung des Theorieansatzes vorzunehmen. Es bestehen demgemäß folgende Bezüge zwischen Gesellschaft und „Stadtraum":

1. Es erfolgt ein Transfer der ***sozialen Distanz*** zwischen den einzelnen Schichten der Gesellschaft bzw. Sozialgruppen, die aufgrund von Prestige, Macht, Rang, Ansehen, Bildung, Einkommen, Ausgaben (Konsum) definiert werden können, in eine entsprechende ***räumliche Distanz*** im Wohnraum der Stadt. Daraus ergibt sich die Ausformung von separierten Wohngebieten mit charakteristischen Merkmalen der Bevölkerung.

2. Ein ***Kreislaufmodell*** dient zur Abbildung der Vorgänge vertikaler und sozialer Mobilität im Stadtraum. Demnach bewegen sich aufsteigende Gruppen in Richtung Stadtrand, während die Zuwanderer in die aufgegebenen Standorte nachrücken.

3. Auf der Mesoebene der Stadt, d. h. für Stadtviertel, wird ein ***Sukzessionsschema*** verwendet, bei dem, ähnlich wie in der Biologie, die Sukzession als ein in Phasen ablaufender Zyklus aufgefaßt wird. Das Sukzessionsschema dient u. a. zur Abbildung ethnischer Segregationsprozesse. Es wurde zuerst für die Ghettobildung der Afroamerikaner in den Städten der USA und, in Anlehnung daran, als deskriptives Modell von Hoffmeyer-Zlotnik (1975) für die Bildung eines Viertels von türkischen Gastarbeitern in Berlin-Kreuzberg verwendet. Dabei wurden folgende Phasen unterschieden:

→ *Einsickern*,

→ *Invasion* (5–10% Gastarbeiter),

→ *Sukzession, 1. Phase*: bis 25% Gastarbeiter, erste Altbewohner verlassen das Gebiet, eine gemischte Bevölkerung entsteht. Dieser Zustand wird folgendermaßen teleologisch fortgeführt:

→ *Sukzession, 2. Phase*: weitere Niederlassung von Gastarbeitern, schließlich Dominanz derselben mit über 50%, Bildung einer systeminternen Infrastruktur.

→ *Abschließende Sukzessionsphase*, in welcher durch Sogwirkung weitere Gastarbeiter angezogen werden, und das Stadium einer abschließenden

→ *Etablierung eines ethnischen Viertels.*

Der Begriff ***„Segregation“*** ist auf zwei Ebenen zu definieren:

1. Es wird unter Segregation das *Ausmaß der ungleichen Verteilung von Bevölkerungs-(Sozial-)gruppen* im Hinblick auf räumliche Einheiten (Wohnhaus, Baublock, Zähldistrikte usw.) einer Stadt verstanden. Zur Messung dieser Ungleichverteilung werden folgende zwei Indizes verwendet:

Der ***Dissimilaritätsindex*** mißt die Differenz in der räumlichen Verteilung zweier Bevölkerungsgruppen nach der Formel

$$D = \frac{1}{2i} \sum_{=}^{n} | xi - yi |$$

xi = Prozentsatz der Bevölkerungsgruppe A in der i-ten Gebietseinheit,
yi = Prozentsatz der Bevölkerungsgruppe B in der i-ten Gebietseinheit,
n = Zahl der Gebietseinheiten.

Der ***Segregationsindex*** mißt die Differenz der räumlichen Verteilung einer Bevölkerungsgruppe im Vergleich zu allen anderen. Zu seiner Berechnung ermittelt man zuerst den Dissimilaritätsindex zwischen der betreffenden Bevölkerungsgruppe und der Gesamtbevölkerung und dividiert diesen durch (1-P), wobei P der relative Anteil der in Frage stehenden Bevölkerungsgruppe an der Gesamtbevölkerung ist.

$$S = \frac{D_s}{1 - \frac{\Sigma x_{ai}}{\Sigma x_{ni}}}$$

D_s: x_i = wie oben, z_i = Prozentsatz der gesamten übrigen Bevölkerung in der i-ten Gebietseinheit,
Σx_{ai}= Größe der Bevölkerungsgruppe A in der Gesamtstadt
Σx_{ni}= Gesamtbevölkerung

Der Dissimilaritätsindex bildet einen Ersatz für einen Korrelationskoeffizienten, der die räumliche Assoziation zwischen den Mitgliedern zweier Gruppen mißt. Beide Indizes haben eine mögliche Spannweite von 0 bis 100, wobei 0 Gleichverteilung und 100 komplette Segregation einer Gruppe bedeutet.

Segregations- und Dissimilaritätsindex wurden bisher in der Literatur fast ausschließlich für die berufliche und ethnische Gliederung der Bevölkerung, kaum für die demographische Segregation verwendet. Entsprechend der unterschiedlichen Zahl von Erhebungseinheiten und der Größe derselben sind die Werte der beiden Indizes von Stadt zu Stadt nicht direkt vergleichbar.

2. Der Begriff „Segregation" wird auch auf alle *Prozesse der räumlichen Auseinanderlegung von Bevölkerungsgruppen*, die nach verschiedenen Merkmalen definiert sein können, angewandt.

Mittels der Technik der *Faktorialökologie* wurden zuerst in den Städten der USA ***drei Grunddimensionen der Segregation*** festgestellt und für diese auch unterschiedliche räumliche Muster nachgewiesen. Es handelt sich hierbei um

→ die *ethnische Dimension*, welche klumpenförmige Muster erzeugt,

→ die *demographische Dimension* mit einem zonalen, zentral-peripher differenzierten Muster der Anordnung, analog zum zentral-peripheren Ausgreifen der Wohnbautätigkeit, und

→ die *soziale (berufliche) Dimension*, welche nach MURDIE (1969) ein sektorielles Anordnungsprinzip aufweist. Diese aus der angelsächsischen Stadterfahrung stammenden Aussagen halten einer Überprüfung im politischen Systemvergleich nicht stand.

3.6.3 Dominante Segregationsprinzipien in der europäischen Stadtentwicklung

Im folgenden wird das Problem der Segregation in einen sozialgeographischen Rahmen gestellt und die Frage nach den dominanten Segregationsprinzipien in der

1. vorindustriellen Stadtgesellschaft,
2. industriellen Stadtgesellschaft und
3. postindustriellen Stadtgesellschaft thematisiert.

Aus dem Schema (vgl. Abb. 3.39) ist zu entnehmen, daß die ständische Gliederung der Gesellschaft, definiert als Stand und Herkunftsort (und Herkunftsland), das leitende Segregationsprinzip der vorindustriellen Stadtgesellschaft gebildet hat, welches in der industriellen Stadtgesellschaft durch die soziale Segregation nach Klassen abgelöst worden ist. Die demographische Segregation blieb sowohl in der vorindustriellen als auch in der industriellen Stadtgesellschaft von untergeordneter Bedeutung. Die demographischen Parameter waren vielmehr von der ständischen bzw. Klassenzugehörigkeit abhängig, d. h. die einzelnen Stände bzw. Klassen hatten ein spezifisches generatives Verhalten, spezifische Haushaltsstrukturen usw. Erst mit der Umstrukturierung von der industriellen zur postindustriellen Gesellschaft hat sich die demographische Segregation immer stärker in den Vordergrund geschoben. Überpointiert kann man sagen: „Die soziale Klassengesellschaft wird durch die Altersklassengesell-

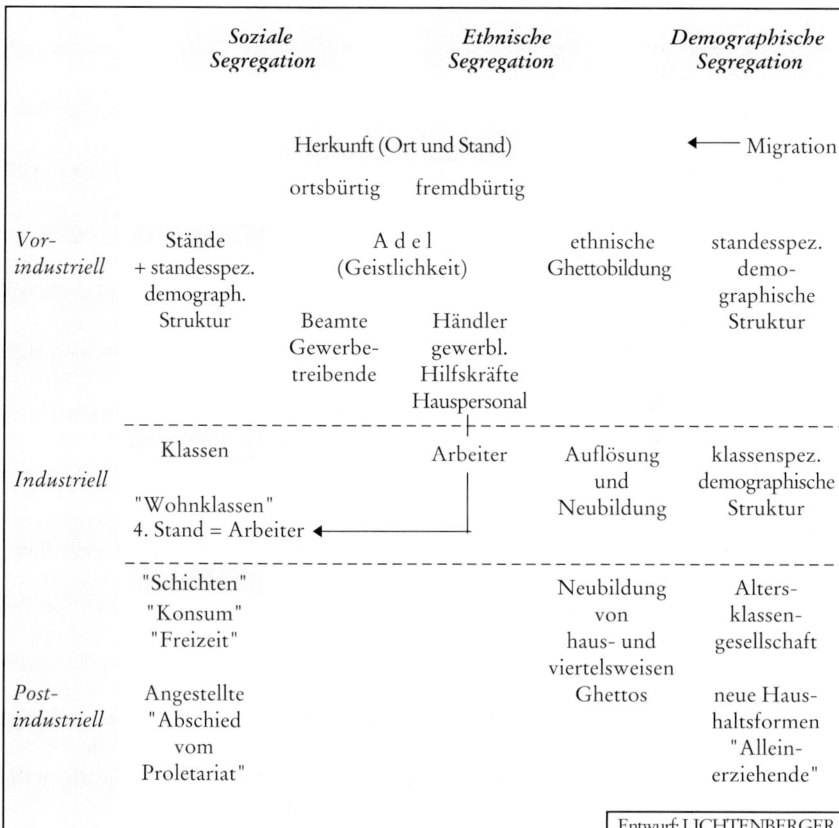

Abb. 3.39: Dominante Segregationsprinzipien und Gesellschaftssysteme in der europäischen Stadt

schaft ersetzt“. In dieser entstehen Seitenäste in Form spezifischer Haushaltstypen, darunter dem vielbeachteten Haushaltstyp der Alleinerziehenden. Als neues Amalgam von sozialem Status und Haushaltstypen, dirigiert von Konsumniveau und Freizeitverhalten, entstehen Lebensstile, deren räumliche Korrelate sich erst unscharf abzeichnen. Sie sind nicht städtische Lebensstile sensu stricto, sondern separieren sich von der Stadt als Gated Communities im „Stadtland“-Kontinuum Nordamerikas (Holzner 1996). Die ethnische Segregation besitzt eine Sonderstellung. Entsprechend den zeitspezifischen Migrationsströmen und normativen Parametern der politischen Systeme war die europäische Stadtentwicklung in jeder Periode durch Auflösungen und Neubildungen primärer und sekundärer „Ghettos“ gekennzeichnet.

3.6.4 Segregation in der ständischen Gesellschaft

Im folgenden wird die Thematik auf die vorindustrielle europäische Stadt in der ersten Hälfte des 19. Jahrhunderts eingegrenzt. Eigene Untersuchungen über Wien gestatten folgende Aussagen.

- In Wien war – entsprechend dem Nachwirken der religiösen Intoleranz der Gegenreformation – die Segregation aufgrund des *religiösen Bekenntnisses* wesentlich wichtiger als die nach sprachlichen oder ethnischen Kriterien. Daraus resultierte u. a. die Viertelsbildung der griechischen Händler orthodoxen Bekenntnisses, der mohammedanischen (türkischen) Händler und der jüdischen Familien. Die ethnische Differenzierung mußte in der vorindustriellen Zeit noch keineswegs zu einer räumlichen Separierung führen. Die fehlende räumliche Distanz zur unterschichtenden Ethnie wurde dort, wo Haushaltsgemeinschaften bestanden, von der sozioökonomisch und politisch herrschenden Schicht durch ein System von Verhaltensnormen (Etikette, Symbole und dgl.) substituiert.
- Eine *demographische Segregation* fehlte. Die einzelnen Stände legten ein sehr unterschiedliches demographisches Verhalten an den Tag, d. h. der Stand implizierte eine spezifische Haushalts- und generative Struktur. Beamte bedurften keiner „Hausfrau“ zur Haushaltsführung wie die Gewerbebürger, keines „Erben“ von Besitz, Vermögen oder Familientradition wie der Adel, außer sie waren Mitglieder desselben. Beamte konnten daher „Singles“ sein.
- Deutlich segregiert waren *ortsbürtige* und *fremdbürtige Bevölkerung*, wobei die einheimische (ortsbürtige) Bevölkerung zum Großteil im Familienverband lebte, während die fremdbürtige Bevölkerung – wenn man von der Gruppe der „fremden“ Großhändler absieht – im wesentlichen aus ledigen Personen bestand. Zur fremdbürtigen Bevölkerung zählten aber nicht nur Teile der gewerblichen Hilfskräfte, Lehrlinge, Gesellen und das Dienstpersonal, sondern auch Angehörige der intellektuellen Schicht, z. B. Ärzte, ferner Beschäftigte in gehobenen Positionen in Adelshäusern, wie Sekretäre, Lehrpersonen und dgl.

Ungeachtet der enormen sozialen Distanz zwischen den einzelnen Mitgliedern der ständisch organisierten Gesellschaft war die räumliche Distanz verhältnismäßig gering. Hierbei kam zwei Phänomenen für die Wohnintegration entscheidende Bedeu-

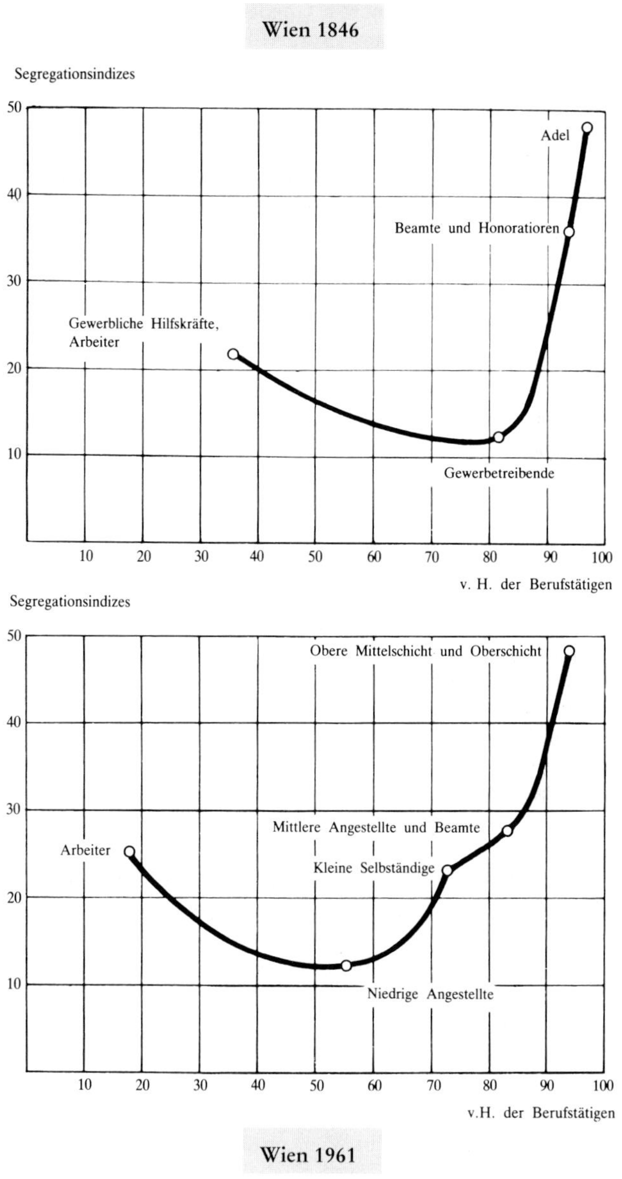

LICHTENBERGER 1972a, S. 13.

Abb. 3.40: J-förmige Segregationskurven in Wien 1846 und 1961

tung zu, der vertikalen und horizontalen Gliederung der Mietshäuser (vgl. Band II) und den Großhaushalten von Adel und Bürgertum. Durch die darin erfolgende Weitergabe von Normen und Verhaltensmustern an das Dienstpersonal ergab sich eine tiefgreifende Beeinflussung der gesamten Bevölkerung. Vergleichsuntersuchungen in Städten der Dritten Welt demonstrieren die enorme Zahl der Untermieter und Bettgeher bei der ärmeren Bevölkerung und den hohen Anteil an Hauspersonal bei den reicheren Schichten. Teheran wies z. B. in der Zwischenkriegszeit mit einem Anteil des Hauspersonals von rund einem Drittel an der Gesamtbevölkerung denselben Wert auf wie die Wiener Altstadt in der ersten Hälfte des 19. Jahrhunderts.

Wie die Segregationsindizes belegen (vgl. Abb. 3.40), bildeten in der vorindustriellen Gesellschaft die Gewerbetreibenden die gleichsam ubiquitäre Bevölkerungssubstanz von Städten. Allerdings bestand auch bei ihnen eine recht kleinzügige Segregation nach exportorientierten Produktionszweigen und Luxusgütern. Weniger segregiert als man erwarten würde, war aufgrund der angesprochenen Integration in den Wohnungsverband von Ober- und Mittelschichten die Unterschicht, stärker segregiert blieben Adel und Geistlichkeit. Im Hinblick auf die sozialräumliche Distanz bestand eine deutliche Zweiteilung der ständischen Gesellschaft in die Gruppe von Adel, Klerus und Beamten und in die der Gewerbetreibenden und der Unterschicht.

3.6.5 Segregation in der Klassengesellschaft

Der Vorgang des Abbaus der ständischen Gesellschaft und der Aufbau der industriellen Klassengesellschaft läßt sich in groben Umrissen mittels der Angaben der Haushaltsstatistik nachvollziehen. Ein wichtiger Indikator hierfür ist der Rückgang der familienfremden Personen, des Hauspersonals, der Untermieter und Bettgeher in der Gründerzeit. Vor- und frühindustrielle Haushaltsstrukturen waren durch die Einbindung von Hauspersonal bei oberen und mittleren Bevölkerungsschichten (Adel, Bildungsbürgertum und Gewerbetreibende) in gründerzeitlichen Städten und andererseits durch die Notwendigkeit der Aufnahme von Untermietern und Bettgehern bei unteren Bevölkerungsschichten gekennzeichnet. Haushaltsgrößen von 5 und mehr Personen waren vielfach die Regel. Mit der *Auflösung* derartiger *patriarchalischer Haushaltsstrukturen*, dem Auftreten von gewerblichen Hilfskräften, Arbeitern usw. als Wohnungswerbern sowie der Reduzierung des Hauspersonals in den Mittelschichthaushalten aufgrund steigender Lohnkosten erfolgte eine Verstärkung der sozialen Segregation (vgl. Tab. 3.4).

Mit der „haushaltsmäßigen Emanzipation" der familienfremden Personen kamen neue Nachfragegruppen auf den Wohnungsmarkt, welche durch das breite Spektrum der Migranten verstärkt wurden.

Die Abbildung des Sozialsystems von Wien am Beginn der Gründerzeit (1870) bietet den Übergang von der ständischen Gesellschaft zur Klassengesellschaft des Industriezeitalters. Es erfolgte eine soziale Segregation nach dem Vermögen, dem Einkommen und der Bildung, die Spitze der Klassengesellschaft bildeten die „Kapitalisten". In der sehr breiten Sozialpyramide gehörten fast zwei Drittel der Bevölkerung der Arbeiter-

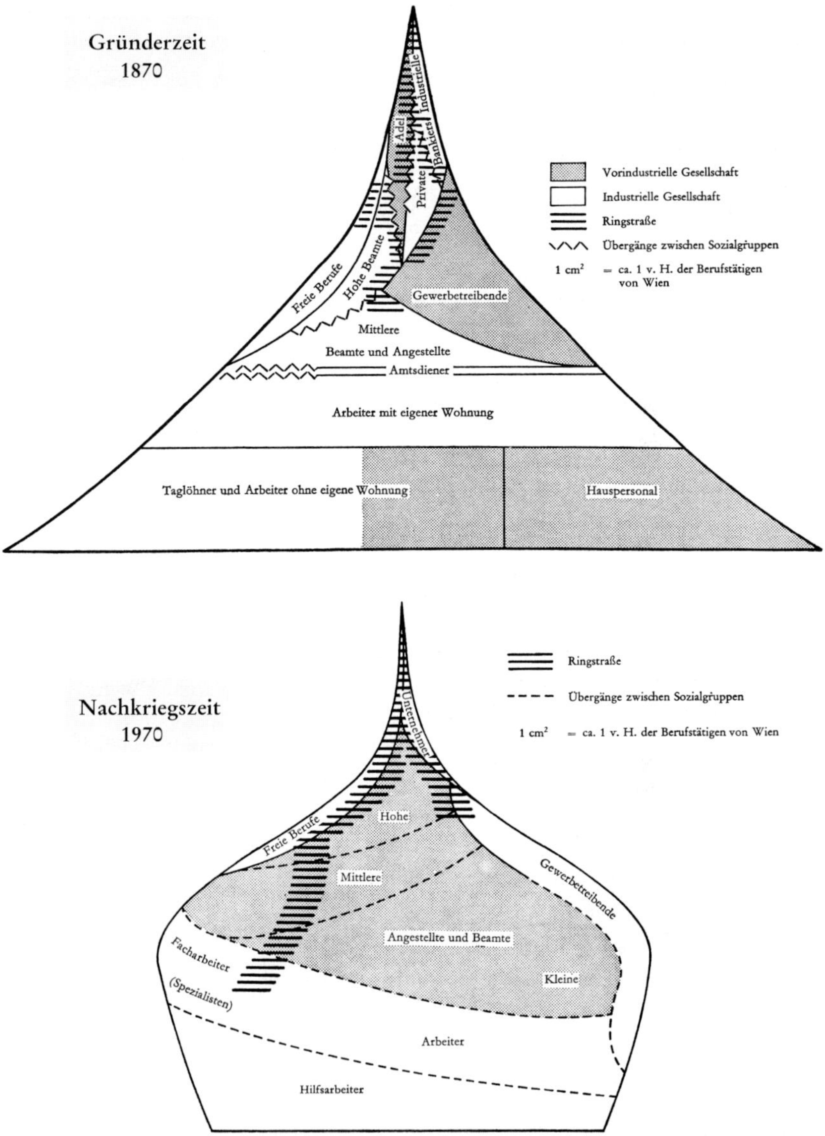

LICHTENBERGER 1970a, S. 122.

Abb. 3.41: Der soziale Aufbau von Wien in der Gründerzeit (1870) und in der Nachkriegszeit (1970)

Tabelle 3.4: Prozentanteil der familienfremden Personen in den Wiener Haushalten 1869-1961

Jahr	*Haus-personal*	*Untermieter und Bettgeher*	*sonstige familienfremde Personen*	*zusammen*
1869	9,2	23,4	10,0	42,6
1890	6,9	14,3	6,6	27,8
1910	5,1	8,5	4,1	17,7
1934	2,7	5,6	-	8,3
1961	0,5	2,8	-	3,3

BOBEK und LICHTENBERGER 1966, S. 35.

klasse an. Die Herauslösung der Arbeiter als Wohnungswerber aus den Mittelschichthaushalten hatte erst begonnen (vgl. Abb. 3.41). Spezifische Wohnklassen wurden ausstilisiert, historische Geschäftsportale gestatten es noch heute, die einstige Klassenzugehörigkeit der Käufer zu erkennen (vgl. Band II).

3.6.6 Von der sozialen zur demographischen Klassengesellschaft

Überblick

Die soziale Segregation bestimmte die Auseinanderschichtung der Bevölkerung in den europäischen Städten seit der Gründerzeit bis herauf zum Ersten Weltkrieg. Die demographische Segregation war ein Bestandteil der sozialen Klassengesellschaft. In der Zwischenkriegszeit begannen mehrere demographische Veränderungen, welche die Frage aufwerfen, ob auch in Europa analog zu Nordamerika eine nach Alter und Haushaltstypen geschichtete „demographische Klassengesellschaft" im Entstehen begriffen ist, deren Bestandteile sich räumlich auseinanderschichten. Drei Vorgänge sind zu unterscheiden:

1. Der erste statistische Indikator für den demographischen Strukturumbruch ist die Verkleinerung der Haushalte und das rasante Entstehen von „Single-Haushalten" seit dem Ersten Weltkrieg gewesen.

2. Aufgrund zunehmender Lebenserwartung schichtet sich die Gesellschaft nach Alterklassen auseinander, die räumlichen Standorte der Bevölkerung im dritten Lebensalter werden zu einem wichtigen Thema. Integration oder Pensionopolis lautet die Frage.

3. Neue Haushaltsformen bilden sich, darunter wird das massenhafte Entstehen von Haushalten von Alleinerziehenden zu einem neuen sozialen Problem.

Das Entstehen der Single-Haushalte

Die Zunahme der Lebenserwartung, die Reduzierung der Kinderzahl und die steigende Berufstätigkeit der Frauen haben zu einer drastischen *Verkleinerung der Haushalte* geführt. In Kernstädten von Millionenagglomerationen, wie London, Paris und Wien, hat sich die Durchschnittsgröße der Haushalte in diesem Jahrhundert von rund 4 Personen auf rund 2 verkleinert. Als wichtigster Indikator ist die *Zunahme der Einpersonenhaushalte* anzuführen, deren Anteil in den genannten Agglomerationen bereits rund 45% bis 50% erreicht hat. Es handelt sich um eine sehr heterogen zusammengesetzte Gruppe von

→ Studierenden und sonstigen in Ausbildung begriffenen Personen,
→ jungen Berufstätigen,
→ alleinstehenden älteren Berufstätigen,
→ alleinstehenden, aus dem Berufsleben ausgeschiedenen Personen, darunter aufgrund der höheren Lebenserwartung in erster Linie Frauen.

Für einzelne Segmente dieser Einpersonenhaushalte hat der soziale Wohlfahrtsstaat bzw. der Munizipalsozialismus die Aufgabe übernommen, institutionalisierte Wohnformen anzubieten: Lehrlingsheime, Studentenheime und Altersheime. Die „Boarding Houses“ als kommerzialisierte Wohnform haben in Großbritannien bereits eine alte Tradition, ebenso nach Geschlechtern separierte Wohngemeinschaften von jungen Berufstätigen.

Die auf Mittelschichtsfamilien und Eigenheimbau ausgerichtete politische Ideologie in Nordamerika hat ebenso wie der auf Unterbringung von Familien eingestellte öffentliche Wohnungsbau der sozialen Wohlfahrtsstaaten bisher das Anwachsen der Zahl der „Singles“ weitgehend ignoriert.

Pensionopolis versus demographische Integration

Die steigende Lebenserwartung in allen Staaten der entwickelten Welt und selbst in den Entwicklungsländern ist der wichtigste demographische Vorgang in der zweiten Hälfte des 20. Jahrhunderts gewesen. Die Lebenserwartung auf der Erde beträgt gegenwärtig 64 Jahre, in den EU-Staaten 75 Jahre. Nahezu synchron dazu hat in den westlichen Industrienationen die Fertilität drastisch abgenommen. Im Zeitraum von 1990–1996 ist die Reproduktionsrate auf 0,81 gesunken, sie betrug in dieser Zeitspanne in Nordamerika 0,98, in Europa nur mehr 0,75. Auf der gesamten Erde liegt sie bei 1,31, in Japan bei 0,72 (Statistisches Jahrbuch für die Republik Österreich 1995, S. 444).

Die Mitgliedsstaaten der EU sind in den abgelaufenen zwei Jahrzehnten in eine in diesem Ausmaß in der jüngeren Bevölkerungsgeschichte ungewöhnliche Phase der Schrumpfung und des demographischen Alterns eingetreten. Bereits seit längerem liegen die Fertilitätsziffern, mit Ausnahme von Irland, deutlich unter dem für die „Reproduktion“ eines Bevölkerungskörpers erforderlichen Niveau. Die Bundesrepublik Deutschland, Österreich und die Schweiz, d. h. im wesentlichen also der deutsche Sprachraum, haben derzeit die niedrigsten Fertilitätsraten der Welt. Derzeit beträgt der Anteil der 60jährigen und älteren Bevölkerung rund ein Fünftel. Die Alterung der Gesellschaft gehört zur programmierten Zukunft der westlichen Staatenwelt und der Städte.

Die demographische Segregation nach Altersklassen ist die neue Determinante, welche die soziale Segregation in den Metropolitan Areas der USA an Bedeutung ablösen wird. Auf die Auseinanderschichtung der Bevölkerung im amerikanischen System wurde hingewiesen. Hierbei können in Hinblick auf die räumliche Verortung der Bevölkerung im dritten Lebensalter zwei Bewegungen unterschieden werden:

1. Die Nord-Süd-Bewegung bindet in die durch klimatische Gründe bedingte kontinentweite Trennung von Frostbelt und Sunbelt ein und ist mit dem massenhaften Entstehen des Typs der ***Pensionopolis*** im Sunbelt verbunden, einem neuen kommerziellen Produkt von Aufschließungs- und Baugesellschaften sowie Finanzunternehmen als Auslieger einer immer weiter ausgreifenden Metropolitanisierung. Pensionistenstädte werden in Katalogen in standardisierter Vielfalt des Designs bezugsfertig angeboten. Der Zuschnitt auf unterschiedliche Preisklassen entspricht der großen Spannweite von Einkommensklassen und Lebensstilen. In Pensionopolis sind Schulen überflüssig, es entfällt damit ein wesentlicher Teil der Lokalsteuer, andererseits sind spezifische Gesundheitseinrichtungen vorhanden, die von privaten Versicherungsorganisationen getragen werden. Diese Bilderbuchstädte sind freilich nur eine Seite der Medaille der demographischen Segregation im dritten Lebensalter.

2. Die zweite Seite besteht aus der „Auslagerung" alter Leute in den Metropolitan Areas einerseits in die endlosen Wohnwagensiedlungen im „rurbanen Raum", die durch Neuaufschließungen immer weiter weggeschoben werden können, und andererseits in die abgewohnten Wohnblöcke mit Kleinwohnungen am Rande der Slumgebiete in den Kernstädten (Lichtenberger 1989).

Die europäische Situation ist anders. Die Bewegung aus dem Frostbelt in den Sunbelt ist bisher bescheiden geblieben. Der Typus der nordamerikanischen Pensionopolis fehlt in Europa. Auf die Mischungsprozesse in den Mietshausstrukturen der europäischen Metropolen wird noch weiter unten eingegangen. Vorneweg sei festgehalten, daß Sortierungsvorgänge nach demographischen Kriterien bisher nicht erfolgt sind. Im Gegenteil, Städte wie Wien können auf die demographische Integration von Haushaltstypen und Altersklassen in der gründerzeitlichen Kernstadt verweisen, welche eine Voraussetzung für die Weitergabe kultureller Normen und Verhaltensweisen darstellt. Diese Aussage gilt jedoch nur eingeschränkt für die Neubaugebiete in der Außenstadt und im Umland, wo bei flächiger Aufschließung durch juristische Personen als Bauträger jeweils die Wohnungsnachfrage von bestimmten Kohorten befriedigt worden ist.

Kernfamilie versus Alleinerziehende

Rückblickend gesehen, hat das demographische Regime der Kernfamilie nur eine relativ kurze Periode bestimmt. Bereits die Angehörigen der Babyboom-Generation nach dem Zweiten Weltkrieg haben sich von diesem Leitbild distanziert. Die Gründe hierfür sollen nicht diskutiert werden. Indikatoren für die Differenzierung der demographischen Lebensstile sind die Eheschließungs-, Scheidungs- und Geburtenziffern, der Anteil der unehelichen Geburten und die weibliche Erwerbsquote. Tabelle 3.5 belegt eindrucksvoll die Unterschiede des demographischen Regimes zwischen den USA und den Großregionen Europas, die sich ihrerseits deutlich voneinander abheben.

Tabelle 3.5: Eheschließungs- und Scheidungsziffer, Geburtenziffer und Anteil der unehelichen Geburten im internationalen Vergleich (1960/1993)

Staat	*Eheschließungen*		*Scheidungen*	*Geburten*		*unehel. Geburten in % von Geburten*	*weibl. Erwerbsquote*
	auf 1.000 Einwohner						
	1960	*1993*	*1993*	*1960*	*1993*	*1993*	*1993*
Nordeuropa							
Schweden	7,2	3,9	2,46	13,7	13,5	50,4	48,4
Norwegen	7,6	4,5	2,40	17,3	13,8	44,4	44,5
Dänemark	7,9	6,1	2,50	16,6	13,0	46,4	51,8
Finnland	7,7	4,7	2,42	18,5	12,8	28,9	
Westeuropa							
Ver. Königr.	8,1	8,1	3,83	17,5	13,1	30,8	40,9
Irland	5,6	4,5	-	21,4	13,7	18,0	23,5
Frankreich	7,2	4,4	1,90	17,9	12,3	33,2	37,0
Belgien	7,8	5,4	2,14	16,9	11,9	11,3	34,0
Niederlande	8,3	5,8	2,00	20,8	12,8	13,1	37,0
Deutschland	8,8	5,4	2,11	17,8	9,8	14,8	38,6
Österreich	8,1	5,6	2,04	17,9	11,9	26,3	37,5
Schweiz	8,0	6,2	2,16	17,6	12,1	6,3	38,9
Südeuropa							
Italien	7,6	5,1	0,39	18,3	9,4	7,2	31,0
Spanien	8,1	5,2	0,68	21,8	9,9	9,6	
Griechenland	8,3	5,9	0,69	18,9	9,8	2,8	
Portugal	8,5	6,9	1,25	-	11,6	16,9	
Ostmitteleuropa							
Polen	9,5	5,4	0,73	22,3	12,8	8,2	
Slowakei	-	5,8	1,53		13,8	10,6	
Slowenien	-	3,8	0,99		9,9	28,0	
Tschechien	7,9	6,4	2,93	15,9	11,7	12,7	
Ungarn	10,5	5,2	2,04	14,7	11,3	17,6	
Außereuropa							
Türkei	7,4		0,46		28,9	4,4	
Japan	6,4	8,0	1,52	17,2	9,6		42,3
USA	9,0	9,3	4,62	23,7	15,7	27,1	44,4

Quellen: Statistisches Handbuch der Republik Österreich 1966, S. 430, 1995, S. 452ff.

Von den USA wird im allgemeinen nur die steigende Scheidungsziffer über die Medien kolportiert, während die seit den 60er Jahren unverändert (!) hohe Heiratsziffer mit 9 pro Tausend kaum beachtet wird, ebensowenig wie der kontinuierliche Anstieg der weiblichen Erwerbsquote seit den späten 70er Jahren, welche inzwischen – mit Ausnahme Nordeuropas – die der EU-Staaten überrundet hat. In den Nachkriegsjahrzehnten hat sich in den USA das enorme Problem akkumuliert, daß rund die Hälfte aller Haushalte bereits von Alleinerzieherinnen geführt wird, bei den Afroamerikanern sind es über 80% der Haushalte, welche zum Großteil bereits unter die Armutsgrenze abgerutscht sind.

Zwischen den USA und Europa bestehen gravierende Unterschiede in den demographischen Regimen. Während die drastische Reduzierung der Fertilität als Innovationsvorgang nahezu alle EU-Staaten erfaßt hat, bestehen bisher im Scheidungsverhalten und in den demographischen Lebensstilen beachtliche nationale Unterschiede. Das schwedische demographische Modell besitzt eine Sonderstellung. Es weist die niedrigste Heiratsrate in der entwickelten Welt auf, verbunden mit einer hohen Scheidungsziffer – zwei Drittel der Ehen werden wieder geschieden. Mit 50,4% ist die Rate der unehelichen Geburten extrem hoch. Die weibliche Erwerbsquote übertrifft die der USA. Von den westeuropäischen Staaten weist Großbritannien, welches hinsichtlich der Scheidungsziffer an erster Stelle steht und wohl in Kürze die USA erreichen dürfte, eine ähnliche Struktur des demographischen Haushaltsstils auf wie Schweden.

Anders ist die demographische Situation in den südeuropäischen Staaten. Hier wurde die innereheliche Gebürtigkeit überall im letzten Jahrzehnt drastisch reduziert, mit einer Geburtenziffer von 9,4 pro Tausend hält Italien derzeit den Tiefstrekord in Europa. Gleichzeitig ist jedoch die weibliche Erwerbsquote nicht nach oben geschnellt und ebenso ist die Zahl der Scheidungen bisher erstaunlich niedrig geblieben.

Der deutsche Sprachraum und die Beneluxstaaten gruppieren sich zu einer Großregion des demographischen Regimes mit einer mäßigen Heirats- und Scheidungsziffer sowie einer mäßigen weiblichen Erwerbsquote. Das neue Phänomen der ***Haushalte mit Alleinerziehenden*** ist ebenfalls vorhanden und wird unter Bezug auf die schwedische Situation als Element der postindustriellen Gesellschaft aufgefaßt.

Die Untersuchung von Hatz (1998) in Wien bietet Aussagen über die Komplexität der Haushaltsformen mit Kindern (vgl. Tab. 3.6). Von 1971 bis 1991 stieg die Zahl der Haushalte von Alleinerziehenden von 54000 auf 74000, die der Lebensgemeinschaften mit Kindern von 5600 auf 11000, während die Zahl der Ehepaare mit Kindern von 191000 auf 153000 gesunken ist.

Insgesamt entfielen 1991 auf die Haushalte von Alleinstehenden bereits 31% aller Haushalte mit Kindern, vorwiegend in der damaligen Altersklasse der 20- bis 40jährigen, mit der Spannweite des Status von ledig über verheiratet bis zu verwitwet, mit Übergangsformen zu Lebensgemeinschaften, gelegentlichem oder periodischem Zusammenwohnen mit Partnern usw. Im demographischen System nehmen diese „unvollständigen Familienformen" eine Übergangsposition zwischen kinderlosen Haushalten und Ehepaaren mit Kindern ein. Der Nachweis ihrer räumlichen Separierung gelang eindeutig nur für die Anfänge des Phänomens in den 70er Jahren, als es räumlich zunächst in Cityrandlagen auftrat und auch Anschluß an ein Bildungsschichten-

Tabelle 3.6: Haushaltsformen mit Kindern in Wien 1991

Haushaltstyp	*Zahl der Haushalte mit Kindern*		*in % Wien = 100*			
	absolut	*in %*	*1*	*2*	*3*	*4*
Ehepaare	153.317	64,2	34,7	22,8	5,1	1,6
Lebensgemeinschaften	11.382	4,8	3,2	1,2	0,3	0,1
verheiratet	10.546	4,4	2,8	1,2	0,3	.
verwitwet	13.949	5,8	5,0	0,7	0,1	.
geschieden	27.312	11,5	7,9	2,9	0,5	0,1
ledig	9.744	4,1	3,4	0,6	0,1	.
Alleinerzieherinnen	61.551	25,8	19,1	5,4	1,0	0,3
verheiratet	6.505	2,7	1,9	0,6	0,2	.
verwitwet	2.197	0,9	0,8	0,1	.	.
geschieden	3.547	1,5	1,1	0,3	.	.
ledig	192	0,1	0,1	.	.	.
Alleinerzieher	2.441	5,2	3,9	1,0	0,2	0,1
Ingesamt	238.691	100,0	60,9	30,3	6,7	2,1

. Werte unter 0,1

Quelle: ISIS Datenbank. Berechnung: G. HATZ.

milieu fand. Mit der raschen Ausbreitung und Differenzierung erwies es sich als eine nahezu ubiquitäre Erscheinung, die sich im gründerzeitlichen Stadtraum wie in den Kommunalbauten am Stadtrand ausbreitet, weitgehend „sozial neutral" ist und und sich von den Vierteln mit ethnischen Unterschichtungstendenzen fernhält. Der Segregationsindex 1991 belegt mit 5% in der Innenstadt eindrucksvoll, daß Haushalte von Alleinerziehenden mit 1 bzw. 2 Kindern viertelsweise perfekt integriert sind, auch straßen- oder hausweise Segregation läßt sich nicht nachweisen. Ein kritischer Schwellenwert wird allerdings bei 3 Kindern sowohl im „Sozialraum" als auch im Stadtraum erreicht. Während sich im gründerzeitlichen Innenstadtgebiet Alleinstehende mit 3 Kindern bei einem Segregationsindex von 12% noch als passabel integriert erweisen, wird in der Außenstadt mit 20% (und mehr) bereits ein kritischer Schwellenwert der Segregation erreicht und bei 4 Kindern mit 33% beachtlich überschritten.

Im politischen Systemvergleich zwischen den USA und den europäischen sozialen Wohlfahrtsstaaten ist festzuhalten, daß aufgrund der sozialdemokratischen Ideologie der Chancengleichheit in letzteren dank einem Bündel von Gesetzen und Maßnahmen und medialem Einsatz Alleinerziehende die diskriminierende Komponente abstreifen konnten, welche sie in der nordamerikanischen Mittelschichtsgesellschaft stigmatisiert, in der die Wiederverheiratung überdies zur verpflichtenden Norm für Geschiedene zählt. Breit gestreute Sozialprogramme puffern die ökonomischen Degressionseffekte ab, welche in den USA durch das völlige Fehlen von Sozialprogrammen für Kinder und Jugendliche die „moralische Diskriminierung" noch verschärfen und die räumliche Marginalisierung der Haushalte von Alleinerzieherinnen bewirken (vgl. Kap. 6.3).

3.6.7 Aktuelle Prozesse der sozialen Segregation

Der Weg in die Mittelschichtsgesellschaft

Die sozialen Segregationsprozesse im Übergang von der industriellen zur postindustriellen Gesellschaft können unter das Schlagwort „Der Weg in die Mittelschichtsgesellschaft" gestellt werden. Worum handelt es sich dabei? Auf dem Wege von der Produktions- in die Dienstleistungsgesellschaft, welcher zuerst in den USA und inzwischen, von dort ausgehend, in allen westlichen Gesellschaften beschritten wurde, hat das Take-off der Arbeitnehmer des tertiären Sektors, nämlich der großen und in sich stark gegliederten Gruppe der Angestellten, die ursprünglich mit der Produktion verknüpfte Dichotomie von Selbständigen (Unternehmern) und Arbeitern zunehmend aufgelöst. Die Zahlen der Angehörigen beider genannten Gruppen nehmen laufend in dem Maße ab, als sich diese in das wachsende Heer der Angestellten eingliedern. DUNCAN (1950) hat zuerst für die nordamerikanischen Städte mit einer *U-förmigen Segregationskurve der Berufsschichten* das „Mittelschichtsmodell" der amerikanischen Stadtgesellschaft nachgewiesen.

Ähnliches läßt sich für Wien bestätigen. Der Sozialaufbau von Wien im Jahr 1970 belegt (vgl. Abb. 3.41), daß aus der breiten Sozialpyramide der Gründerzeit eine Glokkenform geworden ist.

Die Positionen der Berufsgruppen auf der J-förmigen Segregationskurve haben sich verändert (vgl. Abb. 3.40). Die Stelle der Gewerbetreibenden wird nunmehr von den niedrigen Angestellten eingenommen, die am gleichmäßigsten über das Stadtgebiet verteilt sind, während die ersteren inzwischen aufgrund ihrer spezifischen Standortansprüche in älteren städtischen Gebieten verblieben und dementsprechend auf der Segregationskurve nach oben gerückt sind. Ihre sozialräumliche Distanz zu den Arbeitern hat sich erhöht.

Aktuelle Segregationsprozesse in der Kernstadt Westeuropas

Kernstädte sind in Kontinentaleuropa im Hinblick auf ihre bauliche Struktur keineswegs eine Einheit, sondern gliedern sich in ein gründerzeitliches Baugebiet mit vorherrschender Reihenhausverbauung („*Innenstadt*") und in eine „*Außenstadt*", in der in mosaikförmiger Struktur neben älteren Vorstadtteilen seit der Zwischenkriegszeit entstandene differenzierte Wohnblockverbände, Reihenhausanlagen, Einfamilienhausgebiete usw. vorherrschen. Auch hinsichtlich der Eigentumsverhältnisse und Bauträger bestehen Unterschiede zwischen beiden Stadträumen. Genossenschaftlicher und kommunaler Wohnungsbau zeichnen vielfach für die Errichtung größerer Anlagen in der Außenstadt verantwortlich, Finanz- und Investmentfirmen sind in den Citybereichen, ein privater Mietshausbesitz ist für die Investitionen im anschließenden Innenstadtraum zuständig. Es wird daher im folgenden davon ausgegangen, daß in beiden Stadträumen, der Innenstadt und der Außenstadt, unterschiedliche Segregationsprozesse stattfinden. Die Frage lautet, welche Segregationsprozesse gegenwärtig in der Innenstadt und in der Außenstadt größeres Gewicht besitzen, die Auseinanderschichtung der Bevölkerung nach beruflichen und sozialen Kriterien oder die nach Altersklassen und Haushaltstypen?

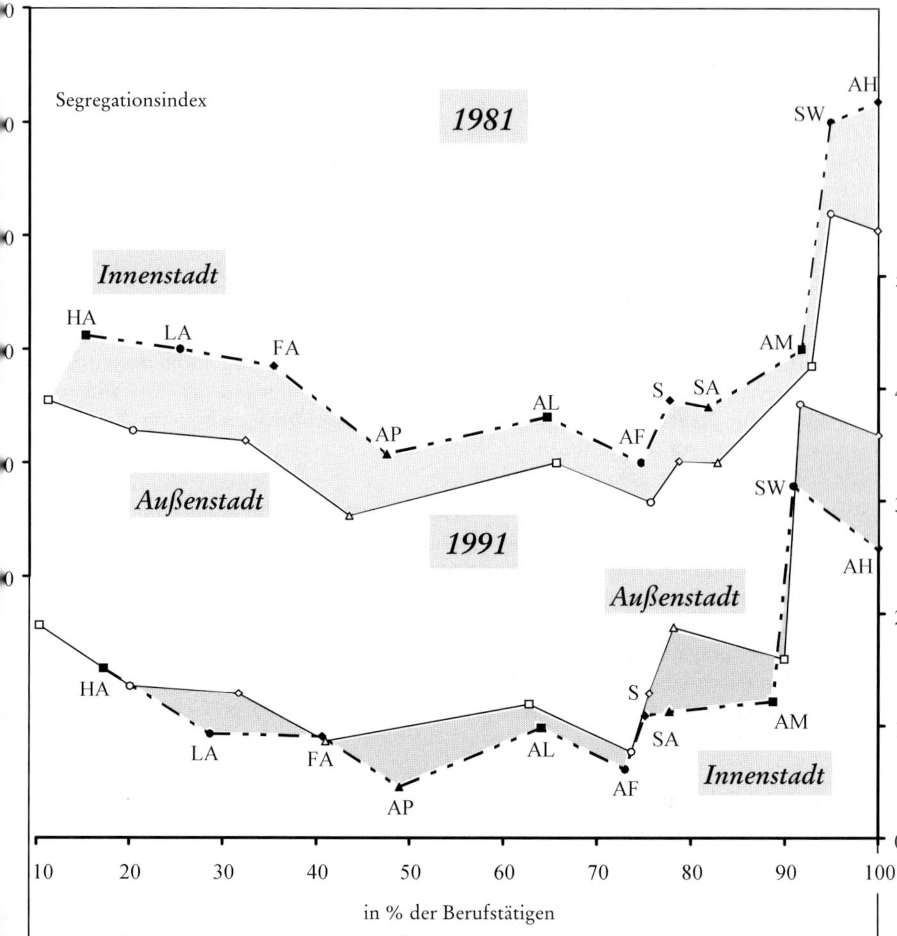

LICHTENBERGER 1987, S.107;
Berechnung: HATZ 1998.

Abb. 3.42: Die Segregationskurven nach Bildung und sozialrechtlicher Position in der Innenstadt und Außenstadt von Wien 1981 und 1991

Faktorenanalysen und Segregationsanalysen von Wien für den Zeitraum von 1961 bis 1991 (LICHTENBERGER, FASSMANN und MÜHLGASSNER 1987, HATZ 1998) erbrachten das Ergebnis einer Trendwende in den 80er Jahren. Hatte bis dahin in der Außenstadt die demographische Segregation, getragen von der Verjüngung der Bevölkerung dominiert, so wird sie nunmehr durch die Verstärkung der sozialen Segregation nach Bildung und sozialrechtlicher Position im Beruf überholt. Andererseits hat in der Innenstadt die soziale Entmischung der Bevölkerung abgenommen (vgl. Abb. 3.42). Die demographische Integration ist mit Segregationsindizes zwischen 3% und 5% für die Haushaltsgrößen von 1 bis 4 Personen perfekt geworden. Die Wohnklassengesellschaft des gründerzeitlichen Baukörpers konnte im Zuge des sozialen Wandels weitgehend überwunden werden. Dagegen ist die Bautätigkeit in der Außenstadt und im Umland dabei, eine neue Wohnklassengesellschaft zu erzeugen.

In der Innenstadt war die Entwicklung bis herauf in die 70er Jahre durch das Vorherrschen einer „sozialen Abwertung" gekennzeichnet, da aufgrund der Abwanderung von junger Bevölkerung in die Außenstadt und in die Suburbs ein höherer Anteil von Grundschichten zurückgeblieben ist. Eine Luxussanierung und Gentrifizierung ist nur zögernd in Gang gekommen.

Während das Verhältnis von Aufwertung und Abwertung von Stadt zu Stadt in den 80er Jahren zweifellos unterschiedliche Bedeutung hatte, wobei in baulich attraktiven Innenstädten der Vorgang der Aufwertung – unterstützt durch steuerpolitische und planungstechnische Strategien – den Vorrang gewinnen konnte, sind die 90er Jahre in allen von starker ausländischer Zuwanderung erreichten Städten durch die Effekte der ethnischen Segregation beeinflußt, welche zumindest im Innenstadtraum zu einer räumlichen Auseinanderlegung von investitionsschwachen, von Ausländern invadierten Gebieten einerseits und einer Gentrifizierung von attraktiven Gebieten, z. T. als Comeback älterer Ober- und Mittelschichtsgebiete, führt.

Festzuhalten ist: Die Polarisierung der Innenstädte wird in der westlichen Welt keineswegs ausschließlich von der sozialen Segregation getragen, sondern entscheidend von ethnischen Konzentrationsvorgängen beeinflußt. In vielen Städten kann die ethnische Dimension den ersten Rangplatz gewinnen. Die soziale Dimension hat in der Außenstadt und im Umland im Gefolge des Neokapitalismus und steigender Bodenpreise an Bedeutung gewonnen. Dagegen ist trotz aller dramatischen Veränderungen bei den Haushaltsformen und Lebensstilen eine demographische Auseinanderschichtung in den europäischen Städten – anders als in den USA – bisher nicht in Sicht.

Segregationsprozesse in den Städten der postsozialistischen Länder

Die Literatur über die Segregationsprozesse in den ehemals sozialistischen Staaten war unzureichend, nicht zuletzt deshalb, weil die Segregation in einer klassenlosen Gesellschaft ein Tabuthema gebildet hat. Es bestand eine Dreiteilung des Gesellschaftssystems in Funktionärseliten und Akademiker, „Normalbevölkerung" und Zuwanderer aus ländlichen und kleinstädtischen Siedlungen. Über ein kompliziertes System von Informationen, Privilegierungen und segmentierte Wohnungsmärkten (vgl. oben) erfolgte eine – im Vergleich zu Westeuropa abgeschwächte – Segregation der genannten Gruppen, wobei die ehemaligen Oberschichtgebiete überproportional

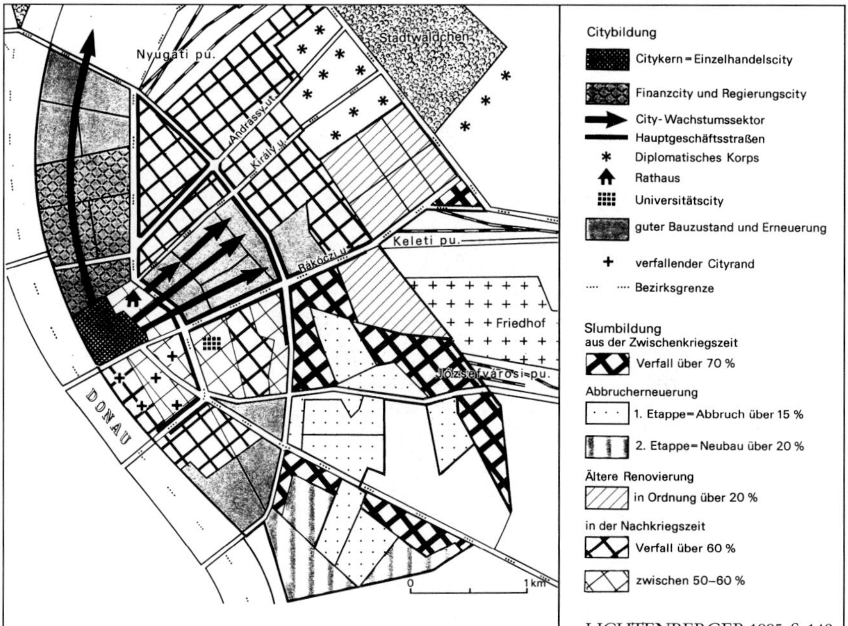

LICHTENBERGER 1995, S. 148.

Abb. 3.43: Citybildung und Slumbildung in der Budapester Innenstadt 1993

von der ersten Gruppe „besetzt“ wurden, in den Wohnblöcken der „Außenstadt“ die Normalbevölkerung lebte und sowohl hier als auch in älteren, wenig attraktiven Baugebieten Zuwanderer (zunächst als Untermieter, wie in den gründerzeitlichen Städten Europas) Platz gefunden haben.

Im sekundären Wohnungsmarktsegment des nationalisierten Altbaubestandes in den Innenstädten sind überall aufgrund der fehlenden Investitionen physische Verfallserscheinungen aufgetreten. Trotz der Abwanderung jüngerer und besser gebildeter Bevölkerung in die Großwohnanlagen der Außenstadt und des Einsickerns von Angehörigen von Randgruppen kam es jedoch nicht zu einem kompletten Wegzug der Mittelschichten, und zwar aufgrund des generellen Wohnungsfehlbestandes und der geringen Mobilität der Haushalte. Selbst 40 Jahre kommunistischen Regimes in den Staaten Ostmitteleuropas waren nicht imstande, die in der sozialökologischen Theorie implizierte Koinzidenz von physischen Verfallserscheinungen und sozialer Desorganisation zu erzeugen, da die „Fluchtthese“ keine Gültigkeit besaß.

Der politische Systemwechsel hat den Bedingungsrahmen des Gesellschaftssystems grundlegend geändert. Budapest bietet das Beispiel (vgl. Abb. 3.43).

Die Transformation von egalitären Gesellschaftsstrukturen in eine westliche Konsumgesellschaft hat einerseits eine plutokratische Oberschicht entstehen lassen und andererseits die Existenz einer „zentralen Armut“ – gemessen an den Einkommens-

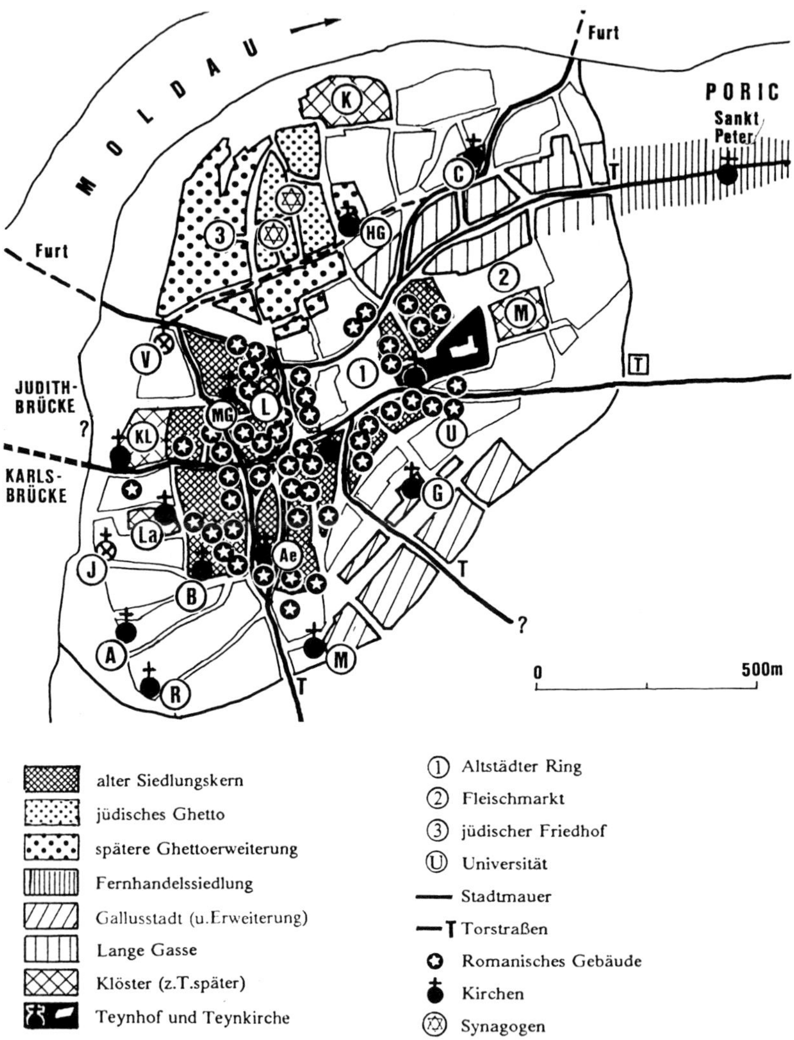

Kirchen: A = St.Anna, Ae = St.Aegidi, B = Bethlehemskirche, C = St.Castullus, G = St.Gallus, HG = Hl.Geist Kirche, J = St.Johannes (abgetragen im 18.Jhdt.), L = St.Linhart (abgetragen 1787), La = St.Laurentius, M = St.Martin an der Mauer, MG = Muttergotteskirche an der Lake (?), Mk = St.Martin die Kleinere (?), R = Hl. Kreuz (Rotunde) V = St.Valentin (in josefinischer Zeit zerstört)

Klöster: K = Klarissinnenkloster, Kl = Klementinum, M = Minoritenkloster

LICHTENBERGER 1993b, S. 32.

Abb. 3.44: Die Prager Altstadt nach 1230

verhältnissen – akzentuiert. Die mittleren Einkommensschichten haben die verfallenen Gebiete erstaunlich rasch verlassen. Ein „zentraler sozialer Krater" mit Desorganisationserscheinungen aller Art ist im Entstehen begriffen, der mit einer nur schmalen Transitionszone direkt an die City grenzt. Als diskriminierte ethnische Minderheit haben sich Roma in citynahen Slumgebieten angesiedelt. Es bleibt abzuwarten, ob Budapest unter den Effekten des liberalen Immobilienmarktes den gesellschaftlichen Polarisierungstendenzen US-amerikanischer Metropolen folgen wird, in denen City und ethnischer Slum unmittelbar, bzw. durch abgeräumte leere Flächen getrennt, aneinandergrenzen, oder ob die nunmehr zu Lokalbehörden avancierten Stadtbezirke Gegensteuerungsstrategien ergreifen werden.

3.6.8 Die Sonderstellung der ethnischen Segregation

Primäre ethnische Viertel

Der Begriff „ethnische Segregation" dient im folgenden als Dachbegriff für sprachlich-ethnische, konfessionelle sowie anthropologische Segregation. Im Rahmen der Segregationsprozesse nimmt die ethnische Segregation eine Sonderstellung ein, insofern als in der Sozialgeschichte der Stadt schon früh spezifische ethnische Viertel entstanden sind, die von LEHMANN (KÜNZLER-BEHNKE 1960) als „primäre Viertel" bezeichnet wurden. Im Hinblick auf die sozialrechtliche und wirtschaftliche Sonderstellung sind drei *Grundtypen im vorindustriellen Städtewesen* zu unterscheiden:

1. Der Typ des *jüdischen Ghettos* als Beispiel für eine restriktive Viertelsbildung.
2. Der Typ des privilegierten *Handelsviertels*. Hierzu zählten insbesondere die italienischen Handelskolonien in der Levante. Jüdisches Ghetto und privilegierte Handelsniederlassung lassen sich in mittelalterlichen Großstädten Europas nachweisen. Abb. 3.44 dokumentiert die Sozialtopographie von Prag nach 1230. Prag wies bereits damals eine mit Sonderstatus ausgestattete Handelsniederlassung deutscher Kaufleute auf königlichem Territorium auf, den Teynhof (samt der Teynkirche), und ebenso ein jüdisches Ghetto, welches diesen Standort bis herauf zum Holocaust beibehalten hat. Beide Viertel entstanden im Anschluß an den Kern der erst später ummauerten Handelssiedlung mit über 70 romanischen Turmbauten von Feudalmagnaten, Wechslern von Edelmetallen und Kaufleuten, welche an die Stadttürme Italiens erinnern (LICHTENBERGER 1993b, S. 31).
3. Die *Europäerviertel der Kolonialzeit* stellen einen Sonderfall dar und wurden als Stadtgründungen, als „villes nouvelles" der französischen Kolonialherren, als „cantonment" in den britischen Kolonien, als russische Neustädte, neben die Städte der einheimischen Bevölkerung gesetzt (vgl. Abb. 2.19).

Während die erstgenannten Typen im großen und ganzen nur von historischem Interesse sind, zählt die Umstrukturierung der ehemaligen Europäerviertel zu den Phänomenen der Entkolonialisierung (LUGHOD 1980).

Das Megaghetto der Afroamerikaner in den USA

Unter den ethnischen Viertelsbildungen der Gegenwart nehmen die Ghettos der Afroamerikaner in den USA eine Sonderstellung ein. Die Literatur ist äußerst umfangreich. Von geographischer und sozialökologischer Seite liegen in erster Linie Studien auf der Makroebene vor, die mittels statistischer Daten die Struktur des Ghettos gleichsam von außen her beleuchten. Primärforschung fehlt. In den letzten Jahrzehnten ist es nicht zu einer Auflösung, sondern zur Bildung von Megaghettos in den Kernstädten gekommen. Im folgenden sei der Bedingungsrahmen skizziert:

1. Für die Anfänge der Ghettobildung sind direkte *Regulierungen* von seiten staatlicher Behörden verantwortlich zu machen. So bestand bis 1917 eine Flächenausweisung für Gebiete, die für Afroamerikaner zugelassen waren. Bis 1948 war beim Verkauf von Land eine Erklärung erforderlich, daß dieser Verkauf an Weiße erfolgen würde. Bis 1949 hat auch die Zentralregierung die Wohnsegregation unterstützt. Erst 1964 verlangte das Civil-Rights-Gesetz eine „Equal Employment Opportunity Commission“. Sie konnte sich jedoch nur auf den öffentlichen Arbeitsmarkt auswirken, so z. B. auf State Universities, State Hospitals usw.

2. Zweifellos an erster Stelle steht gegenwärtig die *Ablehnung der Rassenmischung* durch breite Schichten der weißen amerikanischen Mittelschicht. Wenn auch Angehörige der Bildungsschichten, insbesondere der ehemaligen Nordstaaten, durchaus bereit sind, den einzelnen Afroamerikaner als gleichwertigen Kontaktpartner zu akzeptieren, so schließt diese Kommunikationsbereitschaft bisher das Konnubium aus.

3. Das Instrument der Segregation bildet der *kapitalistische Wohnungsmarkt*, bei dem es zu den Prinzipien aller mit dem Grundstücks- und Haustransfer und der Finanzierung beschäftigten Institutionen zählt, keine Personen als Käufer oder Kreditnehmer zuzulassen, welche die Boden- und Hauspreise in einem bestimmten Areal beeinträchtigen könnten. Homogenität der Nachbarschaft ist nach wie vor ein oberstes Gebot von Realitätenbüros, Baufirmen, Maklern aller Art, Hypothekenbanken usw. Ein ganzes Bündel von Praktiken behindert daher das Eindringen von Afroamerikanern in weiße Mittelschichtsgebiete.

4. Die Wohnsegregation steht in kausalem Zusammenhang mit der *Segregation des Schulsystems*. Unter Präsident Kennedy wurde mit einem zum Teil recht ausgeklügelten System versucht, zu einem integrierten Schulwesen zu gelangen. Diese Bestrebungen hatten geringen Erfolg.

5. Ebenso wie auf dem Wohnungsmarkt besteht eine *Diskriminierung auf dem Arbeitsmarkt*, welche durch die Entindustrialisierung und die steigenden Bildungsanforderungen des Bürosektors verschärft wird. Hierzu tragen ferner die hohen Kriminalitätsraten und sonstige Phänomene sozialer Desorganisation in den Ghettos der Afroamerikaner ganz wesentlich bei.

6. Neben diesen außenbürtigen Kräften wirkten von Anfang an auch innenbürtige Kräfte an der Ghettobildung mit. Hierbei traten zu den anfänglichen protektiven Mechanismen auch *Selbsthilfeorganisationen*, seit den 60er Jahren entstanden eigene Einrichtungen, Banken, Geschäftsketten und dgl.

Die ***Ausdehnung des Ghettos*** ist von MORRILL (1974) im Sinne eines räumlichen Diffusionsprozesses erklärt worden (vgl. oben). Die sozioökonomische *Segregation innerhalb des Ghettos der Afroamerikaner* ist nicht kartographisch dokumentiert. Nur Dissimilaritätsindizes im Ausmaß zwischen 15 und 40 belegen in einzelnen Städten die partielle räumliche Separierung von Berufsgruppen (freie Berufe, Manager,

Büroangestellte, Verkaufspersonal, Facharbeiter, Beschäftigte im Dienstleistungssektor und Hilfsarbeiter).

Seit den 60er Jahren setzte eine Aussiedlung in die Suburbs ein. Schon in den frühen 70er Jahren verließen jährlich rund 200000 Afroamerikaner die Kernstädte, um sich in neuen Tochterzellen des Ghettos in den Suburbs anzusiedeln. Durch die Suburbanisierung der afroamerikanischen Mittelschicht hat sich die Ghettoisierung wesentlich verschärft. Die Zurückgebliebenen haben ihre Eliten und Vorbilder verloren. Zwei Drittel der afroamerikanischen Jugendlichen in den Kernstadtghettos kennen niemanden in ihrer Familie oder Nachbarschaft, der je einer Arbeit nachgegangen ist. Die Ghettos sind damit zum Modell der „underclass" von WILSON geworden. Die ethnische Segregation schreitet weiter fort. Die Segregationsindizes betrugen 1980 79% bei den Afroamerikanern, 48% bei den Hispaniern, 43% bei den Asiaten. Der Zensus im Jahr 1990 dokumentierte eine Teilung von „Rasse" und Einkommen, konkret, die Position der armen Minoritäten, insbesondere der Afroamerikaner, hat sich verschlechtert. Die Hälfte aller Kernstädte der USA mit über 100000 Einwohnern weist bereits einen Minoritätenanteil von über 50% auf (HOLZNER 1996, S. 78).

Das Entstehen von Ghettokonglomeraten

Der Begriff des Ghettokonglomerates wird neu eingeführt, um damit eine Entwicklung zu kennzeichnen, die durch die Anlagerung immer weiterer nicht in die weiße Mittelschichtsgesellschaft einschmelzbarer anthropologischer Gruppen an das Ghetto der Afroamerikaner in den amerikanischen Metropolen vor sich geht. Chicago bietet hierfür den Beleg, alle Zuwanderungswellen seit Beginn des 20. Jahrhunderts haben ihre Spuren hinterlassen. Die europäischen Immigranten haben sich seit dem Ersten Weltkrieg an der zentrifugalen Bewegung in Richtung auf die Suburbs beteiligt und sind in verschiedenem Ausmaß in der zweiten und dritten Generation in die nordamerikanische weiße Mittelschicht eingeschmolzen worden. Für sie hat die Schmelztiegelthese Gültigkeit besessen. Allerdings auch nicht zur Gänze. Bei der von BERRY 1960 für Chicago durchgeführten Faktorenanalyse sonderten sich die Zuwanderungsströme der russischen Juden, der Iren und Schweden und die der katholischen Zuwanderer aus Polen, der Tschechoslowakei und aus Italien noch als „statistisch unabhängige Faktoren". Für die sozialräumliche Gliederung der Kernstadt von Chicago besaß 1963 die ethnische Segregation mit 74,3% Anteil an der erklärten Varianz in der Faktorenanalyse die gleiche Bedeutung wie die sozioökonomische und die demographische Segregation zusammen, eine Tatsache, die interessanterweise bei allen Stadtmodellen völlig ausgeblendet wurde (!). Die ethnische Viertelsbildung von Chicago in den 50er Jahren ist im Detail aus Abb. 3.45 zu entnehmen. Bereits damals bestanden zwei breite, den Haupttrassen der Subway folgende bandförmige Ghettos der Afroamerikaner.

Auch andere Minderheiten breiteten sich längs „Achsen" zentral-peripher aus, wobei zahlenmäßig bedeutende Minderheiten auch zwei, in seltenen Fällen drei Richtungen in Beschlag nahmen (Polen, Juden). Bei den früher zugewanderten Minoritäten, den Deutschen und Skandinaviern, war die periphere Bewegung bereits weiter fortgeschritten, ebenso bei den Tschechen (noch aus der österreichisch-ungarischen Monarchie stammend).

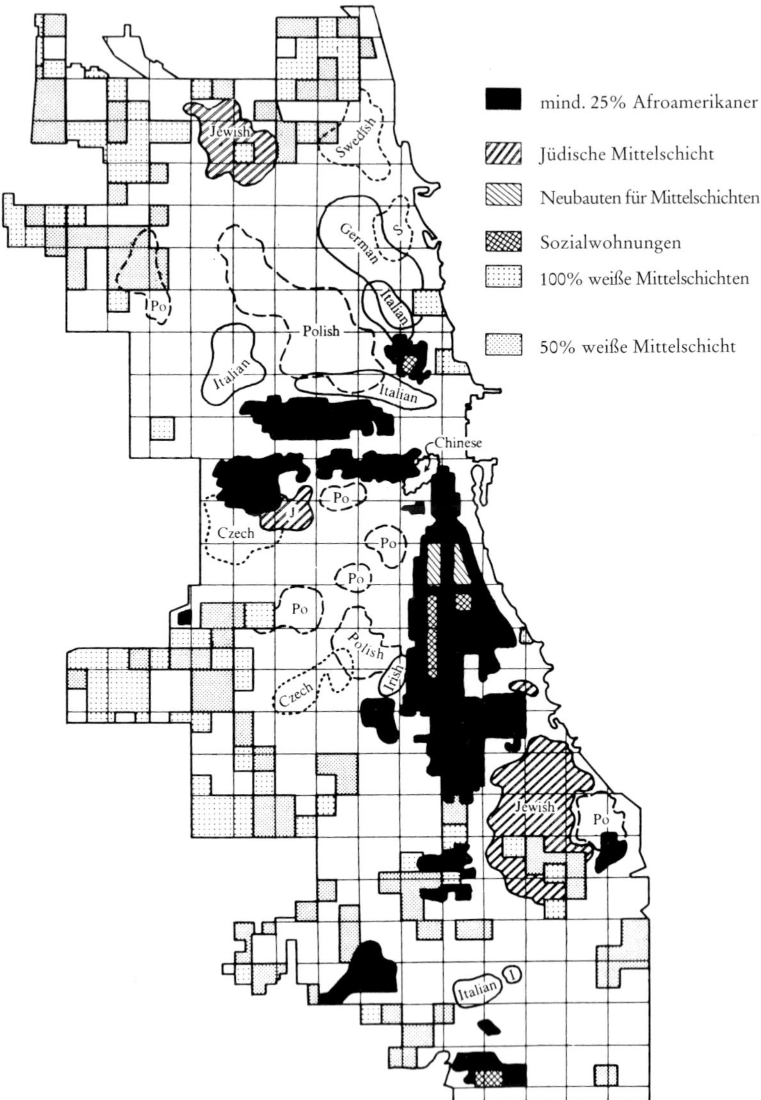

Die ethnischen Konzentrationen wurden mit Hilfe des 'Chicago Community Inventory for 1950' auf der Basis von Punkt-Verteilungskarten der Wohnorte von in anderen Ländern Geborenen festgestellt.

DRAKE und CAYTON 1962, S. LV.

Abb. 3.45: Ethnisch-anthropologische und religiöse Viertel in Chicago 1957

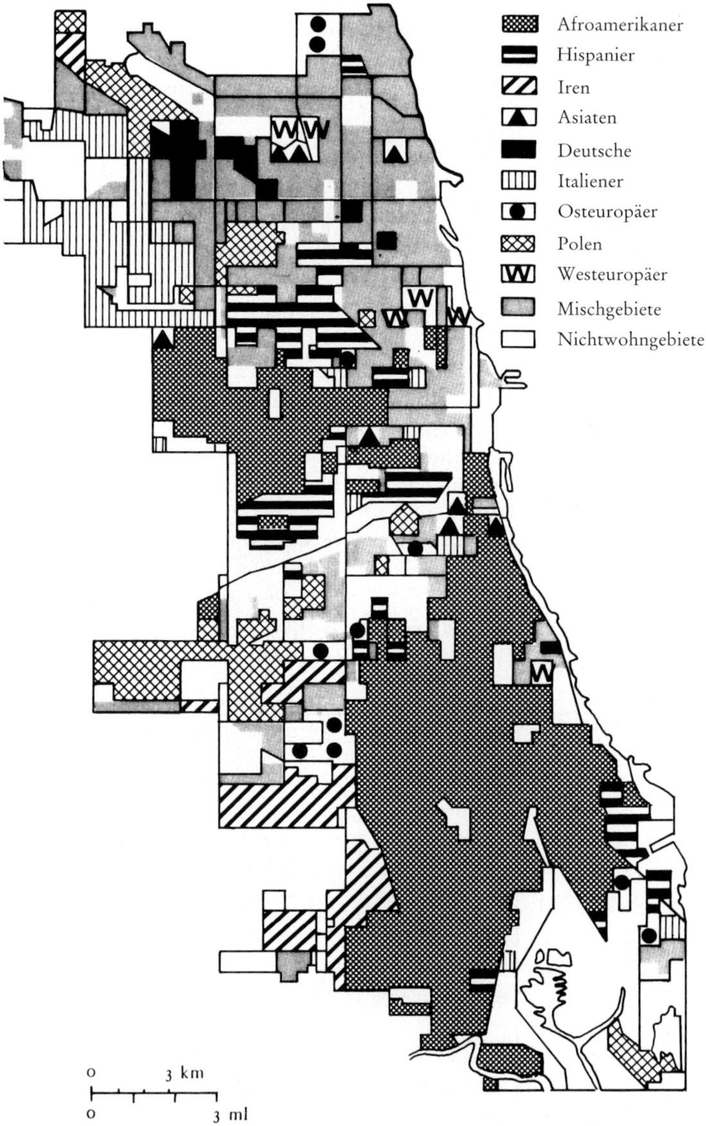

Entwurf: LICHTENBERGER nach US-Zensus 1981, Zeichnung: ANDIEL.

Abb. 3.46: Das ethnisch-anthropologische Konglomerat in der Kernstadt von Chicago 1981

Die Daten des Zensus 1981 belegen zum letztenmal im Detail das Muster des ethnisch-anthropologischen Ghettokonglomerats (vgl. Abb. 3.46).

Der Hauptvorgang seit den 60er Jahren war die Ausweitung der zwei Megaghettos der afroamerikanischen Bevölkerung bis zur Grenze der Kernstadt im Süden und Westen. Dadurch wurde im Süden die University of Chicago völlig eingeschlossen, das ausgedehnte jüdische Ghetto ebenso weggeschoben wie die Wohnbereiche der Italiener. In unmittelbarem Kontakt zum Megaghetto verblieben von den europäischen Immigranten als einzige westeuropäische Gruppe die Iren, die sich peripher stark ausgeweitet haben. Die neue Zuwanderungswelle der Nachkriegszeit hat neue Elemente in das ethnische Mosaik von Chicago gebracht, und zwar Hispanier und Asiaten. Zwischen und an den Rändern der Ghettos der Afroamerikaner haben sich die rasch wachsenden Nachbarschaften der hispanischen Zuwanderer plaziert, die bereits rund 18% der Bevölkerung stellen und zu mehr als 60% aus Mexiko stammen. Sie haben Polen, Tschechen und Juden zu peripherer Abwanderung veranlaßt. Filipinos und Inder bilden den Hauptanteil von Zuwanderern aus Asien, daneben sind die Vietnamesen die am raschesten wachsende Gruppe. Klar abgegrenzte, verhältnismäßig kleine Viertel sind im Anschluß an die Ghettos der Afroamerikaner und an das weiße Mittelschichtmilieu entstanden. Ein beachtliches räumliches Beharrungsvermögen weist das jüdische Mittel- und Oberschichtviertel im Norden von Chicago auf, ebenso wurden schwedische und andere westeuropäische Nachbarschaften im nördlichen Stadtraum nur mäßig peripher verschoben.

Tabelle 3.7: Anthropologische und ethnische Differenzierung der Kernstädte von Chicago 1990, Paris 1991 und Wien 1992

"Rassen"			*Nationalitäten*					
	Chicago 1990			*Paris 1991*		*Wien 1992*		
	in 1.000	*in %*		*in 1.000*	*in %*	*in 1.000*	*in %*	
Einwohner	2.783	100,0	Einwohner	2.152	100,0	1.612	100,0	
Weiße	1.263	44,9						
(Hispanier)	(207)	(7,5)						
Nichtweiße	1.520	55,1	Ausländer	340	15,8	312	19,5	
andere Rassen			*Ausländer*	340	100,0	312	100,0	
Hispanier	339	12,9	Spanier, Portug.	67	19,7	130	41,5	Jugoslawen
			andere Europäer	58	17,0	50	16,0	Osteuropäer
						28	9,1	Westeurop.
			Europäer insges.	125	36,7	208	66,6	
			Nordafrikaner	95	28,1	51	16,6	Türken
Schwarze	1.087	38,8	andere Afrikaner	40	11,7	11	3,5	
Asiaten	104	3,4	Asiaten	22	6,4	31	9,8	
			Sonstige	58	17,1	11	3,5	

Quellen: Chicago: Census of Population and Housing 1990; Paris: Recensements des 1990; Wien: Statistisches Jahrbuch 1992, Angaben der Fremdenpolizei Wien.

Dieses Ghettokonglomerat in der Kernstadt von Chicago stellt keineswegs eine festgeschriebene räumliche Einheit dar, sondern unterliegt ständigen Veränderungen, an der citywärtigen Seite durch Abräumen von verfallener Bausubstanz durch die Lokalbehörden und Schaffung von extensiven ungenutzten Freiflächen, sobald die Lokalsteuern nicht bezahlt werden, und eine weitere periphere Verschiebung über die Stadtgrenze hinaus, mit den erwähnten Übersprungeffekten zu immer jüngeren Suburbs.

Derartige Ghettokonglomerate fehlen in Europa. Der ***Vergleich von Chicago mit Paris und Wien*** belegt beispielhaft die Unterschiede in der anthropologisch-ethnischen Differenzierung zwischen amerikanischen und europäischen Metropolen (vgl. Tab. 3.7). Während die Non-Whites in Chicago 55% ausmachen, leben in Paris nur 10% Nichteuropäer, in Wien 6%.

Mit den Begriffen der amtlichen US-Statistik wird bereits die grundsätzliche Stigmatisierung offengelegt, welche in den USA aufgrund der rassischen Einteilung der Bevölkerung gegeben ist. Dementsprechend erfolgt auch eine Zuordnung der Hispanier zur weißen bzw. zu „anderen Rassen". Nur in diesem Zusammenhang ist der in der Literatur neue Begriff der *„undercaste"* verständlich, der als anthropologisches Subsystem der „underclass", der nicht in die Arbeitsgesellschaft integrierten untersten Schicht der Bevölkerung, zu interpretieren ist. Auch die damit verknüpfte räumliche „exclusion" von Bevölkerungsgruppen ist in europäischen Metropolen ungünstigstenfalls nur auf der Mikroebene von Häusern und Wohnvierteln, nicht jedoch auf der Ebene von riesigen Stadträumen gegeben, wie im Ghetto der Afroamerikaner im Südsektor von Chicago. Weitere grundsätzliche Unterschiede bestehen zwischen Chicago und Paris in Hinblick auf die räumliche Anordnung der Ethnien, welche in Chicago kernstadtorientiert, in Paris vorwiegend im Umland angesiedelt sind. In der Kernstadt von Paris ist der Anteil der Ausländer zwischen den Zählungen von 1980 und 1990 sogar schwach zurückgegangen. Im Spektrum der Ausländer unterscheidet sich Paris, wo die Vergangenheit Frankreichs als Kolonialmacht nachwirkt, deutlich von Wien, wo die räumlichen Bezüge der einstigen Hauptstadt der k.u.k. Monarchie zuerst in der Gastarbeiterwanderung und dann nach dem Fall des Eisernen Vorhangs wieder reaktiviert worden sind.

Ethnische Überschichtung und Unterschichtung

In der Literatur und im Sprachgebrauch wird der Begriff „Ausländer" im allgemeinen für unterschichtende Ethnien gebraucht, während überschichtende Ethnien, wie Angehörige des Diplomatischen Korps, Mitarbeiter internationaler Organisationen und Manager ausländischer Konzerne, zwar in der Statistik als Ausländer registriert, in der alltagssprachlichen Begrifflichkeit jedoch ausgeklammert werden. Im Zuge der Globalisierung der Ökonomie und der Internationalisierung des quartären Sektors erhält jedoch diese *ethnische Überschichtung* für europäische Metropolen zunehmende Bedeutung. Im folgenden wird Wien als Beispiel geboten, ähnliche Verhältnisse bestehen in anderen europäischen Hauptstädten und Wirtschaftsmetropolen.

Die „ethnische Überschichtung" begann in Wien in der Nachkriegszeit mit dem Staatsvertrag, den Mitgliedern des diplomatischen Korps und den UNO-Beamten und reicht bis zu den Managern internationaler Konzerne (vgl. Abb. 3.47). Eine

	ÜBERSCHICHTUNG	*UNTERSCHICHTUNG*
1955	Staatsvertrag, diplom. Korps	
1957	erste UNO-Einrichtungen	
1965		Beginn der Gastarbeiterwanderung aus Jugoslawien Türkei
1971	weitere UNO-Einrichtungen	Flüchtlinge aus Polen u.a. COMECON-Staaten Einsickern von entfernten Ethnien
1981	Manager von internationalen westlichen Konzernen	"neue Zuwanderer" aus Ostmitteleuropa, Ungarn, Polen, Slowakei, Rumänien
1989	"neue Gründerzeit" 2. Welle internationaler Konzerne Expansion von Japanern, Ostasiaten, Vorderer Orient	Migranten aus Enwicklungsländern, Ost- und Südasien

Entwurf: LICHTENBERGER

Abb. 3.47: Ethnische Überschichtung und Unterschichtung in Wien in der Nachkriegszeit

exorbitant gewachsene Zahl von Annoncen in den Printmedien reflektiert die Nachfrage von ausländischen Managern der internationalen Organisationen, Banken und Versicherungen nach erstklassigen Wohnungen und Villen in attraktiver Lage in den westlichen Randbezirken bzw. in citynahen Lagen. Rund 10% der rund 400 000 Ausländer in Wien gehören zum „Überschichtungsphänomen“, dazu kommen rund 6 000 ausländische Studierende.

Bei der *ethnischen Unterschichtung* lassen sich drei Schwerpunkte unterscheiden:

- Die erste Zuwanderungswelle der Gastarbeiter richtete sich in funktionslos gewordene Dörfer im Süden und Osten der Stadt, in die Behelfsquartiere der Zwischenkriegszeit, vor allem östlich der Donau (Lobau), in den Industriegürtel der Gründerzeit und in Altbauquartiere an den Ausfallsstraßen (Triester Straße).
- Mit der Familienzusammenführung erfolgte eine Sukzession von Gastarbeitern auf „wegsterbende“ Rentnerhaushalte in Substandardwohnungen der äußeren Bezirke, wenig später eine partielle Separierung der türkischen Zuwanderer von und teilweise Sukzession auf jugoslawische Gastarbeiter.

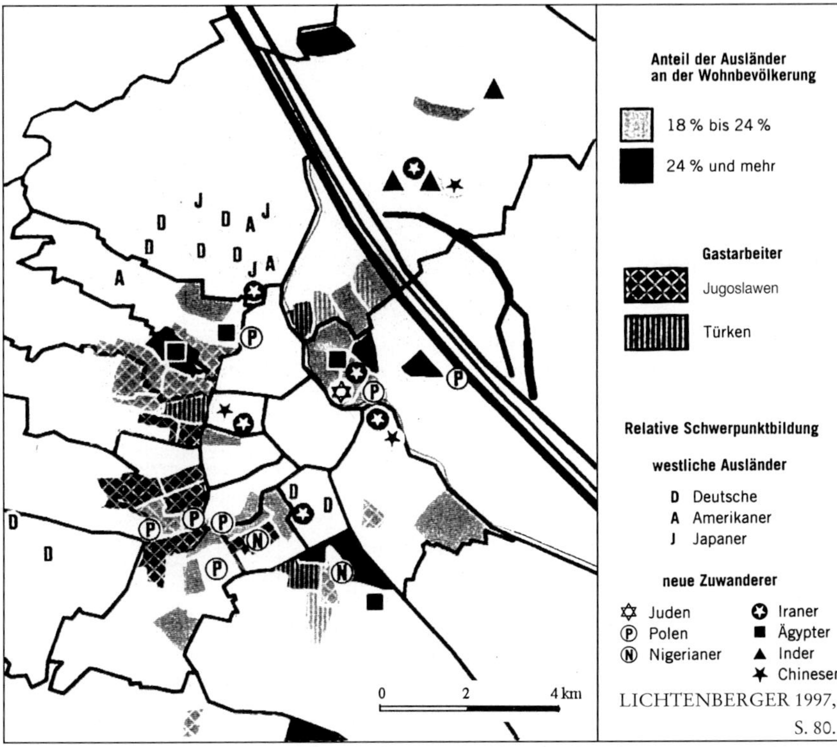

Abb. 3.48: Viertelsbildung von Ausländern in Wien 1993

• Die „neue“ Zuwanderung“ richtet sich, der „Auffüllungsthese“ entsprechend, in innere Mittelschichtsbezirke, wo Erdgeschoßwohnungen, leerstehende Lokale und Werkstätten gefüllt werden (vgl. Abb. 3.48).

Aufgrund der rasch steigenden Zahl von Ausländern und wachsender ethnisch-kultureller Distanz hat die ethnische Segregation, gemessen an den Segregationsindizes, ebenfalls stark zugenommen. Die wiederholt herausgestellte integrative Funktion des Wohnmilieus der gründerzeitlichen Stadtgebiete kommt noch in relativ geringeren Segregationsindizes sowohl bei den Türken, die hier nur einen Schwellenwert von 25% erreichen, als auch bei den Exjugoslawen mit 21% zum Tragen. In der Außenstadt überschreiten die Türken bereits die 50%-Marke, die Jugoslawen erreichen 39%. Die Türken sind damit wesentlich stärker segregiert als die lokalen Eliten bzw. die Agrarier in der Außenstadt.

Überpointiert sei festgestellt, daß in einer in Säkularisierung begriffenen städtischen Gesellschaft über Europa hinweg Prinzipien der primären Viertelsbildung von religiösen Minderheiten wieder zum Zuge kommen.

Zuwanderertyp		
Gastarbeiter	Neue Zuwanderer	"ethnische Kastengesellschaft"
Status und Kontrolle		
legal	legal und Schwarzarbeit	"rentenkapitalistisches" Kontrollsystem; Schlepperwesen
Ethnische Gruppen		
Serben, Bosnier, Kroaten, Makedonier, Türken	Polen, Ungarn, Slowaken	Ägypter Pakistani, Libanesen, Philippiner, Inder, Chinesen
Dominante berufliche Position		
Industriearbeiter Transport Lagerhaltung der Betriebe = innere Tertiärisierung Markthandel Hauswarte	Baugewerbe Reinigung Gastgewerbe Landwirtschaft (Gärtner) Haushaltung	Zeitungsausträger Taxifahrer Krankenschwestern Handel Restaurants
		Entwurf: LICHTENBERGER

Abb. 3.49: Ethnische Segmentierung auf dem Arbeitsmarkt in Wien

Auf dem Wiener Arbeitsmarkt ist eine ethnische Segmentierung entstanden (vgl. Abb. 3.49). Zunächst die Eckdaten: Rund 11% der Arbeitskräfte stammen aus Westeuropa und den USA, auf Gastarbeiter aus dem ehemaligen Jugoslawien entfallen 42%, auf Türken 16%, auf neue Zuwanderer aus Ost- und Ostmitteleuropa 16%, auf Migranten aus Asien und Afrika 15%.

Die jugoslawischen Arbeitskräfte wurden zunächst für Positionen in der Industrie und im Baugewerbe angeworben. Besser Ausgebildete und Angehörige der zweiten Generation sind in der Lagerhaltung, dem Transportgewerbe und im Einzelhandel beschäftigt. Vor allem von türkischen Gastarbeitern wurden rasch Positionen als Händler und Verkäufer auf den öffentlichen Lebensmittelmärkten übernommen. Sie konnten damit in die Subventionssphäre des Wiener Magistrats eindringen, der rund zwei Drittel der Infrastrukturkosten der 2000 Stände aus dem Steuerbudget finanziert. Die neue Zuwanderungswelle aus Ostmitteleuropa, d.h. aus Polen, Ungarn, der Tschechischen und der Slowakischen Republik, profitiert vom Bürobauboom und der Stadterneuerung. Es öffnen sich Verdienstmöglichkeiten – auch in Form der Schwarzarbeit – im Bau- und Reparaturgewerbe. Positionen im Reinigungs- und Gastgewerbe sowie Hilfsarbeiten aller Art werden, vielfach sogar mit Überqualifikation, übernommen. Der dritte Typus von Zuwanderern hat sich in neuen ethnischen Kasten für einige Berufe spezialisiert, deren Organisation und Kontrolle einem rentenkapitalistischen System folgt. Zeitungsausträger aus Ägypten, neuerdings aus

Bangladesh, Krankenschwestern von den Philippinen, neuerdings auch aus Indien, oder Chinesen im Gastgewerbe können als Beispiele für diese berufsspezifische Abschottung auf dem Arbeitsmarkt genannt werden. Offen ist die Frage, ob und in welchem Ausmaße derartige ethnische Kasten mittelfristig in die metropolitane Arbeitsgesellschaft integriert werden.

3.6.9 Die vertikale Segregation von Gesellschaft und Nutzung

Die vertikale soziale Differenzierung von Gesellschaft und Nutzung im Baukörper der geschlossenen Verbauung zählt zu den ererbten Grundstrukturen des europäischen Städtewesens. Der *Vorgang der vertikalen ökonomischen Differenzierung* von Häusern begann in der mittelalterlichen Bürgerstadt, in der erstmals die Trennung zwischen Wohnen und Arbeiten in der vertikalen Nutzung des Gewerbebürgerhauses vollzogen wurde. Das Erdgeschoß diente zur Unterbringung von Werkstätten und Läden, die Wohnfunktion war dem ersten Stock bzw. später höheren Stockwerken vorbehalten, in denen Mietparteien untergebracht wurden. Wenn man von den jüngsten Entwicklungen absieht, blieb das Erdgeschoß in der Reihenmietshausverbauung seither die Domäne des Einzelhandels bzw. Kleingewerbes. Es ergibt sich daraus, daß Wachstum und Rückgang des Einzelhandels in Vergangenheit und Gegenwart das Erdgeschoß besonders beeinflußt haben.

Zum Unterschied vom Einzelhandel und Produktionsgewerbe haben sich nur ganz wenige Branchen der wirtschaftsorientierten Dienste im Erdgeschoß niedergelassen, und zwar dann, wenn sie aufgrund der direkten Kundenorientierung den Zugang zum und vom Straßenraum aus benötigen, wie z. B. die Filialen von Sparkassen und Banken. Die große Mehrheit der Betriebe des wirtschaftsorientierten Dienstleistungssektors hat jedoch stets das Erdgeschoß gemieden und sich nach oben in den Häusern ausgebreitet. Aus der amtlichen Statistik des späten 19. Jahrhunderts läßt sich der *vertikal fortschreitende Vorgang der Citybildung* in Form der Umwandlung von Wohnungen in Büros nachweisen, wobei – und dies sei als Sukzessionsregel hervorgehoben – nahezu ausschließlich gut ausgestattete Wohnungen in Büros umfunktioniert werden. Daraus ergibt sich ferner, daß die Ausbreitung von Büros heute in direktem räumlichem Kontakt mit der Luxussanierung (Gentrification) im Zuge der sanften Stadterneuerung in den großen Städten Kontinentaleuropas erfolgt.

Die *vertikale Differenzierung der Gesellschaft* in den Mietshäusern des frühen 19. Jahrhunderts ist durch die Nestroysche Posse „Zu ebener Erde und im ersten Stock" in die Literaturgeschichte eingegangen. Sie kennzeichnete nicht nur Wien, sondern die kontinentaleuropäischen Mietshäuser schlechthin. Demnach hatte das Erdgeschoß als Wohnstandort stets ein relativ schlechtes Image, und der erste Stock war als Nobelstock dem Hausbesitzer vorbehalten. Durch den Absentismus der Hausbesitzer sind diese großen Wohnungen im ersten und teilweise im zweiten Stock bevorzugte Standorte für Büros geworden. Nun soll hier nicht auf Details der bausozialen Verschiebungen im Vertikalaufbau des Baukörpers eingegangen werden, hervorgehoben sei nur, daß vor dem Lifteinbau ab den 80er Jahren des 19. Jahrhunderts die vertikale Differenzierung der Sozialstruktur in allen Mittelschichthäusern ausgeprägt war.

Nach oben hin nahmen die Raumhöhe, die Wohnungsgröße und der Sozialstatus der Bewohner ab. Diese vertikale Differenzierung läßt sich bereits bei den Patiohäusern im antiken Rom nachweisen. Der Aufzugseinbau hat in dieser Hinsicht revolutionierend gewirkt. Durch ihn ist bereits um die Jahrhundertwende eine „Gleichstellung" der oberen Stockwerke mit dem ersten und zweiten Stock erfolgt.

In der Gegenwart vollzieht sich mit der zunehmenden Entwertung der unteren Geschosse durch die Emissionen des Individualverkehrs eine *Umkehrung des vertikalen Sozialprofils der Mietshausverbauung*. Aufgrund der besseren Belichtung und der geringeren Lärmbelästigung, d. h. bedingt durch stadtökologische Parameter, ist in Zusammenhang mit dem Aufzugbau eine Aufwertung der oberen Geschosse in vollem Gange.

Im Stadtraum der europäischen Städte ist folgende *vertikale bausoziale Stratifizierung der Bevölkerung* im Entstehen, bei der zentrumsorientierte Unterschichtungs- und Überschichtungsphänomene zu verzeichnen sind:

1. Ausländische Zuwanderer mit niedrigem Einkommen invadieren das Erdgeschoß der Mietshäuser und nützen zum Teil leerstehende Lokale und Werkstätten als Wohnraum. Die „ethnische Unterschichtung" im Sozialaufbau wird auf den Stadtraum übertragen. Bei der Erhebung der Wohnverhältnisse der jugoslawischen Gastarbeiter im Jahr 1984 in Wien konnte festgestellt werden, daß rund die Hälfte der Gastarbeiter im Erdgeschoß wohnte und daß mit steigender Zahl von Gastarbeiterwohnungen in einem Haus eine Expansion in der vertikalen Dimension erfolgt, welche schließlich beim Überschreiten von 50% zu einer nahezu gleichmäßigen Verteilung auf sämtliche Stockwerke führt.

2. Für das „neue räumliche Überschichtungsphänomen" kann die *Ausbreitung der Penthousekonzeption* und damit der Ausbau des Dachgeschosses zu Wohnungen als Indikator aufgefaßt werden, zu dessen „fashionablem" Design Dachgärten zählen. Neue kapitalkräftige Bevölkerungsschichten, Manager und Angehörige der freien Berufe, stellen die Nachfrager. Es handelt sich zum Teil um das im Gefolge des metropolitanen Wachstumsschubs in den EU-Staaten verstärkt auftretende internationale Jet-set, eine neue, extrem mobile Citybevölkerung, welche die Penthouse-Apartments teilweise nur als „City-Zweitwohnungen" nutzt. Die Förderung von Dachbodenausbauten von seiten der Stadtplanung unterstützt diesen Prozeß. In Nordamerika kommt in jüngster Zeit die Privatwirtschaft in den Weltstädten diesem Trend beim Bau von Residential Towers entgegen.

3. In den mittleren Geschossen der Reihenmietshausverbauung verbleibt die ortsständige Bevölkerung vielfach nur mehr in „Arbeitswohnungen", welche aufgrund der Aufspaltung der Wohnfunktion im Wochenrhythmus mit den Freizeitwohnungen im metropolitanen Randbereich und im ländlichen Raum nur während der Arbeitswoche genutzt werden (vgl. unten).

3.6.10 Antisegregationsstrategien

Art und Ausmaß der Segregation sind entscheidend vom gesellschaftspolitischen System abhängig. Die Aussagen der sozialökologischen Theorie treffen grundsätzlich überall dort zu, wo kapitalistisch regulierte Systeme bestehen. Allerdings können deren Marktmechanismen die ethnische Dimension auch nicht erklären (!). Zum Verständnis der Ghettobildung der Afroamerikaner in den USA ist vielmehr die auf die Kolonialzeit zurückgehende Rassendiskriminierung maßgeblich. Ein Vergleich zwischen der nordamerikanischen und der lateinamerikanischen Stadtentwicklung demonstriert dies nachdrücklich. Die Rassenmischung in Lateinamerika hat ein „anthropologisches" Kontinuum zwischen Indianern und zugewanderten Europäern entstehen lassen; es gibt daher keine „Indianerghettos".

Die sozialen Wohlfahrtsstaaten Europas

In den sozialen Wohlfahrtsstaaten Europas ist, je nach den nationalen Wohnungsmarktstrategien, die Trennmarke zwischen den aus „sozialen Gründen" zu subventionierenden Bevölkerungsschichten und dem Teil der Bevölkerung, in dem sich Segregationsmechanismen nach kapitalistischen Prinzipien vollziehen, unterschiedlich hoch angesetzt. Antisegregationsstrategien sind auf den verschiedensten Ebenen zu verzeichnen

1. Auf der Ebene des einzelnen Haushalts sind vor allem die *Mietzuschüsse* zu erwähnen, welche bis zu einem bestimmten Einkommen ausgezahlt werden und Beziehern niedriger Einkommen gestatten, in „über ihrem ökonomischen Standard" gelegenem Milieu zu wohnen. *Wohnungsverbesserungskredite*, wie sie in Wien als Hilfsmaßnahme für die Mieter gewährt werden, gestatten es diesen, Investitionen zu tätigen, welche sie – entsprechend der Mieterschutzgesetzgebung – vom nachfolgenden Mieter wieder ersetzt bekommen können.

2. Damit ist bereits die *Mieterschutzgesetzgebung* angesprochen, welcher besonders starke Antisegregationstendenzen zugeschrieben werden können, und zwar aus zwei Gründen: Durch die Immobilisierung der Bevölkerung verzögert sich eine zügige Anpassung von aufsteigenden Gruppen hinsichtlich des Wohnraumstandards, während andererseits absteigende soziale Schichten in den Wohnungen verbleiben können, welche dem höheren Status im Berufsleben der vorangegangenen Generation entsprechen.

Aufgrund des Pseudoeigentumsdenkens und der Unterdrückung kapitalistischer Intentionen von seiten der Hausbesitzer fehlen alle „Fluchtreaktionen", welche für eine zügige Sukzession von sozialen Gruppen, ebenso aber auch für eine Segregation von marginalen Bevölkerungsgruppen unabdingbar notwendig sind. Private Kapitalgeber verloren durch die Mieterschutzgesetzgebung jegliches Interesse, in den Mietshausbau zu investieren. Eine starke *staatliche Wohnbauförderung* und damit ein bedeutender öffentlicher Wohnungsbau mußten daher in zahlreichen europäischen Staaten an ihre Stelle treten. Bei der Einweisungsstrategie kommen neben „sozialen" Kriterien, d. h. der Einkommenshöhe, auch demographische Kriterien, wie die Bevorzugung von Familien, zum Tragen.

3. Auf der Ebene der Stadtteile ist die "*Wahlgeometrie*", welche oft die Standortpolitik von kommunalen Wohnbauten bestimmt, zu erwähnen. Sie stellt ebenfalls ein Mittel der Integration von Bevölkerungsschichten dar, indem sie zumeist Bevölkerungsgruppen mit „Affinität zur Sozialdemokratie" in konservative Bezirke bringt.

4. Schließlich ist noch die *Strukturierung der Wohnbauten* und -anlagen selbst ins Treffen zu führen, bei der mittels Mengung verschiedener Wohnungsgrößen mit unterschiedlicher Wohnqualität versucht wird, der sozialen Segregation entgegenzuwirken und eine „soziale Mischung“ der Bevölkerung zu erzeugen.

5. Außer den direkten und indirekten Maßnahmen auf dem Wohnungsmarkt ist jedoch das gesamte Paket der Sozialpolitik ein Instrument zum Abbau großer sozialer und damit auch räumlicher Disparitäten, und je nach dem Umfang der Umverteilung von einkommensstärkeren zu einkommensschwächeren Bevölkerungsgruppen, d. h. den Sozialausgaben des Staates insgesamt (vgl. Kap. 6.2), werden Antisegregationstendenzen wirksam.

4 Prozesse der Stadtentwicklung

4.1 Überblick

Wachtumsmodelle beherrschen das Denken der Politiker und Ökonomen, Wachstum von Städten und Metropolen wird von der Stadtforschung thematisiert. Durch das Wachstum auf allen Gebieten von Wissen, Technologie und Kapital verkürzt sich die Lebensdauer nahezu aller materiellen und immateriellen Kategorien unaufhaltsam. Überträgt man diese Aussage auf die materielle Struktur von Städten, so bedeutet sie eine Verkürzung der Lebenserwartung sämtlicher physischer Strukturen.

Die erste Frage lautet: Was sind die Konsequenzen der abnehmenden Lebenserwartung der gebauten Kubatur der Stadt, wenn gleichzeitig die Lebenserwartung der Bevölkerung kontinuierlich ansteigt?

Die zweite Frage schließt an: Im Gefolge des Wachstums von Städten und Stadtregionen haben sich die Proportionen zwischen der Neuaufschließung von städtischen Flächen und der Errichtung neuer Gebäude sowie die Erneuerung bzw. Adaptierung des bereits bestehenden Baukörpers zugunsten des ersteren verschoben, ausgedehnte Verfallserscheinungen im älteren Stadtkörper sind die Folge. Mittels eines dualen Zyklusmodells von Stadtverfall und Stadterneuerung wird dieses grundsätzliche Problem in einen Erklärungsrahmen gestellt.

Die dritte Frage zielt auf die politökonomische Differenzierung der Stadtentwicklung durch die Effekte von Staat und Markt. Aufgrund des gegenwärtigen Rückbaus des Aufgabenbereichs des Staates in den sozialen Wohlfahrtsstaaten und der Transformation vom Plan zum Markt in den postsozialistischen Staaten stehen die Effekte der Resegmentierung des Immobilien-, Wohnungs- und Arbeitsmarktes auf das intrametropolitane System zur Erklärung an. Die Polarisierungsthese der angelsächsischen Metropolenforschung bietet den Ausgangspunkt der Darstellung.

4.2 Lebenserwartung der physischen Struktur der Stadt versus Lebenserwartung der Gesellschaft

4.2.1 Zum Recyclingproblem der gebauten Kubatur

Das Recyclingproblem von materiellen Substanzen ist in den westlichen Konsumgesellschaften bisher auf die ordnungsgemäße Beseitigung und Wiederverwertung des Haushaltsmülls und sonstiger Abfallstoffe zentriert, und wird im ersteren Fall über

Erziehungsprogramme zum internalisierten Verhalten des ordentlichen Staats- und Stadtbürgers ausstilisiert und als Aufgabe institutioneller staatlicher Obsorge und neuen Einrichtungen der Wirtschaft übertragen. Über den Problemlösungen für die Alltagswelt werden gesamtstädtische Probleme negiert.

Auch das „physische Anlagevermögen der Stadt“ unterliegt einem Alterungsprozeß und bedarf der Erneuerung, wobei die einzelnen Bestandteile eine sehr unterschiedliche Lebensdauer besitzen. Die Grundrißstrukturen der Straßen und Baublöcke zählen zu den zumeist außerordentlich langlebigen Elementen, Bauobjekte zu den Elementen mit sehr variabler Lebensdauer, Wirtschaftsbetriebe zu den relativ kurzlebigen Elementen.

Die Notwendigkeit eines „Recyclings“ aller Elemente der physischen Struktur von Städten ist keineswegs erst ein Phänomen der Gegenwart, Umbau und Neubau von Städten und Stadtteilen bilden vielmehr einen Teil der Geschichte der Stadtentwicklung und des Städtebaus. Der aktuelle Bedarf an Umbau und Erneuerung von Städten, der die politischen Systeme der westlichen Welt umgreift, entsteht jedoch aus den aus dem Gleichgewicht geratenen Proportionen zwischen dem Wachstum der Städte und ihrer Erneuerung. Eine raschere „Alterung“ der Bausubstanz erfolgt

- vor allem dort, wo hohe Neubauraten, wie in den USA, den Wohnbaubestand bei dem gegenwärtigen Bautempo in 40 Jahren reproduzieren, und
- wo mittels Fertigteil- und Montageverfahren industrielle Produkte auf den Markt kommen, deren Renovierung und Adaptierung teuer und vielfach sogar unmöglich ist.

Ein neues immanentes Problem tut sich auf: Als Pendant zum Wachstum aller städtischen Flächennutzungen erfassen ausgedehnte Verfallserscheinungen weite Bereiche der materiellen städtischen Struktur. Die derzeitigen institutionellen Instrumente städtischer Behörden greifen nicht mehr, um das vielschichtige Problem organisatorisch zu steuern und seine Lösung zu finanzieren. Es fehlt die Einsicht, daß die Aufschließungs- und Neubauraten von heute die Recylingraten der Stadtentwicklung von morgen bedeuten. Eine neue Sicht der Planung ist erforderlich, eine neue Sicht des Stadtbewohners notwendig.

4.2.2 Die Transition vom Wandel im baulichen Gehäuse zum Recycling der gebauten Kubatur

Beim gegenwärtigen Tempo der Rotation des „Anlagevermögens“, welches technische Infrastruktur, Wohn-, Industrie- und Bürobauten umfaßt, verliert das bauliche Gehäuse von Städten seine stabilisierende Funktion in der Generationenfolge der städtischen Gesellschaft. Das Verhältnis zwischen städtischer Entwicklung und gesellschaftlicher Entwicklung hat sich, ohne explizit von den Entscheidungsträgern wahrgenommen zu werden, geändert. Galt bis in die Nachkriegszeit die für allgemeingültig gehaltene Regel, daß die Lebenserwartung der gebauten Kubatur von Städten länger ist als die Lebenserwartung der darin wohnenden städtischen Bevölkerung, womit der Wandel eben dieser städtischen Gesellschaft im baulichen Gehäuse als Forschungsfrage thematisiert werden mußte, so hat diese Regel inzwischen ihre

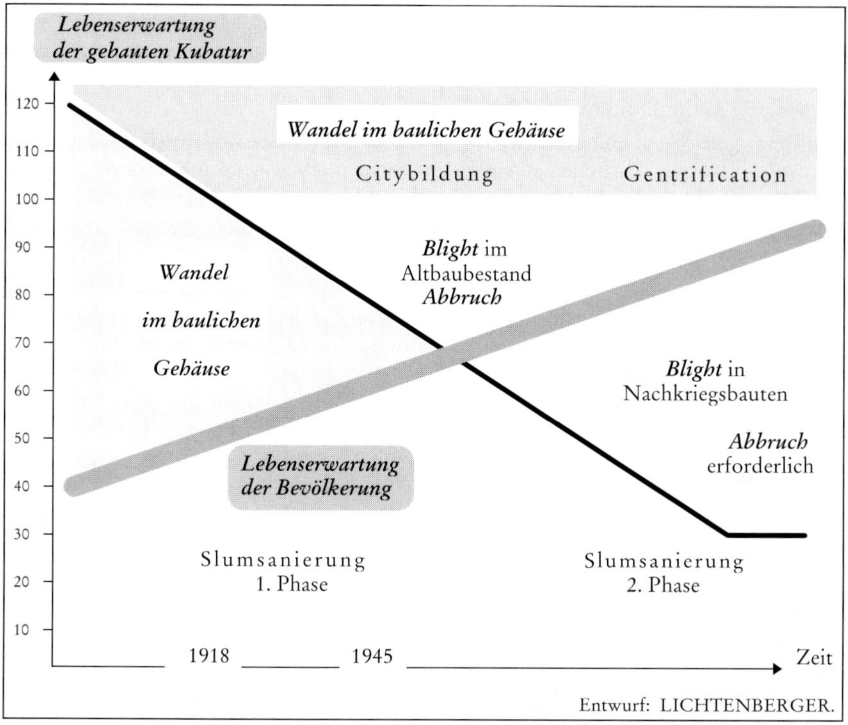

Abb. 4.1: Lebenserwartung der Bevölkerung versus Lebenserwartung der gebauten Kubatur

Allgemeingültigkeit verloren. Damit reduziert sich auch der Erklärungswert der in die sozialökologische Theorie integrierten Filtering-down-Konzeption, welche einen Baubestand voraussetzt, dessen Lebensdauer lang genug ist, um ein Abwohnen in der Abfolge von Kohorten zu ermöglichen.

Die Entwicklung der Nachkriegszeit lehrt uns, daß sich durch die Verlängerung der Lebenserwartung der Bevölkerung zwei Kurven überschneiden, und zwar die Kurve der abnehmenden Lebenserwartung der einzelnen Bestandteile der physischen Struktur von Städten aufgrund der oben beschriebenen Verkürzung der Verfallszeiten materieller Substanz und die Kurve der zunehmenden Lebenserwartung der städtischen Bevölkerung (vgl. Abb. 4.1).

Die Schnittstelle beider Kurven ist als ein Wendepunkt im Verhältnis von Stadtentwicklung und Bevölkerungsentwicklung aufzufassen. Es geht damit die Periode des Wandels im baulichen Gehäuse der Stadt zu Ende, die Periode des Recyclings der gebauten Kubatur innerhalb der Lebenszeit der Gesellschaft beginnt.

Der Eintritt dieses Wendepunkts in der Stadtentwicklung hängt von einer Reihe von Einflußgrößen ab. Genannt seien:

- die Normen des Städtebaus und der Stadtplanung,
- die Bauqualität, das gewählte Baumaterial und die Bautechnologie der gebauten Kubatur und
- deren sozioökonomisches Sukzessionspotential.

Ein derartiger Wendepunkt wird grundsätzlich infolge des Bodenpreisgradienten in den verschiedenen Stadtteilen zu einem unterschiedlichen Zeitpunkt erreicht. Die Lebenserwartung von Bauobjekten und Baugebieten ist dabei von der Position zur Zeit der Errichtung auf dem Bodenpreisgradienten ebenso abhängig wie vom „rent gap", welcher zur Zeit des Wendepunkts in dem betreffenden Areal aufgrund der Nachfrage lukrierbar ist.

Nach diesem Einschub zurück zur Thematik des Wandels im baulichen Gehäuse. Eine allgemeine Aussage sei vorangestellt: Je höher die Qualität in Bauweise und Baumaterialien der gebauten Kubatur ist, umso höher ist bei Wohnbauten die Lebenserwartung und umso größer das Potential des Wandels. Folgende Vorgänge können in qualitativ hochwertigen Wohnbauten (Mietshäusern oder Villen) stattfinden:

- Umwandlung von Wohnungen in Büros, d.h. Vorgänge der Citybildung oder
- Wohnungsteilungen im Gefolge eines Filtering-down-Vorganges.
- Zu einem späteren Zeitpunkt können jedoch diese Wohnungsteilungen durch Wohnungszusammenlegungen unter dem Vorzeichen einer Gentrification wieder rückgängig gemacht werden.

In Nichtwohnobjekten kann es zur Wohnnachnutzung, und zwar einerseits in Richtung auf eine Gentrification und andererseits in Richtung auf eine Substandardwohnnutzung kommen. Bei solide gebauten Unterschichtswohnhäusern kann ebenfalls bei entsprechender Nachfrage eine Wohnungszusammenlegung erfolgen.

Sobald die Lebenserwartung der Bauten kürzer wird als die Lebenserwartung der Bevölkerung, entsteht die Notwendigkeit des Recyclings der gebauten Kubatur und einer Nachnutzung der Flächen. Nun gab es in der Stadtgeschichte immer eine „billige" Bauweise für Grundschichten der Bevölkerung. Die entsprechenden Objekte besaßen kaum ein Sukzessionspotential und wurden daher stets früher abgebrochen als die gleichaltrigen, jedoch solide gebauten Objekte. Erste massenhafte Vertreter dieses Typus sind die Back-to-back-Häuser der britischen Städte für die Grundschichten des Industriezeitalters gewesen, welche in einer 1. Slumsanierungsphase schon in der Zwischenkriegszeit beseitigt worden sind. In eine ähnliche Kategorie gehören die Tenement-Strukturen der Kernstädte in den früh industrialisierten Großstädten der USA im unmittelbaren Downtown-Bereich, welche inzwischen flächenhaft abgerissen werden, wobei häufig keine Nachnutzung der Flächen erfolgt. In den europäischen Großstädten ist man dabei, mit dem Abbruch der Wohnblöcke der 60er Jahre zu beginnen.

Die bange Schlußfolgerung lautet: Geht es heute beim „Wandel im baulichen Gehäuse" auch in Europa nur mehr um den Bestand des 19. Jahrhunderts und der ersten Hälfte des 20. Jahrhundert und rücken immer größere Baumassen nunmehr viel früher als zu Beginn des Jahrhunderts in die Abbruchsphase ein? Wird überhaupt noch, außer im öffentlichen Monumentalbau, Baubestand erzeugt, welcher länger halten soll als eine Generation? Eine generelle Antwort auf diese Fragen ist nicht möglich. Hingewiesen sei jedoch darauf, daß aufgrund der in der Nachkriegszeit gestiegenen

Bildungschancen und des generellen Wohlstands die Mitglieder der postindustriellen Stadtgesellschaften Europas zu einem guten Teil in der Lage sind, mit ihrer Lebensarbeitszeit die bauliche Umwelt zu kreieren, die ihren Vorstellungen entspricht und sich aus den räumlichen Herkunftsmilieus zu lösen. Damit verliert eine der wichtigsten Institutionen der bürgerlichen Gesellschaft, der intergenerationale Transfer von Haus- und Grundbesitz, seinen Stellenwert als retardierendes Element der sozialen und räumlichen Mobilität. Die Konsequenzen dieser Entwicklung hinsichtlich der enormen Steigerung der Mobilität der Bevölkerung und der immer rascheren Produktion von neuen physischen Standorten in einem sich erweiternden „städtischen Feld“ können bereits in Nordamerika studiert werden. Es kommt zur Produktion von „standardisierten territorialen Umwelten“, welche die Friktionen der hohen räumlichen Mobilität einer „pseudo-urbanen“ Gesellschaft weitgehend eliminieren und diese „Produkte“, sobald sie „out-moded“ bzw. out-dated“ sind, als „ghost-towns“ oder „urbane Wüstungen“ zurücklassen.

4.3. Ein duales Zyklusmodell der Stadtentwicklung zur Erklärung von Stadtverfall, Stadterneuerung und Stadterweiterung

4.3.1 Begrifflicher Exkurs

Drei Begriffe stehen zur Erklärung an: Stadtverfall, Stadterneuerung und Stadterweiterung. Während der Begriff des Stadtverfalls die Gesamtheit der physischen Struktur von Städten und vielfach auch die Organisationsformen von Gesellschaft und Wirtschaft einschließt, wird der Begriff Stadterneuerung in erster Line für die ordnungspolitischen Maßnahmen der öffentlichen Hand unter Bezug auf die physische Struktur des Stadtraumes verwendet, bei denen allerdings in der westlichen Welt eine Public-Private-Partnership vielfach die Regel ist und kommerzielle Stadterneuerung in Stadtentwicklungspläne integriert wird, während in den ehemaligen Comecon-Staaten Stadterneuerung von staatlichen Stellen „angeordnet“ und „durchgeführt“ wurde. Der Begriff Stadterweiterung wird nur im deutschen Sprachraum verwendet. Seine ursprüngliche Bedeutung als administrative Erweiterung der Stadt wurde verändert, und zwar im Sinne einer peripheren Erweiterung des Baukörpers innerhalb des Stadtgebietes.

Stadtverfall

Der schockierende Begriff des *Stadtverfalls* wird hier nicht im Sinne des Niederganges und Verfalls von historischen Stadtkulturen verwendet, sondern mit der aktuellen Stadtentwicklung in Beziehung gesetzt. Der Verfall von Städten gehört zu den die politischen Systeme übergreifenden Erscheinungen in der westlichen Welt. Er ist weitgehend unabhängig vom Wohlstandsniveau der Staaten. Auch in den Staaten des ehemaligen Staatskapitalismus sind in allen Kernstädten ausgedehnte Verfallsgebiete entstanden. Die amtlichen Daten hierfür sind weltweit völlig unzureichend. Selbst in den USA, wo Verfall der Wohnbausubstanz und Slumbildung flächenhaft die Mehrzahl der Metropolitan Areas bestimmen, ist ein einziges Mal, nämlich 1950, eine offizielle Erhebung durchgeführt worden. Seither liegen nur Schätzungen vor.

In den Städten der westlichen Welt ist der Stadtverfall vielfach ein Ergebnis der Tatsache, daß es einer im Vergleich zur Vergangenheit wirtschaftskräftigeren und überdies verkehrsmäßig mobileren Gesellschaft sehr viel rascher möglich ist, sich von den historischen Besitzstrukturen zu lösen, historische Leitbilder der Stadt aufzugeben und schließlich die Stadt zu verlassen, so daß hier zuerst ein *Bodenpreiskrater* und schließlich ein *sozialer Krater* entstehen.

Die „Unüberschaubarkeit" und „Unwirtlichkeit" der großen Städte hat auch bei den politischen Entscheidungsträgern selbst häufig den Rückzug auf eine „antiurbane Haltung" ausgelöst. Vor allem in der englischen Literatur besteht eine gewisse Vorliebe für ein *antiurbanes Präferenzmodell*, welches die Umweltbelastung und die allgemeine Streßsituation des Lebens in den Städten ins Treffen führt und mit der „natürlichen" Vorliebe der Bevölkerung für kleine Siedlungen und „naturnahes" Wohnen operiert. Der Stadtverfall wird somit als das negative Pendant zum Prozeß der Entstädterung, der Deurbanisierung, aufgefaßt.

Eine *standorttheoretische Erklärung* begründet das Auftreten eines Bodenpreiskraters in den inneren Stadtteilen als Ergebnis der sinkenden Bodenpreise und Renditen. Die Baustatistiken dokumentieren hierzu, daß die Abbruchsraten in den Städten im Vergleich zur Neubautätigkeit unzureichend sind. Aufgrund geänderter Bautechnologien befindet sich die großflächige Neuaufschließung am Außenrand der Städte dank industrieller Baufertigteile und Montagestraßen in der Zeit-Kosten-Mühe-Relation in ökonomischem Vorteil gegenüber dem Umbau und Neubau auf Einzelparzellen im Altbaubestand. Fehlende Reinvestitionen führen zum Verfall.

Der aktuelle Stadtverfall ist somit in der gesamten westlichen Welt und auch im Osten Europas dadurch gekennzeichnet, daß die Balance zwischen der Stadterweiterung und der Stadterneuerung zugunsten der ersteren verlorengegangen ist, wobei es einerseits ökonomische und andererseits politisch-ideologische Gründe sind, welche für den Stadtverfall verantwortlich zeichnen (vgl. unten).

In der englischen Literatur bestehen mehrere Begriffe neben dem Begriff „urban decay", der am ehesten mit „Stadtverfall" gleichzusetzen ist. Genannt seien „urban decline", „urban crisis" und „urban blight": Ihre Palette spiegelt die Facetten der Erscheinungen, welche von den verschiedenen städtischen Determinanten beeinflußt werden:

- Der Begriff *urban decay* ist unscharf und subsumiert soziale, ökonomische und städtebauliche Verfalls- und Krisensymptome. Er umfaßt ebenso die im materiellen Raum verankerten Phänomene von fehlenden Investitionen, wie die Schwierigkeiten der Instandhaltung von Infrastruktureinrichtungen aufgrund von zu niedrigen Steuereinnahmen, die Probleme der Sicherheit und Ordnung im öffentlichen Raum, die Bekämpfung von Obdachlosigkeit, Kriminalität, Bandenwesen und die Marginalisierung von Bevölkerungsgruppen.
- Der Begriff *urban decline* ist aus der Feststellung entstanden, daß Bevölkerung und Arbeitsplätze aus den Kernstädten in das Umland abwandern. In einer Zeit der allgemeinen Wachstumseuphorie mußte eine solche Abwanderung notwendigerweise negativ interpretiert werden.

• Der Ausdruck *urban crisis* ist im Hinblick auf den Aussagegehalt am unschärfsten. Er umschließt alle ideologischen Grundsatzfragen und spiegelt eine „Krisenstimmung“, die gleichsam ausweglos ist und, gegen die Unwirtlichkeit der Städte reflektierend, die Stadt als Lebensumwelt einer postmodernen Gesellschaft in Frage stellt.

• Mit der Mikroebene von physischen Strukturen und analytischer empirischer Forschung ist der Begriff *urban blight*, d. h. ursprünglich Pilzbefall, verknüpft. Blightphänomene können verschiedene Objekte, Wohnbauten, Industriebauten, Geschäftslokale usw. erfassen. Dementsprechend sind in der Literatur auch die Begriffe Residential Blight, Industrial Blight und Commercial Blight gebräuchlich. Mehrere Erklärungen stehen zur Erklärung von Blight zur Verfügung. Bei physischem Blight handelt es sich um natürliche Alterungserscheinungen der Bausubstanz, physischer Blight ist somit als eine Funktion des Baualters und der Bauqualität zu definieren, woraus sich in Abhängigkeit von städtebaulicher Tradition und Investitionen der Vergangenheit beachtliche Unterschiede im Hinblick auf die „Lebenserwartung“ von physischen Strukturen und die „Abbruchwahrscheinlichkeit“ ergeben. Die Erklärung des *Altersblight* in der oben gebotenen schlichten Form reicht jedoch nicht aus, es wird damit nur die maximale Lebenserwartung umschrieben. Diese wird jedoch von zwei Seiten aus verkürzt, und zwar

• erstens durch den *ökonomischen Blight*, der durch Verringerung der Nachfrage nach bestimmter baulicher Struktur entsteht, so daß deren ökonomischer Wert = Marktpreis sinkt und

• zweitens durch den *Umweltblight*, d.h. externe Effekte der ökologischen Belastung des Systems Stadt durch Verkehr, Emissionen usw. Diese reduzieren die Umweltqualität und damit die Bestandsdauer von Einzelobjekten und Stadtvierteln.

• Umweltdeterminismus ist ein Grundaxiom der sozialökologischen Theorie, wonach aus physischem und funktionellem Blight *sozialer Blight* resultiert, d.h. diskriminierte oder einkommensschwache Gruppen dringen in die Verfallsgebiete ein. Identität von physischem Verfall und sozialer Marginalisierung erhält danach die Rangordnung eines unausweichlichen „Gesetzes“: Die Polarisierungsthese von gesellschaftlicher und stadträumlicher Entwicklung in der Metropolenforschung beruht darauf und ist in Staaten mit kapitalistischem Regime zu akzeptieren. Eine Durchbrechung dieses auf marktwirtschaftlichen Prämissen beruhenden Determinismus ist nur möglich durch die Instrumente des sozialen Wohlfahrtsstaates, der bereit ist, räumliche und soziale Disparitäten durch gesellschaftspolitische Maßnahmen auf allen räumlichen Ebenen des staatlichen Systems auszugleichen, alle Register von Restriktionen spielen zu lassen und hierfür staatliche Mittel einzusetzen. Ordnungsmaßnahmen im baulichen Gehäuse von Städten können hierbei aufgrund der verhältnismäßig langen Planungs- und Bestandsdauer von Stadterneuerung nur ein Instrument im Instrumentenkatalog für eine effiziente Stadterneuerung darstellen (vgl. unten).

Stadterneuerung

Es zählt zu den Paradoxa, daß nirgends so früh und so viel über Stadterneuerung wissenschaftlich gearbeitet und publiziert wurde wie in den USA, in denen andererseits die Ordnungsmaßnahmen der öffentlichen Hand aufgrund der sozialdarwinistischen Basisideologie der Politik und der tragenden Mittelschichten nur von sehr geringem

Erfolg begleitet waren (LICHTENBERGER 1975). Aus dem Vergleich der Stadterneuerung in den USA und in Europa seien aus den zahlreichen Fallstudien jene Aussagen herausgefiltert, welche, über politische Systeme hinweggreifend, für die Konzeption und Durchführung von Stadterneuerung allgemeine Gültigkeit beanspruchen können.

Schon in den 30er Jahren sondern sich zwei ***Modelle der Stadterneuerung*** voneinander:

1. Die Vertreter der Wirtschaft kreierten ein ökonomisches Modell und betrachteten die Stadterneuerung als eine Intervention des Staates in einem privaten Markt. Diese erschien ihnen gerechtfertigt, da damit Unzulänglichkeiten im Marktmechanismus beseitigt werden.

2. Die Vertreter des sozialen Wohlfahrtskonzeptes sahen dagegen in den steigenden sozialen Disparitäten, von denen die unteren Bevölkerungsschichten besonders betroffen waren, die Notwendigkeit für die Intervention der öffentlichen Hand im städtischen System. Unter ihnen überwogen zuerst die Umweltdeterministen, welche mit der Beseitigung der Slums glaubten, auch deren Probleme beseitigen zu können, während in jüngerer Zeit sich die Auffassung durchgesetzt hat, daß gesellschaftliche Probleme der Marginalisierung und Desorganisation nicht durch städtebauliche Maßnahmen allein beseitigt werden können.

Probleme der Umsetzung der Stadterneuerung in die Praxis

Die Umsetzung von staatlich initiierten Stadterneuerungsmodellen in die Praxis hat zahlreiche Probleme gebracht, welche in den USA und später in den europäischen Staaten durch eine umfangreiche Literatur belegt werden.

1. Stadterneuerung verblieb vielfach auf dem Experimentierfeld und erzeugte „solitäre Herzeigmodelle“, welche nur wenig Folgewirkung haben konnten. Unabhängig davon enthält die Wahl eines Erneuerungsgebietes überall eine opportunistische Komponente; es wird nicht das am schwersten vom Verfall betroffene Gebiet ausgewählt, sondern jenes, in dem sich aufgrund der vorhandenen Struktur rasch mit nicht zu hohem Einsatz an Mitteln ein großer Erfolg gegenüber der Öffentlichkeit demonstrieren läßt. Die Einbeziehung von öffentlichen Einrichtungen in die Berechnung der Nettokosten ermutigt die Stadtbehörden, Gebiete auszuweisen, in welchen derartige Einrichtungen schon vorhanden bzw. geplant sind.

2. Die Kurzfristigkeit der Zielsetzungen, diktiert durch lokale politische Klientelen, stellte langfristige Überlegungen hintan und ließ eine Ansammlung von Projekten ohne übergeordnete Strategie entstehen. Wenn Marktinteressen nicht auszuschließen sind, hat die Erneuerung von Gebieten mit großem Potential des Bodenmarktes Vorrang, ebenso wie Interessen spezifischer Klientelen.

3. Bei fehlender zentralistischer Organisation und Dominanz von Lokalbehörden erfolgte eine Zersplitterung der Programme bei gleichzeitigem Anwachsen der Zahl der Fonds. Einzelne Programme unterliegen jeweils bestimmten Vorschriften, so daß es häufig ausgeschlossen ist, mehrere Programme zu koordinieren, da eine sachliche und räumliche Zweckbindung in der Verwendung finanzieller Mittel besteht. In den Zielsetzungen diversifizierte, in der Durchführung unelastische Maßnahmen erzeugen ein im großen und ganzen zufälliges Muster von Erneuerungsvierteln. Die hete-

rogenen Zielsetzungen der Lokalbehörden bewirken unterschiedliche Auswirkungen von staatlichen Gesetzen.

4. Aufgrund der sehr schwerfälligen Prozedur, welche selbst in den USA einem Projekt etwa 300 Schritte vorschreibt, kommt es zu einer Verzögerung bei der Durchführung der Projekte. Es dauert daher in der Regel drei Jahre, bis ein Projekt überhaupt akzeptiert wird und insgesamt 10 Jahre bis seine Fertigstellung erfolgt. Diese außerordentlich schleppende Bautätigkeit steht in größtem Gegensatz zu den Vorgängen auf dem freien Markt, wo privat finanzierte Großbauvorhaben termingebunden sehr rasch fertiggestellt werden.

5. Die lange Wartefrist bis zur Inangriffnahme eines Vorhabens hat das Phänomen von „planners blight" hervorgerufen. Es setzt im Augenblick der Bekanntgabe des Erneuerungsprojektes ein und währt bis zum Beginn der Demolierung. In der Zwischenzeit verfällt das desolate Viertel rasch weiter. Die lange Dauer der Durchführung erhöht ferner die Kosten infolge Inflation, Zinsen und Zinseszinsen enorm, entmutigt daher private Investoren und bringt die öffentliche Meinung gegen derartige Projekte auf.

6. Ökonomische Engpässe zählten zu den systemübergreifenden immanenten Problemen der Stadterneuerung. Die Aufbringung der Mittel erfolgt aus dem öffentlichen Budget, Subventionsanträge stehen daher in Konkurrenz mit anderen Wohnbauförderungsmitteln.

7. Die Umsiedlung der Bevölkerung als Vorbedingung für die bauliche Erneuerung zählt zu den schwierigen und letztlich ungelösten Problemen. Grundsätzlich geht es nämlich um die Umsiedlung einer mit geringen Eigenmitteln ausgestatteten und vielfach sozial marginalen Bevölkerung. Umfangreiche Studien haben sich mit den daraus resultierenden sozialen Konflikten und organisatorischen Problemen beschäftigt.

8. Die städtebaulichen Lösungen sind vielfältig. Im Falle der Reihenmietshausverbauung wäre aufgrund von privatwirtschaftlichen Kalkülen bei der Neuverbauung eine zunehmende Geschoßflächenzahl notwendig, um die höheren Kosten des Umbaues gegenüber dem Neubau auf grüner Wiese decken zu können. Ein Ausweichen an den Rand der geschlossenen Verbauung mit noch niedrigerer Bauhöhe infolge geringerer Geschoßzahl führt zu dem Phänomen eines Aufrollens der Stadterneuerung von den Rändern her, da nur hier wesentlich mehr Kubatur durch die Neuverbauung geschaffen werden kann. Vom Zentrum der Stadt aus besteht einerseits die Möglichkeit der Ausweitung des Bürosektors und der Umwidmung von Wohnungen in Büros und andererseits die Möglichkeit mittels Gentrification die durch die Erneuerung beachtlich erhöhten Mieten pro qm abzufangen. Das immanente Problem, daß die Mieten bei Erneuerung erhöht werden müssen, belastet alle mit der Ideologie des sozialen Disparitätenausgleichs ausgestatteten Erneuerungsprogamme, bei denen gut ausgestattete Wohnungen für die Grundschichten der Bevölkerung geschaffen werden sollen. Eine Finanzierung ist in diesen Fällen nur über strikt dem sozialen Wohlfahrtsprinzip verpflichtete staatliche Subventionen möglich.

Während der Begriff des Stadtverfalls im deutschen und englischen Sprachraum die Gesamtheit der physischen Struktur von Städten und vielfach auch die Organisationsformen von Gesellschaft und Wirtschaft einschließt, unterscheidet sich davon die

Semantik des Begriffes ***Stadterneuerung***, welcher in erster Linie die ordnungspolitischen Maßnahmen der öffentlichen Hand unter Bezug auf die physische Struktur des Stadtraumes umfaßt. Auf die Unterschiede zwischen dem deutschen und dem englischen Sprachraum wird unten eingegangen.

Zum Unterschied von den Begriffen Stadtverfall und Stadterneuerung, welche trotz der Vielfalt der Rahmenbedingungen international transferierbar sind, handelt es sich beim Begriff *Stadterweiterung* um einen kulturspezifischen Ausdruck.
Er entstand im deutschen Sprachraum im 19. Jahrhundert im Zusammenhang mit der administrativen Erweiterung von Städten im Zuge der Entfestigung der Altstädte, wobei außerhalb derselben gelegene Vorstädte eingemeindet wurden.

Des öfteren bezeichnete man damit auch nur das auf dem ehemaligen Befestigungsgelände entstandene bebaute und unverbaute Areal.

In der Nachkriegszeit ist ein Begriffswandel erfolgt.

Der Begriff Stadterweiterung wird nunmehr in der Planungsliteratur für die Neuanlage von städtischen Siedlungen und Einrichtungen im Anschluß an den älteren Baukörper der Stadt verwendet, soweit diese auf dem Stadtgebiet selbst erfolgt.

Er bezeichnet somit die „bauliche Stadterweiterung" auf dem administrativen Areal einer Stadt. Voraussetzung für diese sind eine vorauseilende Eingemeindungspolitik des Staates und die Schaffung ausgedehnter Baulandreserven (zahlreiche Ostblockstaaten, Bundesrepublik Deutschland, Österreich).

In Staaten mit einer Versteinerung historischer Stadtgrenzen infolge lange andauernder restriktiver Eingemeindungspolitik (Extrembeispiele: Frankreich, Belgien, USA) müssen derartige Neuentwicklungen bereits außerhalb der Stadtgrenze erfolgen.

4.3.2 Ein duales Zyklusmodell der Stadtentwicklung

Die Zyklustheorie stammt aus der Evolutionslehre. In den Wirtschaftswissenschaften verwendet man die Konzeption von Produktionszyklen zur Erklärung der Industrieentwicklung, in der Fremdenverkehrswissenschaft werden Produktionsstile des Freizeitverhaltens als Interpretationshorizont herangezogen. Der Ablauf von technologischen Prozessen und selbst von wissenschaftlichen Paradigmen kann ebenfalls in einer zyklustheoretischen Sichtweise erklärt werden.

Im folgenden Modell wird das heuristische Prinzip des Produktzyklus für die Sachthematik des Produktionsprozesses der städtischen Bausubstanz verwendet. *Dabei wird vom Dachbegriff der Stadtentwicklung ausgegangen und dieser in zwei komplementäre Prozesse, Stadterweiterung und Stadterneuerung, aufgespalten. Der Stadtverfall wird als eine resultierende Größe aus dem Time-lag zwischen beiden Vorgängen erklärt* (vgl. Abb. 4.2).

Der Gedankenkette liegen folgende Thesen zugrunde:

1. *Stadtentwicklung ist ein zweigliedriger Produktzyklusprozeß von Stadterweiterung und Stadterneuerung*, bei dem ein ausgewogenes Verhältnis notwendig ist, um ein wachsendes Stadtsystem zu stabilisieren.

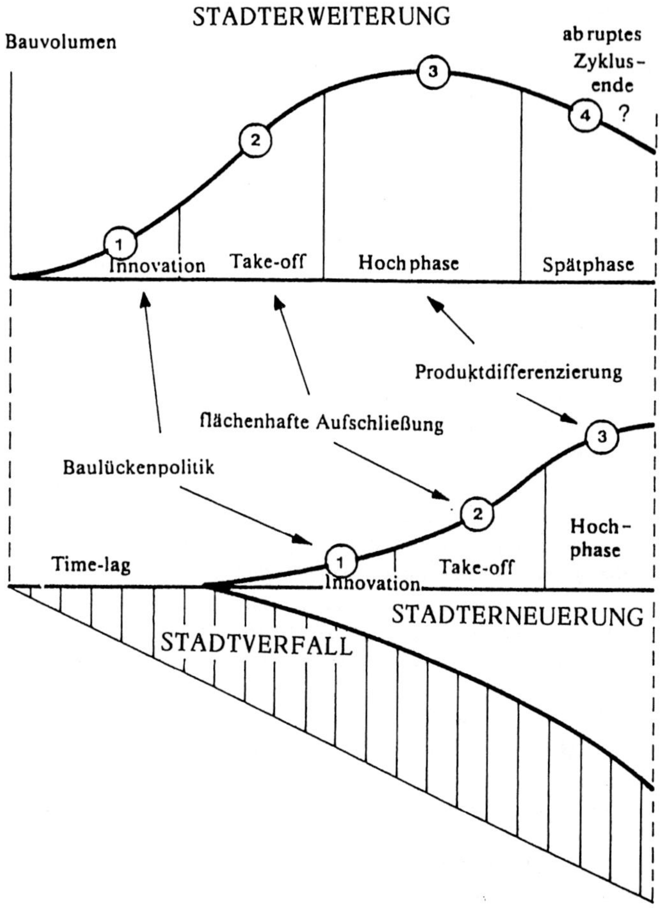

LICHTENBERGER 1990b, S. 120.

Abb. 4.2: Duales Zyklusmodell der Stadtentwicklung

2. *Stadterweiterung und Stadterneuerung sind komplementäre Prozesse*, d.h. einander ergänzende räumliche Glieder eines dynamischen Stadtsystems. Das bedeutet in weiterer Konsequenz, daß die bei der Stadterweiterung nicht berücksichtigten Elemente des städtischen Systems bei der Stadterneuerung berücksichtigt werden müssen. Sollte dies nicht der Fall sein, so sind tiefgreifende Veränderungseffekte auf das Gesamtsystem die unabdingbare Konsequenz. Hierzu ein konkretes Beispiel: Die im Zuge der Stadterweiterung geschaffenen Strukturen sind im Hinblick auf das Sozial-

und Wirtschaftssystem gleichsam systemkonform. Ihre Verwendung als städtebauliches Instrument der Stadterneuerung akzentuiert daher mit Notwendigkeit die Verdrängung der im jeweils älteren Stadtraum angesiedelten Bevölkerungsgruppen und betrieblichen Strukturen. Dieses Dilemma der Stadterneuerung ist vor allem in den Staaten mit einer umfassenden Erfahrung in der Stadterneuerung, wie in Großbritannien, in einer umfangreichen Literatur belegt. Vor diesem immanenten Problem stehen auch alle aktuellen Stadterneuerungsvorhaben.

3. *Der Produktzyklus gliedert sich in vier Phasen*:

- Die *Innovationsphase* ist im wesentlichen traditionellen Standortprinzipien in der Verortung baulicher Strukturen verhaftet. Neue Formgebungen werden „experimentmäßig“ vorgenommen.
- Die *Take-off-Phase* ist gekennzeichnet durch eine Standardisierung des Designs und neue Formen der Aufschließung.
- Die *Hochphase* ist durch eine Produktdifferenzierung gekennzeichnet, welche alle Teile des städtischen Systems umfaßt.
- In der *Spätphase* wird die Wachstumsgrenze des städtischen Systems erreicht.

4. *Ein neuer Stadtentwicklungszyklus wird durch einen politischen Systemwechsel bzw. erstrangige technische Innovationen eingeleitet.* Ein vorzeitiger und jäher Abbruch ist ebenfalls nur durch politischen Systemwechsel möglich. Beispiele für einen derartigen Abbruch bilden die beiden Weltkriege, ebenso aber auch die Zäsur des Jahres 1989. Grundsätzlich bedeuten derartige Abbrüche, daß ein beachtlicher Teil des Baubestandes, der erneuerungsträchtig wäre, übrigbleibt und unter anderen Rahmenbedingungen erst im nächsten Zyklus „abgearbeitet“ wird. Diese These erklärt das sehr komplexe und zumeist aus der lokalen Situation nur schwer zu erklärende Nebeneinander von verschieden alter Bausubstanz mittels der Abfolge von mehreren Stadtentwicklungszyklen, in denen die Stadterneuerung jeweils plötzlich – und ohne „Abarbeitung des älteren Baubestandes“ – zu einem Ende gekommen ist, wie dies in der europäischen Stadtentwicklung häufig der Fall war.

5. Im Hinblick auf die zeitliche Relation ist festzuhalten, daß in allen Entwicklungsperioden von Städten die *Stadterweiterung stets der Stadterneuerung vorangegangen* ist, wobei allerdings der zeitliche Abstand zwischen Erweiterung und Erneuerung unterschiedlich groß sein kann.

6. Daraus folgt die sechste These. Sie lautet: *Der Stadtverfall resultiert aus dem Time-lag von Stadterneuerung und Stadterweiterung.* Das Ausmaß des Stadtverfalls ist dabei im speziellen Fall von der Investitionsstrategie der politischen und ökonomischen Entscheidungsträger im älteren Stadtkörper ebenso abhängig wie von den technologischen Bedingungen hinsichtlich der Adaptierung an neue technische Systeme der Infrastruktur, des Verkehrs, der Kommunikation und Information sowie der Ent- und Versorgung. Aus den Systemanpassungskosten ergeben sich Rückwirkungen auf die Maßnahmen und deren sozioökonomische Effektivität.

7. *Stadtverfall ist ein struktureller und ein zeitlicher Begriff.* Er besitzt somit einerseits eine querschnittsmäßig erfaßbare strukturelle Dimension, wie sie anhand der empirischen Erhebung des Wiener bzw. Budapester Stadtrehabilitationsgebietes konkret präsentiert werden kann, und ist andererseits ein dynamischer Prozeß. Der Stadtverfall unterliegt demnach hinsichtlich der räumlichen Verbreitung und Zusam-

mensetzung aus spezifischen physischen Bauobjekten einer kontinuierlichen Veränderung. Diese Veränderungen beeinflussen Verortung, Formen und notwendige Maßnahmen der Stadterneuerung.

4.3.3 Stadtverfall und Stadterneuerung im politischen Systemvergleich

Der politische Systemvergleich belegt, daß der Stadtverfall zu den die politischen Systeme übergreifenden Erscheinungen in der westlichen Welt gehört. Die aus dem Gleichgewicht geratenen Proportionen zwischen dem Wachstum der städtischen Struktur und ihrer Erneuerung sind als Hauptursache anzusehen. Ein kleines Schema verdeutlicht dies (vgl. Abb. 4.3).

Hierzu einige Aussagen. In Nordamerika ist aufgrund der Stadtflucht der Bevölkerung aus der Kernstadt Suburbia als neues Siedlungssystem entstanden. Es trägt die Counterurbanization, die Entstädterung. Gleichzeitig hat in den ehemals sozialistischen Staaten die Stadtwanderung angehalten, welche in die Neubaugebiete der Stadterweiterung gerichtet war. Die Aufspaltung der Wohnungen in Erst- und Zweitwohnungen erfolgte synchron zur Counterurbanisierung. In Nordamerika und in den ehemals sozialistischen Staaten hat man die Probleme in den Kernstädten aus dem Blickfeld geschoben. Ein enormer Verfalls- und Wüstungsprozeß war das Ergebnis. Im folgenden eine Kennzeichnung des Bedingungsrahmens der politischen Systeme.

4.3.4 Stadtverfall und Stadterneuerung in den USA

Von der kurzen Phase kolonialer Abhängigkeit abgesehen, vollzog sich die Stadtentwicklung in Nordamerika im Zeichen des Liberalismus und damit in einem von Angebot und Nachfrage diktierten Bodenmarkt, auf dem Bodenpreise, Rendite und Spekulation Regulative bilden. Nachdem das politische System in den letzten 200 Jahren im großen und ganzen unverändert geblieben ist, können die Städte Nordamerikas geradezu als Modellfall dafür angesehen werden, welche Konsequenzen sich aus der Anwendung privatkapitalistischer Spielregeln bei gleichzeitiger Veränderung der Technologie der Produktion, des Bauens und des Verkehrs für das städtische System ergeben. Zum Verständnis der Stadtentwicklung verdienen folgende Elemente Beachtung:

1. Renditedenken und Gewinnmaximierung beeinflussen zutiefst das Investitionsverhalten der Bevölkerung und bedeuten konkret, daß Kapitalinvestitionen in Bauobjekte nur so lange stattfinden als sie zur Steigerung des Marktwertes beitragen. Da insbesondere Banken und Versicherungen ihre Geldanlagen nur dort tätigen, wo sie eine entsprechende Rendite erwarten, ist es verständlich, daß abgewohnte Gebiete der Kernstädte als finanziell „tote Zonen“ aus den Investitionsstrategien ausgeklammert werden. Selbst wenn einzelne Personen bereit wären, verfallende Objekte zu reparieren, so würden sie hierfür keine Kredite erhalten. Es ergibt sich daraus weiters, daß Stadterneuerung im Zuge eines ökonomischen Recycling-Denkens in den meisten Städten nur perfekte Abräumung ehemaliger Wohngebiete und Umfunktionierung zu Verkehrsflächen bzw. Adaptierung ästhetisch attraktiver Teile in historisch-musealer Form für eine zahlungskräftige neue Citybevölkerung bedeutet.

NORDAMERIKA	*TRANSFORMATIONSSTAATEN*
→	**Abfolge der Prozesse der Stadtentwicklung**
Stadtflucht Suburbanisierung Counterurbanization	Stadtwanderung Stadterweiterung Aufspaltung der Wohnfunktion Zweitwohungsbewegung
→	**Verfall im gründerzeitlichen Stadtgebiet**
in älteren Suburbs	in Altstädten
→	**Erneuerung**
Rückkehr einer neuen Citybevölkerung zu den Kernstädten Gentrification	Umschichtung der Bevölkerung Zuwanderung anhaltend Altstadterneuerung

Entwurf: LICHTENBERGER

Abb. 4.3: Abfolge der Prozesse der Stadtentwicklung in Nordamerika und in den Transformationsstaaten

2. Die außerordentlich hohen Neubauraten im Verein mit dem technologischen Fortschritt haben die durchschnittliche Lebensdauer von Bauobjekten längst auf die menschliche Lebenszeit verkürzt und in jüngster Zeit eine weitere Reduzierung auf eine Generation bewirkt. In weiterer Konsequenz bedeutet dies, daß gegenwärtig Neubauten rascher in die graue Zone von „verschatteten Gebieten" bzw. „blighted areas" einrücken als noch vor einer Generation. Der Hausbesitz wird aus den aktuellen Bedürfnissen von und dem ökonomischen Nutzen für einzelne Personen und Haushalte definiert und hat nur als renditeträchtiges Anlagevermögen eine Funktion im intergenerationalen Besitztransfer.

3. Die kontinuierliche Anpassung an den Markt erfordert eine extrem hohe Mobilität der Produktionsfaktoren Arbeit und Kapital.
Kapital wird sehr rasch abgezogen, wenn es in einem bestimmten Raum keine Erträge liefert. Leerstehende Objekte „stören" niemanden, da keinerlei kollektive Verantwortlichkeit für das gepflegte Aussehen von Städten außerhalb der eigenen „Nachbarschaft" besteht. Die Mobilität auf dem Arbeitsmarkt zählt zu den internalisierten Normen eines aufstiegsorientierten Sozialverhaltens.

4. Durch den geringen Budgetanteil des öffentlichen Sektors sind Maßnahmen gegen die Ausbreitung von physischen Verfallserscheinungen aus öffentlichen Mitteln kaum finanzierbar. Im Gegenteil, in einer von den Vorzügen des Privatkapitalismus überzeugten Mittelschichtgesellschaft wird vor allem darauf geachtet, daß das Ausmaß der Sozialpakete nicht ausgeweitet wird. Dieses Verhalten trägt wesentlich dazu bei, daß die Verfalls-, Segregations- und Marginalisierungsprozesse weiter fortschreiten und sich die davon betroffenen Areale ausweiten.

5. Von entscheidender Bedeutung für die Vorgänge von Verfall und Erweiterung ist das Steuersystem. Die Steuern auf Grund und Boden bilden die Grundlage für das

Budget der Lokalbehörden und die Finanzierung der sozialen Einrichtungen. Dies bedeutet, daß damit kein Weg aus dem Teufelskreis von marginaler Bevölkerung – geringer Steuerkraft der Lokalbehörden – schlechten öffentlichen Einrichtungen, wie Schulen und Spitäler, und Verfall der physischen Struktur herausführt. Aufgrund dieses Bedingungsrahmens hat der Verfall von weiten Teilen der Kernstädte der USA inzwischen ein für europäische Verhältnisse nahezu unvorstellbares Ausmaß erreicht. Rückwirkungen der enormen suburbanen Erweiterung der Metropolitan Areas auf die Kernstädte haben alle funktionellen Bereiche derselben betroffen (vgl. Abb. 4.4).

- Es kam zu einem Niedergang zahlreicher zentraler Geschäftsbezirke. Dieser enorme Umfang des *Commercial Blight* wurde zum ersten (und letzten!) Mal von Berry für Chicago (1963) dokumentiert. Seither ist dieser Vorgang gleichsam aus dem öffentlichen Bewußtsein wie aus der „Wahrnehmung" der Stadtforschung ausgeblendet worden.
- Mit der räumlichen Verlagerung und Umschichtung der Industrie erfolgte ein ebenso eindrucksvoller Verfall des inneren Industriegürtels um die Downtown (*Industrial Blight*). In den letzten Jahrzehnten sind diese ausgedehnten Areale von leerstehenden Hallen und verwahrlosten Flächen verschiedentlich abgeräumt und durch Autobahntrassen bzw. vereinzelt durch eine Erweiterung des CBD ersetzt worden.
- Der Verfall der Wohnbausubstanz (*Residential Blight*) und die *Slumbildung* zählen in der Mehrzahl der Metropolitan Areas, vor allem im Nordosten der Vereinigten Staaten, zu den flächenbestimmenden Phänomenen. Bereits 1950 betrug die Ausdehnung der Slums in Chicago 22 Quadratmeilen, in San Francisco und Saint Louis 13, in Detroit sogar 88 (!). Gegenwärtig werden bereits rund 10 Millionen Wohneinheiten als von Ratten invadiert geschätzt. In diesen innerstädtischen Wüstungsgebieten der spät- und postindustriellen Gesellschaft sind die Bodenpreise auf Null gesunken, und trotz der staatlichen Initiierung einer „Frontierbewegung", welche Interessenten für die Gebühr von 1 Dollar den Besitztitel an einem leerstehenden Objekt zuerkennt, schreitet der Verfall in den Wohngebieten um den CBD weiter fort. Das Beispiel von Philadelphia belegt den 5 bis 10 km breiten Ring des Verfalls in dieser großen Metropole im Nordosten der USA.

Nun wäre es unrichtig, die Stadtentwicklung in Nordamerika als einen perfekten Laisser-faire-Liberalismus zu interpretieren. Es erfolgten vielmehr schon relativ früh Gegensteuerungsmaßnahmen in Form von ***Regierungsprogrammen zur Stadterneuerung***. Der Staat New York erließ als erster ein Erneuerungsgesetz 1937 (Redevelopment Law). Mit dem Begriffswandel von Urban Redevelopment zu Urban Renewal 1954 verband sich eine weitere Fassung des Begriffsinhalts. Hatte es sich bisher im wesentlichen um die Beseitigung von Slumgebieten in der Nachbarschaft der Innenstadt gehandelt, so wandte sich das Interesse nunmehr einer mittleren Zone der Städte zu, den „verschatteten grauen Gebieten", in denen eine Hintanhaltung der Slumbildung durch rechtzeitige Teilerneuerung und Renovierung bestehender Strukturen („rehabilitation") sinnvoll und möglich erschien. Darüber hinaus sollten durch laufende Instandhaltungsmaßnahmen („conservation") baulich intakte Partien der Stadt in einem guten Zustand erhalten werden. Diese sehr frühen Ansätze der Stadterneuerung mit öffentlichen Mitteln haben nichtsdestoweniger im Vergleich zur fortschreitenden Stadterweiterung und Suburbanisierung nur geringe Leistungen erzielt.

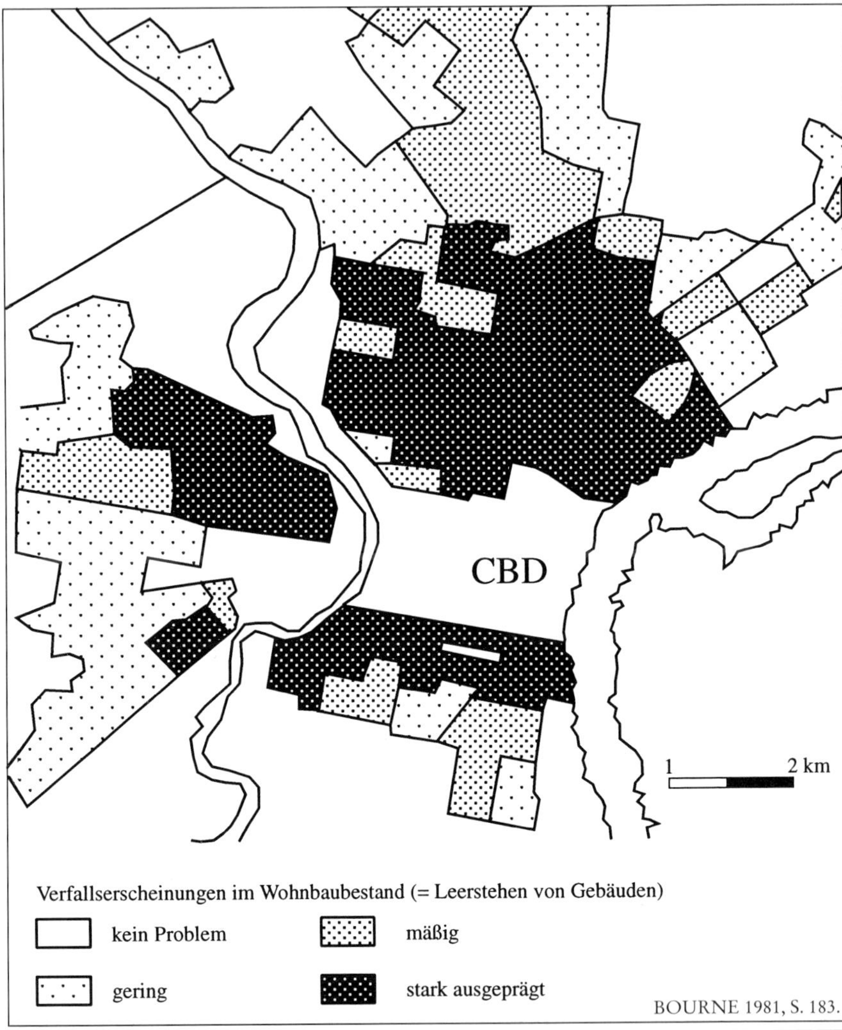

Abb. 4.4: Verfallende Wohngebiete in Philadelphia

Die Stadterneuerung als Problem der Metropolitan Areas blieb als öffentliche Aufgabe ungelöst. Sehr früh löste sich die Gesetzgebung von der Vorstellung, daß unter Stadterneuerung ausschließlich die Erneuerung von Wohngebieten verstanden werden soll. Dieser Trend in der Gesetzgebung reflektierte die Erkenntnis von der Bedeutung der Revitalisierung der Wirtschaft für die Erhöhung der Steuereinnahmen der Stadt. Die Interessen der Privatwirtschaft konzentrierten sich seit den späten 60er

Jahren auf zwei Ziele: die Erneuerung der Downtown und die Unterbringung einer neuen Citybevölkerung.

Die Erneuerung der Innenstadtbereiche durch eine Hochhausstruktur von seiten der Großbetriebe des quartären Sektors, allen voran von Banken und Versicherungen und sonstigen wirtschaftsorientierten hochrangigen Dienstleistungen, reflektiert den raschen Bedeutungsgewinn des quartären Sektors. Auf die damit verbundene Herausnahme der neuen Superstrukturen aus dem öffentlichen Raum wurde hingewiesen (vgl. Kap. 3.2.8). Die Zunahme von Kleinhaushalten der weißen Mittelstandsbevölkerung, von jungen, zum Teil unverheirateten, meist aber gut verdienenden Berufstätigen hat den Innenstädten einen neuen Wohnwert zugeschrieben. Der noch zu Beginn der 80er Jahre vielfach mit großem Optimismus in die Zukunft extrapolierte Vorgang der „Gentrification" ist jedoch inzwischen abgestoppt worden und hat auch nicht, von den großen Metropolitan Areas ausgehend, die tieferen Strata der städtischen Hierarchie erreicht.

4.3.5 Stadtverfall und Stadterneuerung in den Transformationsstaaten

Die postsozialistischen Städte haben aus der kommunistischen Periode eine schwere Erbschaft übernehmen müssen. In allen Kernstädten sind ausgedehnte Verfallsgebiete vorhanden. Die Verfallserscheinungen beruhen auf fehlenden Reinvestitionen in den Baubestand. Der private Hausbesitz wurde enteignet und in staatliche Verwaltung übergeführt. Die staatlichen Budgets reichten jedoch nicht aus, um gleichzeitig Stadterweiterung in Form der Errichtung von Großwohnanlagen sowie den Bau von Massenverkehrsmitteln zu betreiben und in den älteren Baubestand zu investieren. In der unmittelbar an das Zentrum anschließenden Lage der Verfallsgebiete bestehen Parallelen zu Nordamerika.

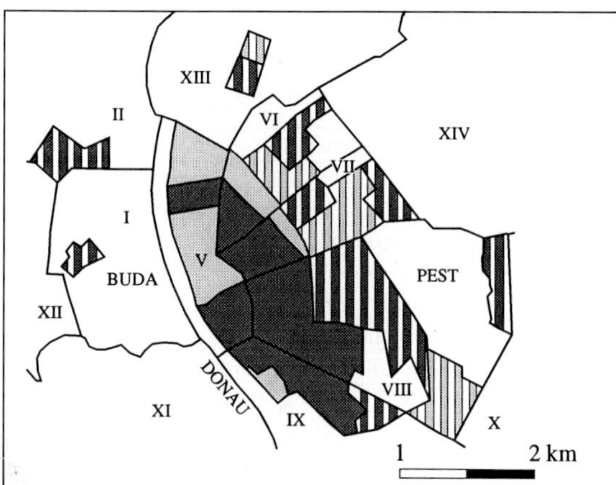

Abb. 4.5: Stadtverfall und Stadterneuerung in Budapest

Blockerneuerung 1985 - 2000

Reparaturen 1985 - 2000

Blockerneuerung 2000 - 2015

Reparaturen 2000 - 2015

LICHTENBERGER 1990b, S.31.

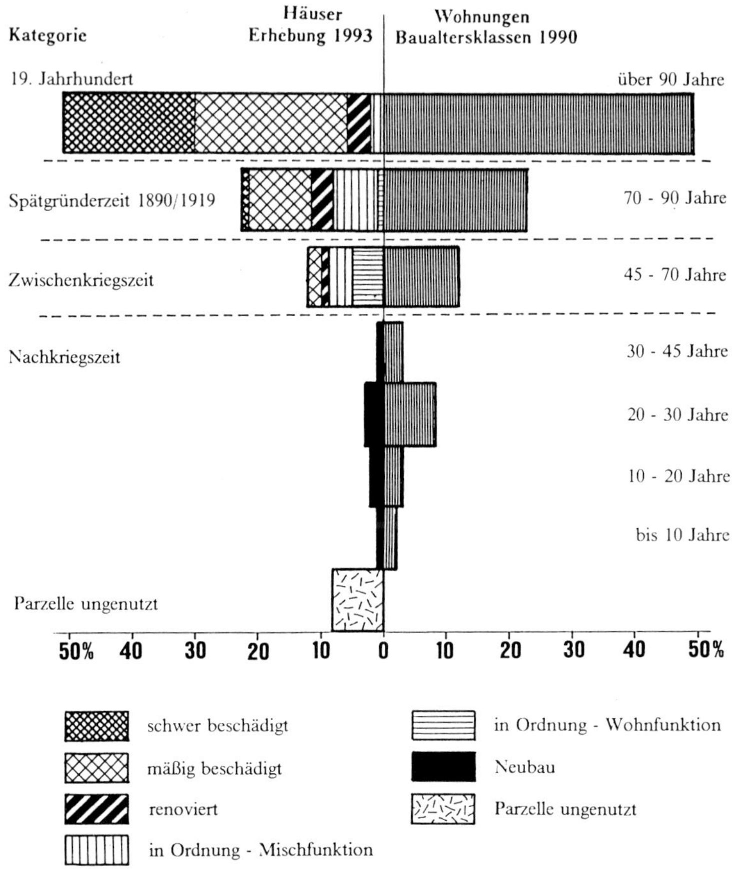

LICHTENBERGER et al. 1994, S. 62.

Abb. 4.6: Hypothek des Todes im Baubestand von Budapest

Ein besonders eindrucksvolles Beispiel für den weitflächigen Verfall der an die Innenstadt anschließenden gründerzeitlichen Mietshausgebiete bietet Budapest. Das in Abb. 4.5 ausgewiesene Areal der „Stadterneuerung" umfaßt rund 120000 Wohnungen, die in der nächsten Generation, d. h. bis zum Jahr 2015, saniert oder abgerissen werden sollen (vgl. unten). Dieser Verfall ist jedoch nicht allein auf die enormen Investitionsdefizite des kommunistischen Regimes zurückzuführen, sondern auf das bisher nicht beachtete Akkumulationsproblem des Verfalls:

- Es handelt sich einerseits um gründerzeitliche Substandardwohngebiete, in denen extrem hohe Belagsdichten bereits vor dem Ersten Weltkrieg bestanden haben, und

- andererseits um in der Nachkriegszeit entstandene Verfallsgebiete, in denen während des Krieges und in der unmittelbaren Nachkriegszeit teilweise ein kompletter Bevölkerungsaustausch erfolgt ist. Drei Gebiete sind von der bausozialen Abwertung in der kommunistischen Ära besonders betroffen:
- das ehemalige Magnatenviertel im Süden der Altstadt,
- das anschließende Universitätsviertel, wo die Wohnungen der Bildungsbürger systemkonformen Schichten zugewiesen worden sind, und
- der nach Norden anschließende VI. Bezirk, in dem die jüdische Bevölkerung eliminiert worden ist (vgl. Abb. 3.43).

Das Modell der Altersstruktur der Bevölkerung eignet sich gut, um das Problem des Stadtverfalls im Stadtrehabilitationsgebiet zu erfassen (vgl. Abb. 4.6).

Konkret ist eine enorme „Hypothek des Todes" in der Bualtersstruktur aufgrund der während zwei Generationen fehlenden Erneuerung der Bausubstanz vorhanden. Rund 80000 Wohnungen stammen aus der Gründerzeit, davon weisen 30000 Wohnungen schwerste Schäden auf und wären in westeuropäischen Städten schon längst auf Anordnung der Baupolizei geräumt worden. Sie werden im Zuge der Transformation zunehmend zu einem Milieu sozialer Konflikte, aufgrund der Invasion von „outcasts", „outlaws" und „outdrops", nicht zuletzt dann, wenn auch Teile der „Normalbevölkerung" in derartigen Bauten verbleiben müssen, da sie nicht imstande sind, sich in bessere Bauten „einzukaufen": Der Weg in die perfekte soziale Erosion ist vorprogrammiert. Sozialhygienische Standards werden wohl in mittelfristiger Zukunft einen Abbruch von Häusern, Baublöcken und Vierteln durch die Lokalbehörden erzwingen.

4.3.6 Stadtverfall und Stadterneuerung in den sozialen Wohlfahrtsstaaten

Eine deutliche Übergangsstellung im Hinblick auf räumliche Muster und Vorgänge von Stadtverfall und Stadterneuerung nehmen die sozialen Wohlfahrtsstaaten Westeuropas ein, wo infolge der nationalen Strategien der Wohnungswirtschaft von Staat zu Staat beachtliche Unterschiede bestehen. In allen Staaten sind spezifische Segmente des Angebots an Wohnungen, Arbeitsplätzen und Freizeitgelegenheiten jeweils aus dem Markt herausgenommen, entweder aufgrund spezifischer Eigentumsverhältnisse (Staat, Gemeinden, Genossenschaft usw.), von Subjekt- oder Objektförderung, d.h. Subventionierungen aller Art, bzw. durch legistische Einschränkungen ihrer „Marktfähigkeit": Sehr wichtige Instrumente bestehen hinsichtlich der Abschöpfung von Spekulationsgewinnen bei Grund und Boden. Restriktionen der Flächennutzung sind die Regel. Auflagen des Denkmalschutzes bilden ferner einen sehr wichtigen limitierenden Faktor, insbesondere in Stadtzentren.

Stadtverfall fehlt als Begriff und als Erscheinung in Nordeuropa, in der Bundesrepublik Deutschland und in der Schweiz. Die Zerstörungen des Zweiten Weltkriegs haben in der Bundesrepublik Deutschland weithin den Baubestand vernichtet, der heute in anderen Staaten vom Verfall bedroht ist. Die ordnungspolitischen Maßnahmen von seiten der öffentlichen Hand unter Bezug auf die physische Struktur der Städte haben ferner eine alte und bedeutende Tradition. Der technische Städtebau im späten 19. Jahrhundert erbrachte die Leistung der Assanierung der älteren Stadtteile durch die nachträgliche Einbringung technischer Infrastruktureinrichtungen. Im Umfeld des Städtebauförderungsgesetzes bestimmten zunächst wohnungspolitische Maßnahmen die unter dem Dachbegriff der Sanierung subsumierten Verbesserungen der physischen Struktur in der Nachkriegszeit.

In der Planungspraxis des deutschen Sprachraums taucht der Begriff der Stadterneuerung erst in den 60er Jahren auf, als aus dem Repertoire des sozialdemokratischen Gedankengutes sozialpolitische Zielsetzungen integriert werden, welche auf ein egalitäres sozialräumliches Stadtmodell ausgerichtet sind. Aus dieser Ideologie stammen die politischen Einwände gegen spontan ablaufende, zur Luxussanierung (Gentrification) führende bausoziale Aufwertungsvorgänge, wie sie – dies sei als Einschub vermerkt – bei auf die Stadtmitte als „soziale Mitte" zentrierter Stadtentwicklung zum „Normalprozeß" gehören. Die kommunal gesteuerte Stadterneuerung bindet ein in die aus dem Munizipalsozialismus geläufigen Intentionen des Wohnungsbaus und der Bereitstellung von tertiären Diensten. Diskussionen über eine „ökonomische" Erneuerung von Städten fanden nicht statt, die Interessen der Wirtschaft wurden daher partiell ausgeblendet bzw. hauptsächlich in einer Art „Gewerbeschutzpolitik" bei Stadterneuerungsvorhaben wahrgenommen.

Schon zu Beginn des Jahrhunderts hat sich ferner im deutschen Sprachraum der Denkmalschutz etabliert. Flächensanierungen und komplette Umbauten der Altstädte, wie sie die Stadtplanung in Großbritannien bereits in der Gründerzeit und dann wieder in den 60er Jahren durchgeführt hat, fanden im deutschen Sprachraum keine Nachahmung. Vielmehr vereinigten sich Altstadterhaltung und Denkmalpflege rasch zu einer städtebaulichen Ideologie, der sich Frankreich mit der „Lex Malraux" angeschlossen hat.

Seit den 70er Jahren ist die sogenannte „sanfte Stadterneuerung" zur beherrschenden Zielvorstellung geworden, die den behutsamen Umgang mit der physischen Struktur des Altbaubestandes propagiert. Freilich sollte man nicht den Hintergrund übersehen, nämlich die Umpolung der Stadtwanderung in eine Stadtflucht, und damit zunächst das Nullwachstum und anschließend die Abnahme der Bevölkerung in den Kernstädten. Visionen des Rückbaus städtischer Systeme traten auf. Nach der Phase der Trabanten- und Satellitenstädte fand man wieder intellektuell und emotional zu den älteren Stadträumen zurück und proklamierte die weitgehende Beibehaltung wichtiger Grundriß- und Aufrißelemente bis hin zum Detail historischer Gestaltung.

Für die vergleichende Metropolenforschung bietet ***das Wiener Beispiel*** einen Beleg für die Effekte einer segregationsreduzierenden Gesellschafts- und Wohnbaupolitik in einem sozialen Wohlfahrtsstaat. Eine Erhebung des gesamten gründerzeitlichen Stadtkörpers und damit von rund 40000 Objekten in Hinblick auf die Ausmaße von Stadtverfall und Stadterneuerung ergab ein hausweises Mosaik von verfallenden, in Ordnung befindlichen, erneuerten Bauten sowie Neubauten und kam zum Ergebnis, daß rund ein Viertel der Bauobjekte mehr oder minder gravierende Verfallsmerkmale aufweist (Lichtenberger 1990b).

Die planungsrelevante Zielsetzung der Erhebung bestand darin, diejenigen Stadterneuerungsareale auszugrenzen, in denen in hohem Maße öffentliche Mittel eingesetzt werden müssen, um den weiteren Verfall aufzuhalten.

Abb. 4.7: Stadtverfall und Stadterneuerung in Wien

LICHTENBERGER 1990b, S. 68.

Wie die Abb. 4.7 belegt, umfaßt dieses potentielle Stadterneuerungsgebiet mit öffentlichen Mitteln eine breite Zone zwischen der City und dem Rand der geschlossenen Verbauung. Es konnte nachgewiesen werden, daß die Vorgänge des Stadtverfalls und der Stadterneuerung in hohem Maße von den Bauträgern abhängig sind. Die Analyse ergab, daß sich in den äußeren Bezirken über 50% der Bauten von privaten Alleineigentümern in schlechtem Zustand befinden. Das Zerreiben des privaten Hausbesitzes durch zwei Tendenzen ist erkennbar, auf der einen Seite durch die Interessen juristischer Personen, welche die Einrichtungen der Citybildung vertreten, auf der anderen Seite durch die Kommunalverwaltung und die genossenschaftlichen Bauträger, welche von der Außenstadt her durch Abbruch und Verdichtung den niedrigeren älteren Baubestand reduzieren.

Es wird damit dokumentiert, daß, den Grundprinzipien des sozialen Wohlfahrtsstaates entsprechend, Stadterneuerung von vornherein als ein dualer Investitionsprozeß aufzufassen ist, an dem sich öffentliches und privates Kapitel beteiligen. Letzterem muß man jedoch Profite zuschreiben, welche nur durch die politische Akzeptanz von drei Tendenzen möglich ist:

→ die Gewinnung weiterer Geschoßfläche, d.h. eine bauliche Verdichtung,
→ die Gentrification und
→ die Ausweitung der City.

Überall dort, wo Grundschichten der Bevölkerung in besser ausgestatteten Wohnungen untergebracht werden sollen bzw. keine Gewinnung von Geschoßfläche möglich ist, muß Stadterneuerung als öffentliche Aufgabe betrachtet werden.

Stadterneuerung wurde und wird in Wien nicht nur auf der Ebene von Stadterneuerungsgebieten, sondern ebenso auf der Ebene von Wohnungen und von Häusern betrieben. Am erfolgreichsten war die untere Ebene einer „Mini-Public-Private-Partnership". Es gelang dem Stadtmagistrat, Geld, Mühe und Zeit der Mieter für die Zielsetzung der Sanierung ihrer Wohnungen als Gegenleistung für zinsgünstige Kredite zu gewinnen. Das Wohnungsverbesserungsgesetz mit 170000 renovierten Wohnungen ist als einer der großen kommunalpolitischen Erfolge anzusehen. Die Erneuerungsmaßnahmen einer „sanften Stadterneuerung" emanzipierten sich rasch von den offiziell eingerichteten Stadterneuerungsgebieten der 80er Jahre.

Über Einzelanträge und seltene Blocksanierungen durch institutionelle Bauträger erfaßten die Investitionen, dem „Gießkannenprinzip" entsprechend, in einer Zufallsstreuung den gesamten gründerzeitlichen Stadtraum. Durch dieses gestaffelte Maßnahmenpaket wurde in einer Top-down- und Bottom-up-Bewegung die drohende Gefahr des flächigen Stadtverfalls in Wien abgewendet. Die Erneuerung konnte den Verfall überwinden.

4.4 Intrametropolitane Systeme zwischen Markt und Staat

4.4.1 Einleitung

Die Phänomene der Globalisierung der Ökonomie, der Globalisierung der Migration und die postindustriellen Desorganisationsphänomene finden im intrametropolitanen System ihren Niederschlag. Es besteht Konsens unter Sozialwissenschaftern darüber, daß wir uns derzeit in einem Zyklus der Liberalisierung der Gesellschafts- und Wirtschaftspolitik befinden, daß der staatliche Einfluß abgebaut, private wirtschaftliche Intentionen gefördert und dem einzelnen Bürger mehr Lebensverantwortung zugemessen wird. Die Konsequenzen einer durchgreifenden Liberalisierung im Hinblick auf die räumliche Differenzierung der metropolitanen Gesellschaft gipfeln in der Polarisierungsthese angelsächsischer Metropolenforschung, wonach bei rascher Ausdünnung der Mittelschichten einerseits der Jet-set und andererseits untere Strata der Bevölkerung übrigbleiben, die Desorganisationsphänomene der postindustriellen Gesellschaft überhandnehmen und die sozialen Folgekosten langfristig den ökonomischen Mehrwert des Tertiärisierungs- und Quartärisierungsprozesses übersteigen. Mit der Konzeption der „quartered city" (MARCUSE 1989) – der Fragmentierung und Partialisierung der Struktur der Kernstadt – wird für die USA das Ende des sozialen Konsens szenarienmäßig für die kapitalistische Stadt vorweggenommen.

Ethnische Segmentierung auf dem Arbeitsmarkt, wie sie in Wien belegt werden kann, sowie ethnische Segregationsvorgänge auf dem Wohnungsmarkt führen zur Frage, ob ein Pluralismus der Kulturen und Ethnien langfristig auch die europäischen Metropolen kennzeichnen wird und ob es mittelfristig auch in Europa zu den Prozessen der

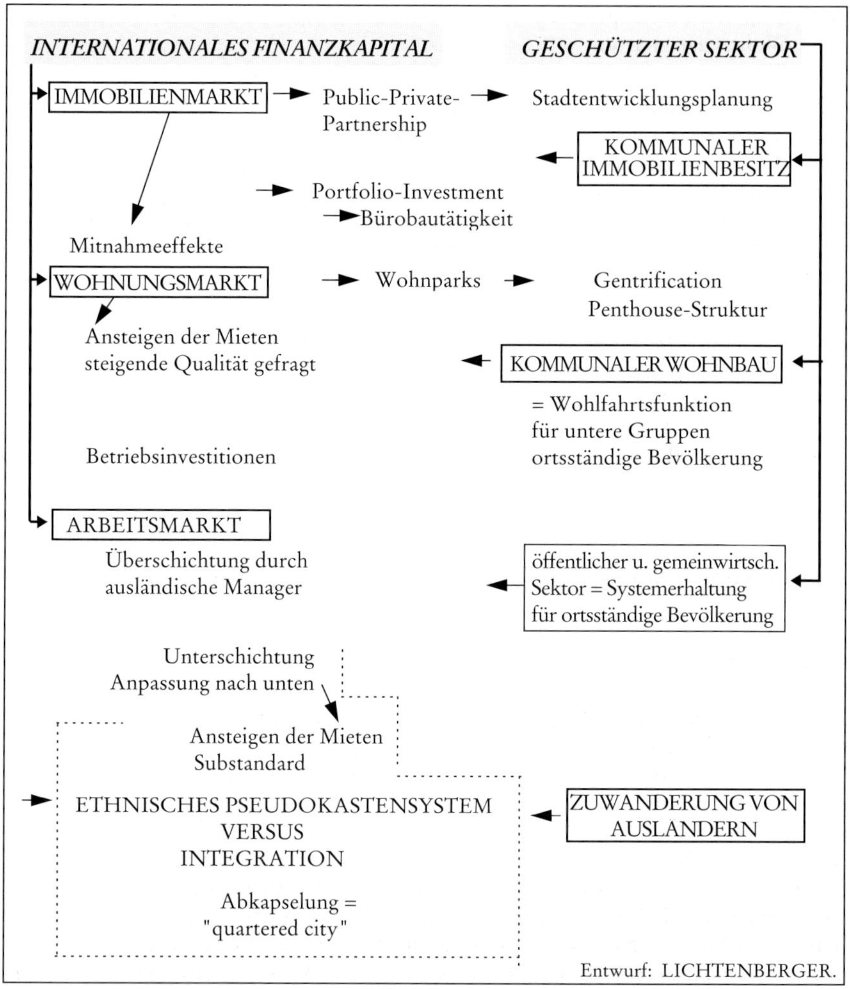

Abb. 4.8: Die intrametropolitane Resegmentierung der Märkte in den sozialen Wohlfahrtsstaaten

Polarisierung zwischen reich und arm bei gleichzeitiger Eliminierung der Mittelschichten aus den Kernstädten der großen Metropolen kommen wird, wie dies im angelsächsischen Sprachraum bereits der Fall ist.

4.4.2 Die intrametropolitane Resegmentierung der Märkte in den sozialen Wohlfahrtsstaaten

Anhand eines Diagramms wird die Thematik der intrametropolitanen Resegmentierung zwischen Staat und Markt in den westeuropäischen Metropolen mit zwei Thesen eröffnet. Die erste These lautet: Mobilisierende und damit auch im Extrem destabilisierende Effekte auf intrametropolitane Systeme resultieren aus 1. der Internationalisierung des Finanzkapitals und 2. ausländischer Zuwanderung (vgl. Abb. 4.8). Die zweite These lautet: Die Erhaltung und Stabilisierung von metropolitanen Systemen erfolgt über 3. den geschützten Sektor des Boden-, Wohnungs- und Arbeitsmarktes.

ad 1. Die *ökonomische Konkurrenzfähigkeit von Metropolen* in der Globalisierung der Ökonomie wird über internationales und extrametropolitanes Finanzkapital gesteuert. Im Verein mit der öffentlichen Hand werden vom internationalen Finanzkapital selektiv Investitionen als Schaustücke der Grundstücksverwertung und Standortentwicklung in Form von Großbauvorhaben als Public-Private-Partnership getätigt und unter verschiedenen Etiketten vermarktet. Bei manchen dieser Großprojekte ist heute wohl schon zu sagen, daß sie wie die Dinosaurier vom Aussterben bedroht sind und daß kleinere Beispiele eher eine Überlebenschance besitzen. Bei der Waterfront Development reichen die bekanntesten Beispiele von den Londoner Docklands über Rotterdam bis zur Entwicklung der Donaucity in Wien und dem ursprünglich für die EXPO im Süden von Budapest an der Donau vorgesehenen Terrain. Zu den Großprojekten zählen auch Vorhaben der Festivalisierung und Demonstration der Nutzung des öffentlichen Raums für Elemente einer Stadtpolitik und Stadtkultur, welche in Kontinentaleuropa eine alte Tradition besitzen und neue Proponenten (Glasgow) finden.

Die Internationalisierung des Immobilienmarktes bewirkt ferner Mitnahmeeffekte auf dem Wohnungsmarkt, u. a. durch Vorgänge der Gentrification, Errichtung von Wohnparks u. dgl. Durch Betriebsinvestitionen und Schaffung hochrangiger Arbeitsplätze erfolgt eine Überschichtung der ortsständigen Arbeitsbevölkerung durch auswärtige – ausländische – Manager, die ihrerseits wieder gehobene Wohnansprüche stellen und ein Ansteigen der Mieten bewirken. In der Mietshausstruktur von großen Städten des Westens mit hoher Standortqualität des Zentrums stratifizieren sich die Bewohner in der vertikalen Dimension. In Paris, ebenso wie in Wien, werden Penthouses errichtet. Vielfach sogar mit öffentlichen Mitteln gefördert, mutieren sie zu privaten Aussichtsterrassen von Angehörigen oberer Einkommensschichten, darunter auch zahlreichen Ausländern, mit Blick auf die Skyline der Großstädte.

ad 2. Der *Input von ausländischer Bevölkerung und ausländischen Arbeitskräften in städtische Systeme* wird aus lokaler und nationaler Perspektive vielfach als besonderes Problem Europas betrachtet, was im Vergleich zu Nordamerika völlig unrichtig ist (vgl. Kap. 6.6). Im Kontext der europäischen Metropolen sind jedenfalls die Effekte der Zuwanderung von Ausländern auf dem Wohnungs- und Arbeitsmarkt unterschiedlich zu beurteilen. Auf dem Wohnungsmarkt resultiert aus dem Unterschichtungsvorgang eine Übergangsnutzung von schlechter Bausubstanz sowohl in Innenstädten als auch in Großwohnanlagen und Behelfssiedlungen des Stadtrandes, gleichzeitig werden die Mieten auf dem Billigwohnmarkt in die Höhe getrieben. Die Öffnung des sozialen Wohnungsbaus in einzelnen Staaten (wie der Bundesrepublik Deutschland) hat dabei die Konflikte mit den einheimischen Grundschichten eher erhöht, statt sie zu reduzieren.

Die Konflikte auf dem Arbeitsmarkt sind überall dort geringer, wo die ortsständige Bevölkerung schlecht entlohnte Tätigkeiten des sekundären und Dienstleistungssektors nicht mehr anstrebt, wie dies z.B. in Wien der Fall ist, und die Konkurrenzsituation innerhalb des Segments der ausländischen Arbeitskräfte verbleibt. Die Aufstiegsschiene für unterschichtende Ethnien bildet in Nordamerika der öffentliche Sektor, darunter insbesondere öffentliche Dienstleistungen, einschließlich Bildungseinrichtungen. Die historische Parallele mit der Aufstiegsschiene des Beamtenstandes in der Zeit ständisch gebundener Berufschancen in der Ära des aufgeklärten Absolutismus und frühen Liberalismus in Europa drängt sich auf.

ad 3. Welche Möglichkeiten bestehen von seiten des öffentlichen und gemeinwirtschaftlichen Sektors, Gegensteuerungsmaßnahmen gegen Segregation, Abschottung im Sinne der primären Ghettobildung bzw. Exklusion im Sinne der sekundären Ghettobildung in Gang zu setzen? Grundsätzlich muß man davon ausgehen, daß der öffentliche Sektor zur Systemerhaltung im Hinblick auf die Lebensqualität der Bevölkerung dient, allerdings – und hier liegt ein Konfliktpotential im sozialen Wohlfahrtsstaat – nicht nur für die ortsständige Bevölkerung, sondern für die wohnhafte Bevölkerung. In dieser Wahrnehmung von Gemeinschaftsaufgaben besteht ein wesentlicher Unterschied gegenüber den USA, wo die Einrichtungen der sozialen und technischen Infrastruktur weitgehend an die Privatwirtschaft delegiert worden sind. Der Wohnungsmarkt in europäischen Städten ist bisher von der nationalen und lokalen Wohnungspolitik gesteuert worden. Hierbei wurde in der Neubautätigkeit im abgelaufenen Jahrzehnt der soziale Wohnungsbau stark reduziert und die Objektförderung vielfach in eine Subjektförderung transformiert.

Zur Wohlfahrtstradition Europas gehört auch das breite Spektrum des geschützten Arbeitsmarktes, der vielfach Bildungs- und Sozialeinrichtungen zu einer ubiquitären Ressource werden ließ. Kritik an der Vergeudung dieser Ressourcen ist vielfach berechtigt. Nichtsdestoweniger zählt ein effizientes öffentliches Schulsystem zu den wichtigsten integrativen Instrumenten einer Gesellschaft. Die entscheidende Frage, wie die Effizienz der europäischen Wirtschaft über ihre Metropolen tatsächlich weiter erhalten und verstärkt werden soll, muß Bildungs- und Forschungsaufgaben als zentrales Anliegen auffassen. Die Konsequenzen neuer ökonomischer Konzentrationsprozesse werden unabhängig davon eine neue soziale Frage erzeugen.

4.4.3 Die intrametropolitane Restrukturierung in den Transformationsstaaten

Bei der Analyse der intrametropolitanen Restrukturierung in den Transformationsstaaten muß man die normativen Basisaussagen teilweise verändern. Nur die erste der obigen Aussagen bleibt gültig, wonach die mobilisierenden Effekte auf intrametropolitane Systeme aus den Investitionen von internationalem Finanzkapital resultieren.

Die zweite Aussage lautet: Der Rückbau des geschützten Sektors des Immobilien-,

Wohnungs- und Arbeitsmarktes bewirkt eine Bottom-up-Destabilisierung des gesellschaftlichen Systems.

Die dritte Aussage lautet: Die Zeitwanderung von ausländischer Bevölkerung enthält sehr spezifische Elemente, welche in den bisher abgeschotteten Lebensverhältnissen postkommunistischer Systeme zu einem schlagartigen Anstieg des organisierten Verbrechens beitragen (vgl. Abb. 4.9).

ad 1. Die ökonomische Konkurrenzfähigkeit von Metropolen in der Globalisierung der Ökonomie wird auch in den Primate Cities der ehemaligen Ostblockstaaten über internationales Finanzkapital gesteuert. Hierbei kommt es über die Internationalisie-

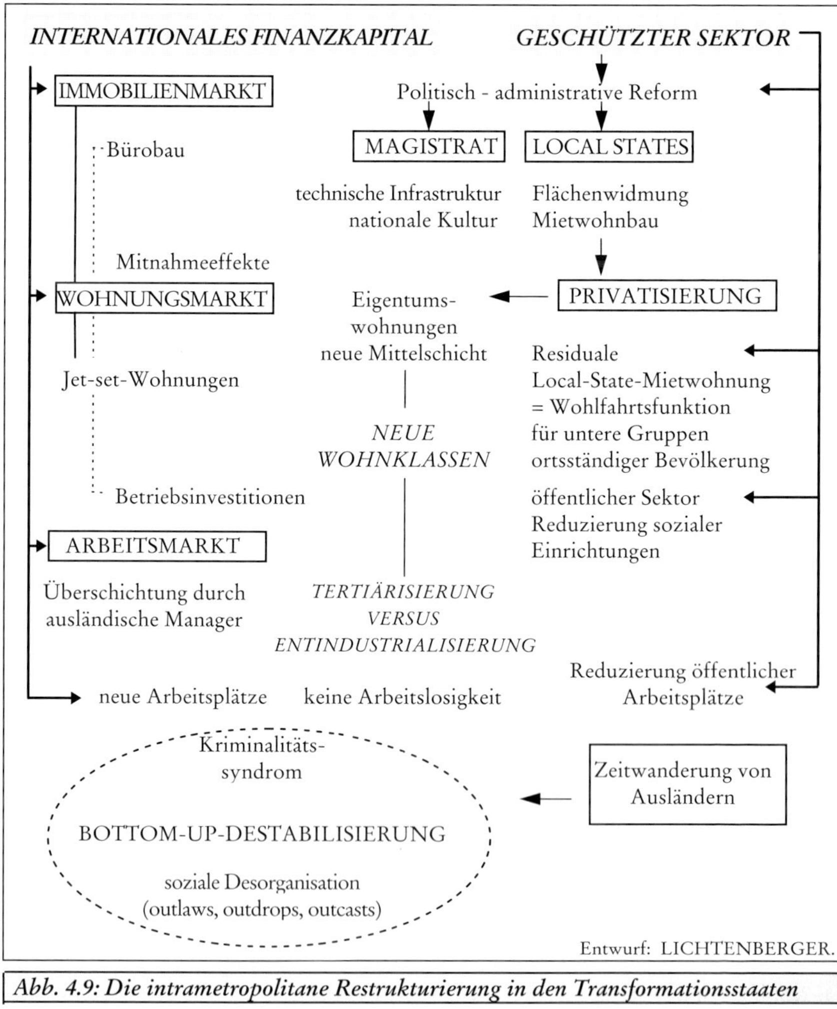

Abb. 4.9: Die intrametropolitane Restrukturierung in den Transformationsstaaten

rung des Immobilienmarktes durch die angestrebte Lukrierung der Lagerente zur Entwicklung eines ausgeprägten Gradienten vom Stadtzentrum auswärts im Hinblick auf Preise und Mieten. Dabei gehen die Preisanstiege im allgemeinen den baulichen Investitionen in Form von Um- und Neubauten voran.

Durch Schaffung hochrangiger Arbeitsplätze erfolgt derzeit eine Überschichtung der ortsständigen Arbeitsbevölkerung durch auswärtige bzw. ausländische Führungskräfte, die ihrerseits wieder exklusive Wohnansprüche stellen und durch die verstärkte Nachfrage nach bestausgestatteten Wohnungen ein rasantes Ansteigen der Obergrenze der Mieten und ein Comeback guter Villenlagen bewirken. Die Penthousestruktur westlicher Metropolen ist derzeit noch nicht zu bemerken.

ad 2. Gerade das Vordringen von internationalem Finanzkapital auf dem Immobilienmarkt erzwingt eine erneute Diskussion über *kommunale Bodenpolitik*, an der sich auch im Westen die politische Parteienlandschaft stets aufgespalten hat. Die Privatisierung des staatlichen Immobilienbesitzes in den ehemaligen COMECON-Staaten wird rasch die Diskussion über die notwendige physische Ausstattung der Munizipalbehörden und Local States entfachen; man wird erkennen, daß sie nur dort, wo sie über ausreichenden Grundbesitz in den von ihnen verwalteten und regierten Städten verfügen, imstande sind, Stadtentwicklungplanung und Vorhaben der Public-Private-Partnership effizient durchzuführen.

Die neuen administrativen Reformen in den postsozialistischen Staaten haben überdies mit der politisch-administrativen Fragmentierung der Metropolen in Distrikte (Local States) allen voran Budapest und Prag, Analogien zu den USA geschaffen. Im Hinblick auf Ordnungsmaßnahmen, Budgets und konkrete Eingriffsmöglichkeiten in die Stadtentwicklung besteht danach in Zukunft ein klarer Unterschied gegenüber dem zentralistisch organisierten Munizipalsozialismus, der den deutschen Sprachraum und in Westeuropa vor allem Frankreich kennzeichnet.

Dazu kommt ein weiterer, „indirekter“ Verlust an Stadtfläche. Kam es doch bei der kommunistischen Metropolenplanung stets zur Anwendung eines „Reserveprinzips“, d.h., daß sowohl bei der Gesamtfläche einer Stadt als auch bei der Ausgrenzung von Nutzungen stets Reserven einkalkuliert wurden. Auch die einzelnen Betriebe waren bestrebt, möglichst viel Fläche zugewiesen zu erhalten. Im Privatisierungsprozeß gehen diese extensiv genutzten Flächen an private, zumeist ausländische Betriebe, welche von dem großzügigen Zuschnitt profitieren, verloren. Überall dort, wo keine Interessenten zu finden sind, werden „postsozialistische Brachflächen“ ein Pendant zu den weitflächigen Brachflächen rings um aufgelassene Industriebetriebe in den USA bilden.

Durch die Verselbständigung der Bezirke in der Flächenwidmung und bei der Privatisierung des ursprünglich staatlichen Wohnungsbestandes kommt es ferner zu einer Fragmentierung in der Eigentumsbildung und gleichzeitig zum Abdriften von Bevölkerungsteilen in die schlechteren, den Bezirken verbleibenden Wohnbauten. Es ist derzeit offen, welche Gegensteuerungsmaßnahmen gegen die mit Segregation verbundenen wachsenden Disparitäten mittelfristig gesetzt werden.

Vor allem die Wohnungspolitik der Staaten wird damit zu einem Dauerthema avancieren. In den europäischen Wohlfahrtsstaaten hatte der öffentliche Wohnbau stets eine Wohlfahrtsfunktion für untere Gruppen, aber auch für breite Mittelschichten der metropolitanen Bevölkerung. Beispiele hierfür sind die Niederlande, Dänemark, Schweden, aber auch Österreich, insbesondere Wien. In diesem Zusammenhang verdient Beachtung, daß in Budapest von Sozialwissenschaftlern bereits ernsthafte Kritik an der Privatisierung geübt und ein Abstoppen des Privatisierungsprozesses bei staatlichen Wohnbauten gefordert wird, wenn es nicht gelingt, über Subjektfinanzierung Teile der sonst entstehenden räumlichen und gesellschaftlichen Disparitäten abzufangen. Ebenso verdient Beachtung, daß nirgends noch an den Prinzipien des Mieterschutzes im staatlichen und kommunalen Wohnungsbestand gerüttelt wurde. Die Wohnungsnot wird derart zu einem Problem der mangelnden ökonomischen Ressourcen der Neueintretenden in den Wohnungsmarkt, die nicht, wie im kommunistischen Regime, die Hoffnung besitzen, auf einer Warteliste der Bezirksbehörden langsam, aber sicher vorrückend, eine Wohnung zugeteilt zu erhalten.

Völlig offen ist derzeit noch, welche Teile der technischen und sozialen Infrastruktur an die Privatwirtschaft delegiert werden sollen. Die Modelle der Transformation vom Plan zum Markt unterscheiden sich von Staat zu Staat im einzelnen recht wesentlich voneinander. Die Privatisierungstendenz in Prag, wonach die öffentlichen Verkehrsmittel verstaatlicht werden sollen, wurde bisher in Budapest nicht einmal andiskutiert. Andererseits sind auch hier manche Sozialeinrichtungen, wie Kindergärten, aufgrund fehlender Staatssubventionen nicht mehr wie bisher kostenlos fortführbar.

Die Arbeitsmärkte der Metropolen in Ostmitteleuropa unterscheiden sich – abgesehen von dem Überschichtungsvorgang durch internationale Spitzenmanager – grundsätzlich von denen Westeuropas. Es fehlt nicht nur die hohe, vielfach sogar über dem nationalen Durchschnitt liegende Arbeitslosigkeit, wie sie vor allem die südeuropäischen Metropolen belastet, sondern offene Stellen können vielfach nicht besetzt werden, wie dies in Prag oder Budapest der Fall ist, wo der Rückbau des staatlichen Sektors und die Entindustrialisierung durch die Tertiärisierung kompensiert werden. Dieser Trend wird auch in mittelfristiger Zukunft andauern. Damit werden in Ostmitteleuropa die Metropolen noch einige Zeit von der steigenden Arbeitslosigkeit verschont bleiben, welche die Staaten selbst erfaßt hat.

ad 3. *Phänomene der Desorganisation der Gesellschaft* haben sich vor allem in den Metropolen rasch ausgebreitet. Die Internationalisierung der Ökonomie über den Immobilienmarkt und ausländisches Finanzkapital hat auf der Basis der sehr spezifischen Organisationsformen, die aus der Überlagerung und dem Ersatz von Protomärkten hervorgegangen sind, das Entstehen spezifischer Formen des organisierten Verbrechens gefördert, vom Zwang zur Prostitution über den Drogenhandel bis zur interkontinentalen Vermarktung gestohlener westlicher Autos. Es ist ein Amalgam entstanden aus Restgruppen von ehemaligen Ostagenten und aus dem Osten Europas stammenden Geschäftsleuten, neu hinzukommenden Zeitwanderern aus dem Osten und an zusätzlichem und raschem Geld interessierten, z.T. aus tristen lokalen Verhältnissen und marginalen sozialen Milieus stammenden jungen Leuten.

Anders als in Südeuropa kann nicht Jugendarbeitslosigkeit in den Metropolen für diese Bottom-up-Destabilisierung der metropolitanen Gesellschaft verantwortlich gemacht werden. Anders als dort konstituiert sich ein neues Substrat, nämlich eine postsozialistische halbkriminelle Zwischenschicht, welche nicht, wie die nordamerikanische „underclass“, aus der Arbeitsgesellschaft in die unwirtliche Existenz der Obdachlosigkeit hinausgestellt wird, sondern als eine neue Form der Doppelexistenz zwischen legitimer Arbeit und nichtgesetzlichem, teilweise kriminellem Nebenverdienst entstanden ist. Mit traurigem Zynismus muß man feststellen, daß die im kommunistischen System geläufige Form der „Personalunion der Arbeitskräfte“ von Staatsbetrieben und privaten Wirtschaftsarbeitsgemeinschaften damit in einem Ableger weiterbesteht.

Die „samtenen Revolutionen“ haben mehrere schlagartige Überraschungen gebracht, wie die Internationalisierung des Immobilien- und Finanzmarktes, die hohe Arbeitslosigkeit und – wohl am wenigsten erwartet – auch soziale Desorganisationserscheinungen in Form des Kriminalitätssyndroms, welches im Ausmaß gleich große Städte der sozialen Wohlfahrtsstaaten inzwischen in den Schatten stellt. Es ist offensichtlich, daß nach dem Wegziehen der rigiden Kontrollmechanismen des Kommunismus eine Rechtsschwäche der innenpolitischen Ordnungsmacht besteht, welche in Verbindung mit einer aufgestörten und unzufriedenen Bevölkerung unter dem Organisationsklientel von ausländischen Zeitwanderern für dieses Syndrom einen guten Nährboden bildet. Wenn man Sicherheit als einen Standortfaktor einer erfolgreichen Transformation zur Marktwirtschaft betrachtet, so stellt dieses rasch wachsende Kriminalitätssyndrom zweifellos einen negativen Standortfaktor dar.

4.4.4 Ausblick: Das Zeitalter der Metropolen in Europa

Europa tritt ein in das Zeitalter der Metropolen. Eurometropolen werden eine dritte Kraft bilden neben den supranationalen Behörden in Brüssel und den internationalen Konzernen. Sie werden mittels Spezialisierung ihren Einflußbereich ausweiten, der nicht mehr auf den territorialen Rahmen ihres jeweiligen Staates beschränkt sein wird. Sie werden sich aufgrund ihrer funktionellen Kapazitäten ein eigenes Netzwerk an Beziehungen schaffen, sowohl untereinander als auch zu supranationalen Behörden und internationalen Institutionen und Unternehmen. Konkurrenz und Kooperation tragen supranationale Züge. Auf dieser Grundlage entsteht eine fortschreitend von nationalen Reglementierungen unabhängiger werdende neue metropolitane Politik im Rahmen der Internationalisierung Europas. Die Metropolen werden zu Unternehmern – eine aus Amerika bekannte neue Sichtweise –, deren Interessen allerdings nicht an den Grenzen Europas enden werden.

Die obigen Aussagen gelten freilich nur für die sozialen Wohlfahrtsstaaten und nicht für die Metropolen in den postsozialistischen Staaten. Im folgenden sei versucht, die wichtigsten Unterschiede zu kennzeichnen:

1. Während in der Europäischen Union vereinheitlichende Tendenzen im metropolitanen System und im zentralörtlichen System zu erwarten sind, werden in den postsozialistischen Ländern individuelle nationale Lösungen überwiegen. Ältere persistente Strukturen kommen nach dem Wegziehen der vereinheitlichenden Decke des kommunistischen Systems wieder zum Vorschein. Die Transformation vom Plan zum Markt und die Privatisierung des Immobilien-, Wohnungs- und Arbeitsmarktes folgen unterschiedlichen nationalen Strategien.

2. Die Prozesse der Transformation im östlichen Europa finden nicht einfach analog mit zeitlicher Verschiebung zu denen im Westen statt, sondern viele Phänomene sind schlagartig aufgetreten. Der Begriff der „neuen Gründerzeit" wurde durch die positiven Effekte der Liberalisierung, Privatisierung und Kommerzialisierung geprägt. Hierzu zählen

→ die Entwicklung eines internationalen Immobilienmarktes und
→ die vom internationalen Finanzkapital gesteuerten Investitionen auf dem Bürosektor, bei Banken, Versicherungen, Großhandelsketten usw. Zu den Negativeffekten gehören
→ die Entstaatlichung und Deindustrialisierung des Arbeitsmarktes
→ der Anstieg der nationalen Arbeitslosenraten,
→ das Auftreten einer neuen Wohnungsnot durch das Ende des staatlichen Wohnungsbaus und die Privatisierung eines Großteils des bisher staatlichen Mietshausbestandes
→ bei gleichzeitiger sozialer Desorganisation (Obdachlosigkeit, Drogenmißbrauch, Kriminalität) in den Metropolen (vgl. oben).

3. Im Westen dissoziiert sich das metropolitane System zunehmend von den nationalen zentralörtlichen Systemen, welche in eine Phase der Destabilisierung eingetreten sind. Kleine Städte werden von den neuen Entwicklungen randlich liegengelassen. In den Staaten mit ehemals zentralistischer Planwirtschaft sind die Zentralen Orte mit niedriger Rangstufe schon in der kommunistischen Ära eliminiert worden.

4. Der entscheidende Einbruch auf dem Arbeitsmarkt der postsozialistischen Staaten durch die Entindustrialisierung und den Zusammenbruch ganzer Industriesparten betrifft Industriereviere, Mittel- und Kleinstädte. Nur in den Metropolen hat das Take-off der dienstleistungsorientierten Privatwirtschaft zu einer weitgehenden Kompensation geführt und bisher Arbeitslosigkeit verhindert.

5. Nur die Primatstädte der postsozialistischen Staaten werden aktiv an der Kooperation und Konkurrenz zwischen den Eurometropolen teilnehmen und zu Innovationszentren für internationale ökonomische und technologische Entwicklungen avancieren. Nur sie profitieren von der Transferpolitik des internationalen Finanzkapitals. Nur ihnen wird die Einrichtung von Hochleistungsstrecken der Bahn und internationaler EDV-Netze zugutekommen. Sie sind die Innovationszentren für die Transformation des Arbeitsmarktes. Nur in ihnen hat ein größerer Teil der Arbeitsbevölkerung die Chance, die Ausbildung in ein marktfähiges Gut zu verwandeln. Je später die einzelnen postsozialistischen Staaten an der Europäischen Integration teilnehmen, umso länger wird diese exzeptionelle Position ihrer Primatstädte andauern.

6. Die Trennung der Standorte von Arbeit und Freizeit wird sich im Westen fortsetzen und das Wachsen von Freizeit- und Kulturstädten fördern, ebenso von Fremdenverkehrsrevieren und Städten für das „dritte Lebensalter": Die Bildung von Zweitwohnungsregionen rings um Großstädte, besonders um nationale Metropolen, ist in den postsozialistischen Staaten sehr viel stärker ausgeprägt als in den meisten Ländern Westeuropas und wird ihre Bedeutung beibehalten.

7. Die Liberalisierung wird eine Separierung der Wirtschafts- von der Sozialpolitik in der EU bewirken und neue interurbane und intraurbane Segregationsprozesse in

Gang setzen. Ähnliche Prozesse mit jedoch viel weiter sich öffnenden Scheren zwischen arm und reich laufen im Gefolge der Transformation in den postsozialistischen Staaten ab. In den Großstädten der postsozialistischen Staaten ist eine neue plutokratische Oberschicht im Entstehen begriffen, während die Bildung einer Mittelschicht nach westlichem Muster in der Vergangenheit, abgesehen von Tschechien, keine Tradition hatte und daher auch für die unmittelbare Zukunft geringe Wahrscheinlichkeit aufweist. Besitzende und Besitzlose werden sich daher mehr polarisieren als in den westlichen Wohlfahrtsstaaten. Traditionelle soziale Muster der Städte werden „zurückkehren“ und sich sogar verstärken. Es ist das Entstehen einer Eindrittelgesellschaft zu erwarten, d.h., daß zwei Drittel der Gesellschaft aus der kargen Sicherheit der sozialistischen Planwirtschaft in die Unsicherheit und Risken des Marktes transferiert und mehr als die Hälfte mit einer „neuen Armut“ konfrontiert werden wird.

5 Strukturen und Prozesse auf der Makroebene von städtischen Systemen

5.1 Raumtypen und Strukturen von städtischen Systemen

5.1.1 Raumtypen

Ausgehend von der Entwicklung und dem Ausbau funktioneller Stadtsysteme in Nordwest- und Mitteleuropa gelangt man unter Einblendung der Situation in Nordamerika zu folgenden Aussagen über Raumtypen von städtischen Systemen (vgl. Abb. 5.1):

Die vorindustrielle Basis des Städtewesens in West- und Mitteleuropa bildeten hierarchisch gegliederte *zentralörtliche Netze*, die aus den Stadt-Land-Beziehungen, aus den spezifischen Bedürfnissen der Vermarktung der Produktion, des Verkehrs und der administrativen Zuordnung von ländlichen Gemeinden zu Städten erwachsen sind. In der Gründerzeit entstanden *Reviere*, d.h. Stadtverbände von Bergbau- und Industriestädten über den Steinkohlelagern in Großbritannien, im Ruhrgebiet und in Oberschlesien (vgl. Abb. 5.3).

Bereits im aufgeklärten Absolutismus, d.h. im späten 18. Jahrhundert, entwickelten sich die Hauptstädte von zentralistisch organisierten Staaten zu sogenannten *Primatstädten*. Aufgrund ihrer überragenden politischen, ökonomischen und kulturellen

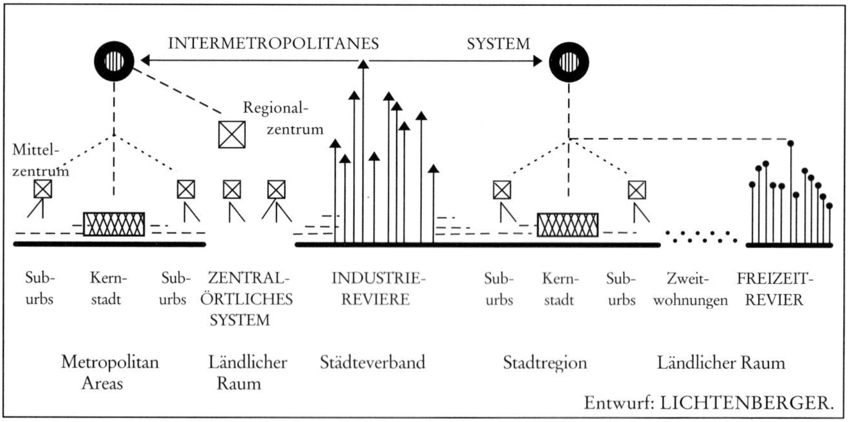

Abb. 5.2: Verflechtung von zentralörtlichen und intermetropolitanen Systemen und Revieren

	Vorindustrielle Zeit	Gründerzeit	20. Jahrhundert 1. Hälfte	2. Hälfte
Zwischenstädtisches System	***Zentralörtliche Hierarchie***	***Reviere*** (Stadtverbände)	***Intermetropolitanes System***	
Stadttypen	Zentrale Orte	spezielle Funktionstypen von Städten (Bergbau-, Industrie-, Fremdenverkehrsstädte)	Metropolitan Areas: Kernstadt	Suburbs
Typ der räumlichen Mobilität der Bevölkerung	aufsteigend in der Rangordnung der Städte	Fernwanderungen	"Stadtflucht" → Freizeitwohnungen ↓ Hauptwohnung	Desurbanisierung ↓ ländlicher Raum
		Verstädterung	Suburbanisierung →	ländlicher Raum

Entwurf: LICHTENBERGER

Abb. 5.1: Der Ausbau des städtischen Systems seit dem 19. Jahrhundert in Nordwest- und Mitteleuropa

Funktionen überschritt ihre Einwohnerzahl – in Abweichung von der Rang-Größe-Regel – bereits damals das Doppelte der nächstkleineren Stadt. Diese Primatstädte umgürteten sich als erste mit einem Kranz von Vororten, welche im Laufe des 19. Jahrhunderts im Zuge sogenannter „Stadterweiterungen" eingemeindet wurden. Gelang es in der Zeit des überwiegend fußläufigen Verkehrs noch, zusammenhängende Verbauungsgebiete durch Eingemeindungen zu erfassen, so bewirkte der Ausbau der Massenverkehrsmittel um die Jahrhundertwende die Entstehung einer neuen, nicht mehr in direktem baulichem Kontakt mit der Kernstadt befindlichen Peripherie von Vororten. Derart erweiterte sich der physiognomisch faßbare Verbauungsbereich der Stadt zu der durch die Pendelwanderung definierten *Arbeitsmarktregion*. Dieser Vorgang ergriff als *Suburbanisierung*, von den Großstädten ausgehend, schrittweise auch die Mittelstädte.

In den USA erfolgte schon in der Zwischenkriegszeit eine klare Aufspaltung der *Metropolitan Areas* in *Kernstädte* und *Suburbs*. Inzwischen hat sich Suburbia zu einem selbständigen Glied des Siedlungssystems entwickelt, in dem mehr als die Hälfte der Bevölkerung lebt.

Mit dem überproportionalen Wachstum des quartären Sektors in den größeren Metropolitan Areas (Verdichtungsräumen mit 250000 und mehr Einwohnern) entstand ein komplex gebautes *intermetropolitanes System*, welches das ältere zentralörtliche System, d.h. die Einzugsbereiche der Zentralen Orte (regionale Zentren und Kleinstädte bis zu 50000 Einwohner), überlagert und teilweise kappt (vgl. Abb. 5.2).

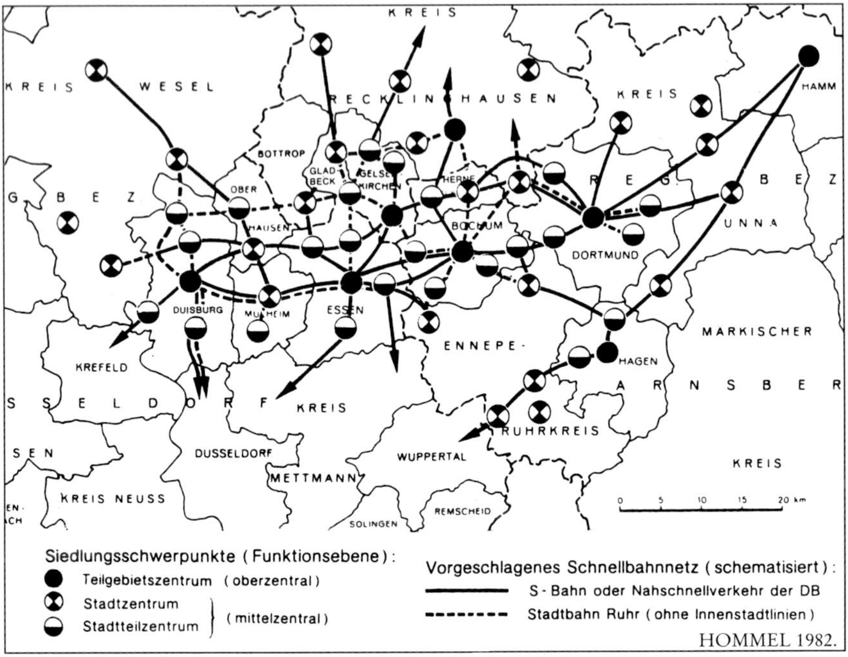

Abb. 5.3: Das Beispiel des Ruhrreviers

In den Anfängen ebenfalls auf die Gründerzeit zurück geht die Entstehung von *Freizeitrevieren* (in den Alpen, an den Küsten Europas). Mit der Aufspaltung von Arbeits- und Freizeitwohnungen entstand um die großen Städte in der Nachkriegszeit eine *Zweitwohnungsperipherie*.

Die einzelnen Raumtypen von städtischen Systemen haben in unterschiedlichem Maße die Aufmerksamkeit der Stadtforschung gefunden. An erster Stelle stand lange Zeit die Untersuchung des zentralörtlichen Systems. Im angelsächsischen Sprachraum hat die Auseinanderentwicklung von Kernstadt und Suburbia zu einer lebhaften politischen und wissenschaftlichen Diskussion geführt. Das von BERRY postulierte *Modell der Counterurbanization* ist vom *Stadtland-Modell* von HOLZNER (1996) abgelöst worden.

5.1.2 Merkmale des Sozialraums von Kernstädten, suburbanen Siedlungen und Zentralen Orten

Kernstädte, suburbane Siedlungen, Zentrale Orte (kleine Mittelstädte, Kleinstädte) und ländliche Räume weisen hinsichtlich der Ausstattung des physischen Raums und des Aktions- und Wahrnehmungsraums der jeweiligen Bewohner beachtliche Unterschiede auf (vgl. Abb. 5.4).

In den ***Kernstädten*** ist das Leben in Mietwohnungen die Regel. Bei hoher Dichte, Heterogenität und Vielfalt von Einrichtungen bleibt der Aktionsraum des einzelnen anonym. Dieser kann sich der gruppenspezifischen und territorialen Kontrolle weitgehend entziehen, ist aber umgekehrt nicht imstande, den komplexen Stadtraum und sein Beziehungsgeflecht zu erfassen und tatsächlich zu nutzen. Der Ausstattungsvielfalt von Arbeitsplätzen und zentralen Einrichtungen steht in der Kernstadt ein eklatantes Defizit hinsichtlich der Umweltqualität und eine nur beschränkte Gestaltungsmöglichkeit der Wohnumwelt gegenüber.

Mit der Stadtflucht aus der Kernstadt in die ***suburbanen Siedlungen*** gewinnt der einzelne die Überschaubarkeit des persönlichen Wahrnehmungsfeldes dank der Weite und Offenheit der Freiräume, und ebenso ist es ihm möglich, das Einfamilienhaus als Wohnform zu realisieren, wenn dies seinen Wünschen entspricht. Er folgt letztlich damit den Intentionen von Stadtplanern, die bereits seit Beginn des Jahrhunderts nach gegliederten, überschaubaren Siedlungseinheiten rufen. Gleichzeitig kann er jedoch – darin sind Ambivalenz und Vorteil des suburbanen Raums und damit dessen

	1 Kernstadt	*2 Suburbia*	*3 Kleinstadt (Zentraler Ort)*	*4 Ländlicher Raum*
Physischer Raum	hohe Dichte, Heterogenität der Einrichtungen	mäßige Dichte	mäßige Dichte	geringe Dichte
	geringe Freiräume	mäßige Freiräume		weite Freiräume
	Mietshauswesen	Wahl der Wohnformen möglich	Präferenz für Eigenhaus	Eigenheim
Arbeitsplätze	hoher Überschuß	Defizit und beschränkte Auswahl	Überschuß	hohes Defizit
Zentrale Einrichtungen	hoher Überschuß	Fehlen spezialisierter Einrichtungen	Überschuß	Unterversorgung
Aktionsraum	anonym	anonym, wenn erwünscht	partielle (gruppenspezifische) soziale Kontakte	strikte soziale Kontakte
Wahrnehmungsraum	nicht überschaubar	überschaubar	überschaubar	überschaubar

LICHTENBERGER 1983, S. 18.

Abb. 5.4: Bauliche und sozialgeographische Merkmale von Kernstadt, Suburbia und Kleinstadt in Zentraleuropa

Take-off begründet – in seinem Aktionsfeld noch weitgehend die Anonymität behaupten, sollte er dies wollen.

Überall dort, wo die Suburbanisierung – aufgefaßt als Prozeß der Ausbreitung einer städtischen Gesellschaft – hinausgreift in bereits bestehende Siedlungsstrukturen (Kleinstädte, Märkte, Dörfer), kommt es zu einer Zweiteilung der Gesellschaft zwischen dem Subsystem der unter sozialer Kontrolle stehenden ortsständigen Bevölkerung und der die Anonymität des Aktionsraums wahrenden großstädtischen Pendlerbevölkerung, deren soziale Rolle bereits vom Freizeitverhalten ihren Zuschnitt erfährt.

Die in Suburbs nur eingeschränkt mögliche soziale Kontrolle wirkt in den ***Zentralen Orten*** und ***ländlichen Siedlungen*** als Instrument der Eingliederung des einzelnen in die territoriale Gruppe. Andererseits bieten jedoch diese überschaubaren Räume eine Möglichkeit der Selbstidentifizierung und Präsentation des Lebensstils und der Arbeitsleistung, welche weder im suburbanen Raum noch in der Kernstadt in dieser Form möglich sind. Damit verbinden sich vielfach traditionelle Vorstellungen von Lebensformen, ebenso die Einheit von Wohnen und Arbeiten, wie sie vor allem bei Gewerbetreibenden und Angehörigen der freien Berufe die Regel ist.

5.1.3 Merkmale des Arbeitsmarktes von Metropolitanen Regionen, Revieren und Zentralen Orten

Das Phänomen „Arbeiten" ist seit langem im Katalog der Daseinsgrundfunktionen der Sozialgeographie enthalten, nichtsdestoweniger blieb bisher die Zahl der Studien im Vergleich zu denen über die Daseinsgrundfunktion des Wohnens sehr bescheiden. Eine Arbeitsmarktforschung als geographische Teildisziplin steht erst am Anfang. Es ist das Verdienst von FASSMANN die institutionellen Theorien der Wirtschaftswissenschaften und soziale Mobilitäts- und Karrierepfadanalysen der Sozialwissenschaften mit den räumlichen Theorien der Geographie verbunden zu haben. Die folgenden Ausführungen stützen sich auf das Buch von FASSMANN über „Arbeitsmarktsegmentation und Berufslaufbahnen" (1993). Sie schließen an die Ausführungen über den Sozialraum an und kennzeichnen die Merkmale des Arbeitsmarktes von Metropolitanen Regionen, Revieren, Zentralen Orten und ländlichen Räumen (vgl. Abb. 5.5).

Die ***Metropolitanen Regionen*** sind durch eine äußerst vielfältige Mengung von Betrieben gekennzeichnet. Sie sind intermetropolitan und interregional miteinander verflochten und offerieren ein breitgefächertes Arbeitsplatzangebot in allen Teilbereichen des Arbeitsmarktes. Charakteristisch ist einerseits die Dominanz höherer, hochqualifizierter und leitender Positionen im Beschäftigungssystem und andererseits das breite Angebot an unqualifizierten Hilfsarbeiterstellen, an Teilzeit- und Kurzarbeit. Die einzelnen Berufsstrata weisen unterschiedliche Reichweiten der Pendelwanderung auf. Polarisierungen sind ein Grundmerkmal der Partizipation der Erwerbstätigen am arbeitsteiligen Prozeß. Hierzu gehören die hohe Erwerbsbeteiligung, welche gleichzeitig von einer individuellen und strukturspezifischen „Grundlast von Arbeitslosen" begleitet wird. Polarisierungen der Karrieremuster bestehen ferner zwischen

	1 *Metropolitane Regionen*	2 *Reviere*	3 *Zentrale Orte*	4 *Ländlicher Raum*
Räumliche Struktur	zentrierte Arbeitsmarkt-region	multinukleare Arbeitsmarkt-gebiete	zentrierte Arbeitsmarkt-region	immanentes Arbeitsplatz-defizit
Verflechtung	geringe Freiräume	intraregional	regionale Hierarchien	
Pendel-region	die einzelnen Berufsstrata haben unter-schiedliche Reichweiten	kürzere Pendler-distanz als 1	zentral-peripher strukturierte Pendelregion	z. T. Wochen-pendelwanderung
Arbeitsplatz-spektrum	sehr groß	relativ gering	relativ groß	sehr gering
Segmente	alle Segmente	berufsfachlich produktions-orientiert	berufsfachlich dienstleistungs-orientiert	Defizit im primären Segment
segment-externe Mobilität	geschützt zu offen			offen zu geschützt
Karriere	Polarisierung Aufstieg versus transitional, notorische Arbeitsplatz-wechsler	"steady state"	bescheidener Aufstieg	"steady state" "Betriebstreue"
Etappen-dauer	größere Spannweite			relativ lang
Arbeits-losigkeit	individuen-spezifische "Grundlast" zeitlich stabil	struktur-spezifisch		struktur-spezifisch saisonal
Frauen	hohe Erwerbs-quote, beste Aufstiegs-möglichkeiten	große Unter-schiede der Erwerbsquote	geringe Erwerbsquote abhängig von biographischen Einschnitten	Arbeitsplätzen in der Landwirtsch.
Ausländer	hoher Anteil Aufstieg möglich	kaum Aufstieg möglich		

unter Verwendung von: FASSMANN 1993.

Abb. 5.5: Merkmale des Arbeitsmarktes von Metropolitanen Regionen, Revieren und Zentralen Orten in Zentraleuropa

Aufsteigern und Absteigern wie zwischen notorischen Wechslern und arbeitsplatztreuen Beschäftigten. Metropolitane Regionen bieten die besten Aufstiegsmöglichkeiten für Frauen und für ausländische Arbeitskräfte im gesamten Siedlungssystem.

Mit Absicht wurde im Schema keine Trennung von Kernstadt und suburbanem Raum vorgenommen, da bisher in Europa auf dem Arbeitsmarkt keine Verselbständigung der Suburbs von der Kernstadt eingetreten ist.

Die ***Sonderstellung von Revieren*** gegenüber den metropolitanen Regionen ist bereits von der monofunktionellen Betriebsstruktur her begründet worden (Industriereviere, Fremdenverkehrsreviere u. dgl.) Die Arbeitsmarktforschung bietet einige weitere Merkmale an. Zum Unterschied von den zentriert gebauten metropolitanen Regionen handelt es sich bei ihnen um intraregional verflochtene multinukleare Arbeitsmarktgebiete, in denen zahlreiche verhältnismäßig kleine Pendlereinzugsbereiche ineinandergreifen. Entsprechend der funktionellen Struktur dominieren bestimmte berufs- und branchenspezifische Arbeitsmarktsegmente mit deutlichen Disproportionen in der Erwerbsbeteiligung von Frauen bzw. Ausländern. Steady-state-Karrieren überwiegen, die Aufstiegsmöglichkeiten sind geringer als in den metropolitanen Regionen von gleicher Größe, sprich gleicher Zahl der Erwerbstätigen. Für Frauen und Ausländer bestehen nur geringe Aufstiegschancen. Staatliche Maßnahmen sind zur Bekämpfung der strukturellen Arbeitslosigkeit erforderlich.

Die ***Zentralen Orte*** bilden ebenfalls zentrierte Arbeitsmarktregionen mit dem umgebenden ländlichen Raum, der in sozioökonomischer Hinsicht über die Pendelwanderung häufig klar zentral-peripher stratifiziert ist. Das Netz der Arbeitsmarktregionen der Zentralen Orte wird stets – wenn auch nur teilweise – von dem von Metropolitanen Arbeitsmarktregionen überlagert. Zentrale Orte weisen bekanntlich einen hohen Arbeitsplatzüberschuß auf. Die Unterschiede gegenüber den metropolitanen Regionen bestehen in einem schmäleren Spektrum der Arbeitsplätze, wobei das Segment des geschützten Arbeitsmarktes, sprich öffentlicher und gemeinwirtschaftlicher Sektor, als Instrument einer Disparitäten ausgleichenden Regionalpolitik eine entscheidende Schlüsselfunktion besitzt. Abstiegsorientierte Berufspfade weisen einen höheren Anteil auf als in Metropolitanen Regionen. Die weibliche Erwerbsquote ist niedriger, Frauen scheiden öfter nach biographischen Einschnitten aus dem Erwerbsleben aus.

Der ***ländliche Raum*** weist eine Reihe von gravierenden Defiziten auf dem Arbeitsmarkt auf. Hierbei handelt es sich nicht nur um ein Mengendefizit an Arbeitsplätzen, welches Abwanderung auslöst bzw. zur Pendelwanderung zwingt, sondern es werden auch die saisonalen und konjunkturellen Nachfrageschwankungen von den städtischen Zentren an den ländlichen Raum abgegeben. Damit wird die Arbeitslosigkeit aus den städtischen Siedlungen gleichsam „exportiert“. Hierzu kommt weiters das niedrige Qualifikationsniveau der Arbeitsplätze, welche sich auf die Bereiche Landwirtschaft, Baugewerbe und sekundärer Sektor beschränken, während wirtschaftsorientierte Dienstleistungsarbeitsplätze nahezu fehlen. Qualifizierte Arbeitskräfte müssen abwandern. Hierbei haben egalitäre Bestrebungen der Bildungspolitik und der Ausbau des höheren Schulwesens in den Zentralen Orten des ländlichen Raums der Abwanderung weiteren Auftrieb gegeben und eine negative Spirale von Arbeitsplätzen und Arbeitskräften in Gang gesetzt. Aufgrund einer quasimonopolistischen Struktur ist andererseits die Betriebstreue bei den ortsständigen Arbeitnehmern relativ hoch. Die Beibehaltung des Wohnstandortes im ländlichen Raum würde aufgrund der Arbeitsmarktdefizite und des immanenten Problems der hohen Zeit-, Kosten- und Mühebelastung der Bewohner für die Befriedigung auch weiterer Grunddaseinsfunktionen wie der Bildung, Versorgung mit Konsumgütern usw. nahezu untragbar erscheinen, wenn nicht über andere Elemente der Lebensqualität, darunter insbesondere den leichteren Zugang zum Wohnungsmarkt über den Einfamilienhausbau und die höhere Qualität der Wohnverhältnisse und des Wohnumfeldes, diese Defizite – wenn auch in unterschiedlichem Ausmaß – substituiert werden könnten.

5.1.4 Kernstadt – Suburbia – Kleinstadt: Mobilität und Segregation in Nordamerika

Die Stadtentwicklung in Nordamerika steht unter anderen Vorzeichen als in Europa. Die Begrifflichkeit von Kernstadt, Suburbs und Kleinstädten ist daher mit unterschiedlichen Inhalten versehen. Zwei Elemente der Sozialsystems, Mobilität und Segregation, werden zur Erklärung herangezogen. Die außerordentlich hohe räumliche Mobilität der weißen amerikanischen Mittelschicht verhindert die territoriale Einbettung und damit Identifikation des einzelnen Bewohners ebenso wie die bauliche Produktion von städtebaulicher Individualität durch Bauunternehmen und Stadtentwicklungsgesellschaften, von den Megastrukturen der Downtown der wenigen Global Cities abgesehen. Die Auseinanderlegung der Gesellschaft nach demographischen, sozialen und ethnischen Kriterien sowie nach Lebensstilen ist extrem ausstilisiert und wird von allen Institutionen des Marktes gefördert.

Die „ideologische Funktion" der ***Kernstädte*** war und ist eine andere als in Europa, sie sind nicht Zentren der nationalen oder regionalen Identifikation, Stätten der Bildung und Kultur, sondern Transformationsstationen für den Wanderungsprozeß, bei dem immobile Schichten, Minderheiten, Arme, Alte, zurückbleiben. Es ist kein Zufall, daß die sozialökologische Theorie an dem Modell der Kernstadt von Chicago entwickelt wurde, wo die Akkulturierung der europäischen Zuwanderer gelungen ist, die nichtweißen Zuwanderer jedoch nicht integriert werden konnten. Auf die duale Struktur der Kernstadt, die Ghettoisierung versus Gentrification, wurde hingewiesen. Unter dem Druck der zentripetalen Bewegung von Kapital, Arbeitsstätten und Bevölkerung verlieren sie unaufhaltsam gegenüber den Suburbs an Stellenwert. Eine Stadtwanderung als breite Bewegung der jungen Generation mit dem Wunsch nach urbanem und kosmopolitischem Lebensstil wie in Europa fehlt.

Suburbia galt noch in den 60er Jahren als ein Siedlungssystem der weißen Mittelschichten mit überproportionalem Anteil von Angestellten und Bildungsschichten, deren Mitglieder großen Wert darauf legten, daß ihre Kinder eine gute High-School besuchen. Mit fortschreitender Suburbanisierung ist seither eine partielle Angleichung des Sozialprofils an die Kernstädte erfolgt, aus denen alle Probleme der ethnischen Segregation und sozialen Desorganisation zunächst auf die älteren Suburbs ausgegriffen haben und sich gegenwärtig rasch weiter peripher ausbreiten. Aus den flächigen Aufschließungen der 60er Jahre ist inzwischen eine immer kleinzügigere Fragmentierung nach dem Prinzip der Homogenität des Wohnmilieus nach Einkommen, Bildung, Altersklassen und Lebensstil entstanden, welche HOLZNER (1996) als „Zellenmosaik der Privatsphären" betitelt hat. Darüber hinaus produzierten die Aufschließungsfirmen im Jahrzehnt von 1980–1990 ein Überangebot an Wohnobjekten im Verhältnis von 3:2 zur Nachfrage, was einerseits das Mitwandern der weißen Mittelschicht mit steigenden Bodenpreisen begünstigt und die Mobilität noch weiter gefördert hat, während andererseits ein rascherer Wertverfall von Bauten in älteren Suburbs eingetreten ist. Im übrigen sind Häuser und Wohnungen – ebenfalls anders als in Europa – längst zu einem Konsumgut geworden, über dessen Recycling kaum nachgedacht wird.

Die ***Kleinstädte*** haben in der Landnahme des Kontinents als Knoten des Bahnverkehrs und des Binnenmarktes eine wichtige Funktion wahrgenommen. Zur Ausbildung eines hierarchisch durchdifferenzierten zentralörtlichen Systems wie in Europa ist es jedoch nicht in allen Staaten gekommen. Die Kleinstädte wurden auch nicht die Zentren der chaotischen Urbanisierung des 20. Jahrhunderts. Sie blieben abseits des Autobahnbaus und es wurde ihnen auch keine integrative Funktion bei der Suburbanisierung von Bevölkerung und Arbeitsstätten zugemessen. Die Kleinstädte im Bereich von Metropolitan Areas wurden im Zuge des Überspringens der „Mittelschicht-Suburbs" durch das Abströmen von Afroamerikanern und unteren Bevölkerungsschichten aus den Kernstädten sozial degradiert und von Blight-Phänomenen erfaßt. Mit der Metropolitanisierung und dem Ausbau des intermetropolitanen Systems erfolgte staatenübergreifend ein Zerfall des zentralörtlichen Systems. Analog zu den Kleinstädten im Staatskapitalismus verloren Kleinstädte ihre historischen zentralörtlichen Funktionen, wenn es ihnen nicht als County-Seats gelang, die Zuwanderung von Mittelschichten an sich zu ziehen. Nur wenige Kleinstädte hatten die Chance, als Museumsstädtchen touristisch vermarktet zu werden.

5.2 Entwicklungstendenzen von städtischen Systemen

5.2.1 Entwicklungstendenzen im politischen Systemvergleich

Es ist die Aufgabe dieses Kapitels, die Hauptunterschiede in den Entwicklungstendenzen städtischer Systeme im Privatkapitalismus der USA, in den sozialen Wohlfahrtsstaaten und den Transformationsstaaten darzustellen.

Bereits in der Einleitung wurde die Zukunftsvision von perfekter Telekommunikation und zeitsparender Verkehrstechnologie vorgeführt, durch die sich die ***Stadt in Nordamerika*** zu einem „non-place" wandelt. Danach sind städtische Infrastruktur und Dienste nahezu ubiquitär vorhanden, und es verteilen sich die Aktivitäten der Gesellschaft dispers im Raum, da aufgrund der hohen Bewertung der Umweltqualität die intermetropolitane Peripherie zunehmend an Attraktivität gewinnt. Diese Vision der *Counterurbanization* aus den späten 60er Jahren ist nicht eingetreten. Die Suburbanisierung blieb weiterhin das Leitmotiv des metropolitanen Wachstums. Neben der anhaltenden Suburbanisierung der Bevölkerung kam es zur Suburbanisierung der Industrie, des Einzelhandels- und Dienstleistungssektors und schließlich des Bürosektors. Den Industrial Parks folgten die Shopping-Center, die Office Parks und die Anlage von neuen Downtowns in der „Außenstadt". Die 70er und 80er Jahre standen damit unter dem Prinzip einer dezentralen Konzentration von Bevölkerung und Arbeitsstätten in den Außenstädten (Edge Cities) längs der Gürtelautobahnen (Beltways) in den Metropolitan Areas. In den 80er Jahren begann mit der Anlage der CIDs die neue Bewegung der Gated Communities. Gleichzeitig damit erfolgte die *Rurbanisierung*, die Aufschließung einer lockeren rurbanen Peripherie innerhalb und außerhalb der Grenzen der Metropolitan Areas mit Aufschließungskernen in weiten unverbauten Arealen, abgerückt von den Kernstädten und gleichzeitig nahe an unberührten Gebieten, bei gleichzeitig guter Erreichbarkeit von Dienstleistungen und Arbeitsplätzen. Es handelt sich um eine Peripherie des Telezeitalters.

Aus der Vision der Counterurbanization ist jedoch ein Aspekt Realität geworden, nämlich die enorme Extensivierung des Siedlungsraums. Sie wird durch die Reduzierung der Dichte in den Urbanized Areas, in denen rund zwei Drittel der Bevölkerung leben, belegt. Vor dem Zweiten Weltkrieg betrug deren Dichte rund 3800 Einw./qkm. In der Nachkriegszeit ist die Bevölkerungsdichte auf 850 Einw./qkm im Jahr 1990 gefallen. Nur als Vergleichswert sei angeführt, daß in der Bundesrepublik in allen Verdichtungsräumen die Bevölkerungsdichte mindestens 5000 Einw./qkm beträgt. Einer Walze vergleichbar, bewegt sich die „property machine" weiter in den Raum, der nach wie vor eine fast ubiquitäre Ressource darstellt und durch Aufschließung in Kapital verwandelt wird. Keine Gemeindehoheit, keine Restriktionen der Planung behindern diesen fortschreitenden Prozeß der Okkupation von immer neuen „Frontiers", mit dem gravierende Verfallserscheinungen in anderen Teilen des Siedlungssystems verbunden sind.

Ein Profil von den Kernstädten hinaus in den ländlichen Raum belegt die Polarisierung von Verfalls- und Blight-Phänomenen einerseits in den Kernstädten und andererseits in den peripheren ländlichen Räumen (vgl. Abb. 5.6).

Auf die Wüstungsprozesse in den Kernstädten und die damit verbundenen Ghettoisierungsprozesse von spezifischen sozialen, demographischen und ethnischen Gruppen wurde eingegangen. Nun ist Stadtverfall gleichzeitig Zustand und Prozeß. Als solcher folgt er den Innovationsgesetzen und erfaßt dementsprechend einerseits immer jüngere Bausubstanz und breitet sich andererseits zentral-peripher aus. Konkret bedeutet dies, daß er, ausgehend vom gründerzeitlichen Baubestand der Kernstädte, über ältere und schließlich jüngere Suburbs und Kleinstädte zeitlich und räumlich in gewissem Abstand der Neuverbauung nachfolgt.

Die Erneuerung der Innenstädte über die Gentrification zeitigte nicht den Erfolg, den man vorausgesagt hatte. Die Rückkehr von „Citybevölkerung" in die Downtowns wurde gebremst durch attraktive Angebote für spezifische Lebensstile in den neuen Downtowns der Außenstädte.

Da die Rurbanisierung und damit ökonomische Wachstumseffekte nicht die Peripherie des ländlichen Raumes erreichen, werden ökologisch marginale Teile desselben, die nicht für die Freizeitgesellschaft geeignet sind, gleichfalls von Verfallsphänome-

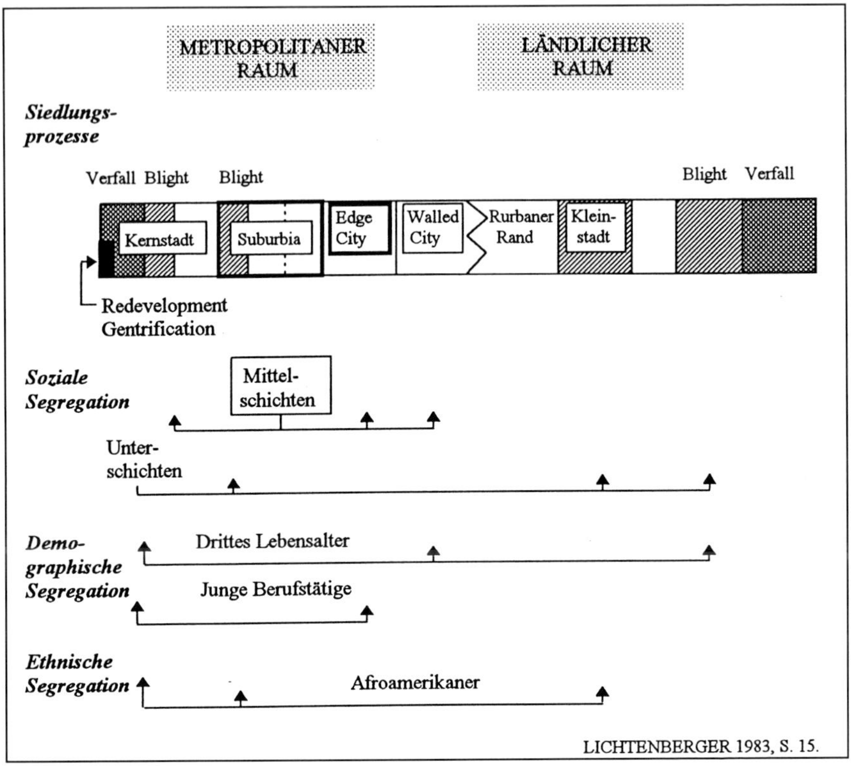

Abb. 5.6: Entwicklungstendenzen des Siedlungssystems im NO der USA

nen betroffen. Die *Sozialbrache* und der Siedlungsverfall in ländlichen Räumen haben in Nordamerika Ausmaße erreicht, von denen man sich in Europa kaum eine Vorstellung machen kann. Es ist daher einsichtig, daß die Bundesbehörden in jüngster Zeit den Nationalparkgedanken wieder aufgreifen und abgelegene, siedlungsleere Gebiete als „natural reserves" ausgrenzen.

Während ein „antiurbanes Präferenzmodell" familiengebundener Mittelschichtsbevölkerung die nordamerikanische Siedlungsentwicklung beherrscht, folgte die ***Stadtentwicklung in den ehemals sozialistischen Ländern*** der Doktrin, daß nur in der Stadt die klassenlose sozialistische Gesellschaft verwirklicht werden kann. In der UdSSR gab es bis knapp vor der politischen Wende zwei unterschiedliche „Ausweiskategorien" für städtische und ländliche Bevölkerung. In den sozialistischen Städten wurde, vergleichbar den großen gründerzeitlichen Städten Kontinentaleuropas, die „Disparitätsgrenze" mit der Stadtgrenze festgeschrieben. Die Stadt (Großstadt) war mit allen Einrichtungen der sozialen und technischen Infrastruktur besser ausgestattet als das Land. Dementsprechend hatte die Stadt- bzw. Großstadt-Wanderung absolute Dominanz. Sie ging auf die Pull-Faktoren von besserem Arbeitsstättenangebot, besseren Dienstleistungen und höherem Konsumniveau zurück. Nur in den Großstädten war der Aufstieg über Bildung und der Zugang zum Kader der Funktionäre möglich.

Entsprechend der produktionsorientierten Wirtschaftspolitik wurde in den sozialistischen Staaten die Zentrale-Orte-Theorie aus der konsumentenorientierten Ausrichtung herausgelöst und als Instrument für die Steigerung der Produktion verwendet. *Zentrale Orte* wurden in „agrartechnologische Vororte" für die kollektivierte Agrarwirtschaft des ländlichen Raumes umfunktioniert, Maschinenreparaturstationen und dgl. ersetzten konsumentenorientierten Handel und Gewerbe. Entsprechend der Top-down-Verteilung der zentralistischen Budgets kamen bei der Zuteilung von Einrichtungen der technischen Infrastruktur und von „sozialen Gütern" bereits die mittleren und vor allem die unteren Stufen der Zentralen Orte zu kurz. Die Zentrale-Orte-Politik der sozialen Wohlfahrtsstaaten in den 50er Jahren, die Bildungs- und Sozialeinrichtungen der mittleren zentralörtlichen Stufe zugeteilt hat, fehlte, und wird aller Voraussicht nach in den postsozialistischen Staaten kaum nachgeholt werden. Irreversibel ist ferner die Beseitigung der besitzbürgerlichen Gesellschaft der Kleinstädte durch Diskriminierung und Enteignung.

Im *ländlichen Raum* fehlte eine Siedlungsplanung. Eine weitere Ausbreitung der anarchischen Urbanisation der Zwischenkriegszeit war vor allem in Ostmitteleuropa und Südosteuropa die Konsequenz. Mit Nachdruck sei betont, daß aufgrund der informellen Strukturen und des „Pseudomarktes" eine Gleichsetzung dieser, von spontaner privater Initiative getragenen extensiven Siedlungsbewegung mit der Suburbanisierung nordamerikanischer Städte, wie sie vielfach in der Literatur aufgrund des formalen Merkmals der Einzelhausverbauung vorgenommen wird, unzutreffend ist. Ferner ist aufgrund der Zuteilung von Wohnungen an die Staatsbürger zum Nulltarif eine mächtige Bewegung der Aufspaltung der Wohnfunktion in Arbeitswohnungen und Freizeitwohnungen, zwischen den verstaatlichen Mietwohnungen und der privaten Datscha, gefördert worden. Damit wurde das Zweitwohnungswesen staatlich subventioniert (vgl. unten). Im Zuge der Transformation ist unter dem Druck steigender Mieten eine Umwandlung von Zweitwohnungen in Dauerwohnsiedlungen in größerem Umfang zu erwarten.

Damit ist die Frage nach den staatsübergreifenden ***Transformationsphänomenen im Siedlungssystem*** zu stellen. Auf die Sonderstellung der Primatstädte wurde eingegangen (vgl. Kapitel 4.4.3). Beachtung verdienen die unterschiedlichen *Trends auf dem Arbeits- und Wohnungsmarkt in der Rang-Größen-Ordnung des Siedlungssystems* von den Mittelstädten abwärts bis zum ländlichen Raum. Der entscheidende Einbruch auf dem Arbeitsmarkt durch die Entindustrialisierung und den Zusammenbruch ganzer Industriesparten betrifft Industriereviere, Mittelstädte und Kleinstädte. Während im ländlichen Raum die privat gebliebene oder restituierte Landwirtschaft Ersatz- und Ausweicharbeitsplätze bietet und damit die Bürde der Transformation, der Schließung oder Knappheit auf dem Arbeitsmarkt mildert, trifft die Arbeitslosigkeit die Bevölkerung in den Klein- und Mittelstädten in vollem Ausmaß. Umgekehrt steht jedoch in den ländlichen Räumen mit gravierenden Arbeitsplatzdefiziten ein Überhang von Siedlungshäusern im Privatbesitz zur Verfügung, die wohl einen Nutz- und allenfalls einen Tauschwert, jedoch kaum einen echten Marktwert besitzen. Die negativen Effekte des Postsozialismus in den Metropolen, die Folgen eines überhitzten Immobilienmarktes, Mietpreissteigerung und Obdachlosigkeit sind in diesen Räumen weitgehend unbekannt.

Die diversifizierte Szene der ***Siedlungssysteme in den sozialen Wohlfahrtsstaaten Europas*** gestattet es nicht, die Entwicklungstendenzen auf derart einfache Aussagensysteme zu reduzieren, wie sie für die Vereinigten Staaten und die sozialistischen Länder gemacht wurden. Einige gemeinsame Merkmale sind anzuführen:

- Der Boden ist knapp, die Bodenpreise sind hoch, Bodensperren und Bodenkontrollen reduzieren die Effekte des Immobilienmarktes und damit die Möglichkeiten einer extensiven Rurbanisierung.
- Phänomene der Unternutzung, der Extensivierung und des Brachfallens von Flächen sowie des Leerstehens von Objekten werden sehr rasch wahrgenommen und führen zu Gegenaktionen von seiten der Behörden und der Bevölkerung.
- Die kleinzügige territoriale Landkarte der Gemeindeautonomie fördert die kleinzügige Aufschließung und Verbauung.
- In bezug auf die *Planungsinstanzen* besteht durchgehend eine Trennung zwischen der *Stadtplanung* (sensu stricto), welche nur bei Großstädten und teilweise bei Mittelstädten als mit Budgetmitteln ausgestatteter Behördenapparat vorhanden ist, und der *Regionalplanung*, welche lange Zeit ihre Hauptaufgabe in der Entwicklung eines leistungsfähigen Netzes Zentraler Orte mit entsprechender Zuweisung von öffentlichen Einrichtungen an bestimmte Verwaltungsebenen und damit bestimmte Städte gesehen hat. Durch gesetzliche Maßnahmen und Budgetmittel abgesicherte *Planungsinstanzen für Verdichtungsräume fehlen*, wenn man von Staaten wie den Niederlanden und von Ausnahmen wie dem Greater London Council sowie, eingeschränkt, den Planungsbehörden für die Pariser Agglomeration absieht. Eine Sonderstellung besitzt der in der Zwischenkriegszeit dank privatwirtschaftlicher Initiative gegründete Ruhrsiedlungsverband. Für Agglomerationen existieren Planungsämter bestenfalls für einzelne Sektoren, wie den Verkehrsverbund, die Grünflächenplanung und dgl.
- Die kommerzielle großflächige Suburbanisierung nach dem nordamerikanischen Muster fehlt im Nachkriegseuropa: Die britische Gartenstadtidee konnte nur vereinzelt auf dem Kontinent Fuß fassen, es erfolgte vielmehr in weiten Teilen Europas, vor allem in Frankreich, eine *chaotische Urbanisierung* in Form von spontanen Kleinaufschließungen mit Einzelparzellen und vielfach einer Selbstbauweise von Einfamilienhäusern, Phänomene die beide in Nordamerika unbekannt sind. Die Aufspaltung der Wohnfunktion hat ferner auf dem Kontinent, von den großen Mietshausstädten ausgehend, eine mächtige *Zweitwohnungsbewegung* hervorgebracht, auf die noch eingegangen werden wird.
- Die Suburbanisierung der Wirtschaftsbetriebe ist über eine partielle Suburbanisierung des Einzelhandels und der Industrie nicht hinausgegangen.
- Ausgehend vom Mediterrangebiet mit seiner urbanistischen Tradition ist über Europa hinweg nach der lange anhaltenden Phase der Stadtflucht und des Trends zum Einfamilienhaus eine Rückkehr in die Großstädte in Gang gekommen. Eine junge Generation mit einem individualistischen Lebensstil beginnt sich – unterstützt von der sanften Stadterneuerung – in den alten Stadträumen wieder einzurichten.

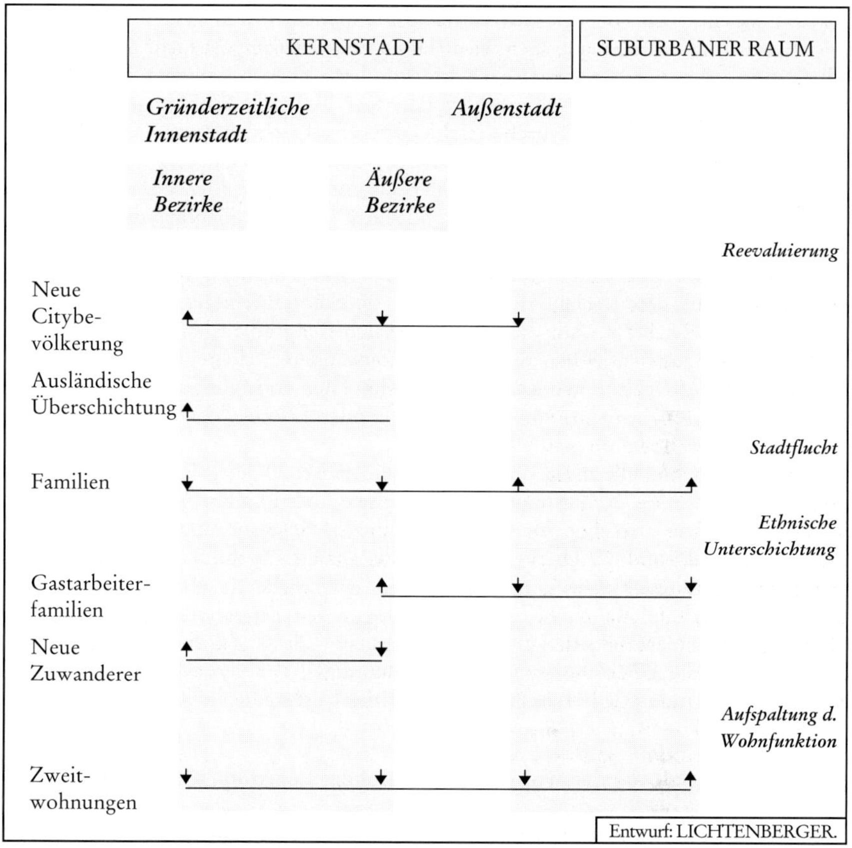

Abb. 5.7: Mobilitätsprofil durch die Wiener Agglomeration

Sozialökologische Analysen des gesamten Siedlungssystems liegen derzeit für den deutschen Sprachraum nicht vor. Als Beispiel sei ein *Mobilitätsprofil* durch die Wiener Agglomeration geboten, anhand dessen Unterschiede zur nordamerikanischen Entwicklung demonstriert werden können (vgl. Abb. 5.7):

● Der internationale Trend der Entstehung einer *Citybevölkerung* verläuft in Wien nur in ganz eingeschränktem Umfang in der Altstadt und Ringstraßenzone und ist hier auf ein Spektrum lokaler Oberschichten und des internationalen Jet-set ausgerichtet. Die demographische Integration aller Altersklassen und Haushaltstypen im gründerzeitlichen Baukörper gehört vielmehr zu den wesentlichen Elementen der Urbanität, welche der Stadt als Zuwanderungszentrum Attraktivität verleihen. Nach der politischen Trendwende hat der Zuzug von ausländischen Managern eine Nachfrage nach zentrumsnahen attraktiven Wohnungen erzeugt und eine Reevaluierung und Renovierung der gründerzeitlichen Nobel- und Mittelschichtsmietshäuser in Gang gesetzt, welche auch von Mitgliedern des professionellen Managements, der freien Berufe und Akademikern getragen wird. Diese Reevaluierung ist nicht mit der Gentrification in den nordamerikanischen Metropolen identisch, sondern bedeutet ein Comeback der mittleren und oberen Strata der Gesellschaft in Wohnungen, die in der Gründerzeit für ähnliche Gesellschaftsschichten gebaut worden waren. Das Marginalitätssyndrom einer Übergangszone um den CBD fehlt in Wien.

• Zwischen Wiener Familien und solchen aus unterschichtenden Ethnien bestehen gegenläufige Mobilitätstendenzen. Während die Wiener Familien aus dem gründerzeitlichen Baugebiet an den Stadtrand ziehen bzw. – wenn sie sich ein Einfamilienhaus leisten können – überhaupt die Kernstadt verlassen, zogen umgekehrt Gastarbeiterfamilien aus dem Umland der Stadt und vom Stadtrand in die gründerzeitlichen Arbeiterviertel der Stadt. Auf die Nachfolge nach Rentnerhaushalten wurde hingewiesen. Der Zuzug der „neuen ausländischen Zuwanderer" richtet sich dagegen stärker in die inneren Bezirke, wo leerstehende Lokalitäten und Wohnungen „aufgefüllt" werden. Trotz des Zustroms von „unterschichtenden Ethnien" ist bisher keine massive ethnische Segregation erfolgt.

• Beachtlich sind allerdings die Unterschiede zwischen der gründerzeitlichen Innenstadt und der von der kommunalen Bautätigkeit bestimmten Außenstadt, in der im abgelaufenden Jahrzehnt vor allem die ethnische Segregation zugenommen hat, nicht zuletzt aufgrund der Unzugänglichkeit des sozialen Wohnungsbaus für ausländische Minderheiten.

• Der suburbane Raum wird einerseits durch den Zuzug von Wiener Mittelschichten und andererseits den Zweitwohnungsbau geprägt. Hierbei erfolgt eine gewisse „bausoziale Überschichtung" der ortsständigen Pendlerbevölkerung, welche zum Teil eine „industrielle Reservearmee" für die Kernstadt bildet.

5.2.2 Die Aufspaltung der Wohnfunktion und das Leben in zwei Gesellschaften

Alle Aussagen über die räumliche Differenzierung der Gesellschaft beruhen auf der Zuordnung des Stadtbewohners zu *einem* Wohnstandort. Auch diese bisher für die Stadtplanung und Statistik gleichsam selbstverständliche Voraussetzung bedarf einer Revision. Während die Zunahme der Wohnfläche pro Einwohner ein generelles Merkmal der postindustriellen Gesellschaft darstellt, ist die Aufspaltung der Wohnfunktion in Erst- und Zweitwohnungen ein europäisches Phänomen. Die Entstehung von Freizeitwohnungen im ländlichen Raum bildet das kontinentaleuropäische Pendant zur Counterurbanization Nordamerikas. Die lange Zeit praktizierte Niedrigmietenpolitik der sozialen Wohlfahrtsstaaten – und, man muß hinzufügen, der bisher sozialistischen Staaten im Osten – hat im Verein mit der Sicherung des Wohnstandortes durch die Gesetzgebung diese Aufspaltung mitsubventioniert.

Bei der Aufspaltung der Wohnfunktion in Arbeits- und Freizeitwohnungen handelt es sich um den wichtigsten Vorgang der Gegenwart im Siedlungssystem, der alle Teile desselben betrifft: die Kernstädte, den suburbanen Raum und selbst die kleinen Gemeinden des ländlichen Raumes, in die eine Zweitwohnungsperipherie hinausgreift. Am wenigsten davon berührt sind die Zentralen Orte der mittleren und unteren

Stufe. Die Auswirkungen dieser „neuen Form der Stadtflucht" von Bevölkerung und Kapital auf die Kernstädte wurden bisher nicht ernsthaft erörtert und sind auch für die Zukunft nur schwer absehbar.

Es ist eine neue Lebensweise eines „städtischen Nomadentums" entstanden, das ein ***Leben in zwei Gesellschaften*** führt. Hierbei bestehen überraschende Analogien zwischen Gastarbeitern und Zweitwohnbevölkerung. Sie seien im folgenden in idealtypischer Weise skizziert:

- Es bestehen ***Komplementärformen des Wohnens***. Derart sind es vor allem die großen Städte im Westen und Osten, in denen das Wohnen in Massenmietshäusern den Boom des Zweitwohnungswesens begründet hat. Der daraus resultierende Gegensatz zwischen anonymem großstädtischem Wohnmilieu und überschaubarem ländlichem Milieu potenziert den Freizeitwert des privaten Grüns und der persönlichen Gestaltungsmöglichkeit des Wohnens im Einfamilienhaus in weit höherem Maße, als dies bei verstädterten Gesellschaften mit suburbanem Lebensstil, wie in Nordamerika, der Fall ist. Während in den USA, dem Staat mit dem höchsten Wohnkomfort, sich nur 5% der Haushalte an der Zweitwohnungsbewegung beteiligen, sind es in Schweden 23%, in Frankreich 21%, und alle ehemaligen Oststaaten hatten, trotz verschiedener Restriktionen, größte Schwierigkeiten, die Bewegung, eine „Datscha" zu besitzen, in den Griff zu bekommen. In Prag hat ein Drittel der Haushalte bereits eine Zweitwohnung.
- In einer zunehmend entfremdeten Arbeitswelt verlagert sich das Identitätsbewußtsein des einzelnen in eine kleine, überschaubare private Sphäre. Die oft nicht befriedigende berufliche Rolle wird kompensiert durch die ***Schaffung einer „Freizeitrolle"***, die neues persönliches Prestige gewährt.
- Bei der Verwendung des Konzeptes „Lebenszyklus" kann man ferner grundsätzlich davon ausgehen, daß in verschiedenen Perioden desselben unterschiedliche Standorte im Raum zweckmäßig und möglich sind. Eine ***Standortverschiebung im Laufe des Lebenszyklus*** ist daher stärker als bisher zu erwarten. Die Verschiebung wird ferner begünstigt durch Disparitäten in der Verteilung von Ausbildungs- und Arbeitsstätten zwischen Großstädten und ländlichen Räumen. Diese zwingen Lehrlinge, Schüler und Studenten aus dem weiteren Umland dazu, einen Ausbildungswohnsitz in der Großstadt zu suchen. Im zweiten Lebensabschnitt wird dann von Berufstätigen, und zwar meist solchen mit Familien, ein Freizeitwohnsitz im Umland angestrebt, welcher beim Eintritt in das dritte Lebensalter, oft aber auch schon früher, zum realen Hauptwohnsitz avancieren kann.
- In den ländlichen Räumen kommt es zu ***sozialen Überschichtungsphänomenen*** über die ortsständige Bevölkerung dadurch, daß in erster Linie Mittelschichten diese Form der Suburbanisierung tragen. Die Nachfrage nach Boden läßt die Grundpreise steigen. Die Schere zwischen grundbesitzender und nichtgrundbesitzender ländlicher Bevölkerung öffnet sich. Nur durch Stadtwanderung entgeht letztere der Proletarisierung.
- Schließlich haben Zweitwohnungen auch noch die ***demographische Funktion***, daß sie in der Freizeit die in der arbeitsteiligen Gesellschaft getrennte Dreigenerationenfamilie wieder vereinigen.

- *Die Aufspaltung der Wohnfunktion ist ein „europäisches Problem"* und als solches in den einzelnen Staaten eingebunden in die Strategien der Wohnungswirtschaft. Es weist dementsprechend eine breite Palette der Organisationsformen, der Zielsetzungen, des Sozialspektrums und der physischen Struktur von Zweitunterkünften auf. In Staaten wie Frankreich, Schweden oder Österreich, aber auch Ungarn und der ehemaligen ČSFR verfügt bereits ein Drittel der Bevölkerung in den großen Städten über zwei Wohnstandorte. Dabei ist dieses Drittel keineswegs nur durch den ökonomischen Parameter von höheren Einkünften zu definieren, sondern es sind vielmehr demographische Effekte wirksam derart, daß sich weit überdurchschnittlich Familien daran beteiligen.
- Ferner wird die Aufspaltung der Wohnfunktion durch den Migrationsprozeß dadurch vorprogrammiert, daß über Herkunft, verwandtschaftliche Beziehungen und Erbschaft eine lokale Verankerung im ländlichen Raum besteht. Die Konsequenzen der Aufspaltung der Wohnfunktion auf die Kernstädte sind beachtlich. Diese „neuen städtischen Nomaden" sind nicht mehr „stadtzentrierte" Bürger. Sie sind ambivalent in ihren Investitionen und Aktionen. Mit den rhythmischen Phänomenen von Arbeitswoche und Freizeitwoche verschieben sie sich jeweils aus der Kernstadt in die Zweitwohnungsperipherie. Das mit dem Aufspaltungsvorgang verbundene „Leben in zwei Gesellschaften" erfaßt aber nicht nur die ortsständige Bevölkerung, sondern trifft auch auf ausländische Bevölkerungsgruppen zu, welche im Zuge der Gastarbeiterwanderung in die Kernstädte gekommen sind.

Das Ausmaß des Vorganges der Aufspaltung der Wohnfunktion wird in Zukunft nicht mehr davon abhängen, ob und in welcher Form die politischen Systeme über Objekt- und Subjektförderung Subventionen aus dem generellen Steueraufkommen bzw. durch Steuersätze „Nachlässe" für bestimmte Leistungen an die Stadtbürger verteilen, sondern davon, ob und wieweit diese Lebensform einer Doppelung der Wohnstandorte auch im Sozialprestige und in den individuellen Bedürfnissen breiter Bevölkerungsschichten internalisiert wird und sich damit letztlich als neuer Aspekt sozialer Aufwandsnormen und als neuer Lebensstil vom politischen Bedingungsrahmen emanzipiert.

5.2.3 Die „Bevölkerung auf Zeit" und die neue Form der „Großstadtnomaden"

Entsprechend den rhythmischen Phänomenen der arbeitsteiligen Gesellschaft, der Trennung der Arbeitswohnung von der Freizeitwohnung bzw. der Verschiebung des Wohnstandortes im Laufe des Lebenszyklus, werden die Einwohner von großen Städten in zunehmendem Maße zu „Bewohnern auf Zeit". Ferner kommen – in einem nicht vorhersehbaren und daher nicht abschätzbaren Ausmaß – ausländische „Zeitwanderer" in die Städte, um hier für eine a priori nicht definierte Zeitdauer Arbeit zu suchen. Im Zusammenhang mit diesen neuen Phänomenen wurde von der Verfasserin der Begriff der „neuen Instabilität der städtischen Gesellschaft" geprägt. Diese neue Instabilität der städtischen Gesellschaft erschwert sämtliche Quotenberechnungen, Vorausschätzungen und Zukunftsperspektiven in einem Maß wie nie zuvor. Überdies entstehen neue Zuordnungsprobleme nicht nur bei der Erstellung von Steuerbudgets,

Tabelle 5.1: Die Instabilitätsbilanz der Bevölkerung in der Kernstadt von Wien 1991

Wohnbevölkerung Wien: 1.539.848			
Bevölkerung auf Zeit +	**535.670**	**447.137**	**Bevölkerung auf Zeit -**
davon:			davon:
Einpendler	187.991	48.126	Auspendler
Ghostbevölkerung	231.682	202.359	Bevölkerung m. Zweitwohnsitzen
Geschäftsreisende, Touristen usw.	40.809	196.652	Ausländer
Studenten	75.188		
Aufgestockte Bevölkerung	**2.075.518**	**1.092.711**	**Wienzentrierte Bevölkerung**
Bevölkerung auf Zeit: 982.807			

LICHTENBERGER 1997, S. 63.

sondern es ergeben sich auch kommunalpolitische Leerräume überall dort, wo die genannten Gruppen größere Anteile an der Bevölkerung erreichen, d.h. es entsteht eine Bevölkerung, deren Interessen, Initiativen und Investitionen zwischen zwei Standorten geteilt sind. Anhand des Wiener Beispiels sei diese neue Instabilität der städtischen Gesellschaft demonstriert. Die Angaben beruhen auf den Ergebnissen der Volkszählung 1991 (vgl. Tab. 5.1).

Zunächst sei auf die *positive Seite der Bilanz* der Bevölkerung auf Zeit eingegangen. Sie wird im folgenden als *„aufgestockte Bevölkerung"* bezeichnet. Hier stehen folgende Positionen zu Buche:

- 1991 zog Wien als Arbeitsstättenzentrum rund 188000 Menschen als *Einpendler* an. Die Stellung der Stadt hat sich damit im letzten Jahrzehnt als Arbeitsmarktzentrum wesentlich verbessert.
- Mit dem Begriff der *„Ghost-Bevölkerung"* wird der Bevölkerungsteil bezeichnet, der aufgrund der vorhandenen unbewohnten (Zweit)wohnungen in Wien leben könnte. Zur Berechnung der „Ghost-Bevölkerung" wurde die durchschnittliche Haushaltsgröße verwendet. Es handelt sich um 232000 Menschen.
- Anzureihen ist die Zahl der 40000 kommerziellen *Fremdenbetten*, welche in gastgewerblichen Betrieben und in Privatpensionen zur Verfügung stehen. In den Spitzenzeiten der Fremdenverkehrssaison ist die Zahl noch wesentlich höher, sie kann jedoch nicht erfaßt werden.
- Ebenso wurde die Zahl der rund 75000 *Studenten* eingetragen, welche nicht in Wien beheimatet sind und die sich daher nur während der Zeit des Studiensemesters in Wien aufhalten.
- Schwer abschätzbar ist die Zahl der Österreicher, welche zentrale Einrichtungen wie Krankenhäuser und dgl. aufsuchen.

Sieht man von der letzteren Zahl ab, so gelangt man zu einer Gesamtzahl von über zwei Millionen Menschen, welche die Einrichtungen der Kernstadt, seien es die Arbeitsstätten, die Verkehrsmittel, den Wohnraum bzw. die Schulen, in Anspruch nehmen.

Gehen wir zur *negativen Bilanzseite* über:

- Zunächst ist eine – wenn auch nur bescheidene – Zahl von *Auspendlern* in Rechnung zu stellen, welche inner- oder außerhalb der Agglomeration beschäftigt sind.
- Dazu kommen weitere 202000 Einwohner, welche außerhalb von Wien über einen *Zweitwohnsitz* verfügen und
- schließlich sind rund 196000 offiziell registrierte *Ausländer* anzuführen, die man zum Großteil wohl ebenfalls nur als Bewohner auf Zeit bezeichnen kann.

Reduziert man die Hauptwohnsitzbevölkerung um die genannten Gruppen der ambivalenten Einwohner, so verbleiben nur mehr 1092000 *"wienzentrierte" Bürger.* Dieser Ausdruck wurde gewählt, um die Stabilität des Aktionsraums, der in diesem Falle auf Wien zentriert ist, anzudeuten.

Der Umfang der *Bevölkerung auf Zeit* in der Größenordnung von mehr als 982000 Menschen gibt eine Vorstellung von dem Ausmaß der Probleme, welche langfristig auf die mit vorausschauender Planung befaßten Stellen zukommen. Sehr vereinfacht kann man sagen, daß *derzeit bereits ein Bewohner „auf Zeit" auf einen „wienzentrierten" Bürger* kommt.

Es ist einsichtig, daß kommunalpolitische Leerräume und – aufgrund der Interessenskonflikte – neue gravierende Probleme überall dort entstehen, wo derartige Bewohner auf Zeit größere Anteile an der Bevölkerung erreichen. Die Epoche der politischen Arithmetik, in der die wohnhafte Bevölkerung die Grundlage für politische Entscheidungen auch in der Kommunalpolitik gebildet hat, ist zu Ende.

5.3 Von der Stadt der arbeitsteiligen Gesellschaft zur Stadt der Freizeitgesellschaft

Stadtplanungskonzepte in Europa beruhen auf dem Organisationsmodell der *arbeitsteiligen Gesellschaft*, wonach höchstrangige Funktionen des tertiären und quartären Sektors den Raum in der Stadtmitte beanspruchen.

Nun ist in aller Stille bereits eine gewisse Ablösung durch das Organisationsmodell der *Konsumgesellschaft* erfolgt. Städtebauer und Architekten mit einem Gespür für politisch effektvolle Paradigmen haben schon in der Zwischenkriegszeit das Konzept der Daseinsgrundfunktionen kreiert, von dem die einzelnen Glieder, „Arbeiten", „Wohnen", „Bildung", „Erholung" und „Teilnahme am Verkehr", als gleichwertige Komponenten des städtischen Systems behandelt werden. Dieses multifunktionale Modell hat selbstverständlich größte Schwierigkeiten bei der Definition von Strukturen und Funktionen der City und auch Schwierigkeiten mit den gesamtstädtischen Versorgungs- und Entsorgungseinrichtungen, welche als „sperrige" Infrastruktur gelten und in die Stadtteile abgeschoben werden, in denen Grundschichten der Bevölkerung wohnen, bzw. überhaupt ins Umland verlagert werden. Die Hauptverwirklichung hat die Stadt der Konsumgesellschaft nicht in Europa, sondern in Nordamerika erfahren, wo das Take-off von Suburbia von der Konsumgesellschaft getragen wird.

Inzwischen hat die Stadt der Konsumgesellschaft eine Konkurrenz erhalten, nämlich die *Stadt der Freizeitgesellschaft*. Dort, wo sie neu gegründet wurde, zunächst in Florida und Kalifornien, später dann in Frankreich, in den Alpen und am Gestade des Mittelmeers, ist sie – zumindest bis heute – an günstige klimaökologische Möglichkeiten der Freizeitgestaltung gebunden. Die Hauptentwicklung in Europa geht derzeit dahin, arbeitsteilige Gesellschaft und Freizeitgesellschaft räumlich zu separieren bzw. letztere dort, wo ökologische Ressourcen bestehen, an den ländlichen Raum zu delegieren. Verbunden damit sind rhythmische Phänomene der Überfüllung und der geisterhaften Leere im Wochen- und Jahresablauf in den entsprechenden Siedlungsstrukturen. Noch eine weitere Tatsache verdient Herausstellung. Während die arbeitsteilige Gesellschaft in ihrer Organisation und ihren monetären Leistungen der Kontrolle und den Umverteilungsmechanismen des sozialen Wohlfahrtsstaates unterliegt, bilden die der Freizeitgesellschaft zur Verfügung stehenden finanziellen Mittel ein willkommenes Objekt für die Kommerzialisierung der Freizeit in einem nahezu perfekten kapitalistischen System. Aufgrund spezifischer direkter und indirekter Förderung der Fremdenverkehrswirtschaft durch die öffentliche Hand erfolgt ferner eine indirekte „Subventionierung" der Freizeitgesellschaft aus den Mitteln der arbeitsteiligen Gesellschaft; Sozialtarife des Verkehrs, Leistungen der Unfallversicherung, fehlende Besteuerung von Ferienwohnungen, wären anzuführen.

Will man verhindern, daß die städtische Freizeitgesellschaft in Zukunft zur Gänze an den ländlichen Raum abgegeben wird, so ist eine *neue Grundhaltung der Stadtentwicklungsplanung nötig*. Diese muß davon ausgehen, daß die Freizeitgesellschaft ein gleichwertiger Partner der arbeitsteiligen Gesellschaft ist, deren Raumansprüche in einem *bipolaren Stadtentwicklungsmodell* berücksichtigt werden müssen. Eine möglichst rasche Erstellung derartiger Modelle ist erforderlich, da eine weitere Kürzung der Jahres- und Wochenarbeitszeit in nächster Zukunft sicher realisiert wird. Zur Verankerung der Freizeitgesellschaft in den Kernstädten müßte daher, analog zur Wirtschafts- und Regierungscity, eine entsprechende Freizeitcity mit einem breiten interessenspezifischen Angebot vorgesehen werden und eine Delegierung von Freizeiteinrichtungen entsprechend dem hierarchischen Bauplan des Geschäftslebens an Stadtteil-, Bezirks- und Viertelszentren erfolgen. Schließlich müßte in Straßenzügen, Baublöcken, Häusern und Wohnungen wachsender Raumbedarf für die Freizeit und Freizeiteinrichtungen berücksichtigt werden.

Viele Fragen sind offen: Es gibt derzeit kein Standortmodell für Freizeiteinrichtungen im Stadtraum, das einen utopischen Vorgriff in die Zukunft wagen würde. Dazu gehört unter anderem die Ansicht, daß die Zeit einer peripheren Grüngürtelkonzeption vorbei ist. Die „große grüne Wiese", Erholungsflächen und Sportanlagen, gehören in die Mitte der Stadt, mit bester Erreichbarkeit für alle.

Noch eine zweite grundsätzliche Frage ist offen, nämlich diejenige der Relation der Delegierung von Freizeitflächen und -einrichtungen an den öffentlichen Raum und die private Sphäre. Diese Relation wird freilich von den spezifischen Ideologien der politischen Systeme entschieden werden.

Während es bei der Thematik der Planungsideologie um die Verbesserung der Freizeitqualität einer Stadt für die eigenen Bürger geht, ist im Gefolge der Liberalisierungstendenzen in den sozialen Wohlfahrtsstaaten das Stadtmarketing entstanden. Man hat erkannt, daß die „Ville festivale" Kommerzialisierungschancen für den

SHORT 1996, S. 450.

Abb. 5.8: Logo von Syracuse als Industriestadt und Freizeitstadt

wachsenden Strom des Stadttourismus aufweist. Die Maßnahmen zielen dabei primär auf die Vermarktung des Images einer Stadt als Exportartikel für den Städtetourismus. Amerikas Metropolen bieten Beispiele für den Einsatz des Stadtlogos für die Werbung im Zeitalter der Telekommunikation (vgl. Abb. 5.8).

Die Freizeitqualität als Exportartikel steht auf dem Programm des Stadtmarketings auch in europäischen Städten.

Die Thematik der Freizeitqualität einer Stadt für die eigenen Bürger bleibt dann davon weitgehend unberührt, wenn entsprechend dem Motto „Wenn die Fremden kommen, verlassen die Römer die Stadt“ eine weitgehende zeitlich-räumliche Trennung von autochthoner und allochthoner Freizeitbevölkerung möglich ist.

6 Metropolitane Probleme in den USA und in Europa

6.1 Aufriß der Probleme

Amerika ist der Trendsetter in der Globalisierung der Ökonomie, der Metropolitanisierung und der interkontinentalen Migration. Seine Metropolen sind Problemfelder ersten Ranges durch das Entstehen von Megaghettos in den Kernstädten, eine exorbitant steigende Zahl der Haushalte von alleinerziehenden Frauen, die Ausschließung der „underclass" aus der Arbeitsgesellschaft, das erschreckende Phänomen einer neuen Obdachlosigkeit und die breite Palette von Erscheinungen der sozialen Desorganisation mit einer steigenden Zahl von Outlaws. Es stellt sich hierbei die sektoral zu beantwortende Frage, ob eine europäische Politik der sozialen Wohlfahrtsstaaten bzw. des europäischen Munizipalsozialismus diese Probleme verhindern bzw. eindämmen kann und welche Probleme zur „Globalisierung gesellschaftlicher Prozesse" gehören.

6.2 Die nationalen Regime der Sozialpolitik

Die nationalen Regime der Sozialpolitik entscheiden über Art und Umfang der gesellschaftlichen Probleme in den Metropolen. Die europäischen Wohlfahrtsstaaten heben sich durch die Höhe der Staatsausgaben und Sozialquoten klar von den USA und ebenso von Japan ab. Die Staatsausgaben betragen selbst in Irland schon 42% und erreichen in Schweden zwei Drittel des BIP. Die Spannweite der Sozialpolitik wird durch die Anteile der Sozialausgaben am BIP belegt. Sie reichen von 16,3% in Griechenland bis fast 40% in Schweden, das einen einsamen Spitzenplatz einnimmt. Tabelle 6.1 belegt die Staatsausgaben und Sozialquoten der sozialen Wohlfahrtsstaaten 1995 (1993). Die sozialen Regime der Wohlfahrtsstaaten der EU sind mit verschiedenen Zielsetzungen ausgestattet und verfügen über unterschiedliche Interventionsstrategien.

1. Die Wohlfahrtsstaaten Skandinaviens

haben ihre egalitäre Sozialpolitik auf das Ziel des Rechts auf Arbeit für jedermann zentriert und subventionieren den Eintritt und Nichtaustritt aus dem Arbeitsmarkt. Die Gleichbehandlung von Frauen ist ein wesentliches Ziel. Alle Bürger besitzen dieselben „Sozialrechte". Eine breite Palette von Einrichtungen der sozialen und technischen Infrastruktur ist allgemein zugänglich. Nur die Arbeitslosenversicherung beruht auf Freiwilligkeit.

Tabelle 6.1: Staatsausgaben und Sozialquoten der sozialen Wohlfahrtsstaaten (1993/1995)

In % des BIP	*Staats-ausgaben 1995*	*Sozial-ausgaben 1993*	*Sonstige Ausgaben 1993*
USA	30,0	20,0	10,0
1. Egalitäre Wohlfahrtsstaaten			
Schweden	66,2	39,7	26,5
Dänemark	62,4	33,2	29,2
Finnland	57,6	34,4	23,2
2. Institutionelle Wohlfahrtsstaaten			
Frankreich	53,7	30,9	22,8
Belgien	54,9	27,6	27,3
ÖSTERREICH >>>	54,9	29,4	25,5
Deutschland	49,5	31,0	18,5
Niederlande	50,9	33,6	23,3
3. Liberaler Wohlfahrtsstaat im Rückbau			
Großbritannien	43,4	27,8	15,6
Irland	42,0	21,4	20,6
4. Unvollständige Wohlfahrtsstaaten			
Italien	51,9	25,8	26,1
Spanien	44,3	24,0	20,3
Portugal	43,1	18,3	24,8
Griechenland	46,0	16,3	29,7

Quelle: EUROSTAT.

2. Die institutionellen Wohlfahrtsstaaten Zentraleuropas,
die Bundesrepublik Deutschland, Österreich und die Schweiz, zu denen aufgrund des Systems der Sozialversicherung auch Frankreich und Belgien hinzuzurechnen sind, folgen paternalistisch-korporatistischen Prinzipien. Die Sozialpolitik verfügt über eine staatliche Organisation mit Hoheitscharakter. Die staatliche Sozialgesetzgebung ist zwingendes Recht. Die soziale Sicherheit dient nicht allein den Arbeitnehmern, sondern externe Effekte machen sie zu einem öffentlichen Gut. Erfolgreiche Armutsbekämpfung erhöht auch die Lebensqualität der Wohlhabenden, indem sie – so glaubt man – die Kriminalität eindämmt.

Weitere Tätigkeitsfelder sind der Sozialpolitik zugewachsen: Altersversorgung der Selbständigen, Familienpolitik, Konsumentenschutz, Behindertenhilfe, Teilaspekte der Bildungspolitik, des Wohnungswesens und der Vermögensbildung. Auch in diesen Fällen impliziert Sozialpolitik eine Korrektur der Einkommensverteilung gegenüber dem Ergebnis marktwirtschaftlicher Prozesse.

3. Großbritannien ist ein Wohlfahrtsstaat im Rückbau.

Seine Struktur folgte dem Beveridge-System mit niedrig angesetzten Benefizien, so daß ein Anreiz für Besserverdienende bestand, Privatversicherungen abzuschließen. Seit der neokonservativen Thatcher-Regierung wurde die Relation zwischen Staat und Markt im Hinblick auf das Aufgabenspektrum der Sozialpolitik zugunsten des letzteren verschoben. Als Hauptunterschiede gegenüber den USA verdienen Hervorhebung: die Mietbeihilfen für alle Arbeitslosen und Haushalte mit niedrigem Einkommen, die Arbeitslosenunterstützung und die Kinderbeihilfen. Festzuhalten ist insgesamt, daß 18 Jahre konservativer Regierung wohl Stillegung und Privatisierung von Bahnen, Schließung und Privatisierung staatlicher Industriebetriebe und eine umfassende Privatisierung des Council Housing gebracht, das eigentliche Sozialpaket jedoch nur mäßig zurückgefahren haben.

4. Die unfertigen Wohlfahrtsstaaten Südeuropas,

darunter Spanien, Portugal und Griechenland, mit einer ausgeprägten karitativen Tradition und einem noch funktionierenden sozialen Netzwerk der Familie sind in ihren Verfassungen als soziale Wohlfahrtsstaaten konstituiert, doch wird die institutionelle und instrumentelle Implementierung der Sozialprogramme durch die ökonomische Rückständigkeit behindert.

Verwendet man ein gedankliches *Entwicklungsmodell der Sozialstaatlichkeit*, so befinden sich die genannten Idealtypen der sozialen Wohlfahrtsstaaten einerseits noch in der Take-off-Phase der Entwicklung, wie die südeuropäischen Staaten, während andererseits Großbritannien, das bisher bei allen sozioökonomischen Veränderungen in Europa die Funktion eines Leaders wahrnehmen konnte, in die Phase des Rückbaus eingetreten ist. Die egalitären Wohlfahrtsstaaten haben ebenfalls den Höhepunkt erreicht, der Umverteilungsgrad des BIP kann kaum mehr gesteigert werden, die interne Umverteilung ist in eine Reformphase eingetreten, wobei es sich als sehr schwierig erweist, aus der geschaffenen obrigkeitlichen Struktur einen Weg der Delegierung der Sozialpolitik zurück zur Eigenvorsorge und auf die lokale Ebene und die Familie zu finden.

Eine Sonderstellung haben gegenwärtig die *Niederlande*, in denen die gesamte Sozialpolitik auf die Grundschichten und die unteren Mittelschichten zurückgefahren wurde (derzeit bis zu rund 2600 DM Nettobezug im Monat), während die Besserverdienenden im Pensionssystem auf Betriebspensionen angewiesen sind und sich darüber hinaus mittels Privatversicherungen für das dritte Lebensalter absichern müssen. Dasselbe gilt für das Gesundheitssystem. Die Niederlande sind ferner mit einem Teilzeitanteil von 37% der Spitzenreiter in der EU hinsichtlich der Flexibilisierung des Arbeitsprozesses, wobei dem einzelnen Bürger auch die Akkumulation von Teilzeitverträgen möglich ist. Nun haben die Niederlande durch die Kombination von einer sehr alten Tradition der Stadt- und Regionalplanung, welche reglementierend bis ins letzte Detail von Haus, Hof und Grundstücken eingreift und egalitären Prinzipien folgt, mit einem hoch entwickelten öffentlichen Verkehrssystem, einer ebenso hoch entwickelten technischen und sozialen Infrastruktur und andererseits den Wirtschaftsinteressen von nationalen Großkonzernen, wie Philips, eine bisher relativ günstig scheinende Voraussetzung dafür, daß derart drastische Umstrukturierungen des Arbeitsmarktes, wie sie derzeit stattfinden, nicht zur Exklusion breiter Bevölkerungskreise führen. Das niederländische Arbeitsmarktmodell ist daher nur mit Einschränkungen auf andere europäische Staaten übertragbar.

Italien bezieht eine Übergangsposition zu den institutionellen Wohlfahrtsstaaten dadurch, daß Pensionen außer der Funktion der sozialen Sicherheit auch eine Funktion für die ökonomische Entwicklungspolitik und Arbeitsmarktpolitik zugeschrieben wird. Im Schulwesen und im Gesundheitswesen konnte die traditionelle Klassengesellschaft noch nicht beseitigt werden. Der urbanistischen Tradition Italiens ist es zu danken, daß, ungeachtet der unzureichenden Sozialhilfeprogramme, die Verslumung der Innenstädte abgestoppt und die Stadterneuerung in Gang gesetzt werden konnte.

6.3 Alleinerziehende und Sozialpolitik

Bei der Darstellung der demographischen Umstrukturierung in den westlichen Industrienationen wurde auf das Phänomen der Haushalte der Alleinerziehenden eingegangen und auf das enorme Problem in den USA hingewiesen, wo rund die Hälfte aller Haushalte bereits von Alleinerzieherinnen geführt wird. Nur ein Bruchteil dieser Haushalte wird von der Sozialhilfe erfaßt, nämlich diejenigen, bei denen die Frauen keiner Arbeit nachgehen (!).

Familienpolitik als Sozialpolitik ist in den USA kein Thema. Dementsprechend gibt es auch keine Sozialpolitik für Kinder und Jugendliche. Die Sozialpolitik des Staates ist auf die mit der Immobilienökonomie verbundene Pensionsversicherung zentriert. Das Sozialprogramm für Alleinerzieherinnen (ADFC) wurde überdies schon unter der Reagan-Regierung drastisch gekürzt und stand 1995 im Budget mit dem gleichen Betrag zu Buche wie die Sonderaufwendungen für die Schaffung von Gefängnissen (vgl. unten). In dieser völligen Vernachlässigung einer Sozialpolitik für Kinder und Jugendliche liegt zweifellos mit eine Ursache für die erschreckend steigende Jugendkriminalität und die Welle der Gewalt, welche von Jugendbanden ausgeht, die ganze Stadtteile in den Kernstädten der Metropolen terrorisieren.

Wenden wir uns den europäischen Wohlfahrtsstaaten zu. Hier hat Schweden als erster europäischer Staat das Problem der alleinerziehenden Mütter in einer postindustriellen Gesellschaft mit umfangreichen Sozialmaßnahmen zu lösen versucht. Auch von Frankreich wurden schon früh zwei Maßnahmenpakete verabschiedet. 1976 wurde in Frankreich das Kindergeld für Alleinerzieherinnen eingeführt (API), 1988 das Eingliederungseinkommen (RMI), um der sozialen Ausgrenzung ein Ende zu setzen. API und RMI stellen ein soziales Mindesteinkommen dar, das zwischen der Armutsgrenze und einem Mindestlohn liegt (Messu 1992).

Es wurde bereits darauf hingewiesen, daß wohl die drastische Reduzierung der Fertilität als Innovationsvorgang nahezu alle EU-Staaten erfaßt hat, während der Lebensstil der alleinerziehenden Frauen bisher zu keinem europäischen Phänomen geworden ist (vgl. Kap. 3.6.6).

Der deutsche Sprachraum und die Beneluxstaaten nehmen eine Übergangssituation des demographischen Regimes ein, welche es in einer Rückbauphase der Sozialpolitik erschwert, Entscheidungen zu treffen. Entsprechend der obrigkeitsstaatlichen Tradition der Sozialpolitik erfolgt vielmehr eine Zunahme der rechtlichen und administrativen Ausgestaltung des Sozialhilfeinstrumentariums.

Im Zuge des Rückbaus der Sozialpolitik in den Transformationsstaaten ist zu befürchten, daß – ähnlich der ehemaligen DDR – zunächst die Kinderkrippen und Kindergärten durch Erhöhung der Beiträge ihre allgemeine Zugänglichkeit verlieren könnten und subventionierte Einrichtungen, darunter auch für Jugendliche, aufgelassen werden. Hierzu sei angemerkt, daß in Ostdeutschland die Schließung zahlreicher einst in der DDR in jeder Gemeinde vorhandener Jugendzentren bei gleichzeitig hoher Jugendarbeitslosigkeit zur Radikalisierung der Jugendszene, vor allem in den Großstädten, wesentlich beigetragen hat.

6.4 „Underclass“ und Arbeitslosigkeit

Die USA sind mit der Entindustrialisierung vorangegangen. Mit produktionsspezifischen Kenntnissen ausgestattete Arbeitskräfte wurden freigesetzt, welche nur sehr eingeschränkt den neuen Anforderungen EDV-strukturierter Arbeitsprozesse im wachsenden Dienstleistungssektor entsprechen bzw. in der Freizeitindustrie („fun industry“) und in den persönlichen sozialen Dienstleistungen mit niedrigen Löhnen unterkommen können. Vor allem in den Kernstädten war die Tertiärisierung mit einer Anhebung der schulischen Qualifikation verbunden. In den großen Städten des Nordostens entstanden seit den 70er Jahren nur mehr Arbeitsplätze für Abgänger von High-Schools, während Arbeitsplätze mit geringerer Qualifikation verschwanden. Allein in New York handelte es sich hierbei im Zeitraum von 1970 bis 1984 um rund eine halbe Million Arbeitsplätze (Kasarda 1986). Es öffnete sich eine neue Einkommensschere zwischen hochqualifizierten EDV-Fachkräften und angelernten Hilfskräften des Freizeit- und persönlichen Dienstleistungssektors („Junk-Jobs“), den Positionen, welche vor allem während der Reagan-Regierung den bestaunten Zuwachs an Millionen von Arbeitsplätzen zur Folge hatten. Diese Veränderung der Einkommensverteilung brachte aber für viele Erwerbstätige in den USA sinkende Realeinkommen bis hin zu den Arbeitsplätzen in der Nähe der Armutsgrenze (sogenannte „working poor“).

Eine neue postindustrielle Reservearmee entstand, von der ein wachsender Teil kaum eine Chance besaß, in den Arbeitsprozeß integriert zu werden. Sie wurde als ***underclass*** bezeichnet. Da sie nicht am Arbeitsprozeß partizipiert, läßt sie sich auch nicht in den Schichtenbau des Sozialsystems einordnen. Sie besteht aus

- Behinderten und chronisch Kranken,
- unfreiwilligen Langzeitarbeitslosen, welche nicht die erforderliche Qualifikation für die steigenden Bildungserfordernisse auf dem Arbeitsmarkt besitzen,

- einer wachsenden Zahl von Personen, welche mit den traditionellen Werten der amerikanischen Mittelschichtsgesellschaft nicht zurandekommen und aus den Normen der Gesellschaft „aussteigen". Diese Heterogenität bewirkt starke Verzerrungen in der Beurteilung.

Nun ist in den USA Sozialpolitik für Arbeitslose kein Thema. Die Arbeitslosengelder, welche einem Arbeitslosen 26 Wochen zustehen, wurden in der Reagan-Ära 1985 nur mehr einem Drittel der Arbeitslosen ausbezahlt, und zwar mit dem Argument, daß der wirtschaftliche Wiederaufschwung neue Arbeitsplätze geschaffen habe und die Arbeitswilligen diesen „nachziehen" müßten (LICHTENBERGER 1990). Die amerikanische Sozialpolitik hat dem Individuum die Eigenverantwortlichkeit in der Arbeitswelt nicht abgenommen. Von seiten der Arbeitssuchenden besteht kein Anspruch auf eine ausbildungsadäquate Position, ebensowenig auf Biennien und damit Altersprivilegien. Damit fehlt die Diskriminierung älterer Arbeitssuchender. Abgesehen davon unterscheidet sich die Struktur der Arbeitslosigkeit in den USA deutlich von der in Europa:

- Zu Unrecht werden immer wieder die seit der Reagan-Regierung niedrigen Arbeitslosenquoten der USA – sie betrugen 1994 6% und sind inzwischen noch weiter gefallen – als Beleg für die Richtigkeit des liberalen Wirtschaftskurses hervorgehoben. Sie sind insofern irreführend, als in den USA bereits eine stundenweise Beschäftigung ausreicht, um nicht in die Arbeitslosenstatistik zu gelangen.
- Im Vergleich zur niedrigen Arbeitslosenquote muß etwa ein Drittel der Bevölkerung mit dem ständigen Risiko leben, arbeitslos zu werden, d. h. die Arbeitslosigkeit reicht in den USA bis in die Mittelschichten hinein.
- Wesentlich geringer als in Europa ist der Anteil der Langzeitarbeitslosen, und zwar aufgrund der Eigeninitiative und Flexibilität der Betroffenen bei der Arbeitsplatzsuche. Der Anteil der Langzeitarbeitslosen (= mehr als ein Jahr arbeitslos) an allen Arbeitslosen betrug 1992 in Deutschland 31%, in Frankreich 37%, dagegen in den USA nur 5%, ebenso in Schweden nur 7% (EUROSTAT 1992).

Die Arbeitslosigkeit wird gegenwärtig als das Hauptproblem in der EU und in den postsozialistischen Staaten angesehen. 1994 waren in den 12 EU-Staaten 17,7 Millionen Personen arbeitslos, davon waren 28% jünger als 25 Jahre, von denen sich wiederum 43% auf der Suche nach einem ersten Arbeitsplatz befanden und daher in den meisten Staaten noch keinen Anspruch auf Arbeitslosenunterstützung hatten. Auf die Jahrgänge im Alter zwischen 25 und 34 Jahren entfielen weitere 30%. Insgesamt waren daher 60% der Arbeitslosen weniger als 35 Jahre alt, andererseits nur 20% 45 Jahre und älter. Hinsichtlich der Altersstruktur der Arbeitslosen bestehen jedoch von Staat zu Staat erhebliche Unterschiede. So betraf die Arbeitslosigkeit in der BRD zu 35% ältere Arbeitssuchende.

Eine Rangreihung der arbeitsmarktbezogenen Indikatoren, nämlich Erwerbsquote, Arbeitslosenquote und Anteil der Teilzeitarbeit, belegt die großen Unterschiede zwischen den EU-Staaten (vgl. Tab. 6.2).

Hierbei erweisen sich interessanterweise zwei verschiedene Regime der Sozialpolitik bei der Bekämpfung der Arbeitslosigkeit als besonders erfolgreich, nämlich das egalitäre schwedische Regime und das im Rückbau befindliche britische Regime, welche

Tabelle 6.2: Erwerbsquoten, Arbeitslosenquoten und Anteil der Teilzeitarbeit in den Staaten der EU (1995/1997)

	Erwerbsquote 1995		Arbeitslosenquote (gesch.) 1997		%-Anteil der Teilzeitarbeit 1995	
	hohe Erwerbsquote		*unterdurchschnittliche Arbeitslosigkeit*		*hohe Teilzeitarbeit*	
Dänemark	60,1	(1)	6,5	(3)	21,6	(4)
Schweden	57,3	(2)	9,5	(7)	27,0	(2)
Vereinigtes Königreich	56,2	(4)	7,5	(5)	24,1	(3)
Niederlande	54,9	(5)	6,8	(4)	37,4	(1)
	hohe Erwerbsquote		*niedrige Arbeitslosigkeit*		*unterdurchschnittliche Teilzeitarbeit*	
Österreich	56,8	(3)	4,2	(2)	13,9	(8)
Portugal	54,0	(6)	7,5	(6)	7,5	(12)
	hohe Erwerbsquote		*durchschnittliche Arbeitslosigkeit*		*durchschnittliche Teilzeitarbeit*	
Deutschland	53,0	(7)	10,8	(10)	16,3	(5)
	durchschnittliche Erwerbsquote		*hohe Arbeitslosigkeit*		*unterdurchschnittliche Teilzeitarbeit*	
Finnland	50,7	(8)	15,5	(14)	11,8	(10)
Irland	47,5	(11)	13,2	(13)	12,1	(9)
Frankreich	48,8	(10)	12,8	(12)	15,6	(7)
	durchschnittliche Erwerbsquote		*sehr niedrige Arbeitslosigkeit*		*niedrige Teilzeitarbeit*	
Luxemburg	49,3	(9)	2,8	(1)	7,9	(11)
	niedrige Erwerbsquote		*durchschnittliche Arbeitslosigkeit*		*durchschnittliche Teilzeitarbeit*	
Belgien	45,8	(12)	10,3	(8)	16,1	(6)
	niedrige Erwerbsquote		*durchschnittliche Arbeitslosigkeit*		*niedrige Teilzeitarbeit*	
Italien	41,8	(14)	11,8	(11)	6,4	(14)
Griechenland	44,7	(13)	10,3	(9)	4,8	(15)
	sehr niedrige Erwerbsquote		*sehr hohe Arbeitslosigkeit*		*niedrige Teilzeitarbeit*	
Spanien	37,2	(15)	23,0	(15)	7,5	(13)
EU	49,3		11,3		16,1	

Quelle: EUROSTAT.

beide bei hoher Erwerbsquote die Teilung von Arbeitsplätzen als Instrumentarium eingesetzt und damit die Arbeitslosenquote unter das EU-Mittel abgesenkt haben. In der Bundesrepublik Deutschland ist die Zunahme relativ langsam. 1984 gab es 11,6% Teilzeitbeschäftigte, 1993 waren es erst 16,6% (Walwai 1996).

Unter Bezug auf die Metropolen ist festzuhalten, daß sie auch in Zukunft in den meisten EU-Staaten mit einer über dem jeweiligen nationalen Mittel liegenden Grundlast an Arbeitslosen fahren werden. Anders ist die Situation in Ostmitteleuropa, wo die Entindustrialisierung durch eine rasche Tertiärisierung in den Metropolen abgefangen wurde, die demnach keine Arbeitslosigkeit kennen (FASSMANN und LICHTENBERGER 1995).

6.5 Obdachlosigkeit

Die Obdachlosigkeit war in den USA in den 80er Jahren in den Medien präsent und bildete ein Untersuchungsobjekt der Sozialwissenschaftler, inzwischen gehört sie zum Alltag der Metropolen. Dabei stellt die Obdachlosigkeit in den USA nur die Spitze eines Problems dar, von dem seit den 80er Jahren in zunehmendem Maße Familien betroffen sind, nämlich des Mangels an erschwinglichen Mietwohnungen (LICHTENBERGER 1990). Bereits damals wurde die „unsichtbare Obdachlosigkeit“ mit 3 Millionen beziffert. Sie betraf schätzungsweise zu 30% Familien, die nur ausnahmsweise öffentliche Sozialhilfe erbeten haben und mit sehr unterschiedlichen Mitteln den Versuch unternahmen, aus dem Hauptstrom der Gesellschaftsentwicklung nicht völlig herauszufallen (ROPERS 1988). Zur gleichen Zeit bezahlten über 6 Millionen Haushalte mehr als 50% des Einkommens für die Miete. Ein extensives Untermietwesen („doubling-up“) entstand, das sich seither ebenfalls ausgeweitet hat.

Im folgenden eine Begründung für dieses erschreckende städtische Phänomen in der reichsten Gesellschaft der Erde:

- In den USA fehlen Wohnbeihilfen für sozial Bedürftige, wie sie in Europa gewährt werden, wo z. B. wie in Großbritannien alle Arbeitslosen ab 25 Jahren die gesamten Wohnkosten vom Staat ersetzt erhalten.
- Es fehlt ein den europäischen Metropolen vergleichbarer sozialer Wohnungsbau. Während der Reagan-Regierung wurde von 1980 bis 1986 das Budget von 26,7 auf 7 Milliarden US $ gekürzt. Hatte der Staat 1978 noch 68 500 Sozialwohnungen errichtet, so waren es 1983 nur mehr 6 600 Sozialwohnungen, eine Bauleistung, welche im gleichen Jahr der soziale Wohnungsbau in Wien angeben konnte (!) (LICHTENBERGER 1993).
- Infolge einer sehr viel besseren Kapitalverzinsung bei Investitionen in die Wirtschaft ist ganz allgemein die Investitionsbereitschaft der Privatwirtschaft in die Errichtung von Mietshäusern gesunken.
- Es öffnete sich die Schere zwischen der steigenden Nachfrage nach Mietwohnungen, vor allem durch Kleinhaushalte und Grundschichten der Bevölkerung, und dem sinkenden Angebot. Ein Steigen der Mieten war die Folge (vgl. oben).

Die Obdachlosigkeit ist aber nicht nur durch das politische Negieren des Problems, sondern auch durch einen *„Kohorteneffekt“* auf seiten der Betroffenen zu erklären. Sie ist ein Phänomen der Babyboom-Generation der 50er und frühen 60er Jahre, welche im Vietnamkrieg eingezogen war und im besonderen Maße von der Änderung der Tätigkeitsprofile des Arbeitsmarktes betroffen war. Diese Generation war und ist ein

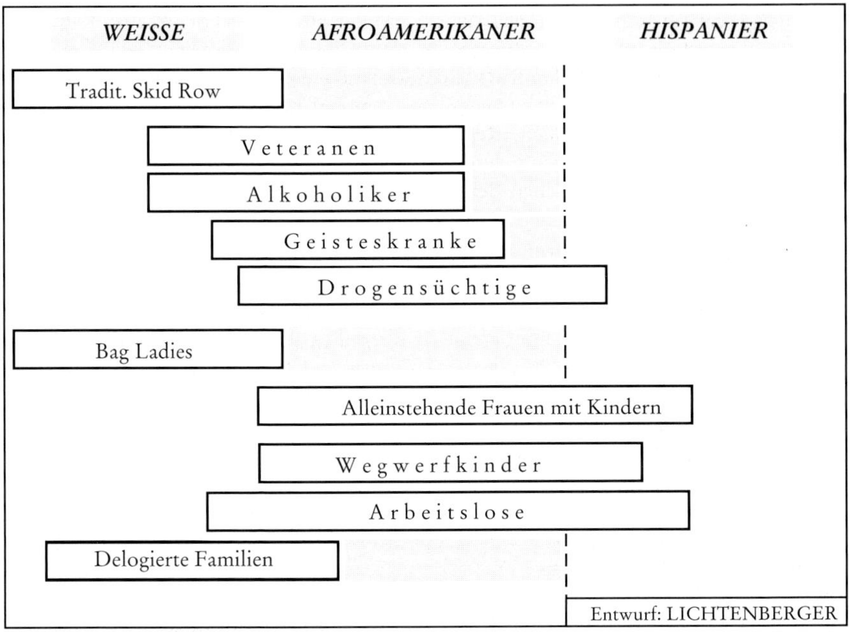

Abb. 6.1: Typen von Obdachlosen

Hauptträger der Scheidungsbewegung und hat auch eine neue Gesetzgebung, welche die Scheidung ohne Schuldnachweis ermöglicht, bewirkt.

Alle Surveys bestätigen den Zusammenhang zwischen Obdachlosigkeit und Arbeitslosigkeit. Nicht erstaunen kann der hohe Anteil der afroamerikanischen Bevölkerung. Auch die Entlassung von Geisteskranken aus den Kliniken hat die Zusammensetzung der Obdachlosen mitgeprägt (vgl. Abb. 6.1).

Die Aufmerksamkeit von Politikern hat die Obdachlosigkeit in den USA dadurch erweckt, daß der öffentliche Raum, Straßen, Parkanlagen, Brücken und die öffentlichen Einrichtungen, wie Bahnhöfe oder Flugplätze, als Unterkünfte benützt werden. Nicht profitorientierte Einrichtungen wie Kirchen und Privatschulen haben eine wichtige Funktion in der Unterbringung von Obdachlosen übernommen. Selbsthilfemaßnahmen, wie das Squatting der Immigranten aus Lateinamerika, blieben infolge von ständigen Polizeieinsätzen bisher ohne großen Erfolg, ebenso Hausbesetzungen in den flächenhaft leerstehenen Innenstadträumen im Nordosten (Philadelphia). Andererseits gelang es dem renditeorientierten Denken der US-Amerikaner selbst aus der Obdachlosigkeit Profite zu erzielen. Hierzu zählt, unter anderem, die Vermietung von Garagen. So wurden 1988 allein in Los Angeles, der „Metropole der Obdachlosigkeit", rund 42000 Garagen an Obdachlose vermietet. Das Voucher-System der Sozialhilfe ist mit weit überhöhten Preisen verbunden, welche von den ORH („one-room-hotels") verlangt werden, deren hygienische Standards jeglicher Beschreibung spotten.

In Europa war Großbritannien das Mutterland der integrierten Stadt- und Regionalplanung des sozialen Wohlfahrtsstaates, es war andererseits das Land, das unter der Regierung Thatcher massiv den Rückbau desselben eingeleitet hat. In diesem Zusammenhang ist der Abverkauf des ehemaligen „council-housing" durch die Thatcher-Regierung die erste umfangreiche Reprivatisierung des öffentlichen Wohnungseigentums in Europa gewesen. Auch in anderen EU-Staaten, darunter in der Bundesrepublik Deutschland, ist inzwischen der öffentlich geförderte Wohnungsbau bzw. der soziale Wohnungsbau weitgehend reduziert worden.

Die vielgerühmte Gentrifizierung im Gefolge der Stadterneuerung hat durch die Beseitigung von Substandardwohnungen eine Reduzierung des Niedrigmietensektors bewirkt und in Verbindung damit eine Anhebung der Mieten in den Innenstädten mit sich gebracht. Eine neue Wohnungsnot ist überall in den europäischen Metropolen festzustellen. Auch in ihnen ist seit den späten 80er Jahren die Obdachlosigkeit als Element im Straßenraum der Innenstädte, bei Bahnhöfen usw. auffällig geworden, doch wurden von den Stadtbehörden rasch Gegensteuerungsmaßnahmen durch die Schaffung von Obdachlosenheimen usw. gesetzt, so daß bisher Obdachlosigkeit nicht zu einem Massenphänomen geworden ist.

6.6 Kriminalität

Die Kriminalität ist zum wichtigsten und derzeit unlösbaren Problem der amerikanischen Gesellschaft geworden. Hierzu einige Eckdaten. Zwischen 1977 und 1993 wurden 350000 Morde (!) registriert. Die Bundesmittel für Verbrechensbekämpfung erreichen bereits die Höhe der Ausgaben für die Sozialprogramme. 1994 wurden aus dem Staatsbudget für die „Omnibus Federal Crime Bill" 20 Mrd. $ für die Aufstockung des Polizeiapparates und die Erweiterung der Gefängnisse, 1995 weitere 10,5 Mrd. $ für die Kosten von längeren Gefängnisaufenthalten der Inhaftierten zur Verfügung gestellt. 1994 befanden sich rund 2 Mio. Häftlinge in Gewahrsam (DIIULIO Jr. 1996). Andererseits wurden 1994 für das AFDC-Programm (alleinerziehende Frauen) 22,8 Mrd. $, für das Disabled-Programm 21,1 Mrd. $ und 1995 für das Food-Stamp-Programm 22,5 Mrd. $ aufgewendet (American Statistical Abstracts 1996).

Tabelle 6.3: Verbrechensraten in den USA 1993, der Bundesrepublik, der Schweiz und Österreich 1996

	Gewaltverbrechen auf 1.000 Einw.		*Eigentumsdelikte Diebstahl und*
	Mord	*Raub*	*Einbruch*
USA	>> 42,6		124
Bundesrepublik	0,043	0,826	44,89
Schweiz	0,028	0,316	40,50
Österreich	0,022	0,258	27,91

Quellen: USA - Survey 1993; Polizeiliche Kriminalstatistik 1996.

Die Kriminalität konzentriert sich in besonderem Maße in den Kernstädten der metropolitanen Regionen und hier wieder in den „black ghettos". Amerika steht als „a ticking crime bomb" am Beginn einer neuen zutiefst erschreckenden Welle der Gewaltverbrechen von Jugendlichen, organisiert in einem in den Kernstädten um sich greifenden flächenbeherrschenden Bandenwesen. 1992 wurde in den Ghettos der Afroamerikaner einer unter sechs Jugendlichen (im Alter zwischen 16 und 19 Jahren) Opfer von Gewaltverbrechen (!). Allein in Los Angeles County waren zu diesem Zeitpunkt über 400 Jugendbanden polizeibekannt.

Tabelle 6.3 zeigt die Verbrechensraten in den USA, der Bundesrepublik Deutschland, der Schweiz und in Österreich und belegt das für europäische Sicherheitsverhältnisse nahezu unglaubliche Ausmaß der Kriminalität in den USA.

Eine Differenzierung nach ländlichen Räumen, Kleinstädten und Metropolen wurde in den USA zum letztenmal 1987 ausgewiesen und ergab damals ein Verhältnis von rund 1:10 der Verbrechensraten im Vergleich zwischen ländlichen Räumen und Metropolen!

Die Zahl der Gewaltverbrechen war 1993 in den USA mit 11 Mio. größer als die Einwohnerzahl Österreichs. Es ist einsichtig, daß in den USA für private Sicherheitsdienste bereits mehr ausgegeben wird als für die staatliche Polizei. Einen Beleg für die Unsicherheit in den Kernstädten bietet das Kärtchen der Mordfälle im Gebiet des Kapitols in Washington (vgl. Abb. 6.2).

Aus dieser Unsicherheit ist die Bewegung der Gated Communities entstanden, der ummauerten, von Monitoren bewachten neuen Städte, die sich unglaublich rasch über Amerika verbreiten und eine von der Privatwirtschaft gesteuerte Reaktion breiter Mittelschichten darstellen, denen die bereits bestehenden Suburbs nicht mehr sicher genug sind. Etwa 10% der amerikanischen Bevölkerung leben schon in derart geschützten Siedlungsstrukturen (vgl. Kap. 3.6.6).

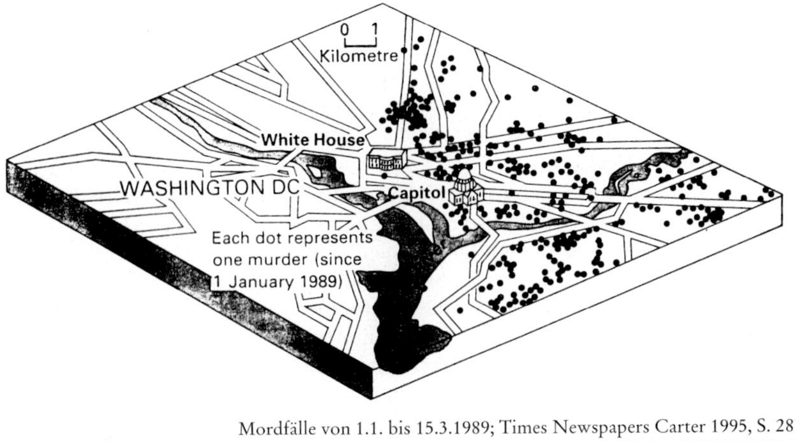

Mordfälle von 1.1. bis 15.3.1989; Times Newspapers Carter 1995, S. 287.

Abb. 6.2: Mordfälle im Gebiet des Kapitols in Washington

6.7 Die multiethnische Fragmentierung der Metropolen

Die Globalisierung der Ökonomie hat eine Globalisierung der Migration im Gefolge. Damit hat sich die Funktion der amerikanischen Metropolen in der 2. Hälfte des 20. Jahrhunderts geändert. Bis herauf in die Zwischenkriegszeit bestand ihre Aufgabe darin, die europäischen Immigranten in den „American way of life" einzuführen und sie in die amerikanische Gesellschaft zu integrieren. Diese Funktion ist zu Ende.

Die Zählung 1991 registrierte bereits 65 Millionen an nichtweißer Bevölkerung und damit einen Anteil von 24%. Aufgrund der wesentlich höheren Geburtenraten von afroamerikanischer und hispanischer Bevölkerung rechnen Bevölkerungsprognosen in den USA im Jahr 2030 bereits mit 50% Non-Whites. In den USA sind die Kernstädte heute multiethnische Zentren geworden, in denen afroamerikanische, hispanische und ostasiatische Bevölkerungen zusammen die Mehrheit bilden. Die multiethnische Gesellschaft der amerikanischen Metropolen repräsentiert sich in Form einer „quartered city", als Konglomerat von ethnischen Subkulturen, die viertelsweise nebeneinander bestehenbleiben, da die Bevölkerung aufgrund des fehlenden Bandes des Konnubiums und der reduzierten Mobilität nicht oder nur eingeschränkt in eine amerikanische Mittelschichtsgesellschaft einschmelzbar ist. Diese Fragmentierung der Metropolen wird überdies durch die administrative Zersplitterung der Kernstädte in z. T. Tausende Lokalbehörden begünstigt, deren Budget im wesentlichen auf der „real estate tax" beruht, aus der das lokale Schulwesen finanziert wird. Damit sind zwei Hauptunterschiede gegenüber den europäischen Metropolen genannt, nämlich das Fehlen einer zentralen metropolitanen Behörde und die Bedeutung der auf dem Wert der Immobilien beruhenden Lokalsteuer für das Schulwesen und damit für die Erhaltung der Gebäude und Bezahlung der Lehrer (vgl. Kap. 3.2).

Wenden wir uns Europa zu. In der EU sind derzeit 16 Millionen Ausländer offiziell registriert. Diese stammen aus drei Migrationswellen: erstens aus der Gastarbeiterwanderung aus Südeuropa, dem ehemaligen Jugoslawien, der Türkei und Algerien, zweitens aus einer Ost-West-Migration, deren Ausmaß unmittelbar nach der politischen Trendwende weit überschätzt worden ist, und drittens aus einer interkontinentalen Zuwanderung aus Asien, Afrika und Lateinamerika (Fassmann und Münz 1996). Die Masse der Zuwanderung richtet sich auch in Europa auf die Kernstädte der Metropolen (vgl. unten).

Diese neue internationale Migration erfolgt synchron zu den neoliberalen Tendenzen der EU-Staaten. Die Gesellschaftspolitik beginnt sich von der Wirtschaftspolitik abzukoppeln, ein Rückbau des umfangreichen „social overhead" ist zumindest pro Kopf bzw. für einzelne Schichten in Sicht, und die Bürger der sozialen Wohlfahrtsstaaten fragen sich mit Sorge, ob sie die knapper werdenden öffentlichen Güter und Dienste einschließlich der Arbeitsplätze mit immer mehr ausländischen Zuwanderern teilen müssen. Die Ausländerfeindlichkeit hat in dieser Sorge eine wesentliche Wurzel und ist in allen europäischen Staaten zu finden. Sie äußert sich vor allem im Wohnumfeld. Das besprochene multiethnische Ghettokonglomerat in den amerikanischen Metropolen reduziert daher die Konflikte. Eine derartige Ghettoisierung zuwandernder Ethnien widerspricht jedoch dem politischen Credo der meisten europäischen

Parteien von der Notwendigkeit der gesellschaftlichen und räumlichen Integration der Ausländer.

In der ferneren Zukunft zeichnen sich zwei Wege ab: Entweder ist die „Festung Europa“ auch im 21. Jahrhundert imstande, die Flut von potentiellen Migranten aus anderen Kontinenten der Erde abzuhalten und den Herkunftsbereich der Zuwanderer auf Europa zu beschränken, oder Europa kann sich dem Druck der Zuwanderer aus dem Vorderen Orient, Afrika, Indien und Ostasien nicht verschließen. Dann müssen die europäischen Metropolen freilich noch immer nicht zu „quartered cities“ analog zu Nordamerika mutieren, sondern überall dort, wo das „Soziale-Mitte-Konzept“ der Innenstadt weiterhin Gültigkeit behält und der Munizipalsozialismus die Instrumente einer ethnischen Antisegrationsstrategie einsetzt, kann ein europäisches Modell der multikulturellen Gesellschaft entstehen.

Die Viertelsbildung von Ausländern in Wien belegt, daß es in den kleinzügig strukturierten europäischen Kernstädten möglich ist, mittels einer Integrationspolitik über Schulen und Sozialeinrichtungen die Immigrantenströme aus kulturell entfernten Räumen a priori aufzuspalten, so daß es nicht zur Ausbildung von flächigen Ghettos in den Kernstädten kommen muß. Freilich sind zwei Aussagen zu Protokoll zu nehmen: Eine ethnische Antisegregationsstrategie bedarf einerseits der Kontinuität des Einsatzes von beachtlichen staatlichen (und/oder städtischen) Mitteln und andererseits der Bereitschaft der Bevölkerung zum Konnubium.

6.8 Ausblick

Eine Sozialunion ist in der EU noch nicht in Sicht. Im „Sozialpolitischen Weißbuch“ von 1994 ist nachzulesen, daß auf der Grundlage gemeinsam festgelegter Ziele Defizite beseitigt werden sollen, ohne daß die unterschiedlichen Systeme sozialer Sicherheit der Mitgliedstaaten berührt werden. Mindeststandards werden als geeignetes Instrument angesehen, um stufenweise, unter Berücksichtigung der wirtschaftlichen Leistungskraft der Mitgliedstaaten, wirtschaftliche und soziale Konvergenz zu verwirklichen.

Es bleibt daher den einzelnen Staaten überlassen, die Effekte der globalen Wirtschaft abzupuffern und der Exklusion von großen Teilen der Bevölkerung (wie etwa in den USA) gegenzusteuern. Mehrere Ansätze sind hervorzuheben:

- Flexibilität auf dem Arbeitsmarkt, verbunden mit einer Gegensteuerung gegen Arbeitslosigkeit, ist am besten im niederländischen Teilzeitarbeitsmodell realisiert, mit dem die Arbeitslosenquote drastisch heruntergefahren wurde.
- Gleichzeitig bieten die Niederlande das Modell der Sozialpolitik für eine Bottom-up-Zweidrittelgesellschaft, welches sich grundsätzlich von dem Top-down-Modell der USA unterscheidet, in dem die unteren Strata ausgeschlossen sind.
- Das britische Beispiel der Umstrukturierung eines egalitären Gesundheitswesens durch massive Unterstützung der Eigenhilfe hat soziale Netze reaktiviert und damit ebenfalls ein Vorbild gesetzt.

- Für eine familienorientierte Sozialpolitik (und Steuerpolitik), welche notwendig ist, um den Fragmentierungsphänomenen der postindustriellen Gesellschaft gegenzusteuern, bietet Frankreich das Beispiel.

Festgehalten sei, daß eine europäische Sozialpolitik als Gegenmodell zu den USA ein Zweidrittelmodell von Grundschichten und unteren Mittelschichten umfassen und auf Kinder, Jugendliche und die Haushalte, in denen sie leben, orientiert sein muß, um deren ökonomischen Degression gegenzusteuern.

Im räumlichen Kontext kommen einerseits im Zuge der Metropolitanisierung dem Munizipalsozialismus und andererseits, zur Verhinderung einer weiteren Peripherisierung peripherer Gebiete, der Regionalpolitik wesentliche Aufgaben zu.

Es ist die Überzeugung der Autorin, daß bei Beibehaltung des politischen Systems des Munizipalsozialismus die europäischen Metropolen nicht auf den Kurs der amerikanischen Metropolenentwicklung, deren Schattenseiten gekennzeichnet wurden, einschwenken werden.

Der Munizipalsozialismus bedeutet, daß die meisten Einrichtungen der technischen und sozialen Infrastruktur zum kommunalen Aufgabenbereich gehören, die Massenverkehrsmittel ebenso wie die Gas- und Elektrizitätswerke. Noch wichtiger als der soziale Wohnungsbau, das soziale Grün und die öffentlichen Freizeiteinrichtungen ist jedoch das öffentliche Schulwesen, welches ganz entscheidende integrative Aufgaben für die Eingliederung der Zuwanderer besitzt.

Im 21. Jahrhundert wird sich auch in Europa der Prozeß der Metropolitanisierung weiter verstärken, Metropolen werden zur dritten Kraft neben den großen internationalen Konzernen und der supranationalen Ebene der EU-Kommission avancieren. Ihre politischen Eliten und Manager werden einerseits transkontinentale Wirtschaftspolitik betreiben, Allokationsstrategien für die Anziehung von internationalen Konzernen ausstilisieren und andererseits munizipale Sozialpolitik zur Reduzierung sozialer Konflikte und Probleme weiterhin fortführen, wie dies im 20. Jahrhundert geschehen ist. Durch zwei Elemente werden sich im 21. Jahrhundert die Metropolen in den Vereinigten Staaten von Europa von denen der Vereinigten Staaten von Nordamerika unterscheiden: durch den legistisch abgesicherten Fortbestand des historischen Primats von Hauptstädten der Nationalstaaten und den Fortbestand des Munizipalsozialismus. Das historische Primat bedeutet, daß klare hierarchische Strukturen im Organisationsaufbau unterhalb der Ebene der EU bestehenbleiben werden, die in dieser Form in den USA ebenso fehlen wie der Munizipalsozialismus.

Literaturhinweise

Bibliographie

BLOTEVOGEL, H. H. u. H. HEINEBERG (1992): Bibliographie zum Geographiestudium. Teil 2, Paderborn. Darin: Stadtgeographie: 150–205; Zentralitätsforschung: 206–213; Geographie des tertiären Wirtschaftssektors: 214–234; Wahrnehmung der städtischen Umwelt: 87–89; Historische Stadtgeographie/Stadtgeschichte: 343–358.

Lehrbücher

BASTIE, J. u. B. DEZERT (1980): L'espace urbain. Paris.

CARTER, H. (1997): The Study of Urban Geography. 4. Aufl., 2. Druck. London u. a. Übersetzung ins Deutsche von VETTER, F. (1980): Einführung in die Stadtgeographie. Berlin, Stuttgart.

CLAVAL, P. (1981): La logique des villes. Essai d'urbanologie. Paris.

DAVIES, W. K. D. and D. T. HERBERT (1993): Communities within Cities and Urban Social Geography. London.

FRIEDRICHS, J. (1977): Stadtanalyse. Soziale und räumliche Organisation der Gesellschaft. Reinbek b. Hamburg (2. Aufl. 1981, 3. Aufl. 1983).

HARTSHORN, T. A. (1992): Interpreting the City. An Urban Geography. New York (2nd Edition).

HEINEBERG, H. (1993): Stadtgeographie. Grundriß Allgemeine Geographie, Teil X, Paderborn. 2. Aufl.

HALL, T. (1997): Urban Geography. London.

HERBERT, D. T. and C. J. THOMAS (1997): Cities in Space: City as Place. 3. ed. London.

HOFMEISTER, B. (1996): Die Stadtstruktur. Ihre Ausprägung in den verschiedenen Kulturkreisen der Erde. 3. Aufl. Darmstadt.

HOFMEISTER, B. (1997): Stadtgeographie. 7. Aufl. Braunschweig.

KNOX, P. L. (1995): Urban Social Geography. An Introduction. 3. Aufl. Essex.

NORTHAM, R. M. (1976): Urban Geography. New York (2. Aufl. 1979).

STEWIG, R. (1983): Die Stadt in Industrie- und Entwicklungsländern. Zürich, Paderborn, München, Wien (UTB 1247).

Klassische Literatur

ALONSO, W. (1964): Location and Land-Use. Towards a General Theory of Land Rent. Cambridge, Mass.

BARTELS, D. (1970): Theorien nationaler Siedlungssysteme und Raumordnungspolitik. Geographische Zeitschrift 67, 2: 110–146.

BERRY, B. J. L. (ed.) (1976): Urbanization and counterurbanization. Urban Affairs Annual Reviews 11.

BERRY, B. J. L. and F. E. HORTON (eds) (1970): Geographic Perspectives on Urban Systems, with Integrated Readings. New Jersey.

BOBEK, H. (1959): Die Hauptstufen der Gesellschafts- und Wirtschaftsentfaltung in geographischer Sicht. Die Erde 90: 259–298.

BOBEK, H. u. M. FESL (1978): Das System der Zentralen Orte Österreichs. Wien, Graz, Köln.

BURGESS, E. W. (1925): The growth of the city: an introduction to a research project. In: R. E. PARK and E. W. BURGESS (eds): The City. Chicago.

CAROL, H. (1960): The hierarchy of central functions within the city. Annals of the AAG 50: 419–438.

CHAPIN, F. ST. (1974): Human Activity Patterns in the City. New York, London, Sydney, Toronto.

CHRISTALLER, W. (1933): Die zentralen Orte in Süddeutschland. Eine ökonomisch-geographische Untersuchung über Gesetzmäßigkeiten der Verbreitung und Entwicklung von Siedlungen mit städtischen Funktionen. Jena (Wiederabdruck: Darmstadt 1968).

CONZEN, M. R. G. (1981): The Urban Landscape: Historical Development and Management. Papers ed. by J. W. R. WHITEHAND. Inst. Brit. Geogr. Spec. Publ. 13. London.

LE CORBUSIER (1929): The City of Tomorrow. London.

DE RUDDER, B. u. F. LINKE (1940): Biologie der Großstadt. Dresden.

HÄGERSTRAND, T. (1967): Innovation Diffusion as a Spatial Process. Chicago, London.

HARRIS, C. D. and E. L. ULLMAN (1945): The nature of cities. Ann. Am. Acad. Pol. Sci.: 7–17.

HASSINGER, H. (1916): Kunsthistorischer Atlas der Reichshaupt- und Residenzstadt Wien. Österreichische Kunsttopographie 15. Wien.

HELLPACH, W. (1939): Mensch und Volk der Großstadt. Stuttgart (2. Aufl. 1952).

HOWARD, E. (1946): Garden Cities of Tomorrow. 1902. New Edition with Foreword by F. J. OSBORN, and introduction by L. MUMFORD. London.

HOYT, H. (1939): The Structure and Growth of Residential Neighborhoods in American Cities. Washington.

ISARD, W. (1960): Methods of Regional Analysis. New York.

KING, L. J. and R. G. GOLLEDGE (1978): Cities, Space and Behavior: The Elements of Urban Geography.

LÖSCH, A. (1944): Die räumliche Ordnung der Wirtschaft. 2. Aufl. Jena.

LYNCH, K. (1960): The Image of the City. Cambridge, London. – Das Bild der Stadt. Braunschweig 1975.

MACKENSEN, R. et al. (1959): Daseinsformen der Großstadt. Typische Formen sozialer Existenz in Stadtmitte, Vorstadt und Gürtel der industriellen Großstadt. Tübingen.

NORBERG, K. (ed.) (1962): Proceedings of the IGU Symposium on Urban Geography. Lund 1960. Lund Studies in Geography Ser. B, Human Geography 24.

PETERMANN, T. (1903): Die Großstadt. Vorträge und Aufsätze zur Großstadtentwicklung. Dresden.

PFEIL, E. (1972): Großstadtforschung. Entwicklung und gegenwärtiger Stand. Hannover.

RATZEL, F. (1891): Anthropogeographie. Stuttgart.

SCHÖLLER, P. (Hg.) (1969): Allgemeine Stadtgeographie. Wege der Forschung 181. Darmstadt.

SCHÖLLER, P. (Hg.) (1972): Zentralitätsforschung. Wege der Forschung 30. Darmstadt.

SCHÖLLER, P. (Hg.) (1973): Trends in Urban Geography. Reports on Research in Major Language Areas. Bochumer Geographische Arbeiten 16. Bochum.

SCHÖLLER, P., BLOTEVOGEL, H. H., BUCHHOLZ, H. J. u. M. HOMMEL (1973): Bibliographie zur Stadtgeographie. Deutschsprachige Literatur 1952–1970. Bochumer Geographische Arbeiten 14. Bochum.

SOMBART, W. (1902): Der moderne Kapitalismus II. Leipzig.

THURNWALD, R. (1904): Stadt und Land im Lebensprozeß der Rasse. Archiv Rassen-Gesellschaftsbiol. 1904, 1: 550–574, 718–735, 840–887.

THÜNEN, J. H. (1910): Der isolierte Staat in Beziehung auf Landwirtschaft und Nationalökonomie. Jena.

University of Amsterdam, Sociographical Department (ed.) (1967): Urban Core and Inner City. Proceedings of the Internat. Study Week Amsterdam 1966. Leiden.
Weber, A. (1909): Über den Standort der Industrien, Teil I: Reine Theorie des Standortes. Tübingen.
Weber, M. (1956): Wirtschaft und Gesellschaft, 2. Hbd. Tübingen.
Wieser, F. v. (1909): Die Theorie der städtischen Grundrente. In: W. Mildschuh (Hg.): Mietzinse und Bodenwerte in Prag in den Jahren 1869–1902. Wiener Staatsw. Studien, Vol. 9, No. 1. Wien, Leipzig.

Zitierte Literatur

Abu-Lughod, J. (1976): Developments in North African urbanism: the process of decolonization. In: B. J. L. Berry (ed.): Urbanization and Counterurbanization. Urban Affairs Annual Reviews 11: 191–211.
Adams, J. S. (1970): Residential structure of Midwestern cities. Annals of the AAG 60: 37–62.
Akademie für Raumforschung und Landesplanung Hannover (Hg.) (1970): Handwörterbuch der Raumforschung und Raumordnung (3 Bde.). 2. Aufl. Hannover.
Akademie für Raumforschung und Landesplanung Hannover (Hg.) (1984): Agglomerationsräume in der Bundesrepublik Deutschland. Ein Modell zur Abgrenzung und Gliederung. Forschungs- und Sitzungsberichte der Akademie für Raumforschung und Landesplanung 157. Hannover.
Akademie für Raumforschung und Landesplanung Hannover (Hg.) (1996): Agglomerationsräume in Deutschland. Ansichten, Einsichten, Aussichten. Forschungs- und Sitzungsberichte 199. Hannover.
Allpass, J. et al. (1967): Urban centres and changes in the centre structure. In: University of Amsterdam, Sociographical Department (ed.): Urban Core and Inner City. Proceedings of the Int. Study Week Amsterdam 1966, Leiden: 103–117.
Andrusz, G., Harloe, M. and I. Szelenyi (eds) (1996): Cities after Socialism. Urban and Regional Change and Conflict in Post-Socialist Societies. Oxford u. a.
Argar, W. C. and H. J. Brown (1988): The State of the Nation's Housing Joint Center for Housing Studies of Harvard University. Cambridge, Mass.
Bahrenberg, G., Giese, E. u. J. Nipper (1990): Statistische Methoden in der Geographie. 3. Aufl. Stuttgart.
Bartholomew, H. (1955): Land Uses in American Cities. Cambridge, Mass.
Bassand, M. (1997): Metropolisation et inégalités sociales. Lausanne.
Bastie, J. (1984): Geographie du Grand Paris. Paris.
Bater, J. H. (1977): Soviet Town Planning: Theory and Practice in the 1970s. Progress in Human Geography 1: 177–207.
Baumhackl, H. (1989): Die Aufspaltung der Wohnfunktion. Eine Analyse des Zweitwohnens am Beispiel des städtischen Systems Wien. Habilitationsschrift, Univ. Wien.
Belin, Reclus (ed.) (1996): Mappe Monde 2/1996. Montpellier.
Benevolo, L. (1993): Die Stadt in der europäischen Geschichte. München.
Berry, B. J. L. (1959): The spatial organization of business land use. In: W. L. Garrison et al.: Studies of Highway Development and Geographic Change. Seattle: 62ff.
Berry, B. J. L. (1962): Some relations of urbanization and basic patterns in economic development. In: F. R. Pitts (ed.): Urban Systems and Economic Development. Oregon.
Berry, B. J. L. (1963): Commercial Structure and Commercial Blight. Univ. of Chicago, Dept. of Geography. Research Paper 85.
Berry, B. J. L. (ed.) (1972): City Classification Handbook. Methods and Applications. London.

Berry, B. J. L., Simmons, J. W. and R. J. Tennant (1963): Urban Populations: Structure and Change. Geogr. Review 53: 389–405.
Beynon, E. (1943): Budapest: an ecological study. Geographical Review 33: 255–275.
Bianchini, F. and M. Parkinson (eds) (1993): Cultural Policy and Urban Regeneration. The West European Experience. Manchester u. a.
Bingham, R. D., Green, R. E. and S. B. White (eds) (1987): The Homeless in Contemporary Society. London.
Blakely, E. J. and M. G. Snyder (1997): Fortress America. Gated Communities in the United States. Lincoln Institute of Land Policy, Cambridge, Massachusetts. Washington, D. C.
Bobek, H. u. E. Lichtenberger (1966): Wien. Bauliche Gestalt und Entwicklung seit der Mitte des 19. Jahrhunderts. Wien, Graz, Köln. (2. Aufl. 1978).
Bollens, J. C. and H. J. Schmandt (1965): The Metropolis. Its People, Politics and Economic Life. New York.
Bonczek, W. (1970): Bodenwirtschaft in den Gemeinden. In: Akademie für Raumforschung und Landesplanung Hannover (Hg.): Handwörterbuch der Raumforschung und Raumordnung. 2. Aufl.: Sp. 346–367.
Boskoff (1970): The Sociology of Urban Regions. 2. Aufl. New York.
Bourne, L. S. (1981): The Geography of Housing. Scripta Series in Geography. London.
Boustedt, O. (1953): Die Stadtregion. Ein Beitrag zur Abgrenzung städtischer Agglomerationen. Allgem. statist. Archiv 37: 13–26.
Boustedt, O. (1970): Stadtregionen. In: Akademie für Raumforschung und Landesplanung Hannover (Hg.): Handwörterbuch der Raumforschung und Raumordnung. 2. Aufl.: Sp. 3207–3237.
Braun, G. O. (ed.) (1994): Managing and Marketing of Urban Development and Urban Life. Proceedings of the IGU-Commission on „Urban Development and Urban Life“, Berlin, August 15th to 20th, 1994. Abhandlungen – Anthropogeographie, Band 52. Berlin.
Breitling, P. (1968): Die Untergliederung von Stadtteilen nach planerischen Gesichtspunkten. In: Die Gliederung des Stadtgebietes. Raum und Bevölkerung 7. Forschungs- und Sitzungsberichte Akademie für Raumforschung und Landesplanung Hannover 42: 41–74.
Breitling, P. (1974): Siedlungselemente und ihre Größenordnungen. Stadtplanung 1. Forschungs- und Sitzungsberichte Akademie für Raumforschung und Landesplanung Hannover 85: 51–67.
Brotchie, J., Batty, M., Hall, P. and P. Newton (eds) (1991): Cities of the 21st Century. New Technologies and Spatial Systems, New York.
Brunet, R. (Hg.) (1989): Les Villes „Européennes“. Reclus-Datar et la documentation Française, Montpellier, Paris.
Buchanan Report (1963): Traffic in Towns. The Specially Shortened Edition of the Buchanan Report. Hammondsworth.
Castells, M. (1996): The Rise of the Network Society. Oxford, UK, Cambridge, USA.
Cervero, R. (1986): Suburban Gridlock. Center for Urban Policy Research, Rutgers University, New Brunswick, N. J.
Clark, C. (1951): Urban population densities, J. Roy. Stat. Soc. A 114, 4: 490–496.
Cross, M. and M. Keith (1993): Racism, the City and the State. London, New York.
Cullingworth, J. B. and V. Nadin (1994): Town & Country Planning in Britain. 11th Edition. London, New York.
Daniels, P. W. (1975): Office Location. An Urban and Regional Study. London.
Datar (Hg.) (1992): Livre blanc du bassin parisien. La documentation Française. Paris.
Department for Economic and Social Information and Policy Analysis (ed.) (1988): Demographic Yearbook. New York, NY.

DETTMANN, K. (1969): Damaskus. Eine orientalische Stadt zwischen Tradition und Moderne. Mitt. Fränk. Geogr. Ges. 15/16: 183–211.

DIIULIO JR., J. (1996): Help wanted: economist, crime and public polity. Journal of Economic Perspectives 10, 1: 3–24.

DOSTAL, P. and M. HAMPL (1992): Urbanization, administrations and economies: future geopolitical and geo-economic changes. In: P. DOSTAL, M. ILLNER, J. KARA and M. BARLOW: Changing Territorial Administration in Czechoslovakia. International Viewpoints. Amsterdam, Prague.

DOWNS, R. M. and D. STEA (1973): Image and Environment. London.

DRAKE, ST. C. and H. R. CAYTON (1962): Black Metropolis. A Study of Negro Life in a Northern City I. Harper Torchbooks 1086. New York, Evanston.

DREIER, P. (1984): The tenants' movement in the United States. International Journal of Urban and Regional Research 8, 2: 255–279.

DREWETT, R., GODDARD, J. and N. SPENCE (1976): Urban Britain: Beyond Containment. In: B. J. L. BERRY (ed.): Urbanization and Counterurbanization. Urban Affairs Annual Reviews 11: 43–79.

DUNCAN, O. D. and B. DUNCAN (1950): Residential distribution and occupational stratification. Am. J. Sociol. 60: 493–503.

DUNFORD, M. and G. KAFKALAS (eds) (1992): Cities and Regions in the New Europe: The Global-Local Interplay and Spatial Development Strategies. London.

EEKHOFF, J. (1987): Wohnungs- und Bodenmarkt. Tübingen.

EHLERS, E. (Hg.) (1992): Modelling the City-Cross-Cultural Perspectives. Colloquium Geographicum 22. Bonn.

ESPING-ANDERSEN, G. (1990): The Three Worlds of Welfare Capitalism. Cambridge.

EUROPEAN CULTURAL FOUNDATION (ed.) (1971): Citizen and City in the Year 2000. Deventer.

EUROSTAT (Hg.) (1992): Erhebung über Arbeitskräfte: Ergebnisse 1992. Europäische Kommission, Luxemburg.

FAINSTEIN, S. and S. CAMPBELL (eds) (1997): Readings in Urban Theory. Massachusetts, Oxford.

FASSMANN, H. (1993): Arbeitsmarktsegmentation und Berufslaufbahnen. Ein Beitrag zur Arbeitsmarktgeographie Österreichs. Beiträge zur Stadt- und Regionalforschung 11. Wien.

FASSMANN, H. (Hg.) (1997): Die Rückkehr der Regionen. Beiträge zur Stadt- und Regionalforschung 15. Wien.

FASSMANN, H. u. E. LICHTENBERGER (Hg.) (1995): Märkte in Bewegung. Metropolen und Regionen in Ostmitteleuropa. Wien, Köln, Weimar.

FASSMANN, H. u. P. MEUSBURGER (1997): Arbeitsmarktgeographie. Erwerbstätigkeit und Arbeitslosigkeit im räumlichen Kontext. Stuttgart.

FAWCETT, C. B. (1922): British conurbations in 1921. Sociol. Rev. 14: 111–122.

FEHL, G. u. J. RODRIGUEZ-LORES (1982): Aufstieg und Fall der Zonenplanung. Bauwelt-Stadtbauwelt 73: 443–450.

FISCHER, M. M. (1982): Eine Methodologie der Regionaltaxonomie: Problem und Verfahren der Klassifikation und Regionalisierung in der Geographie und Regionalforschung. Bremer Beitr. z. Geogr. u. Raumplanung 3. Bremen.

FOUCHER, M. u. J. Y. POTEL (eds) (1993): Le continent retrouve. Datar. La Tour d'Aigues.

FOX-PREZEWORSKI, J., GODDARD, J. and M. DE JONG (eds) (1991): Urban Regeneration in a Changing Economy. An International Perspective. Oxford.

FRENCH, R. A. and F. E. I. HAMILTON (1979): The Socialist City. Spatial Structure and Urban Policy. Chichester u. a.

FRIEDMANN, J. (1986): The world city hypothesis. Development and Change 17: 69–84.

FRIEDMANN, J. and G. WOLFF (1982): World city formation: an agenda for research and action. International Journal of Urban and Regional Research 15, 1: 269–283.
GALLION, A. B. and S. EISNER (1963): The Urban Pattern. City Planning and Design. New York, Toronto, London.
GAPPERT, G. and R. V. KNIGHT (eds) (1982): Cities in the 21st century. Urban Affairs Annual Reviews 23. Beverly Hills, London, New Delhi.
GARREAU, J. (1992): Edge City. Life on the New Frontier. New York u. a.
GEIPEL, R. (1982): Wahrnehmung und Bewertung sperriger Infrastruktur durch die Regionalplanung. Münchener Geogr. Hefte 47: 7–15.
GIESE, E. (1979): Transformation of Islamic cities in Soviet Middle Asia into socialist cities. In: R. A. FRENCH and F. E. I. HAMILTON (eds): The Socialist City. New York, Toronto: 145–165.
GIESE, E. (1980): Aufbau, Entwicklung und Genese der islamisch-orientalischen Stadt in Sowjet-Mittelasien. Erdkunde 34: 46–60.
GINSBURG, N. (1992): Divisions of Welfare. A Critical Introduction to Comparative Social Policy. London u. a.
GITTELL, R. J. (1992): Renewing Cities. Princeton, New Jersey.
GODDARD, J. B. (1968): Multivariate analysis of office location pattern in the city centre: a London example. Regional Studies 2: 69–85.
GORMSEN, E. (1980): Changes in the socio-economic pattern of Spanish-American cities with special reference to colonial town centres. In: Urbanization in the Americas. The Background in Comparative Perspective (Special Issue of Urban History Review). Ottawa: 85–96.
GOSS, H. (1993): The magic of the mall: an analysis of form, function and meaning in the contemporary retail economy. Annals of the AAG 83: 18–47.
GOTTDIENER, M. (1994): The Social Production of Urban Space. Austin, Texas (2nd Edition).
GOTTMANN, J. (1961): Megalopolis. The Urbanized Northeastern Seaboard of the United States. New York.
GRAHAM, ST. and S. MARVIN (1996): Telecommunications and the City. Electronic Spaces, Urban Places. London, New York.
GRUBER, F. v. (1892): Die neue Bauordnung der Außenstadt Frankfurt. Zeitschrift des Österreichischen Ingenieur- und Architektenvereins 45: 573–579; 46: 589–595; 47: 605–611.
HADDEN, J. K. and E. F. BORGATTA (1965): American Cities. Their Social Characteristics. Chicago.
HÄGERSTRAND, T. et al. (1977): Activity organization and the generation of daily travel: two future alternatives. Econ. Geogr. 53: 126–152.
HAIG, R. M. (1928): Regional Survey of New York. Major Economic Factors in Metropolitan Growth and Arrangement. New York.
HALL, P. (1988): Cities of Tomorrow. An Intellectual History of Urban Planning and Design in the Twentieth Century. Cambridge, Mass., Oxford, UK.
HALL, P. (1992): Urban and Regional Planning. 3rd Edition. London, New York.
HAMILTON, F. E. I. (1979): Spatial structure in East European cities. In: R. A. FRENCH and F. E. I. HAMILTON (eds): The Socialist City. New York, Toronto: 195–261.
HARD, G. (1981): Problemwahrnehmung in der Stadt. Studien zum Thema Umweltwahrnehmung. Osnabrücker Studien zur Geogr. 4.
HARLOE, M. (1995): The People's Home? Social Rented Housing in Europe & America. Cambridge, Mass., Oxford, UK.
HARRIS, C. D. (1997): „The nature of cities" and urban geography in the last half century. Urban Geography 18, 1: 15–35.

HARTSHORN, T. A. and P. O. MULLER (1992): The suburban downtown and urban economic development today. In: E. S. MILLS and J. F. McDONALD (eds): Source of Metropolitan Growth. Center for Urban Policy, Piscataway, N. J.

HÄUSSERMANN, H. (Hg.) (1992): Stadt und Raum. Soziologische Analysen. 2. Aufl. Pfaffenweiler.

HATZ, G. (1998): Sozialraumstrukturen und sozialer Wandel in Wien 1971–1991. In: Geographischer Jahresbericht aus Österreich. LV. Band (1996).

HEINEBERG, H. u. G. HEINRITZ (Hg.) (1983): Beiträge zur empirischen Bürostandortforschung. Münchener Geogr. Hefte 50.

HEINELT, H. u. M. MAYER (Hg.) (1992): Politik in europäischen Städten. Fallstudien zur Bedeutung lokaler Politik. Stadtforschung aktuell 38. Basel, Boston, Berlin.

HEINRITZ, G. (1979): Zentralität und zentrale Orte. Teubner Studienbücher der Geographie. Stuttgart.

HEINRITZ, G. u. E. LICHTENBERGER (1984): Wien und München – Ein stadtgeographischer Vergleich. Ber. z. deutschen Landeskunde 58, 1: 55–95.

HEINRITZ, G. u. E. LICHTENBERGER (eds) (1986): The Take-off of Suburbia and the Crisis of the Central City. Proceedings of the International Symposium in Munich and Vienna 1984. Erdkundliches Wissen 76.

HELBRECHT, I. u. J. POHL (1995): Pluralisierung der Lebensstile. Neue Herausforderungen für die sozialgeographische Stadtforschung. GZ 83: 222–237.

HERBERT, D. T. (1988): The Geography of Urban Crime. London.

HERBERT, D. T. and R. J. JOHNSTON (eds) (1978): Social Areas in Cities. Chichester, New York, Brisbane, Toronto.

HEY, K. and J. SHELDRAKE (eds) (1997): Urban Transport. Brookfield USA, Singapore, Sydney.

HOFFMEYER-ZLOTNIK, J. (1975): Der Prozeß der Sukzession. Die Unterwanderung von Berlin-Kreuzberg. Diss. Univ. Hamburg.

HOLZNER, L. (1990): Stadtland USA: Die Kulturlandschaft des American Way of Life. Geographische Rundschau 42: 468–475.

HOLZNER, L. (1996): Stadtland USA: Die Kulturlandschaft des American Way of Life. Petermanns Geographische Mitteilungen. Ergänzungsheft 291. Gotha.

HOMMEL, M. (1982): Tendenzen der Stadtentwicklung im Ruhrgebiet auf dem Hintergrund der gegenwärtigen Wirtschafts- und Bevölkerungsentwicklung. Westfälische Forsch. 32: 21–35.

HUTTMANN, E. D. (ed.) (1991): Urban Housing Segregation of Minorities in Western Europe and the United States. Burham, London.

ISENBERG, G. (1957): Die Ballungsgebiete in der Bundesrepublik. Institut für Raumforschung, Vorträge 6. Bad Godesberg.

JENKIS, H. W. (Hg.) (1991): Kompendium der Wohnungswirtschaft. München, Wien.

JUDD, D. (1995): The rise of the new walled cities. In: H. LIGGETT and D. C. PERRY (1995): Spatial Practices: 144–166.

KANT, E. (1962): Zur Frage der inneren Gliederung der Stadt, insbesondere der Abgrenzung des Stadtkerns mit Hilfe der bevölkerungskartographischen Methoden. Proceedings of the IGU-Symposium in Urban Geography, Lund Studies in Geography Ser. B. 24: 321–381.

KASARDA, J. D. (1986): The Regional and Urban Distribution of People and Jobs in the U.S. National Academy of Sciences. New Jersey.

KING, A. D. (ed.) (1996): Re-Presenting the City. Ethnicity, Capital and Culture in the Twenty-First Century Metropolis. Houndmills, Basingstoke, Hampshire, London.

KING, R. (1996): Emancipating Space: Geography, Architecture and Urban Design. New York, London.

Kirsten, E. (1956): Die griechische Polis als historisch-geographisches Problem des Mittelmeerraumes. Colloquium Geographicum 5. Bonn.

Kleinman, M., Matznetter, W. and M. Stephens (eds) (1998): European Integration and Housing Policy. (RICS Issues in Real Estate and Housing Series). London, New York.

Klingbeil, D. (1978): Aktionsräume im Verdichtungsraum. Zeitpotential und ihre räumliche Nutzung. Münchener Geogr. Hefte 41.

Knox, P. L. (1993): The Restless Urban Landscape. Englewoods Cliff.

Kohl, J. G. (1841): Der Verkehr und die Ansiedlung der Menschen in ihrer Abhängigkeit von der Gestaltung der Erdoberfläche. Dresden, Leipzig.

Krätke, St. (1991): Strukturwandel der Städte. Städtesystem und Grundstücksmarkt in der „post-fordistischen" Ära. Frankfurt/Main, New York.

Krätke, St. (1995): Stadt – Raum – Ökonomie. Einführung in aktuelle Problemfelder der Stadtökonomie und Wirtschaftsgeographie. Stadtforschung aktuell 53. Basel u. a.

Lammert, U. (Leiter des Autorenkollektives, Hg.) (1979): Städtebau. Grundsätze, Methoden, Beispiele, Richtwerte. Berlin.

Lehmann, H. (1960): Zitiert in: R. Künzler-Behnke: Entstehung und Entwicklung fremdvölkischer Eigenviertel im Stadtorganismus. Frankfurter Geogr. Hefte 35.

Lehner, F. (1966): Wechselbeziehungen zwischen Städtebau und Nahverkehr. Schriftenreihe für Verkehr und Technik 29. Bielefeld.

Leister, I. (1970): Wachstum und Erneuerung britischer Industriegroßstädte. Wien, Graz, Köln.

Lever, W. F., Money, W. J. and R. Paddison (1993): Special Issue: European Cities: Growth and Decline. Urban Studies 30, 6. Carfax, University of Glasgow.

Lichtenberger, E. (1963): Die Geschäftsstraßen Wiens. Eine statistisch-physiognomische Analyse. Mitt. Österr. Geogr. Ges. 105: 463–504.

Lichtenberger, E. (1967): Entwicklungs- und Raumordnungsprobleme Wiens im 19. Jahrhundert. Forschungs- und Sitzungsberichte der Akademie für Raumforschung und Landesplanung Hannover 39: 195–225.

Lichtenberger, E. (1969): Die Differenzierung des Geschäftslebens im zentralörtlichen System am Beispiel der österreichischen Städte. 41. Deutscher Geographentag, Bad Godesberg 1967. Tagungsber. und wiss. Abh. Wiesbaden: 229–242.

Lichtenberger, E. (1970a): Wirtschaftsfunktion und Sozialstruktur der Wiener Ringstraße. Die Wiener Ringstraße – Bild einer Epoche, Bd. 6. Köln, Wien.

Lichtenberger, E. (1970b): The Nature of European Urbanism. Geoforum 4: 45–62.

Lichtenberger, E. (1972a): Die europäische Stadt – Wesen, Modelle, Probleme. Berichte zur Raumforschung und Raumplanung 16, 1: 3–25.

Lichtenberger, E. (1972b): Die Wiener City. Bauplan und jüngste Entwicklungstendenzen. Mitt. Österr. Geogr. Ges. 114, I: 42–85.

Lichtenberger, E. (1972c): Ökonomische und nichtökonomische Variablen kontinentaleuropäischer Citybildung. Die Erde 102 (1971, hg. 1972): 216–262.

Lichtenberger, E. (1975): Die Stadterneuerung in den USA. Berichte zu Raumforschung und Raumplanung 19, 6: 3–16.

Lichtenberger, E. (1976): The changing nature of European urbanization. In: B. J. L. Berry (ed.): Urbanization and Counterurbanization. Urban Affairs Annual Reviews 11: 81–107.

Lichtenberger, E. (1977): Die Wiener Altstadt. Von der mittelalterlichen Bürgerstadt zur City. Wien.

Lichtenberger, E. (1980a): Perspektiven der Stadtgeographie. 42. Deutscher Geographentag, Göttingen 1979. Tagungsber. u. wiss. Abh. Wiesbaden: 103–128.

LICHTENBERGER, E. (1980b): Die Stellung der Zweitwohnungen im städtischen System – Das Wiener Beispiel. Berichte zur Raumforschung und Raumplanung 24, 1: 3–14.
LICHTENBERGER, E. (1981): Die europäische und die nordamerikanische Stadt – ein interkultureller Vergleich. Österreich in Geschichte und Literatur 25, 4: 224–251.
LICHTENBERGER, E. (1983): Perspektiven der Stadtentwicklung. Geogr. Jahresber. aus Österreich 40 (1981, hg. 1983): 7–49.
LICHTENBERGER, E. (1984a): Gastarbeiter – Leben in zwei Gesellschaften (unter Mitarbeit von H. Faßmann, EDV-Technologie). Wien, Köln, Graz.
LICHTENBERGER, E. (1984b): Die Stadtentwicklung in Europa in der ersten Hälfte des 20. Jahrhunderts. In: W. RAUSCH (Hg.): Die Städte Mitteleuropas im 20. Jahrhundert. Linz: 1–40.
LICHTENBERGER, E. (1986a): Zweitwohnungen im Stadtumland. Berliner Geographische Arbeiten, Sonderheft 4 (Jubiläumskonferenz 1986 der Sektion Geographie der Humboldt-Universität zu Berlin): 68–74.
LICHTENBERGER, E. (1986b): Stadtgeographie – Perspektiven. Geographische Rundschau 38, 7/8: 388–394.
LICHTENBERGER, E. (1987): Theorien und Konzepte zur Stadtentwicklung. Geographischer Jahresbericht aus Österreich 44: 7–16.
LICHTENBERGER, E. (1988): Die Stadtentwicklung von Wien. Probleme und Prozesse. Geographische Rundschau 40, 10: 20–27.
LICHTENBERGER, E. (1989): Stadtentwicklung in Europa und Nordamerika. Kritische Anmerkungen zur Konvergenztheorie. In: R. HEYER u. M. HOMMEL (Hg.): Stadt und Kulturraum. Bochumer Geograph. Arb. 50: 113–129.
LICHTENBERGER, E. (1990a): Die Auswirkungen der Ära Reagan auf Obdachlosigkeit und soziale Probleme in den USA. Geographische Rundschau 42, 9: 476–481.
LICHTENBERGER, E. (1990b): Stadtverfall und Stadterneuerung. Beiträge zur Stadt- und Regionalforschung 10. Wien.
LICHTENBERGER, E. (1993a): Vienna. Bridge Between Cultures. London, New York.
LICHTENBERGER, E. (1993b): Wien – Prag. Metropolenforschung. Wien, Köln, Weimar.
LICHTENBERGER, E. (1993c): Stadtökologie und Sozialgeographie. In: H. SUKOPP u. R. WITTIG (Hg.): Stadtökologie. Stuttgart, Jena, New York: 10–45.
LICHTENBERGER, E. (1995): Die Entwicklung der Innenstadt von Budapest zwischen City- und Slumbildung. Erdkunde 49, 2: 138–151.
LICHTENBERGER, E. (1996): Stadtmodelle – Reflexionen zur Forschungsgeschichte. In: A. STEINECKE (Hg.): Stadt und Wirtschaftsraum. Berliner Geographische Studien 44. Berlin: 1–12.
LICHTENBERGER, E. (1997): Österreich. Wissenschaftliche Länderkunden. Hg. W. Storkebaum. Darmstadt.
LICHTENBERGER, E., CSEFALVAY, Z. u. M. PAAL (1994): Stadtverfall und Stadterneuerung in Budapest. Beiträge zur Stadt- und Regionalforschung 12. Wien.
LICHTENBERGER, E., FASSMANN, H. u. D. MÜHLGASSNER (1987): Stadtentwicklung und dynamische Faktorialökologie. Beiträge zur Stadt- und Regionalforschung 8. Wien.
LIGGETT, H. and D. C. PERRY (eds) (1995): Spatial Practices. Critical Explorations in Social/Spatial Theory. Thousand Oaks, London, New Delhi.
LYNCH, K. (1985): Good City Form. Cambridge, Massachusetts, London, England (Fourth printing).
MAGISTRAT DER STADT WIEN (Hg.) (1985): Stadtentwicklungsplan 1981. Wien.
MALISZ, B. (1968): Die Schwellentheorie und ihre Bedeutung für die Stadtplanung. Bauwelt-Stadtbauwelt 19: 1416 ff.
MARCUSE, P. (1989): Dual city: a muddy metaphor for a quartered city. International Journal of Urban and Regional Research 13: 697–708.

MATILLA, J. N. and W. R. THOMPSON (1955): The measurement of the economic base of the metropolitan area. Land Economics 31: 215–228.
MATZNETTER, W. (1991): Wohnbauträger zwischen Staat und Markt. Strukturen des Sozialen Wohnungsbaus in Wien. Frankfurt/Main, New York.
MERLIN, P. (1971): New Towns. Regional Planning and Development. London.
MESCHEDE, W. (1971): Grenzen, Größenordnung und Intensitätsgefälle kommerziell-zentraler Einzugsgebiete. Erdkunde 25: 264–278.
MESSU, M. (1992): Familienpolitik und soziale Einkommenspolitik: Kindergeld für Alleinerziehende in Frankreich. Internationale Revue für soziale Sicherheit 45, 3: 79–91.
MEYER, G. (Hg.) (1997): Von der Plan- zur Marktwirtschaft. Wirtschafts- und sozialgeographische Entwicklungsprozesse in den neuen Bundesländern. Mainzer Kontaktstudium Geographie 3. Mainz.
MILES, M. (1997): Art, Space and the City. London.
MINSHULL, R. (1996): The American City and its Citizens. The Dream on the Move. Sussex.
MITCHELL, W. J. (1996): City of Bits. Leben in der Stadt des 21. Jahrhunderts. Basel, Boston, Berlin.
MORRILL, R. L. (1974): The Spatial Organization of Society. North Scituate, Mass. (2nd Edition).
MORRILL, R. L. (1975): The Negro ghetto, problems and alternatives. In: C. PEACH (ed.): Urban and Social Segregation: 155–173.
MOSCHELES, J. (1937): The demographic, social and economic regions of Greater Prague. Geographical Review 27: 414–429.
MULLER, P. O. (1981): Contemporary Suburban America. Englewood Cliffs, New Jersey.
MÜLLER, H.-P. (1997): Sozialstruktur und Lebensstile. Der neuere theoretische Diskurs über soziale Ungleichheiten. 2. Aufl. Frankfurt am Main.
MÜLLER, W. (1979): Städtebau. Technische Grundlagen. 3. Aufl. Stuttgart.
MURDIE, R. (1969): Factorial Ecology of Metropolitan Toronto (1951–1961). An Essay on the Social Geography of the City. Univ. of Chicago, Dept. of Geography, Research Paper 116.
NAUMANN, M. (1909): Miete und Grundrente. Zeitschrift für Volkswirtschaft, Sozialpolitik und Verwaltung 18: 133–196.
NEWMAN, P. and A. THORNLEY (1996): Urban Planning in Europe. International Competition, National Systems and Planning Projects. London, New York.
NOIN, D. and P. WHITE (eds) (1997): Paris. Chichester, New York, Weinheim u. a.
ÖSTAT (Hg.): Statistisches Jahrbuch für die Republik Österreich 1992, 1995, 1997. Wien.
ÖSTERREICHISCHER INGENIEUR- UND ARCHITEKTENVEREIN (Hg.) (1877): Denkschrift. Wien.
PACKARD, V. (1971): The Wastemakers. New York.
PARIS, CH. and J. LAMBERT (1979): Housing problems and the state: the case of Birmingham, England. In: D. T. HERBERT and R. J. JOHNSTON (eds): Geography and the Urban Environment. Progress in Research and Application II: 227–258.
PARKES, D. N. and N. J. THRIFT (1980): Times, Spaces, and Places. A Chronogeographic Perspective. New York.
PERRY, C. A. (1929): The Neighborhood Unit 7. Neighborhood and Community Planning. Regional Survey of New York and Its Environs. New York.
PERRY, D. C. (ed.) (1995): Building the Public City. The Politics, Governance, and Finance of Public Infrastructure. Urban Affairs Annual Reviews 43. London, New Delhi.
PINCHEMEL, P. (1964): Geographie de la France II. Paris.
PUMAIN, D. and T. SAINT-JULIEN (eds) (1996): Urban Networks in Europe. Reseaux urbains en Europe. Montrouge u. a.

PÜTZ, R. (1997): Der Wandel der Standortstruktur im Einzelhandel der neuen Bundesländer. Das Beispiel Dresden. In: G. MEYER (Hg.): Von der Plan- zur Marktwirtschaft. Wirtschafts- und sozialgeographische Entwicklungsprozesse in den neuen Bundesländern. Mainz.

RAPOPORT, A. (1977): Aspects of Urban Form: Towards a Man-Environment Approach to Urban Form and Design. Oxford.

REISS, A. J. and M. TOURY (eds) (1986): Communities and Crime. University of Chicago Press.

RICHARD, P. and M. COTTEN (1983): Les communs françaises d'aujourd'hui. Paris.

RICKERT, J. E. (1967): House facades of the northeastern United States: a tool of geographical analysis. Ann. of the Ass. of Am. Geogr. 57: 211–238.

ROBERTS, P., STRUTHERS, T. and J. SACKS (eds) (1993): Managing the Metropolis. Metropolitan Renaissance: New Life for Old City Regions. Brookfield USA, Hong Kong, Singapore, Sydney.

ROPERS, R. H. (1988): The Invisible Homeless: A New Urban Ecology. New York.

ROSE, R. and E. PAGE (eds.) (1982): Fiscal Stress in Cities. Cambridge.

ROSEMAN, C. C., LAUX, H.-D. and G. THIEME (eds) (1996): EthniCity. Geographic Perspectives on Ethnic Change in Modern Cities. London.

RÖTZER, F. (1995): Die Telepolis. Urbanität im digitalen Zeitalter. Mannheim.

SAILER-FLIEGE, U. (1991): Der Wohnungsmarkt der Sozialmietwohnungen. Angebots- und Nutzerstrukturen dargestellt an Beispielen aus Nordrhein-Westfalen. Erdkundliches Wissen 104. Stuttgart.

SALICATH, N. (1992): Homelessness in Industrialised Countries. International Federation for Housing and Planning (IFHP). Report of the Working Party. The Hague.

SANDERCOCK, L. (1998): Towards Cosmopolis. Planning for Multicultural Cities. Chichester, New York, Weinheim u. a.

SAUBERER, M. u. U. CSERJAN (1972): Sozialräumliche Gliederung Wiens 1961. Ergebnisse einer Faktorenanalyse. Der Aufbau 7, 8: 284–306.

SAUNDERS, P. (1987): Soziologie der Stadt. Frankfurt/Main, New York.

SAVAGE, M. and A. WARDE (1993): Urban Sociology, Capitalism and Modernity. Basingstoke u. a.

SAVITCH, H. V. (1988): Post-Industrial Cities. Politics and Planning in New York, Paris, and London. Princeton, New Jersey.

SCHAECHTERLE, K. (1974): Verkehrssysteme als Element der Siedlungsstruktur. Stadtplanung 1. Forschungs- und Sitzungsberichte (Akademie für Raumforschung und Landesplanung Hannover) 85: 197–253.

SCHÖNIG W. u. R. L'HOEST (Hg.) (1996): Sozialstaat wohin? Umbau, Abbau oder Ausbau der Sozialen Sicherung. Darmstadt.

SEGER, M. (1978): Teheran. Eine stadtgeographische Studie. Wien, New York.

SHAW, D. J. B. (1979): Recreation and the Soviet city. In: R. A. FRENCH and F. E. I. HAMILTON (eds): The Socialist City. New York, Toronto: 119–143.

SHEVKY, E. and W. BELL (1955): Social Area Analysis: Theory, Illustrative Applications, and Computational Procedure. Palo Alto, CA.

SHORT, J. R. (1991): An Introduction to Urban Geography. London.

SHORT, J. R. (1996): The Urban Order. An Introduction to Cities, Culture, and Power. Oxford, Massachusetts.

SIEVERTS, T. (1997): Zwischenstadt. Braunschweig

SILLINCE, J. A. A. (ed.) (1990): Housing Policies in Eastern Europe and the Soviet Union. London, New York.

SITTE, C. (1972): Der Städtebau nach seinen künstlerischen Grundsätzen. Nachdruck der 3. Auflage, Wien 1901, und des Originalmanuskripts aus dem Jahre 1889. Schriftenreihe des Instituts für Städtebau, Raumplanung und Raumordnung der TU Wien 19.

SKOCPOL, T. (1995): Social Policy in the United States. Future Possibilities in Historical Perspective. Princeton, New Jersey.
SMITH, M. P. and J. R. FEAGIN (eds) (1987): The Capitalist City. Global Restructuring and Community Politics. Oxford, Massachusetts.
STATISTISCHES BUNDESAMT (Hg.) (1996): Statistisches Jahrbuch 1996 für die Bundesrepublik Deutschland und für das Ausland. Wiesbaden.
STÖHR, W. B. (1974): Interurban Systems and Regional Economic Development. Ass. of Am. Geogr., Resource Paper 26.
SUMMER, G. F. (ed.) (1984): Deindustrialization. Restructuring the Economy. Annals of the American Academy of Political and Social Science 475.
TAEUBER, K. E. and A. F. (1966): Negroes in Cities. Residential Segregation and Neighborhood Change. Chicago.
ULLMAN, E. L. and M. F. DACEY (1962): The minimum requirements approach to the urban economic base. In: Proceedings of the IGU Symposium in Urban Geography, Lund 1960. Lund Studies in Geography, B 24: 121–143.
U. S. BUREAU OF THE CENSUS (ed.): Statistical Abstract of the United States. Washington, DC 1987, 1996.
VAN WEESEP, J. (1994): Gentrification as a research frontier. Progress in Human Geography 18: 74–83.
VAN WEESEP, J. and S. MUSTERD (eds) (1991): Urban Housing for the Better-Off: Gentrification in Europe. Utrecht.
WACHS, M. and M. CRAWFORD (eds) (1992): The Car and the City. The Automobile, the Built Environment, and Daily Urban Life. Michigan.
WAGNER, O. (1911): Die Großstadt. Wien.
WALWAI, U. (1996): Mehr Beschäftigung durch Umbau des Sozialstaats? In: W. SCHÖNIG u. R. L'HOEST (Hg.): Sozialstaat wohin? Umbau, Abbau oder Ausbau der sozialen Sicherung. Darmstadt.
WATSON, S. and K. GIBSON (1994): Postmodern Cities and Spaces. Oxford.
WENTZ, D. N. (1976): A Survey of the Literature of Optimum City Size. Urban System Group Report. School of Engineering and Applied Science, Charlottesville.
WESCHE, R. and M. KUGLER-GAGNON (eds) (1978): Ottawa – Hull. Spatial Perspectives and Planning. Occ. Papers. Ottawa.
WHITEHAND, J. W. R. (1992): The Making of the Urban Landscape. Oxford, UK, Cambridge, USA.
WHITTICK, A. (ed.) (1974): Encyclopedia of Urban Planning. New York.
WILSON, A. G. (1974): Urban and Regional Models in Geography and Planning. London, New York.
WILSON, W. J. (1987): The Truly Disadvantaged. The Inner City, the Underclass and Public Policy. University of Chicago Press.
WIRTH, E. (1974): Zum Problem des Bazars (suq, carsi). Versuch einer Begriffbestimmung und Theorie des traditionellen Wirtschaftszentrums der orientalisch-islamischen Stadt. Der Islam 51, 2: 203–260; 52, 1 (1975): 6–46.
WIRTH, E. (1975): Die orientalische Stadt. Ein Überblick aufgrund jüngerer Forschungen zur materiellen Kultur. Saeculum 26, 1: 45–94.
WIRTH, E. (ed.) (1983): Deutsche geographische Forschung im Orient – German Geographical Research in the Middle East – Recherche scientifique allemande de geographie en Orient. Erlanger Geogr. Arb., Sonderband 14, Erlangen, Beirut.
WOLKOWITSCH, M. (1973): Geographie des Transports. Paris.
YADAV, C. S. (ed.) (1987): Slums, Urban Decline and Revitalization. Perspectives in Urban Geography VII. New Delhi.

Sachverzeichnis

Figuren (F) und Tabellen (T) sind mit Angabe der Nummern ausgewiesen. Die Hierarchisierung von Begriffen wird durch Einrücken gekennzeichnet. Identische Begriffe sind durch „ – “ gekennzeichnet. Beispiele von Städten werden in Klammern gesetzt.

Wolfgang Weischet

Einführung in die Allgemeine Klimatologie

Physikalische und meteorologische Grundlagen

Von Prof. Dr. **W. Weischet**, Universität Freiburg
6., überarbeitete Auflage 1995
276 Seiten mit 77 Bildern und einer Falttafel. 13,7 x 20,5 cm.
Kart. DM 46,– / ÖS 336,– / SFr 41,–
ISBN 3-519-0342-8

Preisänderungen vorbehalten

Dieses Lehrbuch zur Einführung in die physikalische Betrachtungsweise der Allgemeinen Klimatologie hat sich in der geographischen Fachwelt den Rang eines „Standardwerkes der Klimatologie“ erworben.
Der künftige Geograph in Lehre und Anwendung wird im Zusammenhang mit Fragen der Umweltbelastung, den tatsächlichen oder behaupteten anthropogenen Klimabeeinflussungen und den ökologischen Schlüsselfunktionen des Klimas in den Lebensräumen der Erde zunehmend mehr auf gründliche Einsichten in die geophysikalischen Prozesse und deren entscheidende Rolle spielen, konsequent herzuleiten.

Erdmechanische Grundlagen – Himmelsmechanische Grundlagen, Jahreszeiten und Beleuchtungsklimazonen der Erde – Die Sonne als Energiequelle und die Ableitung des solaren Klimas – Die Atmosphäre, ihre Zusammensetzung und Gliederung – Zur Statik der Atmosphäre – Der Einfluß der Atmosphäre auf die Sonnenstrahlung – Die Globalstrahlung und ihre Komponenten am Grunde der Atmosphäre – Strahlungsumsatz an der Erdoberfläche – Energieabgabe von der Erdoberfläche – Die Strahlungsbilanz, global und regional – Lufttemperatur und Temperaturverteilung in der Atmosphäre – Die Entstehung horizontaler Luftdruckunterschiede und die Einleitung horizontaler Luftbewegungen – Grundregeln horizontaler Luftbewegungen – Der Wasserdampf in der Atmosphäre – Vertikale Luftbewegungen und ihre Konsequenzen – Wolken und Niederschlag – Allgemeine Zirkulation der Atmosphäre: Der tropische Zirkulationsmechanismus und seine klimatischen Folgen – Die Glieder der Allgemeinen Zirkulation im Satellitenbild – Zusammenfassender Überblick mit schematischer Gliederung der Klimate der Erde

Wolfgang Weischet

Regionale Klimatologie

Teil 1: Die Neue Welt – Amerika, Neuseeland, Australien

Von Prof. Dr. **Wolfgang Weischet**, Universität Freiburg
1996. 468 Seiten mit 45 Bildern, 38 Tabellen
und 7 Klimadiagrammkarten. 16,2 x 22,9 cm.
Geb. DM 78,– / ÖS 569,– / SFr 70,–
ISBN 3-519-03405-0 Preisänderungen vorbehalten

Das Werk wendet sich in erster Linie an Studierende der Geowissenschaften, an Dozenten und Lehrer der Universitäten und Oberschulen, aber auch an naturwissenschaftlich interessierte Reisende. Es soll Einsichten in die erfahrbaren Charakteristika des Klimas in unterschiedlichen Lebensräumen des Menschen vermitteln, soll darlegen, welche Rolle das Klima bei der natürlichen Ausstattung der Räume spielt, wieso es die Lebensumstände in diesem mitbestimmt und welche Voraussetzungen es für die wirtschaftlichen Aktivitäten bietet. Es soll aber auch die Genese der wichtigsten Klimaeigenschaften und die Witterungsabläufe verständlich machen.

Nordamerika: Klimate als Ergebnis geographischer Lagebedingungen und eines Kontrastprogrammes der außertropischen Zirkulation – Die Winterklimate – Frühjahrsklimate – Sommer- und Herbstklimate

Mittelamerika: Klimate unter maritimer Passatströmung – Mexiko, randtropischer Ansatz der Mittelamerikanischen Landbrücke – Die ozeanisch geprägten Tropen auf der Mittelamerikanischen Landbrücke

Südamerika: Klimate zwischen Subantarktis und Nordtropen – Die sommerkühlen und wintermilden Windklimate der hohen Mittelbreiten – Die Subtropen und der Übergang zu den sommerkühlen Windklimaten – Das Klima der südamerikanischen Tropen

Neuseeland: Südhemisphärisch-ozeanisches Subtropenklima

Australien: Inselkontinent beiderseits der subtropisch-randtropischen Trockenachse

„In Zeiten, wo permanent über Klimaveränderungen diskutiert wird, machte sich das Fehlen einer grundlegenden Regionalen Klimatologie besonders schmerzlich bemerkbar. In gediegener Sprache liegt nun eine echte Klimageographie im besten Sinne vor; denn es gelingt dem Autor überall, die Brücke von den nüchternen Klimadaten zu den Natur- und Kulturräumen zu schlagen. Die Genese der wichtigsten Klimaeigenschaften in ihrer räumlichen und jahreszeitlichen Differenzierung als Konsequenz von Strahlungshaushalt, atmosphärischer Zirkulation sowie ozeanischen, kontinentalen und orographischen Einflüssen wird dargelegt. Das Aufzeigen von klimaökologischen Wechselbeziehungen steht dabei im Mittelpunkt. Die meist auf persönlicher Anschauung basierende Kenntnis der Länder wird durch umfangreiche Literaturbezüge untermauert. Basis des Buches sind sieben Klimadiagrammkarten im Anhang, die aufgrund ihrer Informationsdichte aber eines intensiven Studiums bedürfen."

W. Endlicher, Geographische Rundschau

B. G. Teubner Stuttgart · Leipzig